江西省教育科学"十三五"规划课题
——"数学核心素养水平的认知诊断
与实现路径研究"(18YB027) 成果

数学核心素养的测评与路径

陈惠勇　著

科学出版社

北　京

内 容 简 介

本书基于《普通高中数学课程标准(2017 年版 2020 年修订)》与 PISA 数学素养测评体系,借鉴教育认知诊断评估理论与技术中的有关认知诊断模型,运用数学教育测量与评价理论中的经典测量理论和项目反应理论等原理和技术手段,对课程标准所界定的六大数学学科核心素养水平的达成进行测量与评价研究,并以此为基础探究数学学科核心素养的实现路径. 主要内容有数学的本质与数学核心素养;数学学科核心素养的测量与评价研究;数学学科核心素养水平的实现路径探究,内容涉及数学抽象素养培养路径的构建与案例、逻辑推理素养的培养路径与公理化思想的教学、数学史与数学教育案例研究、教育技术对数学思维的影响及发展研究暨 T-TPACK 理论模型的建构与教学案例、数学学科核心素养如何落地的教学设计与实施案例研究等.

本书适合高等师范院校数学教育专业本科生、研究生以及中学数学教师和数学教育研究人员阅读,也可供对基础教育数学课程改革和数学教学研究感兴趣的读者参考.

图书在版编目(CIP)数据

数学核心素养的测评与路径/陈惠勇著. —北京:科学出版社,2022.4
ISBN 978-7-03-070930-1

Ⅰ. ①数… Ⅱ. ①陈… Ⅲ. ①数学教学-教学研究 Ⅳ. ①O1-4

中国版本图书馆 CIP 数据核字(2021)第 259823 号

责任编辑:李 欣 贾晓瑞 孙翠勤 / 责任校对:彭珍珍
责任印制:赵 博 / 封面设计:无极书装

科学出版社 出版
北京东黄城根北街 16 号
邮政编码:100717
http://www.sciencep.com

北京市金木堂数码科技有限公司印刷
科学出版社发行 各地新华书店经销
*
2022 年 4 月第 一 版 开本:720 × 1000 1/16
2024 年 7 月第二次印刷 印张:26 1/2
字数:530 000
定价:188.00 元
(如有印装质量问题,我社负责调换)

作者简介

陈惠勇(1964—)，江西上饶人，基础数学博士，数学教育博士后，江西师范大学数学与统计学院教授，加拿大麦吉尔大学(McGill University)访问教授. 2009 年 7 月至今在江西师范大学工作，从事近现代数学史与数学教育研究. 现任《数学教育学报》编委，中国数学会数学史分会理事，全国数学教育研究会常务理事，江西省中学数学教学专业委员会副理事长，江西省高等师范教育数学教学研究会秘书长. 被评为全国第七届教育硕士优秀教师，获首届"全国教育专业学位教学成果奖"二等奖. 主持国家自然科学基金项目一项，江西省教育科学规划课题两项，江西省高校教改重点课题一项，江西省教育厅科技项目一项. 著(译)有：《高斯的内蕴微分几何学与非欧几何学思想之比较研究》(高等教育出版社，2015);《关于曲面的一般研究》(高斯著，陈惠勇译，哈尔滨工业大学出版社，2016);《数学课程标准与教学实践一致性——理论研究与实践探讨》(科学出版社，2017);《统计与概率教育研究》(科学出版社，2018);《微分几何学历史概要》(D. J. Struik 著，陈惠勇译，哈尔滨工业大学出版社，2020);《伯恩哈德·黎曼论奠定几何学基础的假设》(Jürgen Jost 著，陈惠勇译，科学出版社，2021).

序　言

　　2014 年 3 月 30 日, 教育部在《关于全面深化课程改革落实立德树人的根本任务的意见》中明确提出, 要 "研究制订学生发展核心素养体系和学业质量标准""要根据学生的成长规律和社会对人才的需求, 把对学生德智体美全面发展总体要求和社会主义核心价值观的有关内容具体化、细化, 深入回答 '培养什么人、怎样培养人' 的问题" "各级各类学校要从实际情况和学生特点出发, 把核心素养和学业质量要求落实到各学科教学中". 《普通高中数学课程标准 (2017 年版 2020 年修订)》特别强调了 "高中数学学习评价关注学生知识技能的掌握, 更关注数学学科核心素养的形成和发展, 制定科学合理的学业质量要求, 促进学生在不同学习阶段数学学科核心素养水平的达成".

　　基于数学核心素养的评价改革, 是数学课程改革理念得以落实的保障. 近年来, 我们一直关注的促进学生数学核心素养与关键能力发展的教学研究[①], 就是旨在解决基础教育数学课程改革中的两个现实问题: 一个是如何评价学生的数学核心素养 (关键能力); 另一个是如何将数学核心素养 (关键能力) 落实到数学教学和评价中去, 通过 "评学教" 联动, 来促进学生数学核心素养的发展. 这与我国数学课程标准评价观所关注的重点是高度一致的.

　　近日收到陈惠勇博士的新著《数学核心素养的测评与路径》的电子稿, 通读全书, 给我一种惊喜与欣慰! 该书正是在上述两个方面进行了系统的理论探讨与实证研究, 特别是在数学核心素养的实现路径方面具体深入的探讨与研究, 不仅有着独到的见解与洞察, 而且在实施操作层面给出了切实可行的措施.

　　该书作者首先对数学的本质与数学核心素养问题进行分析, 提出了 "数学教学的本质是数学思维活动的教学, 因而, 数学教学中突出的问题是如何揭示数学的思维过程 (数学的基础知识、基本技能蕴含其中), 使学生在数学的思维活动过程中领悟数学的思想和方法 (基本思想的落实), 积累数学的活动经验 ("做数学"或 '再创造'——基本活动经验的落实), 从而使学生的数学思维与实践能力得以培养 (培养 '四能'), 数学学科核心素养得以有效提升. 数学教学方式与方法的选择与运用, 必须围绕着如何揭示数学思想方法这个核心 (数学思维与观念——强调对数学本质的把握), 力求思维过程的充分展开, 并在这一思维过程中揭示数学的本质 (数学的基本思想和基本活动经验), 培养学生创造性的数学思维与实践能力 (思维品质与关键能

---

① 曹一鸣, 冯启磊, 陈鹏举. 基于学生核心素养的数学学科能力研究 [M]. 北京: 北京师范大学出版社, 2017.

力——落实数学核心素养)" 这一对数学教育本质的深刻认识. 本质而言, 这一认识与实践很好地践行了《普通高中数学课程标准 (2017 年版 2020 年修订)》的课程目标, 揭示并指明了数学学科核心素养有效达成的实现路径.

该书第一篇, 作者结合《普通高中数学课程标准 (2017 年版 2020 年修订)》与PISA 数学素养测评体系, 将内容、过程、情境和情感态度价值观作为六大数学学科核心素养测评的四个维度, 基于 SOLO 分类理论制定了内容维度水平划分标准, 分别建立起高中生数学抽象素养、逻辑推理素养、数学建模素养、直观想象素养、数学运算素养和数据分析素养测评体系, 并对数学课程标准提出的六大核心素养的测量与评价进行深入实证研究, 研究方法规范, 所得数据真实可靠, 很有说服力.

第二篇, 作者结合具体的案例分别探究数学抽象素养、逻辑推理素养、直观想象素养以及数学运算等素养的培养路径. 内容涉及数学抽象素养培养路径的构建与案例; 逻辑推理素养的培养路径与公理化思想的教学; 数学史与数学教育 (HPM)——基于数学史与数学教育的深度融合暨 HPM 视域, 探究发生教学法在双曲线教学中的运用, 并以此探究数学抽象素养、逻辑推理素养和数学运算素养在教学中的落实与实施; 信息技术与数学课程的深度融合, 构建了一个新的理论框架——T-TPACK 数学教育理论模型, 并以 Geogebra 环境下椭圆及其标准方程的可视化教学设计为例, 践行 "技术促进数学思维的发展是数学教育技术的使命和归宿" 这一理念; 最后, 作者通过对真实课堂教学的分析研究, 探究 "数学核心素养如何落地?" 这一重要的实践问题, 开发的教学案例有较高的理论和实践价值.

通读该书, 可以清晰地看到陈惠勇博士对数学教育的思考和一以贯之的数学教育哲学思想. 他 1985 年本科毕业于江西师范大学数学系, 在中学任教 20 年后, 于 2004 年考入中国科学院数学与系统科学研究院跟随李文林先生攻读博士学位 (研究方向为近现代数学史). 2008 年 8 月至 2010 年 10 月, 他又与我合作从事数学教育方向博士后研究. 他勤奋刻苦, 数学基础扎实又有丰富的教学经验和数学教育研究经历, 实属难能可贵.

该书是他多年研究与思考的积淀, 具有较高学术价值, 可以说, 该书在一定程度上回答了前面提出的两个重要现实问题. 我相信该成果能为我国当前基础教育数学课程改革的推进提供重要的参考和借鉴.

北京师范大学数学科学学院　二级教授/博士生导师
京师数学课程教材研究中心主任
义务教育数学课程标准修订组组长
2021 年 6 月 10 日于北京

前　言

数学学科核心素养研究被认为是当今数学课程改革最重要的研究课题, 数学学科核心素养已经成为数学课程基本理念的核心要素, 是数学课程目标的集中体现. 由经济合作与发展组织 (OECD) 发起的学生能力国际比较研究 "国际学生评估项目"(Programme for International Student Assessment, PISA), 测评即将完成义务教育时, 学生在多大程度上掌握了全面参与社会所需要的问题解决能力和终身学习能力, 聚焦在 15 岁学生的阅读素养、数学素养和科学素养上. 这一项目从 2000 年开始实施, 参与国家 (地区) 之多, 影响之广是空前的, 它对 21 世纪各国课程改革产生了深远的影响. 我国《普通高中数学课程标准 (2017 年版 2020 年修订)》指出: "数学素养是现代社会每一个公民应该具备的基本素养"; "高中数学课程以学生发展为本, 落实立德树人根本任务, 培育科学精神和创新意识, 提升数学学科核心素养"; "数学学科核心素养是数学课程目标的集中体现, 是具有数学基本特征的思维品质、关键能力以及情感、态度与价值观的综合体现, 是在数学学习和应用的过程中逐步形成和发展的", 并提出高中阶段 "数学抽象、逻辑推理、数学建模、直观想象、数学运算和数据分析" 六大数学核心素养, 以及相应的学业质量和水平划分与评价体系. 因而, 对学生数学学科核心素养水平的测评和认知诊断也就成为理论界的一个重要研究课题. 高中数学课程标准修订的重点是落实数学学科核心素养. 这就充分表明关于数学核心素养的研究, 亟待数学界、数学教育界有关专家学者进行深入的理论思考与实证研究, 以期为基础教育普通高中数学课程改革的深入推进提供重要的借鉴与参考.

2016 年 9 月, 教育部基础教育课程教材专家工作委员会, 普通高中课程标准修订组颁布了《普通高中数学课程标准 (征求意见稿)》, 提出 "学生发展为本, 立德树人, 提升素养" 的课程基本理念, 并提出高中数学学科核心素养体系, 以及高中数学的 "四基"、"四能" 和 "三会" 的数学课程目标. 作者随即组织研究生对《普通高中数学课程标准 (征求意见稿)》进行讨论. 2018 年 1 月,《普通高中数学课程标准 (2017 年版)》正式出版, 同时配套的《普通高中数学课程标准 (2017 年版) 解读》也几乎同时出版发行, 我们迅速组织研究生对这两部著作进行了深入的讨论和研究. 与此同时, 作者主持申报的江西省教育科学 "十三五" 规划课题 "数学核心素养水平的认知诊断与实现路径研究" 获批立项 (批准号: 18YB027).

根据作者深入一线教学实践与调研发现, 当下的教学对于 "四基" 中的 "基础知识、基本技能" 落实 "有余", 而对于 "基本思想" 和 "基本活动经验" 的落实存在缺失; "四能" 目标中的 "分析问题解决问题的能力" 落实 "基本" 到位, 但 "发现和提出问题的能力" 培养不足. 因而, 作者一直以来在思考一个数学教育的本质问题——如何在数学教学实践中落实 "四基", 培养 "四能", 最终达到 "三会" 之境界, 从而在真正意义上落实数学学科核心素养?

　　苏联数学教育家 A.A. 斯托利亚尔从 "数学教学是数学活动的教学" 这一观点出发, 指出: "数学教育学的任务是形成和发展那些具有数学思维 (或数学家思维) 特点的智力活动结构, 并且促进数学的发现."[①] 这一思想和观点与我国数学课程标准所倡导的 "把握数学本质, 启发思考, 改进教学" 的基本理念以及 "提高从数学角度发现和提出问题的能力、分析和解决问题的能力 (简称 "四能")" 的数学课程目标本质上是一致的, 值得我们深入地思考与挖掘.

　　我们的研究, 得出如下数学教育教学必须遵循的基本原则.

　　(1) 数学教学的本质是数学思维活动的教学, 因而, 数学教学中突出的问题是如何揭示数学的思维过程 (数学的基础知识、基本技能蕴含其中), 使得学生在数学的思维活动过程中领悟数学的思想和方法 (基本思想的落实), 亲历数学的思维过程, 积累数学的活动经验 ("做数学" 或 "再创造"——基本活动经验的落实), 从而使得学生的数学思维与实践能力得以培养 (培养 "四能"), 数学学科核心素养得以有效提升.

　　(2) 数学教学方式与方法的选择与运用, 必须围绕着如何揭示数学思想方法这个核心 (数学思维与观念——强调对数学本质的把握), 力求思维过程的充分展开, 并在这一思维过程中揭示数学的本质 (数学的基本思想和基本活动经验), 培养学生创造性的数学思维与实践能力 (思维品质与关键能力——落实数学学科核心素养).

　　一直以来, 作者积极探索课程改革 (项目课题) 研究与研究生培养相紧密结合的有效路径——"教学、科研、学科建设和研究生培养" 四合一的研究生培养模式[②]. 因此, 项目立项后, 作者就根据我们研究团队成员的特长和兴趣进行了具体分工: 阳碧霞对数学抽象素养的测评展开系统研究 (第 2 章); 武慧芬对逻辑推理素养的测评展开系统研究 (第 3 章); 严茹婕对数学建模素养的测评展开系统研究 (第 4 章); 王格格对直观想象素养的测评展开系统研究 (第 5 章); 李甜对数学运算素养的测评展开系统研究 (第 6 章); 李霞对数据分析素养的测评展开系统研究 (第 7 章); 陈金玲探索数学抽象素养培养路径的构建并以椭圆概念的抽象为例进行教学设计与实践研究 (第 8 章); 洪睿对公理化思想的教学与逻辑推理素养的

　　① A.A. 斯托利亚尔. 数学教育学 [M]. 丁尔陞, 等译. 北京: 人民教育出版社, 1985: 10.
　　② 作者主持的项目 "学科教学 (数学) 硕士研究生培养模式的探究与实践" 获首届 "全国教育专业学位教学成果奖" 二等奖 (2015 年 12 月).

培养路径进行案例教学的实证探索 (第 9 章); 李慧从数学史与数学教育深度融合的视角探索数学史对于数学教育的启迪和借鉴 (第 10 章); 谌鸿佳和黄中则从信息技术与数学课程深度融合的视角探索信息技术促进数学思维发展的理论与实践 (第 11 章); 张竹华老师 (在职研究生) 则对数学学科核心素养如何落地进行了深度的实践探索, 以 "三角形的边" 为选题进行教学设计, 参加由中国教育学会中学数学专业委员会组织的 "第十届初中青年数学教师优秀课展示与培训活动"(2017 年 12 月) 并荣获优秀课一等奖, 作者以张竹华老师获奖课例为基础开发的教学案例 "数学核心素养如何落地? ——初中数学 "三角形的边" 的设计与实施"(第 12 章) 成功入库 "中国专业学位案例中心" 案例库 (2019 年). 他们分别以有关课题研究为基础, 完成了硕士学位论文, 其中有几位同学并获优秀硕士论文.

　　本书的研究内容、研究方法以及研究框架由作者整体设计, 2016 年 10 月起, 我们研究团队就对新的数学课程标准有关专题展开系统的讨论和研究, 并深入一线基地学校进行实证研究. 经过几年的努力, 虽然本课题研究已经告一段落, 但是我们对数学教育本质的探索, 却似乎依然处在不断扩展的地平线上⋯⋯

　　在此, 我要特别感谢我的研究生们, 是他们付出了艰苦的努力, 共同参与了本课题的研究工作, 获得了宝贵的数据资料, 从而为本课题研究顺利完成奠定了坚实的基础. 本书就是在这些研究成果的基础上进行反复讨论, 由作者进行整理、构建并修改而成的. 因此, 本书实际上可以看成是我们研究团队共同努力的结果. 当然, 由于作者学识水平所限, 书中难免有不妥之处, 敬请读者批评指正.

　　本书的出版得到我校学科建设项目经费的资助, 在此, 特别感谢江西师范大学数学与统计学院领导对数学教育学科建设的高度重视和支持.

　　本书是江西省教育科学 "十三五" 规划课题 "数学核心素养水平的认知诊断与实现路径研究"(批准号: 18YB027) 研究成果, 在此, 作者也要特别感谢江西省教育科学规划项目为本研究提供的经费支持.

　　希望本书的出版, 能够对我国当前基础教育数学课程改革以及师范院校数学教育专业培养模式的探究与实践, 提供有益的参考与借鉴.

陈惠勇
2021 年 6 月 18 日
于江西师范大学 (瑶湖校区)

目　　录

第二篇　数学核心素养水平的实现路径探究

第 1 章 绪 论

1.1 数学的本质与数学核心素养

乔治·康托尔 (George Cantor, 1845—1918) 曾经说道 "数学的本质就在于它的自由 (The essence of mathematics lies in its freedom)"(*Mathematische Annalen*, Bd. 21). 日本数学家米山国藏 (1877—1968) 在其有名的著作《数学的精神、思想和方法》中将 "数学的本质在于思考的充分自由" 作为重要的数学思想之一[①].

苏联著名数学家 A. D. 亚历山大洛夫详细考察分析了数学的特点, 并从数学历史的视角对算数、几何、初等数学、变量的数学以及现代数学的产生、研究对象以及内容、思想和方法等进行了全面深刻的考察, 在对恩格斯的《反杜林论》中关于数学本质的深刻论述基础上揭示了数学的本质, 指出[②]: "独特的 '公式语言', 应用的广泛, 数学结论的脱离实验的特征以及它们的逻辑的不能避免和令人信服. 数学的这种思辨的特征是它的非常本质的特点" "数学的思辨的特点, 它的结论的逻辑必然性和看来不可变动的性质, 以及新概念和新理论产生于数学内部的事实; 数学应用的特点也被这个与内容无关的性质所规定." 所以数学的抽象性成为数学最本质的特点之一, 也是数学的力量所在.

美国著名数学家 R. 柯朗和 H. 罗宾在他们的名著《什么是数学——对思想和方法的基本研究》中指出: "数学, 作为人类思维的表达形式, 反映了人们积极进取的意志、缜密周详的推理以及对完美境界的追求. 它的基本要素是: 逻辑和直观、分析和构作、一般性和个别性. 虽然不同的传统可以强调不同的侧面, 然而正是这些互相对立的力量的相互作用以及它们综合起来的努力才构成了数学科学的生命、用途和它的崇高价值."[③]

由教育部制订的《普通高中数学课程标准 (2017 年版 2020 年修订)》于 2020 年 5 月出版, 其中在课程性质与基本理念、学科核心素养与课程目标、课程结构以及课程内容等方面都进行了重大的调整和深刻的阐述, 提出了数学核心素养指标体系以及学业质量内涵与水平的描述和划分, 这标志着我国课程改革进入一个相对理性和成熟的新时代. 《普通高中数学课程标准 (2017 年版 2020 年修订)》

---

① 米山国藏. 数学的精神、思想和方法 [M]. 毛正中, 吴素华, 译. 上海: 华东师范大学出版社, 2019: 69.

② A.D. 亚历山大洛夫, 等. 数学——它的内容, 方法和意义 [M]. 孙小礼, 等译. 北京: 科学出版社, 2003: 63,70.

③ R. 柯朗, H. 罗宾. 什么是数学——对思想和方法的基本研究 [M]. 上海: 复旦大学出版社, 2007: 1.

分别从数学的研究对象、来源以及数学的思维方式及其与现实世界的关系等层面阐述了数学学科的本质特性, 指出: "数学是研究数量关系和空间形式的一门科学. 数学源于对现实世界的抽象, 基于抽象结构, 通过符号运算、形式推理、模型构建等, 理解和表达现实世界中事物的本质、关系和规律." 同时阐述了数学与现实社会的联系及其教育价值, 指出: "数学与人类生活和社会发展紧密关联. 数学不仅是运算和推理的工具, 还是表达和交流的语言. 数学承载着思想和文化, 是人类文明的重要组成部分. 数学是自然科学的重要基础, 并且在社会科学中发挥着越来越大的作用, 数学的应用已渗透到现代社会及人们日常生活的各个方面. 随着现代科学技术特别是计算机科学、人工智能的迅猛发展, 人们获取数据和处理数据的能力都得到很大的提升, 伴随着大数据时代的到来, 人们常常需要对网络、文本、声音、图象等反映的信息进行数字化处理, 这使数学的研究领域与应用领域得到极大拓展. 数学直接为社会创造价值, 推动社会生产力的发展." "数学在形成人的理性思维、科学精神和促进个人智力发展的过程中发挥着不可替代的作用."

《普通高中数学课程标准 (2017 年版 2020 年修订)》提出的课程基本理念是:

(1) 学生发展为本, 立德树人, 提升素养;

(2) 优化课程结构, 突出主线, 精选内容;

(3) 把握数学本质, 启发思考, 改进教学;

(4) 重视过程评价, 聚焦素养, 提高质量.

从数学教育哲学的高度来理解和把握数学课程的基本理念, 我们可以看出, 数学课程的基本理念不仅涉及数学教育观——"学生发展为本, 立德树人, 提升素养"、数学课程观——"优化课程结构, 突出主线, 精选内容" 以及数学观和数学教学观——"把握数学本质, 启发思考, 改进教学", 还涉及数学教育测量与评价观——"重视过程评价, 聚焦素养, 提高质量" 等数学教育哲学的诸多方面, 值得我们深入地思考与研究. 其中, 特别突出的一个观点, 就是发展数学学科核心素养和数学核心素养水平的有效达成贯穿数学课程基本理念的始终. 正如数学课程标准所指出的那样, "通过高中数学课程的学习, 学生能获得进一步学习以及未来发展所必需的数学基础知识、基本技能、基本思想、基本活动经验 (简称 '四基'); 提高从数学角度发现和提出问题的能力、分析和解决问题的能力 (简称 '四能')". 最终达到 "三会" 之境界——会用数学眼光观察世界, 发展数学抽象和直观想象素养; 会用数学思维思考世界, 发展逻辑推理和数学运算素养; 会用数学语言表达世界, 发展数学建模和数据分析素养. 这就是课程标准提出的高中阶段 "数学抽象、逻辑推理、数学建模、直观想象、数学运算和数据分析" 六大数学学科核心素养. 因此, "以发展学生数学学科核心素养为导向" 和落实数学学科核心素养的数学教育取向, 不仅是数学教育的出发点, 更是以 "学生发展为本" 的教育理念的落脚点和归宿.

这值得我们数学教育研究领域的每一个研究者关注, 也是本书特别关注的一个研究视角——在数学教学的实践中, 如何落实 "四基", 培养 "四能", 最终达到 "三会" 之境界, 从而在真正意义上落实数学学科核心素养.

1.2 研究的问题

我国著名数学教育家北京师范大学曹一鸣教授在为拙著《数学课程标准与教学实践一致性——理论研究与实践探讨》(科学出版社, 2017) 一书所写的序言中指出:

教育领域没有什么问题比 "课程改革" 更受到社会的广泛关注. 教育行政部门、教育专家 (包括各学科领域的专家)、教师、学生以及家长都会在不同程度上卷入其中. 然而作为关联权益群体中最核心的部分——学生和教师——在这个问题上往往很少具有话语权. 课程从研究者、制订者到实际实施者 (老师) 和受益者 (学生) 存在着多层级的衰变.

当代美国知名教育家古德拉德 (John I. Goodlad, 1920—) 在对课程概念框架的研究过程中发现, 人们谈论课程时实际上涉及理想的课程 (Ideological Curricula)、正式的课程 (Formal Curricula)、领悟的课程 (Perceived Curricula)、运作的课程 (Operational Curricula) 、经验的课程 (Empirical Curricula) 五个不同层次的课程[①]. 理想的课程来自于研究机构、学术团体和课程专家提出的理想计划. 正式的课程是指获得国家教育行政部门或州地方学校委员会等官方批准课程标准 (大纲)、教材. 领悟的课程是指教师 (甚至包括家长) 如何理解现有的课程, 以及他们对现实持什么态度. 运作的课程则是课堂教学中实施的部分. 而经验的课程则是学生在学习中经历、体验、习得的课程.

课程改革能否有效地实施, 取决于教师如何组织有效地实施课程, 开展课堂教学以及学生真正体验课程内容, 而不是课程标准、教材甚至学校课程表所列出的课程. 基础教育课程改革关系到一代人的成长, 关系到国家的发展, 改革必须谨慎, 必须在实施改革前做好充分的准备, 并在实施过程中进行不断的研究. 既要研究国外的成功经验, 更要研究我国自己数学课程改革的历史和特点, 特别是在课程实施中所出现的问题. 从理想的课程到实施的课程、学生习得的课程——教学中真实发生的事件, 存在着许多不确定的因素. 在数学课程改革的实践中, 实际教学与课程标准一致性程度的现实状况, 以及如何有效提高课程标准与教学实践之间的一致性水平等问题, 对于推进数学新课程改革, 更好地实现课程标准理念具有极其重要的实践意义.

本课题研究正是聚焦于 "理想的课程、正式的课程、领悟的课程、运作的课程以及经验的课程" 等领域. 具体地说, 我们重点研究基于学生发展核心素养的高

---

① Goodlad J I. Curriculum Inquiry: The Study of Curriculum Practice. New York: McGraw-Hill Book Co., 1979.

中数学课程标准所界定的数学核心素养水平的认知诊断 (理想的课程、正式的课程) 与实现路径 (领悟的课程、运作的课程以及经验的课程) 等领域的研究.

数学核心素养研究被认为是当今数学课程改革最重要的研究课题, 数学核心素养已经成为课程基本理念的核心要素. 由经济合作与发展组织 (OECD) 发起的学生能力国际比较研究 "国际学生评估项目"(Programme for International Student Assessment, PISA), 测评即将完成义务教育时, 学生在多大程度上掌握了全面参与社会所需要的问题解决能力和终身学习能力, 聚焦在 15 岁学生的阅读素养、数学素养和科学素养上, 其中将数学素养定义为 "个体在各种背景下进行数学表述、数学运用和数学阐释的能力. 它包括数学式的推理, 以及使用数学概念、步骤、事实和工具来描述、解释和预测现象. 它帮助个体认识数学在现实世界中所起的作用, 做出有根据的判断和决策, 以成为具有建设性、参与意识和反思能力的公民". 这一项目从 2000 年开始实施, 参与国家 (地区) 之多, 影响之广是空前的, 它对 21 世纪各国课程改革产生了深远的影响.

《中国学生发展核心素养 (2017 年版)》指出 "学生发展核心素养, 主要是指学生应具备的, 能够适应终身发展和社会发展需要的必备品格和关键能力", 并指出 "中国学生发展核心素养, 是以 '全面发展的人为核心', 分为文化基础、自主发展、社会参与三个方面, 综合表现为人文底蕴、科学精神、学会学习、健康生活、责任担当、实践创新六大素养" (中国教育学刊, 2016, 10: 1-3). 林崇德先生从国际视域探究大教育背景下学生发展核心素养有关课题, 特别是以内容分析法对课程标准所关注的学生发展核心素养指标进行统计分析 (林崇德, 2016). 有学者对数学核心素养指标进行了深入的反思和批判, 并提出新的数学核心素养指标体系 (何小亚, 2016). 有学者对某一具体核心素养指标之内涵进行深入的分析 (史宁中, 2008, 2016). 有学者集中在核心素养的含义及其与素质教育比较的分析 (陈佑清, 2016). 有学者从教材编写的视角探究核心素养的落实 (章建跃, 2016). 也有学者探究数学素养的操作定义 (王光明等, 2016). 有学者对数学素养的内涵、测评与发展进行过专题研究, 但在测评方面的研究主要还是对 PISA 的数学素养测评的综述 (黄友初, 2016). 还有学者对基于学生核心素养的数学学科能力进行了深入的研究 (曹一鸣, 2017) 等.

《普通高中数学课程标准 (2017 年版 2020 年修订)》指出: "数学素养是现代社会每一个人应该具备的基本素养", "高中数学课程以学生发展为本, 落实立德树人根本任务, 培育科学精神和创新意识, 提升数学学科核心素养" 和 "数学学科核心素养是数学课程目标的集中体现, 是具有数学基本特征的思维品质、关键能力以及情感、态度与价值观的综合体现, 是在数学学习和应用的过程中逐步形成和发展的", 并提出高中阶段 "数学抽象、逻辑推理、数学建模、直观想象、数学运算和数据分析" 六大数学核心素养指标体系. 高中数学课程标准修订的重点是落实数学学科核心素养. 这就充分表明关于数学核心素养的研究, 亟待数学界、数学教育界有关专家学者进行深入的实证研究与理论思考, 以期为新一轮高中数学课程改革提供重要的理论指导. 因而, 对学生数学核心素养水平的认知诊断 (测量与评价) 以及对学生数学核心素养有效达成的路径的探究, 就成为理论界的一个重要研究课题.

(一) 一系列重要研究课题摆在数学教育界面前

数学学科核心素养对学生主体的未来发展有怎样的影响? 其机制如何? 如何培养和提高学生的数学学科核心素养? 如何树立以发展学生数学核心素养为导向的教学意识? 如何将数学知识技能的教学与数学核心素养有机地融合? 数学课堂教学中如何落实 "四基" 目标中的 "基本思想和基本活动经验"? "四基" 与 "四能" 目标如何在教学实践中统一, 从而促成学生数学学科核心素养的有效达成, 达到 "三会" 之境界? 这一系列问题又都将落实到一个更为基本的问题——如何对学生的数学学科核心素养有关指标及其水平进行认知诊断 (测量与评价)? 数学学科核心素养有效达成的实现路径又是什么?

《普通高中数学课程标准 (2017 年版 2020 年修订)》明确了六大数学核心素养指标体系, 并对其学业质量内涵和水平给出了详细的质量描述. 然而, 上述研究并未对新高中数学课程标准所界定的六大数学学科核心素养指标进行有关的测评与认知诊断的分析和研究. 本研究的基本设想是借鉴教育认知诊断评估理论与技术中的有关认知诊断模型, 运用数学教育测量与评价理论中的经典测量理论 (CTT) 和项目反应理论 (IRT) 等原理和技术手段, 对学生的六大数学学科核心素养指标的达成水平进行认知诊断分析 (测量与评价), 并以此探究数学学科核心素养有效达成的实现路径.

(二) 我们拟沿着以下思路和路径进行实证研究

(1) 以《普通高中数学课程标准 (2017 年版 2020 年修订)》第五部分 "学业质量" 中所界定的六大数学核心素养的水平划分与描述为依据, 根据数学课程标准的内容标准, 设计相应的学业质量测评问卷.

(2) 选择样本学校进行测量, 获取第一手数据, 并进行统计分析与认知诊断.

(3) 根据诊断分析, 对数学核心素养指标体系进行分析与评价, 并对学生数学核心素养达成水平做出一个科学的评价.

(4) 据此探究学生数学核心素养水平的有效达成和实现路径.

由于以往的研究 (主要是教育心理测量学界) 涉及的主要是儿童数学学习的认知诊断分析领域. 因此, 本课题研究的独到之处就是运用现代教育认知诊断评估理论与技术中的有关认知诊断模型, 对高中数学核心素养指标体系进行认知诊断与评价.

(三) 本研究的基本假设

(1) 学生数学核心素养水平层次是客观存在的, 把握这种水平层次及其划分, 是提高中学数学教学质量、全面提升学生数学素养的关键.

(2) 数学课程标准必须关注学生数学核心素养的提升, 数学教学要落实以发展学生数学核心素养为导向的教学思想和基本理念.

(3) 客观上一定存在发展学生数学核心素养的有效路径, 这种路径可能对不同学生而言会有不同, 我们的研究目的就是要探究这种发展学生数学核心素养的有效路径.

1.3 理 论 基 础

1.3.1 基于数学思想的历史与逻辑相统一的数学教育方式

本书作者在专著《数学课程标准与教学实践一致性——理论研究与实践探讨》(科学出版社, 2017) 中[1], 以基础教育数学课程改革为研究切入点, 对数学课程理念进行了深入的哲学思考和反思, 从数学教育方式、数学思维与数学思想方法、新课程理念下的教学实践研究, 以及数学课程标准与教学实践一致性问题等方面, 深入地探讨了数学教育哲学的若干重要课题, 并提出 "数学教育的本质是数学创造性教育, 它以着眼于学生主体内在潜能的开发和学生主体的未来发展为其教育哲学理念. 在教育实践中贯彻以数学思想方法为核心, 充分揭示 (或展现) 数学的思维过程为原则, 通过科学地高效地组织与运用数学教育的载体, 经过从内容到思想方法到能力这一数学方法论的教育方式 (中介), 培养学生的数学意识、科学精神与人文精神、创造性思维与实践能力, 其最终目标是学生主体的自由而全面地发展". 这一数学教育哲学思想. 在数学教育实践中, 基于对数学观、数学教育观以及数学教学观及其指导下的数学教育实践的深入的哲学思考基础上, 以着眼于学生数学思维能力的培养和创新思维能力开发为基本教育哲学理念; 遵循数学思想发生发展的历史与逻辑相统一的辩证思维基本规律, 贯彻以数学思想方法为核心, 充分揭示数学的思维过程为原则来组织数学的教与学; 将数学地思维 (数学思想方法——数学观——世界观) 作为数学教学的首要目标, 突出培养学生的数学观在数学教学中的重要地位和数学的教育功能; 同时, 我们特别注重学生的思维与实践能力在数学教育中的核心地位和作用, 注重在数学教育中进行数学史观与数学文化素养的培养和熏陶, 从而极大地发挥数学教育的整体功能 (数学观、方法论、数学思维与实践能力以及文化功能). 我们构建了 "基于数学思想的历史与逻辑相统一的数学教育方式, 简称 BTSE 教育方式", 具体内容如下:

通过数学的教与学, 培养学生学会 "如何提出数学问题 (数学意识)(How to **Bring** Forward Mathematical Problems)、如何思考数学问题 (数学地思维——数学思想方法——数学观——世界观)(How to **Think** About Mathematical Problems)、如何解决数学问题 (数学思维与实践能力——方法论)(How to **Solve** Mathematical Problems) 和如何表达数学问题 (数学思维过程的逻辑把握——数学语

---

[1] 陈惠勇著. 数学课程标准与教学实践一致性——理论研究与实践探讨 [M]. 北京: 科学出版社, 2017.

言——数学文化)(How to **Express** Mathematical Problems)". 这样一种数学教育方式称为 "**基于数学思想的历史与逻辑相统一的数学教育方式**", 或简称为 **BTSE 教育方式.** 其中的 **BTSE** 分别取自提出数学问题 (**Bring** Forward Mathematical Problems), 思考数学问题 (**Think** About Mathematical Problems), 解决数学问题 (**Solve** Mathematical Problems) 和表达数学问题 (**Express** Mathematical Problems) 四个核心关键词的首字母 **B-T-S-E**. "**BTSE 数学教育方式**" 的教学思想及其所体现的理念如图 1-1 所示.

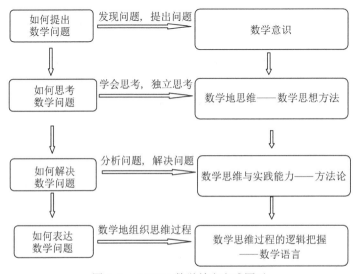

图 1-1 BTSE 数学教育方式图示

作者在本专著中凝练出数学教育教学的基本原则为: "教学方式与方法的选择与运用, 必须围绕着如何揭示数学思想方法这个核心 (数学思维与观念——把握数学本质), 力求思维过程充分展开, 并在这一过程中揭示数学本质 (数学教学的本质——数学基本活动经验——过程与方法), 培养学生创造性的数学思维与实践能力 (思维品质与关键能力——落实核心素养)."

可以看出, 作者提出的数学教育思想与教育部新修订的《普通高中数学课程标准 (2017 年版 2020 年修订)》的课程理念具有高度的一致性. 因而, 作者提出的 "基于数学思想的历史与逻辑相统一的数学教育方式" 就成为本课题研究的理论基础之一.

1.3.2 弗赖登塔尔的 "再创造" 数学教育理论

由于数学问题的学习, 特别强调对问题背景的意义的理解, 学生亲历数学的思维过程就显得尤为重要. 因此, 有关课题的教学与研究, 弗赖登塔尔的 "再创造"

数学教育理论特别值得我们借鉴与参考.

　　弗莱登塔尔所说的 "再创造", 其核心是**数学过程再现**. 弗赖登塔尔指出: "将数学作为一种活动来进行解释和分析, 建立在这一基础上的教学方法, 我称之为**再创造方法**."[①] 他认为: "学习过程必须含有直接创造的侧面, 即并非客观意义上的创造而是主观意义上的创造, 即从学生的观点看是创造. 通过再创造获得的知识与能力要比以被动方式获得者, 理解得更好也更容易保持. "[②] 弗莱登塔尔认为如果把结果作为出发点, 去把其他东西推导出来的叙述方法是思维过程的颠倒, 这种颠倒掩盖了创造的思维过程. 这样的教学教的是现成的数学, 是一个死的体系, 学生很难有自己发现和创造的体验. 因而弗莱登塔尔反复强调, 学习数学的唯一正确方法是 "再创造", 也就是由学生本人去经历知识的发现和创造的过程, 教师的任务是帮助和引导学生进行这种再创造的工作. 学生 "再创造" 学习数学的过程实际上就是一个 "做数学"(Doing Mathematics) 的过程, 这也是目前数学教育的一个重要观点. 这一过程要求通过教师精心设计, 创造问题情境, 让学生自己动手实验研究、合作商讨、探索问题的结果. 特别需要我们注意的是, 弗赖登塔尔的数学教育理论不是 "教育学 + 数学例子" 式的论述, 而是抓住数学教育的特征, 紧扣数学教育的特殊过程, 因而有 "数学现实"、"数学化"、"数学反思" 和 "思辨数学" 等诸多特有的概念, 值得我们深入地研究与借鉴.

1.3.3　数学教育测量与评价理论

　　经典测量理论 (CTT), 亦称真分数理论 (True Score Theory), 模型始于斯皮尔曼 (Spearman, 1904), 而由洛德和诺维克 (Lord, Novick, 1966) 给出了最终的公理化形式. 该理论假设在测验水平上, 观测分数 X 是由真分数 T(即特质分数) 与随机测量误差 E 之和所组成, 即 $X = T + E$; 误差 E 的平均数等于 0; 误差 E 与真分数 T 间的相关系数为 0. 根据这些基本假设, 提出信度 (Reliability)、效度 (Validity)、项目分析 (Item Analysis)、常模 (Norm)、标准化 (Standardization) 等基本概念. 信度等于真分数变异数与实得分数变异数之比. 效度等于有效分数变异数与实得分数变异数之比. 在此基本理论框架基础上, 经典测量理论建立了自己的测验方法体系, 推导了包括信度和效度在内的各种指标的计算公式, 完善了测验的标准化程序, 使整个测验过程建立在较为客观的基础上.

　　项目反应理论 (Item Response Theory, IRT) 则是在反对和克服经典测量理论的不足之中发展起来的一种现代测量理论. 它是研究以潜在特质为假设并从项目特征曲线开始. 所谓项目特征曲线就是用能稳定反映被试水平的特征量表代替被试卷面总分作为回归曲线的自变量, 并把求得的被试在试题上正确作答概率对

---

① 弗赖登塔尔. 作为教育任务的数学 [M]. 陈昌平, 唐瑞芬, 等译. 上海: 上海教育出版社, 1999: 111.

② 弗赖登塔尔. 作为教育任务的数学 [M]. 陈昌平, 唐瑞芬, 等译. 上海: 上海教育出版社, 1999: 110.

特征分数的回归曲线称为项目特征曲线 (Item Characteristic Curve, ICC). 项目反应理论研究中的一项重要工作就是要确定项目特征曲线的形态, 然后写出这条特征曲线的解析式, 即项目反应函数, 也称为项目特征函数 (Item Characteristic Function, ICF).

本研究借鉴教育认知诊断评估理论与技术中的有关认知诊断模型, 运用数学教育测量与评价理论中的经典测量理论 (CTT) 和项目反应理论 (IRT) 等原理和技术手段, 对学生的六大数学核心素养指标的达成水平进行认知诊断分析, 并以此为基础探究数学核心素养的实现路径.

1.3.4 PISA 测评理论

国际学生评估项目 (The Program for International Students Assessment, PISA) 是一项由经济合作与发展组织 (Organization for Economic Co-operation and Development, OECD) 发起的学生能力国际评估项目, 评估目的为测试即将完成基础教育的 15 岁学生是否掌握参与社会所需要的知识与技能, 即是否拥有基本素养. PISA 将素养定义为: 学生能够熟练运用学习得到的知识和技能, 进行分析、推理、交流, 在各种情境中解决和解释问题的能力[①].

2012 年, PISA 提出了数学素养测评模型框架, 包括三个维度: (1) 内容 (Content), 即数学内容知识, 包含数量、不确定性和数据、变化和关系、空间和形状四大领域; (2) 过程 (Process), 包含两个方面 ①三大数学过程: 形成数学、使用数学、解释数学; ②八大数学能力: 思维和推理能力、论证能力、交流能力、建模能力、提出问题和解决问题能力、表征能力、运用符号化和形式化语言的能力、使用辅助数学工具的能力; (3) 情境 (Situations), 即问题情境, 包含个人情境、社会情境、职业情境、科学情境[②].

PISA 数学素养测评理论框架可用直观的理论框架图表示, 如图 1-2 所示.

1.3.5 TIMSS 测评理论

TIMSS(Trends in International Mathematics and Science Study) 是一项由国际教育成就评价协会 (the International Association for the Evaluation of Educational Achievement, IEA) 主办的国际教育评测研究, 由纸笔测试和录像研究两部分组成[③]. TIMSS 关于数学方面的测评最初模型框架, 包括三个维度: 数学内容

① OECD. Learning for Tomorrow's World First Results from PISA 2003 [EB/OL]. http://www.pisa.oecd.org.

② 王鼎. 国际大规模数学测评研究——基于对 TIMSS 和 PISA 数学测评的分析 [D]. 上海: 上海师范大学, 2016.

③ 梁贯成. 第三届国际数学及科学研究结果对华人地区数学课程改革的启示 [J]. 数学教育学报, 2005, (1): 7-11.

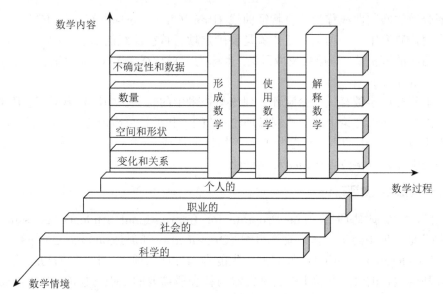

图 1-2 PISA 2012 数学素养测评理论框架结构图①

维度、期望表现维度、观点维度, 并在各维度之下又细分若干具体内容②. 随着测评的广泛推进, TIMSS 的测评框架也在逐步调整. 2003 年评价框架主要从数学内容 (Content) 和数学认知 (Cognitive) 能力两个方面测评数学学业质量, 其中内容维度包括: 数、代数、测量、几何、数据; 认知维度包括: 知道事实和过程、使用概念、解决常规问题、推理③. 之后的 TIMSS 数学评价框架延续围绕内容和认知两个领域来进行, 内容领域主要包括: 数与运算、代数、几何、数据与概率; 认知领域主要包括: 知道、运用、推理④.

1.3.6 SOLO 分类理论

SOLO(Structure of the Observed Learning Outcome) 分类理论是国际上常用的一种学生学业水平分类方法, 最早由澳大利亚教育心理学家彼格斯 (Biggs) 提出⑤. SOLO 分类理论研究了学生解决问题时所表现出来的思维结构, 将思维水

———————————
① 黄友初. 数学素养的内涵、测评与发展研究 [M]. 北京: 科学出版社, 2016.
② 丁梅娟. 国际大型教育评价比较项目研究及对我国的启示 [C]. 中国教育学会基础教育评价专业委员会 2012 年学术年会论文选集. 中国教育学会基础教育评价专业委员会、北京教育科学研究院: 中国教育学会基础教育评价专业委员会, 2012: 85-89.
③ 王鼎. 国际大规模数学测评研究——基于对 TIMSS 和 PISA 数学测评的分析 [D]. 上海: 上海师范大学, 2016.
④ 曾小平, 刘长红, 李雪梅, 韩龙淑. TIMSS2011 数学评价: "框架" "结果" 与 "启示"[J]. 数学教育学报, 2013, 22(6): 79-84.
⑤ Biggs J B, Collis K F. Evaluating the Quality of Learning-The SOLO Taxonomy [M]. New York: Academic Press, 1982.

平划分为 5 个层次等级, 由简单到复杂分别为: 前结构水平、单点结构水平、多点结构水平、关联结构水平、拓展抽象水平[①]. SOLO 分类理论中最核心的部分为其水平特征表如表 1-1 所示.

表 1-1　SOLO 分类理论的水平特征表

层次	水平特征
前结构水平	1. 不明白题目所指; 2. 学生没有任何的理解, 但可能将无关信息或者非重要信息堆积在一起; 3. 可能已获得零散的信息碎片, 但它们是无组织无结构的, 且与实际内容没有必然联系, 或者与所指主题或问题无关.
单点结构水平	1. 能够使用一个相关的或一个可用的信息; 2. 能够概括一个信息的一个方面; 3. 没有使用所有可用的数据而提前结束解答.
多点结构水平	1. 能同时处理几个方面的信息, 但这些信息是相互独立且互不联系; 2. 能够依据各个方面进行独立的总结; 3. 能够注意到一致性, 但是对不同方面也会得到不一致的答案; 4. 能够在实验设计中明白其一, 而不能指其二.
关联结构水平	1. 能够理解几方面信息之间的关系以及这些零散的信息如何组织形成一个整体, 能够把数据作为一个整体来考虑其连贯结构的意义; 2. 能够使用所有可用的信息并将其联系起来; 3. 能够通过总结文中可用的数据推断出一般的结论; 4. 能够得出数据的一致性, 但并不能超越这些数据, 在此之外提取结论; 5. 能够利用简单的定量算法.
拓展抽象水平	1. 能够利用所有可用的数据, 并能够将其联系起来, 而且将其用来测试由数据得来的合理的抽象结构; 2. 可以超越所给信息, 推断结构, 能够进行从具体到一般的逻辑推理; 3. 能够归纳做出假设; 4. 能够利用各种方法在开放的结论中使用组合的推理结果; 5. 能够采用新的和更抽象的功能来拓展知识结构; 6. 寻求一些控制可能变化的方法, 以及这些变化之间的相互作用; 7. 可以注意到来自不同观念的结构, 把观念迁移到新领域.

SOLO 分类理论的思想是基于瑞士心理学家皮亚杰的认知发展阶段学说而提出的, 皮亚杰认为人的认知发展是具有阶段性的, 是从低级向高级不断发展的过程, 认知发展具有一定的顺序性, 并且每一阶段都具有其独特的结构. SOLO 在认知发展阶段学说的基础之上, 主要评价学生的问题解决过程, 评价的重点为知识的考查, 用知识点的组合运用水平界定评价水平[②]. 因此 SOLO 分类理论能够更加清晰表明学生能力的可视性, 具有更广泛的应用范围.

① 李佳, 高凌飚, 曹琦明. SOLO 水平层次与 PISA 的评估等级水平比较研究 [J]. 课程·教材·教法, 2011, (4): 91.

② 喻平. 数学核心素养评价的一个框架 [J]. 数学教育学报, 2017, 26(2): 19-23.

1.4 研 究 方 法

相对于以往的研究主要涉及的是儿童数学学习的认知诊断分析领域, 本课题的研究方法的特色和创新之处是将现代教育认知诊断评估理论与技术运用于高中学生数学核心素养指标体系的认知诊断分析, 并对《普通高中数学课程标准 (2017年版 2020 年修订)》中数学学科核心素养指标体系 (内涵与表现及水平划分等) 进行实证研究与分析评价.

具体的研究方法有:

(1) 文献分析法 对国内外关于数学核心素养研究的有关文献进行梳理和比较研究, 特别是对于国内外数学课程标准理念及数学核心素养的研究进行比较分析, 并从数学教育哲学的视角, 对数学核心素养指标体系进行分析反思, 奠定本研究的起点和问卷设计的基础.

(2) 问卷调查法 本问卷设计设想基于现行普通高中数学课程标准实验教材(主要以人教版 A 版、人教版 B 版、北师大版为主), 借鉴克鲁捷茨基的 "**研究性测验**" 和现代心理测量学的 "**诊断性测验**" 研究方法, 研制符合数学核心素养指标体系各级水平 (水平一、水平二和水平三) 的学业质量问卷, 然后选择样本学校进行施测, 并获取数据.

(3) 认知诊断评估 根据问卷施测获得的数据, 运用 SPSS 软件进行统计分析, 融合经典测量理论 (CTT) 和项目反应理论 (IRT) 的方法, 对学生数学核心素养的达成水平状况进行认知诊断与分析评估, 形成学生数学核心素养水平状况的认知诊断报告.

(4) 理论建构 对课程标准中关于学生数学核心素养指标体系进行重新评估, 构建学生数学核心素养达成的实现路径, 为《普通高中数学课程标准 (2017 年版2020 年修订)》之改进以及基础教育数学课程改革提供参考建议.

1.5 研究框架和主要内容

本课题研究对象属于数学教育学领域中的数学课程与教学论和数学教育测量与评价领域, 核心内容是对学生数学核心素养指标的达成水平进行认知诊断, 并根据诊断结果探究学生数学核心素养有效达成的实现路径.

本研究的总体框架是: 首先对国内外关于数学核心素养研究文献进行比较分析, 特别是对国内外数学课程标准关于数学核心素养研究进行梳理与比较分析; 在此基础上, 从数学教育哲学的视角探究数学核心素养指标体系的内涵与教育价值及表现水平; 然后, 再从数学教育测量与评价的视角, 运用现代教育认知诊断评估理论与技术中的有关认知诊断模型, 设计质量问卷并选择样本学校, 对学生数学核心素养的达成水平施测, 得到第一手数据, 并运用 SPSS 软件等统计分析方法对数据进行分析和认知诊断, 并得出相关结果; 最后, 我们将针对相关结果, 探究学生数学核心素养有效达成的实现路径.

本书聚焦于两大研究主题: 一是关于数学核心素养的测量与评价研究; 二是关于数学核心素养的实现路径探究. 全书内容如下:

首先是绪论章, 本章阐述数学学科的本质与数学核心素养的内涵与价值, 在相关文献分析的基础上, 论述本研究的理论基础, 提出研究的问题以及研究方法等.

第一篇为 "数学核心素养水平的测量与评价研究"(第 2 至 7 章).

我们对高中生的数学抽象素养、逻辑推理素养、数学建模素养、直观想象素养、数学运算素养以及数据分析素养进行了系统的实证研究, 旨在了解课程改革背景下的普通高中学生的数学学科核心素养的现状与水平, 得到相关的测量与评价研究结论, 并针对具体问题提出相应的策略或建议, 为探究有效达成数学核心素养水平的路径奠定认知基础.

第二篇为 "数学核心素养水平的实现路径探究"(第 8 至 12 章).

基于作者对数学教学本质的认识, 即 "数学教学的本质是数学思维活动的教学, 因而, 数学教学中突出的问题是如何揭示数学的思维过程 (数学的基础知识、基本技能蕴含其中), 使学生在数学的思维活动过程中领悟数学的思想和方法 (基本思想的落实), 积累数学的活动经验 (基本活动经验的落实), 从而使学生的数学思维与实践能力得以培养 (培养 '四能'), 数学学科核心素养得以有效提升. 数学教学方式与方法的选择与运用, 必须围绕着如何揭示数学思想方法这个核心 (数学思维与观念——强调数学本质), 力求思维过程的充分展开, 并在这一思维过程中揭示数学的本质 (数学的基本思想和基本活动经验), 培养学生创造性的数学思维与实践能力 (思维品质与关键能力——落实数学核心素养)". 这应该是我们必须遵循的数学教育的基本原则. 本篇我们将结合具体的案例探究数学抽象素养的培养路径 (第 8 章); 以公理化思想方法在数学教学中的落地为例, 探究逻辑推理素养的培养路径 (第 9 章); 基于数学史与数学教育的深度融合暨 HPM 视域, 探究发生教学法在双曲线的教学中的运用, 并以此探究数学抽象素养、逻辑推理素养和数学运算素养在教学中的落实与实施 (第 10 章); 注重信息技术与数学课程的深度融合是时代的必然要求, 我们构建了一个新的理论框架——T-TPACK 数学教育理论模型, 并以 Geogebra 环境下椭圆及其标准方程的可视化教学设计为例, 践行 "技术促进数学思维的发展是数学教育技术的使命和归宿" 这一理念 (第 11 章); 最后以本人指导的在职研究生张竹华老师的一堂获全国一等奖的课例为基础, 开发并入选 "中国专业学位教学案例中心" 案例库的教学案例 "数学核心素养如何落地?——初中数学 "三角形的边" 的设计与实施" 作为本书的结束.

参 考 文 献

[1] 国际学生评估项目中国上海项目组. 质量与公平: 上海 2012 年国际学生评估项目 (PISA) 结果概要 [M]. 上海: 上海教育出版社, 2015.

[2] 核心素养研究课题组. 中国学生发展核心素养 [J]. 中国教育学刊, 2016, 10: 1-3.

[3] 中华人民共和国教育部. 普通高中数学课程标准 (2017 年版 2020 年修订)[M]. 北京: 人民教育出版社, 2020.

[4] 林崇德. 21 世纪学生发展核心素养研究 [M]. 北京: 北京师范大学出版社, 2016.

[5] 何小亚. 数学核心素养指标之反思 [J]. 中学数学研究, 2016, (7(上)): 1-4.

[6] 史宁中, 张丹, 赵迪. "数据分析观念" 的内涵及教学建议 [J]. 课程 · 教材 · 教法, 2008, (6): 40-44.

[7] 史宁中. 试论数学推理过程的逻辑性 [J]. 数学教育学报, 2016, 4: 1-20.

[8] 陈佑清. "核心素养" 研究: 新意及意义何在？——基于与 "素质教育" 比较的研究 [J]. 课程 · 教材 · 教法, 2016, 36(12): 3-8.

[9] 章建跃. 高中数学教材落实核心素养的几点思考 [J]. 课程 · 教材 · 教法, 2016, (7): 44-49.

[10] 王光明, 张楠, 周九诗. 高中生数学素养的操作定义 [J]. 课程 · 教材 · 教法, 2016, (7): 50-55.

[11] 黄友初. 数学素养的内涵、测评与发展研究 [M]. 北京: 科学出版社, 2016.

[12] 曹一鸣, 冯启磊, 陈鹏举, 等. 基于学生核心素养的数学学科能力研究 [M]. 北京: 北京师范大学出版社, 2017.

[13] 汪文义, 宋丽红. 教育认知诊断评估理论与技术研究 [M]. 北京: 北京师范大学出版社, 2015.

[14] 章建跃. 中学数学核心内容教学设计的理论与实践总论 (上册、下册)[M]. 北京: 人民教育出版社, 2016.

[15] 克鲁捷茨基. 中小学生数学能力心理学 [M]. 李伯黍, 等译. 上海: 上海教育出版社, 1987.

[16] 曹一鸣, 代钦, 王光明. 十三国数学课程标准评介 (高中卷)[M]. 北京: 北京师范大学出版社, 2013.

[17] 史宁中, 孔凡哲. 十二个国家普通高中数学课程标准国际比较研究 [M]. 长沙: 湖南教育出版社, 2013.

[18] 凯 · 斯泰西, 罗斯 · 特纳. 数学素养的测评——走进 PISA 测评 [M]. 曹一鸣, 等译. 北京: 教育科学出版社, 2017.

第一篇 数学核心素养水平的测量与评价研究

本篇结合《普通高中数学课程标准 (2017 年版 2020 年修订)》与 PISA 数学素养测评体系, 将内容、过程、情境和情感态度价值观作为六大数学学科核心素养测评的四个维度, 基于 SOLO 分类理论制定了内容维度水平划分标准, 分别建立起高中生数学抽象素养、逻辑推理素养、数学建模素养、直观想象素养、数学运算素养和数据分析素养测评体系, 并分别编制相应的数学学科核心素养测试卷和调查问卷, 通过施测, 得出相关核心素养的测评结论, 并以此为基础, 结合数学教育实践提出数学学科核心素养培养的教学建议.

第 2 章　数学抽象素养的测量与评价

基于《普通高中数学课程标准 (2017 年版 2020 年修订)》与 PISA 数学素养测评体系，按内容、过程和情境三个维度构建高中生数学抽象素养评价框架，并将数学抽象素养细分为六个水平. 根据素养评价框架编制相应的测试任务，所得测评结果如下: (1) 多数学生处于数学抽象素养的水平四; (2) 学生数学抽象素养在以下方面略显匮乏: 一是对数学概念与规则的抽象，二是对数学命题与模型的运用，三是对数学方法与思想的总结，四是对数学结构与体系的认识.

基于被试学生在数学抽象过程中暴露出的问题，理论层面提出如下建议: (1) 在再创造过程中提升数学抽象素养; (2) 在 APOS 理论的应用中发展数学抽象素养. 实践层面建议如下: (1) 在数学概念教学中形成数学抽象素养; (2) 在数学建模活动中培养数学抽象素养.

2.1　数学抽象素养研究概述

2.1.1　课程视角的相关研究

(一) 数学抽象素养的内涵

"抽象" 一词源自拉丁文 "abstractum"，意为排除、抽出. "从许多事物中，舍弃个别的、非本质的属性，抽出共同的、本质的属性，叫抽象，是形成概念的必要手段".[①] 在日常生活中，抽象多指看不见、摸不着的，难以理解的东西. 在科学研究中，抽象是指从众多事物中抽取共同的、本质的特征，而舍弃非本质特征的过程.

在《辞海》中，数学抽象与哲学是紧密相连且不可分割的，并认为数学抽象就是对同一类事物抽取出它们共同的、本质的特征，而舍弃那些非本质属性的过程. 数学的本质就是研究一切抽象的事物，这是数学家们普遍认同的观点[②].

皮亚杰认为，抽象有两种表现形式，一是经验性抽象，二是伪经验性抽象; 经验性抽象指的是客体所具有的属性，也包括客体本身; 而伪经验性抽象来自于主体对客体所作出的动作; 当主体经历了这两种抽象形式之后，会在头脑中建立主体与客体、客体与客体之间的联系，并形成某些概念和规则[③].

---

① 中国社会科学院语言研究所词典编辑室. 现代汉语词典 [M]. 北京: 商务印书馆, 1983: 151.

② 夏征农, 陈至立. 辞海 [M]. 6 版. 上海: 上海辞书出版社, 2009.

③ Piaget J, et al. Recherches sur l'abstraction rdfldchissante [Research on reflective abstraction][M]. Paris: Presses Universitaires de France, 1977.

　　柏拉图对于抽象的解释是"人们获得数学概念和命题、形成数学知识的过程"[①]. 在亚里士多德看来, 数学抽象则是去掉事物表面上的一切可感知的属性, 留下事物的量性、相关位置或比例的过程[②]. 比如苹果是红色的、硬的, 香蕉是黄色的、软的, 去掉颜色、软硬等属性之后, 我们可以知道, 苹果、香蕉都属于水果.

　　斯根普认为, 提取个体意识中相似性的经验, 对其分类、整理, 形成有关概念的过程就是抽象[③]. 达维多夫否认了斯根普的观点, 在他看来, 对个体经验的抽象只是单纯地将事物与现象分开, 是一种初级的抽象, 而对经验进行总结, 形成理论, 在理论的基础上进行抽象才是高级的抽象, 才能解释事物性质的各种表现形式[④].

　　吕林海认为, 数学抽象是以客观世界为背景, 舍弃客观世界中各种事物所具有的一切性质, 只留下数量关系和空间形式的过程. 这里的数学抽象是有层次的, 是从低到高的抽象, 它蕴含着事物之间的本质联系, 是一种在数学定义和推理的基础上进行的逻辑建构, 为数学的发展提供了可能[⑤].

　　侯聪波认为, 数学抽象是区别于其他抽象事物的一种特殊的抽象, 它的特殊性在于抽象的过程是与数学学科性质结合在一起的, 与数学的空间形式与数量关系息息相关, 是从各种事物中抽象出同类性质的过程[⑥].

　　钱佩玲认为, 无论是抽象的内容、方法还是程度, 都包含着特殊性; 对事物数量关系的抽象、空间形式的抽象都属于内容层面的特殊性; 在已有数学对象的基础上, 通过数学定义和推理构建新的逻辑结构属于方法层面的特殊性; 程度上的特殊性是指数学抽象不同于一般抽象, 它是更深层次、更本质、更彻底的抽象, 是对一般抽象进行再抽象的过程[⑦].

　　数学学科研究的正是事物在数量关系或空间形式方面共同的、本质的属性. 例如在 3 个苹果、3 个橙子、3 个西瓜等中, 忽略水果的品种、大小、重量, 只考虑它们之间共同的属性——数量, 从而抽象出数字"3"这样一个数学概念. 事实上, 数学中大部分研究对象都是以现实事物为原型, 借助抽象这一有力工具构建起来的. 学生进入高中阶段的学习后, 所学数学知识的难度和抽象程度进一步加深, 因而掌握抽象方法、培养抽象的理性思维和洞察问题本质的眼光不仅是数学学习的需要, 更是数学教育中极为重要的价值目标.

　　2020 年出版的《普通高中数学课程标准 (2017 年版 2020 年修订)》更是从内

① 转引自: 史宁中. 数学的抽象 [J]. 东北师大学报 (哲学社会科学版), 2008, (5):169-180.

② 亚里士多德. 形而上学 [M]. 吴寿彭, 译. 北京: 商务印书馆, 1997: 219.

③ Skemp R R. The Psychology of Learning Mathematics[M]. London: Penguin Books, 1986: 319.

④ Davydov V V. Types of Generalization in Instruction: Logical and Psychological Problems in the Structuring of School Curricula. Soviet Studies in Mathematics Education. [M]. Volume 2 National Council of Teachers of Mathematics, 1990.

⑤ 吕林海. 数学抽象的思辨 [J]. 数学教育学报, 2001, 10, (4): 59-62.

⑥ 侯聪波. 数学抽象在数学教学中的应用 [J]. 经营管理者, 2012, (16): 348.

⑦ 钱佩玲, 邵光华. 数学思想方法与中学数学 [M]. 北京: 北京师范大学出版社, 1999: 67-82.

涵、学科价值、主要表现和育人价值等四个方面, 对数学抽象素养作出了精辟的概括, 指出:

数学抽象是指通过对数量关系与空间形式的抽象, 得到数学研究对象的素养. 主要包括: 从数量与数量关系、图形与图形关系中抽象出数学概念及概念之间的关系, 从事物的具体背景中抽象出一般规律和结构, 并用数学语言予以表征. (内涵)

数学抽象是数学的基本思想, 是形成理性思维的重要基础, 反映了数学的本质特征, 贯穿在数学产生、发展、应用的过程中. 数学抽象使得数学成为高度概括、表达准确、结论一般、有序多级的系统. (学科价值)

数学抽象主要表现为: 获得数学概念和规则, 提出数学命题和模型, 形成数学方法与思想, 认识数学结构与体系. (主要表现)

通过高中数学课程的学习, 学生能在情境中抽象出数学概念、命题、方法和体系, 积累从具体到抽象的活动经验; 养成在日常生活和实践中一般性思考问题的习惯, 把握事物的本质, 以简驭繁; 运用数学抽象的思维方式思考并解决问题. (育人价值)

同时, 《普通高中数学课程标准 (2017 年版 2020 年修订) 解读》中进一步指出, 通过在事物的数量关系与空间形式中建立联系, 形成新的研究对象的过程就是数学抽象过程, 它可以从几方面进行, 比如事物的数量关系这方面, 比如事物的图形关系这方面, 通过抽象, 得到事物的概念间的关系, 并用数学的语言去表达事物的一般规律和结构的过程[1].

(二) 数学抽象素养的类型

按照数学抽象的压缩形式, Gray 和 Tall 将抽象分为三类, 一是基于对象属性的抽象, 重新压缩对象的名称, 如苹果、香蕉、橙子、梨可统称为水果; 二是基于对象操作的抽象, 压缩运算中的符号, 如加减乘除、代数中的符号, 如 a, b, c, d 等; 三是基于对象性质的抽象, 对于已经压缩的对象, 在已有概念的基础上构建出新的概念[2].

从数学抽象的层次来看, 徐利治和张鸿庆认为数学抽象具有强抽象、弱抽象和广义抽象三种形式; 强抽象是在原有概念的基础上, 加入新的概念以达到强化原有概念的目的, 如函数的一致连续性就是在函数连续性的基础上提出来的; 弱抽象是对事物的某一个特征进行再抽象, 从而得到比原有概念更加抽象的概念, 比如在矩阵中, 行最简形矩阵是行阶梯形矩阵的一种形式, 那么行阶梯形矩阵这一概念比

---

[1] 教育部基础教育课程教材专家工作委员会组织编写. 普通高中数学课程标准修订组编写, 史宁中, 王尚志主编. 普通高中数学课程标准 (2017 年版 2020 年修订) 解读. 北京: 高等教育出版社, 2020.

[2] Gray, E., Tall, D. Abstraction as a natural process of mental compression[J]. Mathematics Education Research Journal, 2007, (19): 27.

行最简形矩阵的概念更抽象; 广义抽象指的是如果一个定理可以证明另一个定理, 那么被证明的定理就更抽象[①].

从数学抽象的方法来看, 孙宏安认为数学抽象包括等置抽象、理想化抽象和实现可能性抽象; 其中等置抽象是按照规则对事物共同特征进行抽象; 理想化抽象是指按照个体主观上的意愿, 以一种理想化的形式对事物进行抽象, 以形成个体所需要的某种概念的抽象, 不管是在数学, 还是在物理方面, 许多定理、公理的证明都离不开理想化抽象; 实现可能性抽象是在特定背景下舍弃现实中事件不可能实现的概率, 重新构造数学对象的抽象, 比如在求函数的极限中就使用了这个方法[②].

从数学抽象的深度来看, 史宁中将数学抽象分为简约、符号、普适三个阶段; 在简约阶段, 需要抓住事物的本质特征, 将问题化繁为简, 化未知为已知, 使之简洁明了, 富有条理; 简化之后, 进入到符号阶段, 这时需要用数学语言将简化了的概念、命题等表达出来; 最后, 到达普适阶段, 只需要将得到的数学概念转化为数学模型, 并学会用模型解决现实问题[③]. 之后, 张胜利, 孔凡哲等提出了实物层面、半符号层面、符号层面以及形式化层面四种抽象形式[④].

(三) 数学抽象素养的水平

《普通高中数学课程标准 (2017 年版 2020 年修订)》将数学抽象素养划分为三个水平, 三个水平层次是在不同情境、不同问题中提出来的, 按照学生在各种情境中解决不同问题的表现划分学生抽象素养水平. 如表 2-1 所示.

表 2-1　数学抽象素养的水平划分

水平	素养
	数学抽象
水平一	能够在熟悉的情境中直接抽象出数学概念和规则, 能够在特例的基础上归纳并形成简单的数学命题, 能够模仿学过的数学方法解决简单问题.
	能够解释数学概念和规则的含义, 了解数学命题的条件与结论, 能够在熟悉的情境中抽象出数学问题.
	能够了解用数学语言表达的推理和论证; 能够在解决相似的问题中感悟数学的通性通法, 体会其中的数学思想.
	在交流的过程中, 结合实际情境解释相关的抽象概念.
水平二	能够在关联的情境中抽象出一般的数学概念和规则, 能够将已知数学命题推广到更一般的情形, 能够在新的情境中选择和运用数学方法解决问题.
	能够用恰当的例子解释抽象的数学概念和规则; 理解数学命题的条件与结论; 能够理解和构建相关数学知识之间的联系.
	能够理解用数学语言表达的概念、规则、推理和论证; 能够提炼出解决一类问题的数学方法, 理解其中的数学思想.
	在交流的过程中, 能够用一般的概念解释具体现象.

① 徐利治, 张鸿庆. 数学抽象度概念与抽象度分析法 [J]. 数学研究及应用, 1985, 5(2): 134.

② 孙宏安. 谈数学抽象 [J]. 中学数学教学参考, 2017, (7): 2-5.

③ 史宁中. 数学思想概论: 第 1 辑——数量与数量关系的抽象 [M]. 长春: 东北师范大学出版社, 2008.

④ 张胜利, 孔凡哲. 数学抽象在数学教学中的应用 [J]. 教育探索, 2012, (1): 68-69.

续表

水平	素养
	数学抽象
水平三	能够在综合的情境中抽象出数学问题, 并用恰当的数学语言予以表达; 能够在得到的数学结论基础上形成新命题; 能够针对具体问题运用或创造数学方法解决问题. 能够通过数学对象、运算或关系理解数学的抽象结构, 能够理解数学结论的一般性, 能够感悟高度概括、有序多级的数学知识体系. 在现实问题中, 能够把握研究对象的数学特征, 并用准确的数学语言予以表达; 能够感悟通性通法的数学原理和其中蕴含的数学思想. 在交流的过程中, 能够用数学原理解释自然现象和社会现象.

但是, 教学实践中存在如下问题: 一是是否存在数学抽象水平处在水平一之前, 水平三之后的学生? 如果存在, 那么现有水平测量体系则无法准确地估计出他们数学抽象素养水平的真实状况; 二是各水平等级的描述仍偏向于抽象, 并没有结合高中数学具体课程内容进行区分, 导致在测量学生数学抽象素养水平时可能出现界限模糊的情况. 由此可见, 需要构建一个更清晰、更细致的数学抽象素养测评框架, 以便更好地把握学生的数学抽象素养的真实水平, 从而为更好地落实数学抽象素养提供借鉴.

2.1.2 PISA 有关数学素养的研究

PISA 是 "国际学生评估项目" 的简称, 主要是从阅读、数学、科学三个素养出发, 对学生问题解决能力及终身学习能力的研究, PISA 测评体系是从 2000 年开始建立的, 测评方式包括书面测试和问卷调查, 测评结果准确有效, 被许多国家和地区广泛使用, 是国际上最有影响力的学业评价系统. 通过 PISA, 我们认识到, 教会学生学习比传授学生知识更加重要, 教师要做的是引导学生学会学习, 而不仅仅是把现有的知识传授给学生[1].

(一) PISA 测试突出以人为本和终身学习的素养理念

数学素养作为 PISA 评估三大素养之一, 它包括 "学生理解数学的能力、表达数学的能力、作出数学判断的能力、运用数学的能力等, 比如运用数学概念、推理等工具来解释、分析和预测现象, 帮助学生形成数学素养, 能做出有理有据的判断和决策, 使其成为建设社会的良好公民"[2]. 可以看出, PISA 数学素养的出发点和归宿是人的发展, 其目的是帮助学生养成终身学习的习惯, 强调的是个体在社会发展中所起的作用. 随着 PISA 测评体系的不断发展, PISA 对数学能力的要求也越来越具体. 测评内容以学生的实际能力为主, 主要考查学生在相应学科领域所掌握的各种能力, 更重视社会对学生的要求. 同时, PISA 关注教育的均衡性与公

---

① 张民选. 自信与自省——谈上海 PISA 再夺冠 [J]. 外国中小学教育, 2014, (1): 2-7.
② 国际学生评估项目中国上海项目组. 质量与公平——上海 2012 年国际学生评估项目 (PISA) 结果概要 [M]. 上海: 上海教育出版社, 2014.

平性, 充分体现了"以人为本"的教育理念, 为人的终身学习和发展提供了可能①.

(二) PISA 测评框架与精熟度水平的开发科学有效

PISA 从内容、情境和过程三个维度构建数学素养的测评体系②. 之所以从内容、情境和过程来展开, 是因为 PISA 涵盖了学生所能接触到的所有范围, 内容方面包括学生从小到大各门学科的所有内容, 情境包括学生在家庭、学校、社会所面临的所有情境, 过程包括学生解决问题时所经历的从低级到高级的所有过程, 总之, PISA 是无所不包的. 时代在进步, PISA 也在进步, 专家们总能结合时代特点不断完善测评体系, 不断提高测试结果的精准度, 这使得 PISA 无论是在评价理念、评价技术还是评价结果方面, 都被广泛认可. 此外, PISA 从数学概念、结构、方法等方面, 采用六个精熟度水平对学生的能力进行描述, 保证了不同国家和地区测评的一致性③.

(三) PISA 命题着重情境构建和注重考查学生思维品质

PISA 试题大多来源于实际生活, 具有综合性, 这是因为它的主要目的是让学生学会适应社会生活, 主要考查学生在未来生活中学会生存的本领. 同时, PISA 试题也具有多样性、开放性、多元性等特点, 这是因为 PISA 提倡各个国家或地区在共同命题标准的前提下, 结合各国家或地区的实际情况来命题. PISA 试题最大的特点就是所有的试题来源于生活, 通过学生之手, 又回归于生活. 试题的设计均以情境构建为主, 情境大部分来源于生活中发生的事件, 以及学生在未来生活中可能遇到的问题, 从中抽象出数学问题, 并让学生运用所学方法加以解决. PISA 试题最具特色的是开放式问答题, 开放式问答题主要考查学生解决问题的思考、推理过程, 可以通过学生的解答情况, 较为精准地判断学生的潜在水平, 并且非常利于学生创造性思维的发展.

(四) PISA 双位编码评分技术充分利于考试数据资源

PISA 对于开放式试题有一套公认的评分标准, 这是因为, 在试题设计之初, 命题者会先写好作答的评分草稿, 然后对被测学生进行访谈, 对不同学生的解题思路形成清晰的认识, 并且在全地区范围内发放试卷, 收集整理被测者的作答情况, 对评分细则不断调整修改, 最后形成科学可行的评分标准. 在对数据资源的利用上, PISA 借助现代教育测量理论使用"双位编码"技术从学生的考试分数中分析出学生在解决问题时的心理过程及影响问题解决的各种因素④, 即不仅考查学生解决问题的方法、能力, 也考查阻碍学生实现问题解决的因素. 此外, PISA 评

① 张民选, 陆璟. 专业视野中的 PISA[J]. 教育研究, 2011, (6): 3-10.

② 国际学生评估项目中国上海项目组. 质量与公平——上海 2012 年国际学生评估项目 (PISA) 结果概要 [M]. 上海: 上海教育出版社, 2014.

③ OECD. PISA 2012 Technical Report [EB/OL]. http://www.oecd.org/pisa/.

④ 王蕾. 我们从 PISA 学到了什么——基于 PISA 中国试测的研究 [J]. 北京大学教育评论, 2013, (1): 172-180.

分步骤是: 对学生答案赋予代码, 代码输入数据库管理软件, 运用项目反应理论作量化处理[①]. 这样一个测量、评价的过程极大体现了 PISA 测评的严谨性, 以及测评结果的可参考性.

2.2 高中生数学抽象素养测评体系的构建

2.2.1 高中生数学抽象素养测评指标体系建立的依据

最原始的 PISA 对数学素养的定义为, 是个体认识数学、理解数学的能力, 能做出准确的数学判断的能力, 以及为了满足个人生活需要而使用和从事数学活动的能力[②]. 2012 年之后, 数学素养又被定义为, 个体在各种情境中进行数学表述、数学运用和数学阐释的能力[③].

PISA 数学素养测试框架包括测试内容、测试过程、问题情境三个维度[④]. 这三个维度将作为本研究框架的一级指标.

(一) 测试内容

从数学素养的内涵可以看出, PISA 是对学生运用数学知识解决实际问题的能力的考查. PISA 的测试内容既包含了数学的发展历程, 也包含了各个历程的深度与广度, 并且这些内容是经过选择, 极具代表性的内容, 基于此, PISA 测试内容主要包括空间和形状、变化和关系、数量、不确定性四个主要领域, 这四个领域几乎涵盖了数学各个部分的内容, 与我国数学课程标准中的函数、几何与代数、概率与统计等主题不谋而合, 是学生在未来生活中所要用到的所有数学内容的集合. 其中, 空间和形状接近几何课程的要求, 变化和关系与代数、函数的关系最为密切, 数量主要涉及算数部分, 而不确定性则包括统计和概率.

在《普通高中数学课程标准 (2017 年版 2020 年修订)》课程内容各主题中, 与数学抽象相关的主题主要是函数, 而函数也与 PISA 数学素养中变化和关系这一模块密切联系. 于是, 笔者决定将函数这一部分的内容作为本研究的基准, 通过研究学生在笔者设计的问卷中的表现情况来分析学生的抽象素养水平. 基于此, 笔者选择将《普通高中数学课程标准 (2017 年版 2020 年修订)》中必修课程、选择性必修课程中函数的概念与性质, 幂函数、指数函数、对数函数, 三角函数, 函数应用, 数列, 一元函数导数及其应用这六个模块作为内容维度的二级指标, 并以此作为试题测试范围.

---

① 陆璟, 占盛丽, 朱小虎. PISA 的命题、评分组织管理及其对上海市基础教育质量监测的启示 [J]. 教育测量与评价, 2010, (2): 10-15.

② OECD. Mathematical Literacy[EB/OL]. http://www.oecd.org/pisa/.

③ 同②.

④ OECD. PISA 2003 Mathematics Literacy Framework[M]. Paris: OECD Publishing, 2002.

(二) 测试过程

PISA 的过程维度包括现实问题 "数学化" 和问题解决、数学能力和认知要求三个方面. 现实问题 "数学化" 和问题解决指的是运用数学知识来解决现实问题的过程[1]. "数学化" 包括五个步骤: 呈现现实情境; 抽象数学问题; 经历数学过程; 解决数学问题; 理解数学方法. 数学能力是每一个公民都应具备的理解数学、运用数学、适应社会生活的能力[2]. 在认知要求方面, PISA 提出了三个能力群: 再现能力群、联系能力群和反思能力群. 这三个能力群是依据学生解决不同问题时所呈现出来的作答反应而区分的, 具有从低到高逐级递进的层次, 学生在解决不同的数学题目时需要具备不同的知识与能力, 也就代表学生身上体现出来的不同的能力群, 于是 PISA 对这些能力按照等级进行了分组, 为评价学生不同能力水平做了良好的依据 (表 2-2).

表 2-2   PISA 2003 数学能力群结构

再现能力群	联系能力群	反思能力群
标准化的呈现和定义	模式化	复杂问题解决和呈现
常规计算	标准问题解决转化和解释	反思和洞察
常规问题解决	多种明确的方法	新颖的数学方法
		多种复杂的方法
		推广

再现能力群是较低级的能力水平, 要求学生能在熟悉的情境中用先前学过的知识解决问题, 包括复述概念、定义, 常规的运算、问题解决等. 联系能力群是较于再现能力群更高级的能力水平, 需要学生具备在熟悉或较熟悉的情境中解决比较复杂的问题的能力, 需要运用多种方法解决问题, 并能进行概念之间的转化, 建立概念之间的联系. 反思能力群是最高级别的能力水平, 需要学生能综合运用知识与技能解决复杂的问题并提出批判性的观点及创新性的想法, 能对概念、方法等进行反思与拓展.

2012 年之后, PISA 更新了过程维度的概念, 认为过程包括数学过程和数学能力两个方面. 数学过程则包括表述数学情境, 运用数学概念、事实、步骤和推理, 以及阐释、运用和评估数学结果. 总的来说, 无论是 2003 版的再现、联系、反思, 还是 2012 版的表述、运用、解释, 都是按照学生解决问题的思路历程来划分的. 经过多方面考虑, 笔者决定将再现、联系、反思作为过程维度的二级指标.

(三) 问题情境

PISA 呈现了四种类型的情境: 个人情境、职业情境、社会情境、科学情境.

---

① 上海市教育科学研究院国际学生评估项目上海研究中心, 译. 面向明日世界的学习——国际学生评估项 (PISA)2003 报告 [M]. 上海: 上海教育出版社, 2008.

② OECD: PISA 2003 Mathematics Literacy Framework[M]. Paris: OECD Publishing, 2002.

这四种情境将作为问题情境下的二级指标. 其中, 个人情境是指与个体自身联系紧密的情境, 职业情境则包括各种职业中出现的情境, 社会情境指个体所处社会中呈现的情境, 科学情境与自然世界、科技密切相关.

从情境的分类来看, 这四种情境几乎包含了个人在生活中所有可能面对的情境, 这也向我们说明数学来源于生活, 问题情境也来源于生活. 对学生来说, 最熟悉的应该是个人情境, 最陌生的应该是科学情境, 可从我国实际来看, 在数学素养的测试中呈现给学生最多的却是科学情境, 这也暴露了一个问题, 我国大部分学生在学习知识方面的能力强于解决问题方面的能力, 可能原因是学生长期面对陌生的科学情境, 缺少面对熟悉情境解决实际问题的经验. 因此, 在设计问卷时, 不能单方面强调某一种情境, 应该综合运用多种情境, 编制多样化的试题, 提升学生从多方面、多角度解决问题的能力.

PISA 中的所有测试题都是按这四种情境进行分类的, 每一种情境都来自于学生所经历过或者常见的现实场景. 学生在解决问题时, 面对熟悉的情境, 从中抽象出数学问题, 选择适当的方法解决问题, 让学生通过经历解题过程提升适应生活的能力, 同时, 也能让学生感受到数学的价值, 体会到数学的美, 认识到学习数学的重要性.

比如 PISA 中有这样一道测试题[①]:

马丁发现海豹即使在睡觉的时候也要呼吸, 对海豹观察了一个小时后发现, 海豹开始时跳入海底睡觉, 8 分钟后浮出水面开始呼吸, 3 分钟后又回到海底睡觉, 整个过程非常有规律. 一小时后, 海豹:

A. 在海底   B. 在上浮的过程中

C. 在呼吸   D. 在下沉的过程中

从表面上看, 这是一个海豹睡觉呼吸的问题, 但从数学的角度来看, 这是一个周期性的问题, 学生在做题的过程中, 抽象出时间的规律, 再运用数学的方法去解决, 通过这样一个过程, 潜移默化地培养学生运用数学知识解决现实问题的能力. 虽然这只是一个简单的情境, 但如果没有这种简单情境的练习, 学生也难以达到解决复杂情境中复杂问题的能力层次, 所有被认为复杂的知识往往都是由简单的知识一点一点积累起来的.

2.2.2 高中生数学抽象素养测评的指标体系

在理解 PISA 测评体系各个维度的知识之后, 结合《普通高中数学课程标准(2017 年版 2020 年修订)》的具体要求, 本研究建立了如下数学素养测评的指标体系, 如表 2-3 所示.

---

① 孔凡哲, 李清, 史宁中. PISA 对我国中小学考试评价与质量监控的启示 [J]. 外国教育研究, 2005, 179: 72-76.

表 2-3　高中生数学抽象素养测评的指标体系

一级指标	二级指标
内容	函数概念与性质
	幂函数、指数函数、对数函数
	三角函数
	函数应用
	数列
	一元函数导数及其应用
过程	再现数学
	联系数学
	反思数学
情境	个人的情境
	职业的情境
	社会的情境
	科学的情境

其中内容、过程、情境为一级指标. 内容下的二级指标包括函数概念与性质, 幂函数、指数函数、对数函数, 三角函数, 函数应用, 数列, 一元函数导数及其应用; 过程下的二级指标包括再现数学、联系数学、反思数学; 情境下的二级指标包括个人的情境、职业的情境、社会的情境、科学的情境.

2.2.3　高中生数学抽象素养的水平划分

《普通高中数学课程标准 (2017 年版 2020 年修订)》将数学抽象素养划分为三个水平, 虽然可以作为参考, 但其涉及的数学抽象素养水平不够全面和细致, 各水平之间的内容也不够具体. PISA 数学素养测评中提出的六水平虽然内容具体, 但其内容与我国高中数学课程标准所规定的内容又有出入, 两者各有优劣. 因此, 笔者在仔细研究《普通高中数学课程标准 (2017 年版 2020 年修订)》与 PISA 数学素养测评的基础上, 取优舍劣, 结合 PISA 六水平与函数主线部分的知识内容——函数概念与性质, 幂函数、指数函数、对数函数, 三角函数, 函数应用, 数列, 一元函数导数及其应用六个模块作出了适当调整, 具体如表 2-4.

表 2-4　高中数学 (函数主题) 数学抽象素养水平划分

水平	每个水平学生应具备的能力	学生应该能完成的具体任务
1	在一个简单图表中找到相关信息; 根据直接和简单的指示, 在形式标准或熟悉的图表中直接读出信息; 进行包含两个熟悉变量关系的简单计算.	-了解构成简单函数的要素, 能求简单函数的定义域. -把文本和一个简单函数图象中的具体特征联系起来, 并从图中读取数值. -在一个简单函数图象中找到和读出具体数值. -进行包括两个熟悉函数变量间关系的简单计算

续表

水平	每个水平学生应具备的能力	学生应该能完成的具体任务
2	运用简单的运算法则、公式和程序来解决问题; 把文本与简单的表征 (图、表、简单公式) 联系起来; 在初级水平上使用解释和推理技能.	-在实际情境中, 会根据不同的需要选择恰当的方法 (如图象法、列表法、解析法) 表示简单函数. -借助函数图象, 会用符号语言表达简单函数的单调性、最大值、最小值. -通过具体实例, 了解简单的分段函数、幂函数、指数函数、对数函数的概念. -能用描点法或借助计算工具画出具体指数函数、对数函数的图象. -结合具体函数, 了解奇偶性、周期性的概念和几何意义. -能根据导数定义求函数 $y = c, y = x, y = x^2, y = x^3, y = \dfrac{1}{x}, y = \sqrt{x}$ 的导数. -理解各种函数及其图象、周期性、单调性、奇偶性、最大 (小) 值的作用和实际意义. -了解任意角的概念和弧度制. -能进行弧度与角度的互化, 体会引入弧度制的必要性. -通过日常生活和数学中的实例, 了解数列的概念和表示方法 (列表、图象、通项公式), 了解数列是一种特殊函数. -结合学过的函数图象, 了解函数零点与方程解的关系, 了解函数零点存在定理. -能利用给出的基本初等函数的导数公式和导数的四则运算法则, 求简单函数的导数; 能求简单的复合函数 (限于形如 $f(ax + b)$) 的导数. -会使用导数公式表.
3	解决包含多种相互联系表征 (文本、图表、公式) 的问题, 包括在熟悉情境中进行解释和推理, 并表述论证过程.	-通过对有理数指数幂 $a^{\frac{m}{n}}$ $(a > 0,$ 且 $a \neq 1;$ m, n 为整数, 且 $n > 0)$、实数指数幂 a^x $(a > 0,$ 且 $a \neq 1;$ $x \in R)$ 含义的认识, 了解指数幂的拓展过程, 掌握指数幂的运算性质. -知道对数函数 $y = \log_a x$ 与指数函数 $y = a^x$ 互为反函数 $(a > 0,$ 且 $a \neq 1)$. -借助单位圆理解三角函数 (正弦、余弦、正切) 的定义, 能画出这些三角函数的图象; 借助单位圆的对称性, 利用定义推导出诱导公式 $\left(\alpha \pm \dfrac{\pi}{2}, \alpha \pm \pi$ 的正弦、余弦、正切$\right)$. -借助图象理解正切函数、余弦函数在 $[0, 2\pi]$ 上, 正切函数在 $\left(-\dfrac{\pi}{2}, \dfrac{\pi}{2}\right)$ 上的性质. -结合具体实例, 了解 $y = A\sin(\omega x + \varphi)$ 的实际意义; 能借助图象理解参数 ω, φ, A 的意义, 了解参数的变化对函数图象的影响. -理解同角三角函数的基本关系式: $\sin^2 x + \cos^2 x = 1, \dfrac{\sin x}{\cos x} = \tan x$. -借助函数的图象, 了解函数在某点取得极值的必要条件和充分条件. -通过生活中的实例, 理解等差数列、等比数列的概念和通项公式的意义. -通过实例分析, 经历由平均变化率过渡到瞬时变化率的过程, 了解导数概念的实际背景; 知道导数是关于瞬时变化率的数学表达, 体会导数的内涵与思想. -通过函数图象直观理解导数的几何意义. -结合实例, 借助几何直观了解函数的单调性与导数的关系. -解读现实情境的陌生函数图象表征.

续表

水平	每个水平学生应具备的能力	学生应该能完成的具体任务
4	理解和运用多种表征, 包括明确的现实情境数学模型, 以解决实际问题; 解释和推理时有相当的灵活性, 包括在不熟悉的情境中, 并能交流所得解释和论证过程.	-经历推导两角差余弦公式的过程, 知道两角差余弦公式的意义. -能从两角差的余弦公式推导出两角和与差的正弦、余弦、正切公式, 二倍角的正弦、余弦、正切公式, 了解它们的内在联系. -能运用各种公式进行简单的恒等变换, 包括推导出积化和差、和差化积、半角公式. -会用三角函数解决简单的实际问题, 体会可以利用三角函数构建刻画事物周期变化的数学模型. -探索用二分法求方程近似解的思路并会画程序框图, 能借助计算工具用二分法求方程近似解, 了解二分法求方程近似解具有一般性. -探索并掌握等差数列、等比数列的前 n 项和公式, 理解等差数列、等比数列的通项公式与前 n 项和公式的关系. -能在具体的问题情境中, 发现数列的等差、等比关系, 并解决相应的问题. -能利用导数研究函数的单调性; 对于多项式函数, 能求不超过三次的多项式函数的单调区间. -能利用导数求某些函数的极大 (小) 值以及给定闭区间上不超过三次的多项式函数的最大 (小) 值; 体会导数与单调性、极值、最大 (小) 值的关系. -体会等差数列与一元一次函数的关系; 体会等比数列与指数函数的关系. -体会极限思想. -解释复杂而不熟悉的现实情境的函数图象表征. -能使用多种表征解决实际问题. -分析描述现实情境的公式. -分析给定的、包括复杂公式的数学模型. -解释和应用文字公式, 并能熟练运用表示各种实际关系的线性公式. -运用包括百分数、比例、加法和除法在内的多步运算.
5	通过高水平地运用代数和其他数学表达式和模型来解决问题; 将形式化的数学表征与复杂的现实情境联系起来; 运用复杂的多步解题技能, 反思和交流推理和论证过程.	-理解函数模型是描述客观世界中变量关系和规律的重要数学语言和工具; 在实际情境中, 会选择合适的函数类型刻画现实问题的变化规律. -结合现实情境中的具体问题, 利用计算工具, 比较对数函数、一元一次函数、指数函数增长速度的差异, 理解 "对数增长""直线上升""指数爆炸" 等术语的现实含义. -收集、阅读一些现实生活、生产实际或者经济领域中的数学模型, 体会人们是如何借助函数刻画实际问题的, 感悟数学模型中参数的现实意义. -在科学情境中解释复杂的公式. -解释现实世界中的周期函数, 进行相关计算. -使用高水平的问题解决策略. -解释和联系复杂信息. -解释和利用制约条件. -反思代数表达式及其可能代表的数据之间的关系. -在实际生活情境中分析和应用给定的公式. -交流推理和论证过程.

续表

水平	每个水平学生应具备的能力	学生应该能完成的具体任务
6	运用深刻洞察、抽象推理和论证技能、技术知识及惯例来解决问题, 对复杂的实际问题提出数学的解决方法.	-在不熟悉的现实情境中解释复杂的数学信息. -在现实情境中解释周期函数, 在限定条件下进行相关运算. -解释陌生的现实情境中所隐藏的复杂数学信息. -(在洞察相互关系的基础上) 解释复杂文本并使用抽象推理解决问题. -具有洞察力地运用代数或图形解决问题; 有能力变换代数表达式以匹配现实情境. -在复杂的比例推理基础上解题. -采用多步的解题策略, 包括运用公式和计算. -利用代数或试误法设计策略并解决问题. -找出用于描述复杂现实问题的公式, 概括探索性的发现以得出总的公式. -概括探索性的结果来进行计算. -运用精深的几何洞察力, 使用并概括复杂的模型. -连贯地表达逻辑推理和论证过程.

函数主线这一部分的内容可以深刻地反映学生的数学抽象素养水平, 其内容的深浅程度也可以体现出各个水平等级. 其中此测评框架中的水平 1 是相比于《普通高中数学课程标准 (2017 年版 2020 年修订)》中的水平 1 更低级的水平, 框架中的水平 2 对应《普通高中数学课程标准 (2017 年版 2020 年修订)》中的水平 1, 框架中的水平 3 至水平 4 对应《普通高中数学课程标准 (2017 年版 2020 年修订)》中的水平 2, 框架中的水平 4 全水平 5 对应《普通高中数学课程标准 (2017 年版 2020 年修订)》中的水平 3, 框架中的水平 6 是 PISA 数学素养测评框架的最高水平, 是相较于《普通高中数学课程标准 (2017 年版 2020 年修订)》中的水平 3 更高一级的水平. 笔者认为, 现有函数主线部分的内容由于只涉及函数领域最基础的部分, 不具有更高的综合性, 因此很难涉及这一水平, 所以笔者在之后的研究中不对水平 6 再做描述.

2.3 研究的设计与过程

2.3.1 研究过程

本研究的第一步是资料的获取, 笔者通过查阅、收集相关资料, 对其进行整理分析, 特别是通过对《普通高中数学课程标准 (2017 年版 2020 年修订)》中关于数学抽象素养的内涵及主要类型以及 PISA 数学素养测评体系相关内容的分析, 结合教学实践对测评体系进行深入的思考, 力求得到一套能更好地反映教学实际的测评体系. 其次, 结合课程标准与 PISA 数学素养测评体系, 提出新的、具有可行性的数学抽象素养测评框架, 并结合数学课程标准中函数主题部分的内容设计数学抽象素养测试问卷; 再次, 在得到专家对测评体系与测试问卷认可的前提下, 发放、施测、回收试卷, 整理、分析结果; 最后, 针对测试结果的分析, 思考并总结出阻碍学生形成数学抽象素养的原因, 并针对其原因提出可行的数学抽象素养培养方案. 基本流程如图 2-1.

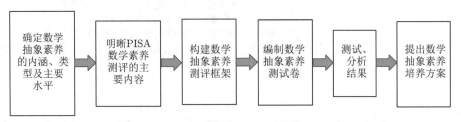

图 2-1   本研究基本流程

2.3.2   研究对象

笔者研究的主要是高中生数学抽象素养水平, 研究对象是高中生. 由于研究的内容涉及面比较广, 包含高一到高三的知识点, 所以笔者决定选取高三的学生, 又因为本研究的重点在于抽象素养的测量, 而抽象素养对学生本身的要求比较高, 需要学生具备较强的理性思维能力, 故决定选取理科班的学生.

鉴于此, 笔者选取了实习期间所在的江西省南昌市某重点中学的两个高三理科班为研究对象, 两个班级人数共 84 人, 发放问卷之后, 待学生全部作答结束回收问卷, 全部回收成功. 在对试卷进行整理的过程中发现, 有一名同学未认真作答, 故剔除其问卷, 有效问卷为 83 份, 有效率为 98.8%. 此外, 笔者将学生按照班级和性别进行分类汇总, 发现两个班级男女比例较为均衡, 以此排除性别因素对抽象能力测量的干扰性.

2.3.3   研究工具

本研究所需的主要工具为基于笔者构建的数学抽象素养测评框架设计的数学抽象素养测试问卷, 其问卷以 PISA 测评中的内容、过程、情境为一级指标, 内容涉及《普通高中数学课程标准 (2017 年版 2020 年修订)》必修与选择性必修中函数主线部分的各个领域, 过程涉及 PISA 测评中的再现、联系、反思三个能力群, 情境则涵盖了 PISA 测评中四种情境. 试题数量、类型合理, 符合学生现有认知发展水平, 不超纲且综合性强, 能很好地体现不同学生的数学抽象素养水平.

(一) 试卷编制

根据数学抽象素养的内涵及《普通高中数学课程标准 (2017 年版 2020 年修订)》中的内容要求, 笔者认为函数主线部分内容最能体现高中生数学抽象素养, 因此查阅了相关文献, 提取了几道极具代表性的试题, 经过筛选、改编之后, 最终确定的五个测试题的具体属性如表 2-5 所示.

表 2-5 数学抽象素养测试卷中各试题属性表

题号	内容单元	过程	情境	试题来源
案例一	函数概念	再现能力群	个人	选自《普通高中课程标准 (2017 年版)》
案例二	函数与函数模型 对数函数	再现能力群 联系能力群	职业	选自《基于测试的高中生数学抽象素养水平现状研究》
案例三	函数性质数列	再现能力群 联系能力群	科学	选自《基于测试的高中生数学抽象素养水平现状研究》
案例四	函数性质及应用	再现能力群 联系能力群	社会	选自《普通高中课程标准 (2017 年版) 解读》
案例五	三角函数	再现能力群 联系能力群 反思能力群	职业	选自《普通高中课程标准 (2017 年版) 解读》

五个测试题涵盖了函数主线部分各个单元的内容, 包括函数概念与性质、函数模型与应用、数列、三角函数等, 涉及的过程也包括了再现、联系、反思三个过程, 问题情境包含了个人、职业、社会、科学各个领域, 试题来源可靠, 试题数量分布合理.

(二) 样题分析

(1) 案例一呈现的是一个个人情境, 给出两地的距离 a m, 某人从起始地出发, 匀速跑步 3 min 到达目的地, 在目的地停留 2 min 后, 匀速步行 10 min 折回, 要学生画出整个过程中该人行驶的速度与时间、路程与时间的函数图象, 该题主要涉及的知识点包括实际问题中的函数图象、分段函数, 要求学生达到的能力表现为再现能力群.

(2) 案例二呈现了一个职业情境, 分别给出了某企业在 2017 年至 2020 年投资成本 x(百万) 与年利率 y(百万) 对应变化的数据, 给出两个模型: $y = ab^x (a \neq 0, b \neq 1, b > 0), y = \log_a(a+b) (a > 0, a \neq 1)$, 并提示, 如果年利率低于 10%, 则该企业需要转型. 第一小问要求学生根据题意及题中给出的两个模型选择一个合适的模型来描述该企业年利润 y 与投资成本 x 的变化关系, 第二小问向学生抛出问题, 如果该企业利润为 600 万, 是否需要转型? 该题主要涉及的知识点包括函数模型的运用、对数函数, 要求学生达到的能力表现为联系能力群.

(3) 案例三是将学生置身于科学情境中, 向学生提供一个数学模型: $f(x+y) = f(x) + f(y)$, 对任意实数 x, y 均成立, 且 $f(1) = 3$, 当 $x > 0$ 时, $f(x) > 0$, 要求学生在第一小问判断 $y = f(x)$ 在 R 上的单调性, 而在第二小问中, 首先假设 $f(1), f(2), f(4), \cdots, f(2^{n-1})$ 为数列 $\{a_n\}$, 要求学生在这个基础上写出一个关于该数列前 n 项和 S_n 的不等式并证明, 这个题目结合了函数的单调性、数列的通项对学生进行综合的考查, 要求学生达到的能力表现为联系能力群.

(4) 案例四是在社会情境中进行, 是一个有关投资收益率的问题, 假设某人在银行存下 a 元, 能收获利润 b 元, 那就可以说这次的收益率为 $\dfrac{b}{a}$ (%), 之后他又存

了 x 元, 收获的利润恰好是 cx 元, 给出这些条件后, 要求学生在第一小问计算这两次在银行存钱之后总的收益率是多少. 到了第二小问, 告诉学生, 如果在之后的每一次这个人都在银行存下 x 元, 每次都能收获 x 元利润, 要学生分析这个人的总收益是呈上升趋势还是下降趋势. 在第三小问, 问题更加抽象, 这时要求学生从整个过程中抽象出函数的相关问题, 求出函数的解析式并对这个函数的单调性进行讨论. 整个过程考查的是函数的性质及应用, 要求学生达到的能力表现为联系能力群.

(5) 案例五可以归结为在科学情境中出现的问题, 是让学生借助单位圆 O: $x^2 + y^2 = 1$ 写出圆上任一与圆夹角为 θ 的正比例函数与圆形成的点的坐标, 并要求该坐标用含 θ 的表达式表示, 还要求学生从几何意义出发来描述 x, y, 这使得学生接受了较大的挑战性. 在第二小问, 假设 $x = f(\theta)$, $y = g(\theta)$, 要求学生通过观察 x, y 与单位圆的直观关系说明 $x = f(\theta)$, $y = g(\theta)$ 的周期性、单调性和对称性. 到了第三小问, 给出命题 $g(\theta) < \theta$, 要求学生求出 θ 的取值范围. 这一题主要考查的是学生运用单位圆解释和分析三角函数概念、性质, 要求学生达到的能力表现为反思能力群.

(三) 编码与评分标准

收集试卷之后, 笔者分别就学校、年级、班级、性别等分别对五个试题进行编码, 每个试题都有对应的编号, 五个试题总计 100 分, 且分数分布合理. 如表 2-6 所示. 本研究使用的统计软件为 IBM SPSS Statistics 23.

表 2-6　具体编码

项目	注释	编码
School	学校	P(P 校)
Grade	年级	3(高三)
Class	班级	
Gender	性别	1(女生); 2(男生)
F1Score	v-t, s-t 函数图分数	0~20 分
F2Q1Score	函数模型的选择分数	0~10 分
F2Q2Score	函数模型的应用分数	0~10 分
F3Q1Score	函数性质分数	0~10 分
F3Q2Score	数列通项分数	0~10 分
F4Q1Score	函数的表达分数	0~6 分
F4Q2Score	函数应用分数	0~6 分
F4Q3Score	函数性质分数	0~8 分
F5Q1Score	三角函数分数	0~6 分
F5Q2Score	三角函数周期分数	0~6 分
F5Q3Score	三角函数应用分数	0~8 分
Total	总分	0~100 分

(四) 试卷信度分析

通过 IBM SPSS Statistics 23 对 83 份有效问卷的各试题结果得分进行信度分析, 收集结果采用信度系数分析试卷内部一致性信度并计算了信度系数, 得出试卷总得分信度系数为 0.816, 如表 2-7, 表明本研究设计的测试卷具有良好的信度. 也就是说, 使用本测试卷来测试学生的数学抽象素养是可行的.

表 2-7　试卷信度分析

	α 信度系数	题目数
总得分	0.816	11

2.4　高中生数学抽象素养的测评结果分析

2.4.1　测试得分率总体分析

5 道数学抽象素养测试题 (12 道小题) 的测试结果综合呈现出了学生的数学抽象情况, 这是因为学生的解题思路都体现在解题过程中. 为了更清晰地体现测试结果, 用得分率替代具体分数, 得分率 =(平均得分/满分分数)×100%. 经统计, 样本学校 83 名高中生数学抽象测试题平均得分率为 60.53%. 如图 2-2 所示.

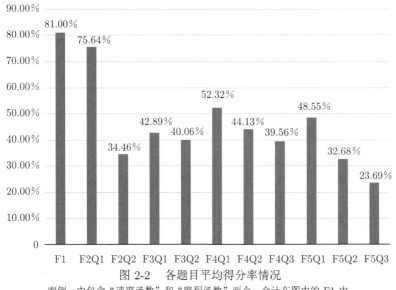

图 2-2　各题目平均得分率情况

案例一中包含 "速度函数" 和 "路程函数" 两个, 合计在图中的 F1 中

由图可知, 函数第一题平均得分率最高, 高达 81.00%, 第一题考查的是学生在面对现实情境中的函数问题, 能够绘制出准确的函数图象, 81.00% 的正确率说明学生在现实情境中抽象出简单问题并能够解决这方面问题的能力是可观的. 最

后一题平均得分率最低, 尤其是第三小问, 正确率只有 23.69%, 这一题考查的是学生借助模型解决较复杂问题的能力, 说明学生在利用几何模型理解抽象的数学概念及其性质上有待提高.

学生各分数段如图 2-3 所示, 其中得分率处于 20%～79% 的占比 73.5%, 高于 80% 的占比 2.4%, 低于 20% 的占比 12.0%. 虽然样本没有呈现出理想的正态分布 (得分率处于 20%～29% 这一部分有些偏高), 但基本还是服从正态分布的, 可能是由于样本量偏低, 但对本研究结果影响不大.

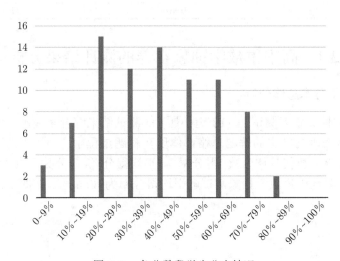

图 2-3　各分数段学生分布情况

2.4.2　各案例测试结果的分析

(一) 案例一的结果分析

案例一考查的是实际问题中的函数图象、分段函数, 水平等级涉及本测评框架中的水平一、水平二. 如表 2-8 所示, 只有 1 名学生既不会画 V-t 图, 也不会画 S-t 图, 但也只有 19 名学生将两幅图都正确地画出来. 其中, 有 42 名学生能正确画出 V-t 图, 仅有 24 名学生能正确画出 S-t 图, 相当于前者的一半, 这说明学生对 V-t 图的抽象要比对 S-t 图的抽象要好.

表 2-8　F1 正确率情况统计

	V-t 空白	V-t 错误	V-t 正确	总人数
S-t 空白	1	0	1	2
S-t 错误	3	32	22	57
S-t 正确	0	5	19	24
总人数	4	37	42	83

在显示空白的学生中, *S-t* 图空白的 2 人, *V-t* 图空白的 4 人, 是 *S-t* 图的两倍, 对比两图的正确率来看, 情况截然相反, 这说明大多数学生是会画图的, 只是在画图过程中会出现很多错误.

在答案错误的学生中, 有学生画的 *V-t* 图象将 0~3s 的匀速运动画成匀加速运动, 将 3~5s 的静止时间画成匀速运动, 将 5~15s 又画成匀加速运动, 这说明学生对函数图象的性质不理解. 还有的学生是因为没有给图象标注 *V-t* 和 *S-t*, 以至于无法区分哪个是 *V-t* 图, 哪个是 *S-t* 图.

接下来是针对个别函数图象的具体分析, 如表 2-9, 是 *V-t* 函数图象第一段的作答情况.

表 2-9　第一段匀速运动 *V-t* 图象作答情况

非匀速运动	匀速运动无数值	匀速运动数值错误	匀速运动数值正确
2	21	4	52

可知, 在 *V-t* 函数图象第一段匀速运动的作答中, 有 2.4% 的学生作的是非匀速运动图象, 25.3% 的学生虽然作的是匀速运动的, 但没有标记数值, 4.8% 的学生标记的数值错误, 62.7% 的学生作出了正确的匀速运动图象且数值标记正确.

在 *V-t* 函数图象第二段匀速运动的作答中, 也有 2.4% 的学生作的是非匀速运动图象, 25.3% 的学生作出匀速运动图象但未标记数值, 3.6% 的学生作出匀速运动图象但数值标记错误, 63.9% 的学生作出正确图象并且数值标记正确, 如表 2-10.

表 2-10　第二段匀速运动 *V-t* 图象作答情况

非匀速运动	匀速运动无数值	匀速运动数值错误	匀速运动数值正确
2	21	3	53

在 *S-t* 函数图象第一段匀速运动的作答中, 仅有 1.2% 的学生作的是非匀速运动图象, 13.3% 的学生作出的匀速运动图象无数值, 3.6% 的学生作出的匀速运动图象在 3s 时数值标记错误, 78.3% 的学生作出了正确的匀速运动图象且数值标记正确. 如表 2-11.

表 2-11　第一段匀速运动 *S-t* 图象作答情况

非匀速运动	匀速运动无数值	匀速运动 3s 时刻数值错误	匀速运动 3s 时刻数值正确
1	11	3	65

对于静止状态, 1.2% 的学生显示空白, 13.3% 的学生作出了静止图象但没有标记数值, 4.8% 的学生标记数值错误, 77.1% 的学生作出了正确的静止图象并标记了正确的数值, 如表 2-12.

表 2-12　静止状态 S-t 图象作答情况

无图象	静止无数值	静止数值错误	静止数值正确
1	11	4	64

总的来说, 大部分学生能理解题意, 理解函数图象的性质, 但是会在细节方面犯错误.

(二) 案例二的结果分析

案例二考查学生在函数与函数模型方面的数学抽象素养, 水平等级处于数学抽象素养测评框架中的水平二、水平三. 其中, 第 1 小问考查的是学生在市场竞争的现实情境下合理选择数学模型的能力; 第 2 小问考查的是学生运用数学模型解决实际问题的能力.

在第 1 小问中, 有 69 名学生 (83.13%) 选择正确, 7 名学生 (8.43%) 选择错误, 7 名学生 (8.43%) 未选择, 如表 2-13 所示. 这说明, 大部分高中生具备合理选择抽象模型应用于现实情境的能力.

表 2-13　F2Q1 抽象模型选择的正确率统计

未选择	选择错误	选择正确
7	7	69

该题考查的形式比较简单, 只需要学生从已有的模型中选出适当的模型即可, 但其中蕴含的数学思想却不容小觑. 如果撤掉可供选择的模型, 而是让学生自己构建模型, 那难度会大大增加. 实则上, 本题考查的是学生从数据中抽象出数学规律, 建立变量与变量之间不变的关系, 从而构建数学模型的能力. 在给出了具体模型之后, 学生只需要分别代入表格中的数据到模型中, 就可以得到答案. 对于选择理由的答题情况如表 2-14 所示.

表 2-14　F2Q1 抽象模型的选择理由统计

选择模型的理由	选择模型一的学生	选择模型二的学生
无理由	1	6
仅观察图象	3	13
仅对比 x 和 y 的变化率或增长率	0	33
函数图象 + 变化率	1	8
运用取值范围判断	0	1
将数据代入模型再判断	2	8

如表 2-14 所示, 8.4% 的学生没有理由地分别选择了模型一和模型二, 19.3% 的学生仅通过观察图象就对模型进行选择, 这说明这两类学生对函数的性质与概念可能不熟悉. 此外, 39.8% 的学生通过对比 x 和 y 的变化率或增长率正确地选择

了模型二, 有 10.8% 的学生通过函数图象与变化率来选择, 1.2% 的学生运用取值范围判断来选择, 12.0% 的学生通过将数据代入模型再进行判断.

这说明大部分学生还是依靠函数的特点——x 与 y 的变化关系来进行判断, 只有少部分学生懂得利用函数模型, 使用代入法进行解题. 在将数据代入模型再判断的学生中, 还是有学生选择了模型一而未选择模型二, 当然不排除计算错误. 模型选择错误分析如表 2-15 所示.

表 2-15　F2Q2 模型应用时错误类型及人数统计

	仅代入模型二, 没有算出具体的 a, b	代入模型二, a, b 值计算正确	代入模型二、计算 a, b 值、 并说明表格中其他数据 符合此函数
没有将数据代入模型一		3	1
仅代入模型一、没有算出 具体的 a, b 值	1		1
代入模型一、计算 a, b 值, 并说明表格中其他数据不 符合此函数			2

选择模型二的学生行为表现如表 2-15 所示, 分别将数据代入模型一和模型二, 却没有算出具体的 a, b 值的有 1 人. 代入模型二, a, b 值计算正确, 但没有将数据代入模型一的有 3 人. 代入模型二, 计算 a, b 值, 并说明表格中其他数据符合此函数, 却没有将数据代入模型一的有 1 人. 代入模型二, 计算 a, b 值, 并说明表格中其他数据符合此函数, 又将数据代入模型一, 但没有算出具体的 a, b 值的有 1 人. 最后, 代入模型二, 计算 a, b 值, 并说明表格中其他数据符合此函数, 又将数据代入模型一, 计算出 a, b 的值, 并说明表格中其他数据不符合此函数的有 2 人. 这说明学生即使将数据代入模型得到正确结果, 但依然存在半数的学生不理解模型的具体含义.

第 2 小问考查高中生运用抽象模型解决现实问题的能力. 在选择正确模型 $\log_a(x + b)$ 的学生中, 有 50.7% 的学生判断出企业需要转型, 24.6% 的学生没有进行判断, 15.9% 的学生判断错误, 还有 8.7% 的学生在转型与不转型之间徘徊. 在选择错误模型 $y = ab^x$ 的学生中, 57.1% 的学生没有判断企业是否需要转型, 42.9% 的学生得到错误的结论. 此外, 没有选择任何一个模型的学生也没有对企业是否需要转型进行判断, 这说明抽象模型的选择会影响抽象模型的运用.

如表 2-16, 在模型运用正确但结论错误的学生当中, 有 7 人是因为没有计算出模型中的 a, b 值或计算错误, 有 11 人尝试计算当 $y = 6$ 时, x 的取值但未计算出来或计算错误, 有 12 人是由于对利润 y/x 与 0.1 的大小判断错误, 这说明有些学生虽然具有运用数学模型解决实际问题的意识, 但在数学运算方面的能力需要加强, 或者说对模型的熟练使用程度有待提高.

表 2-16   F2Q2 模型应用时错误原因及人数统计

类型	人数
模型中 a, b 的取值未计算出来或计算错误	7
$y - 6$ 时, x 的值未计算出来或计算错误	11
对 y/x 与 0.1 的大小判断错误	12

(三) 案例三的结果分析

案例三考查函数的性质与数列的综合应用, 其中第一问主要考查学生将特殊的命题与模型通过转化等数学思想推广到更一般的命题与模型的能力, 涉及水平三. 第二问主要考查学生在已知的命题与模型上运用数学方法形成新命题与新模型的能力, 涉及水平四至水平五.

在第 1 小问中, 共有 50 名学生单调性判断正确, 即函数在 R 上单调递增, 27 名学生无判断, 6 人判断错误, 如图 2-4 所示.

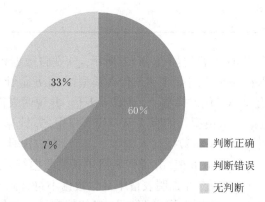

图 2-4   单调性判断正确性统计

如图 2-5, 在证明函数单调性的过程中, 44.58% 的学生通过函数单调性的定义证明, 34.94% 的学生没有证明过程, 9.64% 的学生通过举例法证明, 6.02% 的学生通过正负号来判断单调性, 4.82% 的学生写了证明过程, 但证明的却不是函数的单调性, 可能是没有理解题意, 或者是不懂得函数单调性的概念.

在使用函数单调性定义证明的学生中, 他们在证明过程中主要用到以下方法: 一类是直接通过题目中给的 $f(x+y) = f(x) + f(y)$ 推出, 占比 31.8%; 第二类是将 $f(x+y) = f(x) + f(y)$ 通过换元得到新命题再证明单调性, 占比 22.7%; 第三类先证明抽象函数的单调性, 结合 $f(x+y) = f(x) + f(y)$ 得到新命题, 从而证明单调性, 大部分同学都是使用这种方法, 占比 45.5%, 如表 2-17.

还有一部分使用单调性定义证明的学生, 他们没有使用上述三种方法, 而是尝试将单调性的定义进行推广, 但是得到的结果是错误的. 笔者尝试将这些同学

证明过程中的 x_1, x_2 进行分类, 发现 x_1 均为任意的实数, x_2 的统计结果如图 2-6 所示.

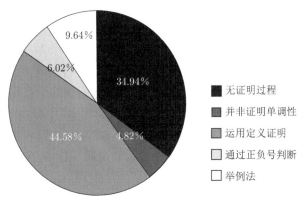

图 2-5 单调性证明过程分类

表 2-17 F3Q1 单调性证明分类统计

第一类	第二类	第三类	总人数
7	5	10	22

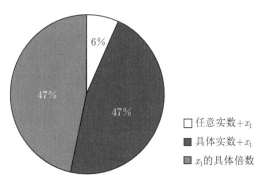

图 2-6 单调性定义中 x_2 的推广

由图可知, 这些学生大部分是将 x_2 设为 x_1 与具体实数之和或者 x_1 的具体倍数, 这说明学生可能没有真正理解 x_1, x_2 的具体含义, 不知道它们在函数中意味着什么, 所以导致推广过程中出现错误.

在第 2 小问中, 只有 33 名 (占 40.96%) 学生写出了正确的不等式, 这些不等式主要包括三种, 一种是将 S_n 和某个具体的数来比较, 一种是将 S_n 和某些代数式来讨论大小, 还有一种是写出当 n 为具体值时 S_n 之间的大小比较, 如表 2-18.

表 2-18   F3Q2 不等式类型统计

S_n 与实数比较	S_n 与代数式比较	n 为特殊值	总人数
19	14	1	34

由表可知, 大多数学生倾向于将 S_n 和某个具体的数来比较, 占据了总人数的 55.88%. 其中有 2 个学生得到的是 $S_n \geqslant -8/3$, $S_n \geqslant -27/8$, 这两名学生思路是没有问题的, 但是他们却把这个数列认为是等差数列, 得到的 S_n 为一个 "二次函数", 于是他们又将这个 "二次函数" 进行配方, 通过求出最小值得到答案.

在写了第二类不等式即将 S_n 与代数式比较的学生中, 有 10 个人根据 S_n 的表达式直接写出不等式, 有 $S_n < 3 \cdot 2^n$, $S_n \leqslant 3 \cdot (2^n - 1)$, $S_n < 3 \cdot 2^{n-1}$, $S_n > 2^n$; 有 2 个人没有求出 S_n 的表达式, 而是结合已知命题 $f(x+y) = f(x) + f(y)$ 写出不等式 $S_n < f(2^n)$; 还有 1 名学生运用放缩法得到 $S_n > 3n$; 余下 1 个人由于将数列看作等差数列得到错误的不等式 $S_n < \dfrac{3n^2 + 3n}{2}$.

笔者统计了 $f(x+y) = f(x) + f(y)$ 的使用情况, 统计结果如表 2-19.

表 2-19   命题 "$f(x+y) = f(x) + f(y)$" 的使用情况

	没有使用	求特殊值	求通项公式	直接求得 S_n
第一类学生	6	8	1	4
第二类学生	3	5	3	3

对于将 S_n 与实数比较的 19 名学生中, 有 6 人没有运用命题 $f(x+y) = f(x) + f(y)$; 8 个人运用特殊值法代入到 $f(x+y) = f(x) + f(y)$ 中求出函数的特殊值, 然后去推测 S_n 与具体数字的联系; 只有 1 名学生通过观察命题 $f(x+y) = f(x) + f(y)$ 的特点从而发现 S_n 的特点, 并写出来正确的 S_n 的通项公式; 4 名学生通过 $f(x+y) = f(x) + f(y)$ 写出了正确的推导过程, 得到 S_n 的通项公式, 但却没有写出比较复杂的不等式. 此外, 14 个人使用了命题 "$f(1) = 3$", 2 个人使用了命题 "$x > 0, f(x) > 0$", 3 个人使用了刚得出的结论 "$f(x)$ 在 R 上单调递增".

对于将 S_n 与代数式比较的 14 名学生中, 只有 3 名学生没有运用命题 $f(x+y) = f(x) + f(y)$; 5 名学生运用特殊值法代入到 $f(x+y) = f(x) + f(y)$ 中求出函数的特殊值; 有 3 名学生通过 $f(x+y) = f(x) + f(y)$ 严谨地计算出通项公式; 3 名学生通过 $f(x+y) = f(x) + f(y)$ 直接推导出 S_n. 此外, 13 个人使用了命题 "$f(1) = 3$", 1 个人使用了命题 "$x > 0, f(x) > 0$", 3 个人使用了结论 "$f(x)$ 在 R 上单调递增".

可见, 在得到新命题的时候, 原有命题 "$x > 0, f(x) > 0$" 和 "$f(x)$ 在 R 上单调递增" 使用率很小, "$f(1) = 3$" 使用率很高, 而 $f(x+y) = f(x) + f(y)$ 的使

用率在两类学生中存在差异, 其中将 S_n 与代数式比较的学生命题使用率比将 S_n 与实数比较的学生高, 这说明对已知命题的使用率会影响学生对新命题的提出.

(四) 案例四的结果分析

案例四考查学生在函数的性质与应用方面的数学抽象素养, 水平等级涉及数学抽象素养测评框架中的水平二至水平五. 其中, 第 1 小问考查学生从现实问题中抽象出函数表达式的能力, 属于水平二; 第 2 小问考查的是函数表达式之间的大小比较, 属于水平三; 第 3 小问考查的是将现实问题中的增减率抽象成函数的单调性, 并能判断函数单调性的能力, 涉及水平四、水平五.

如表 2-20, 仅有 28 名学生得到了完全正确的答案, 其中, 第一小问有 62 名 (74.7%) 学生正确表示出了两次投资的总收益率, 19 名 (22.9%) 学生表示错误, 2 名 (2.4%) 学生显示空白; 在第二小问中, 53 名 (63.9%) 学生得出了正确的判断, 27 名 (32.5%) 学生判断错误, 3 名 (3.6%) 学生显示空白; 第三小问中, 38 名 (45.8%) 学生得出了正确的结果, 40 名 (48.2%) 学生结果错误, 5 名 (6.0%) 学生显示空白.

表 2-20 F4 正确率统计

	空白人数占比	错误人数占比	正确人数占比
第 1 小问	2.4%	22.9%	74.7%
第 2 小问	3.6%	32.5%	63.9%
第 3 小问	6.0%	48.2%	45.8%

如表 2-21, 第 1 小问要求学生能够模仿情境中收益率的计算方式, 得到两次投资的总收益率, 62 名学生都能很好地理解题意, 得到正确的答案 $\dfrac{b+cx}{a+x}$, 在答案错误的学生中, 有 8 名学生得到的答案是 $\dfrac{b}{a}+c$, 没有理解题意, 误以为总收益率等于第一次收益率加上第二次收益率, 即 $\dfrac{b}{a}+\dfrac{cx}{x}$, 有 6 名学生得到的答案是 $\dfrac{a+x}{b+cx}$, 颠倒了利润、本金、收益率之间的关系, 有 5 名学生得到的答案是 $\dfrac{2b+cx}{2a+x}$, 将第一次的本金及利润重复地计入到第二次的本金、利润当中, 导致结果错误. 另外 2 个显示空白的学生, 可能原因是不知道收益率的具体含义, 不知道如何将现实中的计算转化成数学中的函数表达式.

如表 2-22, 第 2 小问要求学生知道如何比较两个函数表达式的大小, 或者运用何种方法去比较大小. 在 53 名正确的学生中, 32 名学生使用了作差法并对结果进行了分类讨论, 13 名学生没有对结果进行讨论, 默认 $b<0$ 得到答案 (由于正常情况下 $b<0$, 所以视为正确), 8 名学生使用了特例分析法得出结果; 在 27 名错误的学生中, 有 13 名学生是因为表达式表示错误, 有 5 名学生是因为作差法过

程中的计算错误, 4 名学生使用了特例法但是计算错误, 另外几名学生写出了表达式, 但没有用作差法而是用作商法, 导致后续结果没有计算出来.

表 2-21　F4Q1 作答情况统计

作答结果	人数
得到正确答案 $\dfrac{b+cx}{a+x}$	62
得到错误答案 $\dfrac{b}{a}+c$	8
得到错误答案 $\dfrac{a+x}{b+cx}$	6
得到错误答案 $\dfrac{2b+cx}{2a+x}$	5
空白	2

表 2-22　F4Q2 作答情况统计

作答结果	人数
使用作差法并对结果分类讨论	32
使用作差法未进行分类讨论	13
使用特例分析法	8
表达式表示错误	13
作差法过程中计算错误	5
特例分析法过程中计算错误	4
使用作商法且计算未完成	5
空白	3

第 3 小问要求学生能够灵活地将 "每次都追加投资" 抽象成数学语言 "随着次数 n 的变化, 投资 n 次的收益率单调性如何", 正确表示出两次投资总收益率的表达式. 38 名学生成功地将 "判断收益率的变化趋势" 抽象成 "投资 n 次收益率表达式的单调性" 问题, 并成功地判断出了收益率的变化趋势, 其中 6 名学生利用单调性的定义, 分三种情况进行证明, 8 名学生利用作差法比较第 n 次和 $n+1$ 次来进行讨论, 24 名学生通过求导得出了正确答案; 而在 40 名答案错误的学生中, 有 18 名学生是由于函数表达式错误, 有 12 名学生尝试着求其单调性, 但由于基础知识的欠缺未能成功地判断出来, 7 名学生是由于计算错误, 另外 3 名学生则无法将情境问题进行转化 (表 2-23).

(五) 案例五的结果分析

案例五的目的是建立直观图形与抽象函数之间的联系, 考查学生运用单位圆解释和分析三角函数概念、性质以及运用单位圆的直观模型解决三角函数问题的能力. 涉及的数学抽象素养等级为水平二至水平五, 其中第 1 小问考查学生三角函数的基本性质及几何意义, 涉及水平二至水平三, 第 2 小问考查学生利用单位圆解释和分析三角函数性质的能力, 涉及水平三至水平四, 第 3 小问综合考查学生运用多种方法或结合数学模型解决复合函数问题的能力, 涉及水平四至水平五.

表 2-23　F4Q3 作答情况统计

作答结果	人数
抽象出 n 次收益率表达式并利用单调性定义分情况证明	6
抽象出 n 次收益率表达式并利用作差法比较大小	8
抽象出 n 次收益率表达式并利用求导证明单调性	24
抽象出 n 次收益率表达式但函数表达式错误	18
抽象出 n 次收益率表达式并利用函数单调性性质但结果错误	12
抽象出 n 次收益率表达式但计算错误	7
无法将情境问题进行转化, 未抽象出 n 次收益率表达式	3
空白	5

第 1 小问的正确率分布情况见图 2-7, 其中 34 名 (41%) 学生写出了正确答案, 39 名 (47%) 学生答案错误, 10 名 (12%) 学生显示空白.

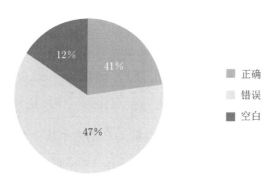

图 2-7　F5Q1 正确率分布情况

如表 2-24, 34 名学生的正确答案中, 写出了 $x = \cos\theta, y = \sin\theta$(涉及数学抽象素养水平二) 并用向量说明几何意义, 即过 P 点作 x 轴的垂线, 垂足为 Q, 那么 x 可以看成向量 $\overrightarrow{OQ}$ 的大小, y 可以看成向量 $\overrightarrow{QP}$ 的大小, 或者把 x 和 y 看成是向量 $\overrightarrow{OP}$ 在 x 轴和 y 轴上的投影的大小 (涉及数学抽象素养水平三). 在 39 名答案错误的学生中, 其中 19 名学生写出了 $x = \cos\theta, y = \sin\theta$ 但未说明其几何意义, 说明学生从三角函数中抽象出向量的概念的意识不够; 9 名学生写的表达式是 $x = \sin\theta, y = \cos\theta$, 将三角函数的概念混淆导致错误; 11 名学生的表达式是 $x = \cos\theta, y = -\sin\theta$, 没有分清顺时针与逆时针、$\theta$ 与 $-\theta$ 的具体区别.

第 2 小问的正确率分布情况见图 2-8, 其中完全正确的有 19 人 (22.9%), 错误的达 51 人 (61.4%), 空白的 13 人 (15.7%).

表 2-24　F5Q1 作答情况统计

作答结果	人数
正确写出 $x = \cos\theta, y = \sin\theta$ 并用向量说明几何意义	34
写出 $x = \cos\theta, y = \sin\theta$ 但未说明几何意义	19
写出 $x = \sin\theta, y = \cos\theta$	9
写出 $x = \cos\theta, y = -\sin\theta$	11
空白	10

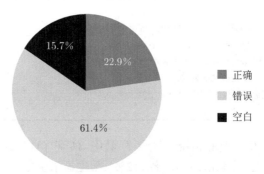

图 2-8　F5Q2 正确率分布情况

　　在 19 名学生的正确答案中, 他们观察到, 在单位圆中, OP 无论是顺时针还是逆时针选择一周都回到原来的位置, 也就是说坐标 (x, y) 不变, 这说明 $\pm 2\pi$ 是函数 $x = \cos\theta, y = \sin\theta$ 的一个周期, 所以, 函数 $x = \cos\theta, y = \sin\theta$ 都是周期函数 (涉及数学抽象水平三); 当 θ 从 $-\dfrac{\pi}{2}$ 变化到 $\dfrac{\pi}{2}$ 时, 向量 $\overrightarrow{QP}$ 的大小从 -1 变化到 1; 当 θ 从 $\dfrac{\pi}{2}$ 变化到 $\dfrac{3\pi}{2}$ 时, 向量 $\overrightarrow{QP}$ 的大小从 1 变化到 -1, 所以函数 $y = \sin\theta$ 在区间 $\left[-\dfrac{\pi}{2}, \dfrac{\pi}{2}\right]$ 上单调递增, 在区间 $\left[\dfrac{\pi}{2}, \dfrac{3\pi}{2}\right]$ 上单调递减, 同理可得函数 $x = \cos\theta$ 在一个周期上的单调区间 (涉及数学抽象水平四); 由单位圆可以看出, 当 θ 变成 $-\theta$ 时, x 不变, y 异号, 所以函数 $x = \cos\theta, y = \sin\theta$ 分别是偶函数和奇函数 (涉及数学抽象水平四).

　　如表 2-25, 在 51 名答案错误的学生中, 其中 21 人只利用单位圆说出两个函

表 2-25　F5Q2 作答情况统计

作答情况	人数
利用单位圆正确说明两个函数周期性、单调性、对称性	19
只利用单位圆说出两个函数周期性	21
只利用单位圆说出两个函数周期性、单调性	13
未利用单位圆, 直接根据三角函数性质得出周期性、单调性、对称性	17
空白	13

数周期性, 13 人只利用单位圆说出两个函数周期性、单调性, 17 人未利用单位圆, 直接根据三角函数性质得出周期性、单调性、对称性, 这说明大部分学生在利用数学模型解决实际问题这方面的意识较差.

第 3 小问的正确率分布情况见图 2-9, 仅有 12 人 (14.5%) 完全正确, 错误人数 42 人 (50.6%), 空白人数高达 29 人 (34.9%).

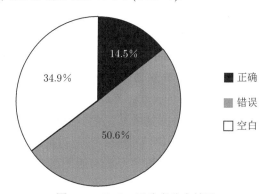

图 2-9　F5Q3 正确率分布情况

在 12 名答案正确的学生中, 有 3 人利用单位圆对 θ 分类讨论, 在明确 θ 必须用弧度表示的前提下 (涉及数学抽象素养水平二), 分别讨论, 当 $0 < \theta \leqslant 1$ 时, 此时 θ 是锐角, 表示圆弧 AP 的长度, $y = g(\theta) = \sin\theta$ 等于 $\triangle APQ$ 的直角边 QP 的长度, 因为在 $\triangle APQ$ 中, 直角边 QP 小于斜边 AP, 而斜边 AP 为圆弧 AP 的弦长, 所以 AP 的长度小于圆弧 AP 的长度, 所以 $g(\theta) < \theta$ 成立 (涉及数学抽象素养水平四); 而当 $\theta > 1$ 时, $g(\theta) < \theta$ 恒成立; 当 $\theta < -1$ 时, $g(\theta) < \theta$ 不成立; 当 $-1 \leqslant \theta < 0$ 时, $-\theta$ 是锐角, 由之前的推理可知: $g(-\theta) < -\theta$, 因为 $g(\theta)$ 是奇函数, 所以 $g(\theta) < \theta$ 也不成立 (涉及数学抽象素养水平五). 有 2 人直接对 $\sin\theta, \theta$ 分类讨论得出了正确结果, 还有 7 人通过求导判断函数 $\sin\theta - \theta$ 的单调性进行判断 (涉及数学抽象素养水平四).

如表 2-26, 在 42 名答案错误的学生中, 有 8 名学生知道利用单位圆对 θ 分类讨论, 但是结果错误, 也有 6 人直接对 $\sin\theta, \theta$ 分类讨论结果错误, 22 人通过求导法结果错误, 说明这些学生知道解题思路, 只是求解过程中方法欠缺, 导致计算不出结果, 也有可能是对某些概念不熟悉, 导致不能正常运用所学知识解决问题.

2.4.3　小结

经过对 83 名高中生测试结果的有效分析, 可以看出, 在熟悉的情境中, 大部分学生都具备解决简单实际问题的能力, 学生能从情境中抽象出数学问题, 并用数学的方法解决问题, 但是当情境变得陌生, 问题变得复杂时, 学生的抽象能力明显下降, 这可能是由于学生缺少实际锻炼的经验引起的.

表 2-26   F5Q3 作答情况统计

作答情况	人数
利用单位圆对 θ 分类讨论且作答正确	3
直接对 $\sin\theta, \theta$ 分类讨论且作答正确	2
通过求导判断单调性且作答正确	7
利用单位圆对 θ 分类讨论但作答错误	8
直接对 $\sin\theta, \theta$ 分类讨论但作答错误	6
通过求导判断单调性但作答错误	22
通过直观判断且作答错误	6
空白	29

其次, 通过将学生的作答情况与笔者设计的数学抽象核心素养体系进行比对分析, 可以发现, 大部分学生的数学抽象素养处于水平四, 有少部分学生能达到水平五, 还有个别学生停留在水平一. 其中暴露的问题值得我们深入思考, 可以发现, 高中生数学抽象素养在以下方面略显匮乏: 一是对数学概念与规则的抽象, 二是对数学命题与模型的运用, 三是对数学方法与思想的总结, 四是对数学结构与体系的认识.

之所以学生会在这四个方面显现出自身数学抽象素养的不足, 是因为数学抽象素养的形成不是一蹴而就的, 它需要学生经历多个蕴含数学思想与方法的过程, 使得学生在得出结论、总结规律的过程中逐渐提升数学抽象素养. 在这个过程中, 从给出的具体情境到学生头脑中形成有关的概念和规则是作为起始阶段而存在的, 当头脑中具有某种概念或规则, 就需要对情境中有关概念存在的问题展开思考, 可以通过哪一数学命题或者构建何种数学模型来辅助行动, 以实现问题的解决. 这一过程需要学生独立进行, 学生要利用一切可使用工具, 包括数学方法与思想, 在多次运用方法与思想的过程中形成一套适用于自己的经验 (这就是数学基本思想和基本活动经验的积累), 以便在之后能方便准确地运用. 经过一系列理解、运用数学的过程, 使得学生形成对所解决问题的概念的结构与体系的深刻认识.

2.5   高中生数学抽象素养培养探究

基于前述关于数学抽象素养的测评分析结果, 笔者尝试提出如下关于高中生数学抽象素养水平的培养策略.

(一) 在再创造过程中提升数学抽象素养

弗赖登塔尔认为, 实行 "再创造" 是学生学习数学的唯一正确方法, 所谓 "再创造", 就是让学生自己去发现或者创造出即将要学习的内容, 而不是由教师呈现现成的学习内容, 教师的任务只是引导学生或者帮助学生去进行这个过程[1]. 再创

---

[1] 转引自: 张奠宙, 宋乃庆. 数学教学概论 [M]. 北京: 高等教育出版社, 2010.

造与数学抽象息息相关,数学抽象素养的培养自然也离不开"再创造".如何培养学生的再创造能力,本研究认为可以遵循以下路径.

首先,充分了解学生已有的认知结构,这是再创造的前提.根据青少年身心发展规律的特点,我们知道,学生在每一个发展阶段都有不同的发展任务,我们的教学应该遵循青少年身心发展的规律.奥苏伯尔也说过,进行有意义学习的重要条件是要知道学生的已有认知状况,让学生通过已有的知识经验与新的知识经验建立联系,构建通往新知识的桥梁.比如在"直线与平面平行的判定"这节课中,学生在初中阶段就学习过直线与直线平行的判定条件,这时教师需要引导学生将直线与平面平行的判定首先转化成判定平面内是否有直线与已知直线平行,即先判定直线与直线平行,再通过推导得到直线与平面平行的具体条件,通过这样一个过程,循序渐进地让学生通过旧知识理解新知识.

其次,创设有效问题情境,是再创造的关键.《普通高中数学课程标准 (2017年版 2020 年修订)》特别突出地强调要重视情境的使用,认为针对不同能力水平的学生应该设计不同的情境并提出不同的问题.对于低年级学生,应该使用有趣、生动、寄学习于游戏的情境,这样能最大程度上吸引学生的注意力,提高学生学习数学的兴趣.比如在学习对称图形这节课中,可以通过让学生自己动手剪纸,得到自己喜欢的对称图形,并且说出这个图形是怎么得到的,具有什么样的特点等.对于高年级学生,给出的情境应偏向于现实问题,要有意识地去培养学生运用数学方法解决实际问题的能力.比如在学习等比数列前 n 项和这节课中,可以设计这样一个情境:某人创业需要一大笔资金,这时看到某借贷公司发布了这样一条广告 "借你一百万,第一天还 1 元,第二天还 2 元,第三天还 4 元,之后每天还的钱数是前一天的两倍,只需还 30 天",这人看到之后非常心动,可是觉得天上不会掉馅饼,想问一下同学们是否可以向该公司借款.这是一个非常现实的生活情境,可能有些人就正好遇到过这种问题,很明显,这是一个以 1 为首项,2 为公比的等比数列,我们只需要求出这个数列前 30 项的和就可以解决问题,那么,如何求等比数列前 n 项和呢?以此引入本节新课内容.这样一个问题情境,既贴近学生生活,又能引起学生帮助别人解决问题的心理,培养学生解决实际问题的能力,还能以此告诫学生,拒绝网贷,简直是以一石激起千层浪.

最后,大胆留白,是再创造的保障.在教学过程中,教师要敢于放手,留给学生充分思考的时间,鼓励学生积极尝试与探索.教师要时刻谨记,学生是学习的主体,我们的一切教学行为都应该以帮助学生全面发展为最终目标.课堂留白是一种很好的教学方式,在教师呈现问题后,规定一个时间,让学生在限定时间内想出解决问题的办法,当然,前提是所呈现的问题情境要能充分激发学生的动手欲望,要让学生有可动手性.通过这样一个过程,让学生的思维得到充分发挥,让学生养成独立思考的好习惯,培养学生的创新精神与探索能力.比如,在等比数列前 n 项和公式的推导中, 公式的产生过程一定要经过学生之手, 要给予学生充分的思考时间, 让学生自己去总结归纳, 运用以前学过的知识去寻找得到公式的办法.

(二) 在 APOS 理论的应用中发展数学抽象素养

美国数学家和数学教育家杜宾斯基 (Ed. Dubinsky) 针对数学概念的学习提出了 APOS 学习理论, 其概念建构的层次性观点可以作为培养学生数学抽象素养的理论基础, 并且具有现实的可操作性. APOS 理论的研究核心是致力于 "学生是如何学习数学的" 以及 "什么样的教学设计可以帮助这种学习" 的理解[①]. APOS 理论将数学概念的建构分为四个阶段: "操作 A(Action)"、"过程 P(Process)"、"对象 O(Object)" 和 "概型 S(Scheme)".

数学概念的建构是从 "操作 A" 开始的, 顾名思义, 这个阶段需要有具体的操作活动, 泛指一切意义上的活动, 这个操作活动可以由学生自己进行, 也可以由教师呈现. 比如在学习正方体的截面图这节课中, 可以让学生去切割正方体形状的胡萝卜, 让学生以不同方式去进行切割, 得到不同的截面图形, 记录并总结正方体截面图的类型. 通过这样一个操作活动, 启发学生思考, 并且通过重复的操作活动逐渐形成清晰的定义或表征. 这里要值得注意的是, 操作活动要具有适度性、典型性和有效性, 它不是让学生随意地活动, 而是带有目的的, 并且目标是帮助学生形成所需要的掌握的知识, 要注意掌握活动的时间、操作场地的范围、操作工具的可控性等. 此外, 操作活动应以学生的最近发展区为依据进行设计, 要保证活动是超过学生的现有能力, 同时学生又是可以达到或者即将能达到的, 需要依靠努力才能实现的活动, 帮助学生更好地发展能力.

通过操作阶段学生获得了概念的初步认识, 随即进入 "过程 P" 阶段. 在这一阶段, 学生头脑中已经具备了某些概念, 需要对这些概念进行处理和组织, 形成对概念的深入思考. 比如在正方体截面图这节课中, 学生通过操作阶段的切割正方体形状的胡萝卜, 认识到原来正方体的截面图远远不止想象中的那么简单, 原本认为正方体的截面图依然是正方形, 可是得到的结果并不是如此, 于是形成对正方体截面图概念的更深层次的总结与反思, 让学生在不断反思的过程中积累经验. 在这个过程中, 教师需要用具有启发性、探索性的语言去引导学生朝着某一方向思考, 用不同层次的问题帮助学生有效思考, 比如, 教师可以以 "是什么? 为什么? 怎么做?" 的模式设计问题, 层层递进, 将学生从操作阶段引导至过程阶段, 实现概念的深化.

"对象 O" 既是概念的结果, 又是新概念的起点. 在操作阶段, 学生对概念有了初步的认识, 在过程阶段又对概念进行了进一步深化, 于是形成了具体的概念, 即进入到 "对象阶段". 这个时候学生虽然在头脑中已经形成了具体对象的概念, 但

---

① 鲍建生, 周超. 数学学习的心理基础与过程 [M]. 上海: 上海教育出版社, 2009, (10): 96-98.

有关概念的其他知识点还没有进行整合, 比如在探究正方体的截面图中, 学生可能知道正方体的截面图有的是三角形, 有的是四边形, 还有其他的多边形等, 但到底能截多少种类型的三角形、四边形, 以及最多能截出几边形, 学生可能并不是很清楚, 这就需要学生对概念进行新的概况, 得到与概念有关的新的认识.

经过操作、过程、对象阶段, 学生进入到最后环节——"概型 S", 将概念上升为概念, 这个过程并不是一蹴而就的. 比如在探究正方体的截面图中, 学生对正方体的概念从小学就开始了, 并伴随着三角形、四边形、多边形的初步认识, 到了初中, 学生认识到这些图形的具体性质, 直到高中阶段, 学生才能真正把这些概念整合到一起, 形成正方体截面的 "概型". 在这个过程中, 教师可以通过设置不同的变式练习, 保留本质属性, 变换非本质属性, 帮助学生形成对正方体截面概型的认识.

(三) 在概念教学中形成数学抽象素养

数学概念是指经过研究者收集、分析、整理、比较, 忽略概念的非本质属性, 归纳总结出的本质属性①. 获得数学概念的过程就是从直观的感性认识转化为抽象的理性认识, 所以, 概念教学是养成数学抽象素养的有效途径.

第一, 紧密联系生活, 为数学抽象素养构造起始点. 数学来源于生活更服务于生活, 从生活情境出发, 根据大量生活实例找寻共性, 提炼出数学概念, 发展数学抽象素养. 例如, 教材在引出函数的概念时, 通过三个生活实例展现不同形式的函数, 凸显变量间的制约关系, 然后归纳概括出函数的定义, 这体现出数学抽象的 "概括性原则".

第二, 加强类比推理, 为数学抽象素养提供着力点. 数学抽象需要在学生已有的知识结构上, 类比得出新概念的普遍性质, 强调关联新旧知识内部的结构. 例如, 由于对数的概念十分抽象, 很多学生无法深刻理解对数的本质, 因此可以在学习对数概念时类比指数的概念, 深度理解 "指数与对数互为逆运算" 的内涵, 将抽象的概念附着在学生已有的认知结构上, 不断提高数学抽象素养. 又例如, 在学习圆锥曲线时, 椭圆、双曲线、抛物线的定义、性质、几何特征都有很强的关联性, 所以运用类比的方法进行学习能够帮助学生搭建解析几何知识体系, 学生能站在更高的层次探究曲线特征, 培养学生数学抽象素养.

第三, 经历 "再创造", 为数学抽象素养塑造生长点. 学习新概念时往往伴随着对数学概念进行再创造, 例如, 对基本不等式化简整理后能够得出均值不等式, 由均值不等式可以得出均值不等式链, 由二维均值不等式链可以得出 n 维均值不等式链, 每个概念环环相扣、层层递进, 为学生数学抽象素养螺旋式发展塑造了生长点. 因此, 教师在设计概念教学时, 应提供符合学生认知水平的载体, 经历数学概念再创造的过程, 逐渐提升学生的数学抽象素养.

---

① 杨广娟. "数学抽象" 核心素养的养成途径——以数学概念教学为例 [J]. 中学数学, 2017, (7): 32-33.

(四) 在数学建模活动中培养数学抽象素养

数学建模就是将现实世界的问题抽象成数学模型, 运用数学方法解决实际问题[1]. 在实际教学中可以通过开展建模活动, 增强学生将现实世界问题抽象成数学模型的能力, 这一过程本身也有助于提升学生的数学抽象素养. 由此可见, 学生数学抽象素养的培养可以在数学建模活动过程中培养. 这就要求教师在实际教学中要注意对建模活动的构建, 针对建模活动的开展, 我们提出如下的建议.

首先, 注重数学建模教学与教材知识的整合. 学者徐斌艳曾提出, 教师需要为学生设计相应的数学建模问题情境, 让学生亲自经历如函数模型、数列模型或者统计模型等学习与构建, 逐渐培养学生的建模思想与能力, 丰富学生的数学建模思想[2]. 比如, 函数的教学中, 教师在新课教学时, 可以结合实际例子例如复兴号的运行模型、传染病模型等等, 让学生亲身体会将实际问题抽象为数学模型的全过程; 解决函数问题其实也在解决实际问题, 无形中告诉学生数学学习的重要性以及数学建模活动的必要性.

其次, 分发各种难度的数学建模任务. 笔者研究发现, 如果只是将教材中关于数学建模的内容简单搬运是不够的, 这也就造成如今数学建模在实际运用中出现了诸多问题, 例如有些教师认为学困生做不出数学建模题. 李延林通过实验发现, 在同样情况下, 学困生往往对数学建模活动表现出比学优生更深的热情[3]. 为了改善这一现状, 教师需要先自省是否只在日常课堂教学中培养了数学建模素养, 在课余时间可以将自己收集的各种难度的数学建模题型分享给学生, 再由学生自主选题, 自主完成. 在这一过程中, 教师也要采取积极引导的方式, 在学生遇到困难时给予帮助, 学困生也能在这种任务驱动下, 对数学建模更有兴趣, 这样才能全方位地培养学生的数学建模素养. 比如, 利用各类数学建模竞赛题型, 将难度定为三类, 分别对应各个阶段的学生, 让学生在这些数学建模题型中得到锻炼, 最终达到数学建模素养的提升.

最后, 鼓励学生自主探索数学建模问题. 不管是日常课堂教学还是课余教学中, 学生始终都是学习的主体, 最终都是要回归学生自主探索、灵活运用、自我提高这一教学之根本. 教材与教师分发的数学建模任务都是已经存在并可以得到解决的问题, 但生活中的实际问题可能更为复杂, 这就需要学生去自主探索, 再利用自己所学的知识去尝试解决, 学生在这种更复杂的实际问题解决中, 能力得到进一步提升. 比如, 结合时事, 在学习了函数内容时, 利用传染病模型, 让学生自主探索如何建立新冠肺炎感染人数的模型等实际问题, 并结合实际数据对比自己的结

① 蔡金法. 中美学生数学学习的系列实证研究 [M]. 北京: 教育科学出版社, 2007: 272-273.

② 徐斌艳, Ludwig M. 中德学生数学建模能力水平的比较分析——以中国上海和德国巴登符腾堡州学生为例 [J]. 教学新论, 2008, 8: 66-69.

③ 李延林. 数学建模引导高中学生进入用数学的新阶段 [J]. 数学通报, 2005, 44(10): 21-22.

果是否正确, 不正确的原因有哪些, 需要做哪些改进, 学生在其中更能明白数学学习的应用价值, 也在培养数学建模能力的过程中发展了数学抽象素养.

参 考 文 献

[1] 教育部基础教育课程教材专家工作委员会组织编写, 普通高中数学课程标准修订组编写, 史宁中, 王尚志, 主编. 普通高中数学课程标准 (2017 年版 2020 年修订) 解读 [M]. 北京: 高等教育出版社, 2020.

[2] 史宁中. 数学的抽象 [J]. 东北师大学报 (哲学社会科学版), 2008, (5):169-180.

[3] 夏征农, 陈至立. 辞海 [M]. 6 版. 上海: 上海辞书出版社, 2009.

[4] Piage J, et al. Recherches sur l'abstraction rdfldchissante [Research on reflective abstraction][M]. Paris: Presses Universitaires de France, 1977.

[5] 亚里士多德. 形而上学 [M]. 吴寿彭, 译. 北京: 商务印书馆, 1997: 219.

[6] Skemp R R. The Psychology of Learning Mathematics[M]. London: Penguin Books, 1986: 319.

[7] Davydov V V. Types of Generalization in Instruction: Logical and Psychological Problems in the Structuring of School Curricula. Soviet Studies in Mathematics Education. [M]. 2nd ed. National Council of Teachers of Mathematics, 1990.

[8] 吕林海. 数学抽象的思辨 [J]. 数学教育学报, 2001, 10, (4): 59-62.

[9] 侯聪波. 数学抽象在数学教学中的应用 [J]. 经营管理者, 2012, (16):348.

[10] 钱佩玲, 邵光华. 数学思想方法与中学数学 [M]. 北京: 北京师范大学出版社, 1999: 67-82.

[11] Gray E, Tall D. Abstraction as a Natural Process of Mental Compression[J]. Mathematics Education Research Journal, 2007, (19): 27.

[12] 徐利治, 张鸿庆. 数学抽象度概念与抽象度分析法 [J]. 数学研究及应用, 1985, 5(2): 134.

[13] 孙宏安. 谈数学抽象 [J]. 中学数学教学参考, 2017(7): 2-5.

[14] 史宁中. 数学思想概论: 第 1 辑——数量与数量关系的抽象 [M]. 长春: 东北师范大学出版社, 2008: 3.

[15] 张胜利, 孔凡哲. 数学抽象在数学教学中的应用 [J]. 教育探索, 2012, (1): 68-69.

[16] 张民选. 自信与自省——谈上海 PISA 再夺冠 [J]. 外国中小学教育, 2014, (1): 2-7.

[17] 国际学生评估项目中国上海项目组. 质量与公平——上海 2012 年国际学生评估项目 (PISA) 结果概要 [M]. 上海: 上海教育出版社, 2014.

[18] 张民选, 陆璟. 专业视野中的 PISA[J]. 教育研究, 2011, (6): 3-10.

[19] OECD. PISA 2012 Technical Report [EB/OL]. http://www.oecd.org/pisa/.

[20] 王蕾. 我们从 PISA 学到了什么——基于 PISA 中国试测的研究 [J]. 北京大学教育评论, 2013, (1): 172-180.

[21] 陆璟, 占盛丽, 朱小虎. PISA 的命题、评分组织管理及其对上海市基础教育质量监测的启示 [J]. 教育测量与评价, 2010, (2): 10-15.

[22] OECD. Mathematical Literacy[EB/OL]. http://www.oecd.org/pisa/.

[23] OECD: PISA 2003 Mathematics Literacy Framework[M]. Paris: OECD Publishing, 2002.

[24] 经济合作与发展组织 (OECD). 面向明日世界的学习——国际学生评估项目 (PISA) 2003 报告 [M]. 上海市教育科学研究院国际学生评估项目上海研究中心, 译. 上海: 上海教育出版社, 2008.

[25] 孔凡哲, 李清, 史宁中. PISA 对我国中小学考试评价与质量监控的启示 [J]. 外国教育研究, 2005, 179: 72-76.

[26] 张奠宙, 宋乃庆. 数学教学概论 [M]. 北京: 高等教育出版社, 2010.

[27] 鲍建生, 周超. 数学学习的心理基础与过程 [M]. 上海: 上海教育出版社, 2009, (10):96-98.

[28] 杨广娟. "数学抽象" 核心素养的养成途径——以数学概念教学为例 [J]. 中学数学, 2017, (7): 32-33.

[29] 蔡金法. 中美学生数学学习的系列实证研究 [M]. 北京: 教育科学出版社, 2007:272-273.

[30] 徐斌艳, Ludwig M. 中德学生数学建模能力水平的比较分析——以中国上海和德国巴登符腾堡州学生为例 [J]. 教学新论, 2008, 8: 66-69.

[31] 李延林. 数学建模引导高中学生进入用数学的新阶段 [J]. 数学通报, 2005, 44, (10): 21-22.

附录 2-1 高中生数学抽象素养测试卷

案例一:

学校宿舍与办公室相距 am. 某同学有重要材料要送给老师, 从宿舍出发, 先匀速跑步 3 min 来到办公室, 停留 2 min, 然后匀速步行 10 min 返回宿舍. 在这个过程中, 这位同学行进的速度和行走的路程都是时间的函数, 请画出速度函数和路程函数的示意图.

考查内容: 实际问题中的函数图像、分段函数

过程: 再现能力群

情境: 个人情境

案例二:

某新型企业随市场竞争加剧, 为获得更大利润, 企业须不断加大投资, 若预计年利率低于 10% 时, 则该企业就得考虑转型. 下表显示的是某企业从 2017–2020 年四年来年利率 y(百万) 与年投资成本 x(百万) 变化的一组数据.

年份	2017	2018	2019	2020
投资成本 x/百万	3	5	9	17
年利润 y/百万	1	2	3	4

现给出两个模型:$y = ab^x \, (a \neq 0, b \neq 1, b > 0)$, $y = \log_a (x + b) \, (a > 0, a \neq 1)$.

(1) 请根据上表的数据, 选择一个适当的函数模型来描述年利润 y 与投资成本 x 的变化关系, 并给出你选择的理由.

(2) "企业利润为 600 万时, 该企业得考虑转型" 这句话对不对? 为什么?

考查内容: 函数模型的运用、对数函数

过程: 联系能力群

情境: 职业情境

案例三:

已知函数 $y = f(x)$ 对任意实数 x, y 均有 $f(x + y) = f(x) + f(y)$, $f(1) = 3$, 当 $x > 0$ 时, $f(x) > 0$.

(1) 试判断 $y = f(x)$ 在 R 上的单调性, 并说明理由.

(2) 令 $f(1), f(2), f(4), \cdots, f(2^{n-1})$ 为数列 $\{a_n\}$, 写出一个关于该数列前 n 项和 S_n 的不等式, 并加以证明.

考查内容：函数的单调性、数列的通项

过程：联系能力群

情境：科学情境

案例四：

投资的收益率

假设某人从事某项投资, 他先投入本金 a 元, 得到的利润是 b 元, 收益率是 $\dfrac{b}{a}$（%）；第二次他又投入本金 x 元, 得到的利润恰好是 cx 元. 问：

(1) 计算此人两次投资的总收益率.

(2) 假设在第一次投资的基础上, 此人每次都定期追加投资 x 元, 得到的利润也是 x 元, 那么他的总收益率是增加了还是减少了？请解释你的结论.

(3) 从数学角度看, 上述问题可以归结为某个函数的单调性问题. 请给出这个函数的解析式, 并用严格的数学方法讨论这个函数的单调性.

考查内容：函数的性质及应用

过程：联系能力群

情境：社会情境

案例五：

单位圆

在单位圆 $O : x^2 + y^2 = 1$ 上任取一点 $P(x, y)$, 圆 O 与 x 轴正向的交点是 A, 将 OA 逆时针转到 OP 所成的角记为 θ.

(1) 请写出 x, y 关于 θ 的表达式, 并说明 x, y 的几何意义.

(2) 假设由 (1) 得出的表达式是 $x = f(\theta)$, $y = g(\theta)$, 利用单位圆直观说明这两个函数的周期性、单调性和对称性.

(3) 当 θ 满足什么条件时, 下面的不等式：$g(\theta) < \theta$ 成立, 给出证明.

考查内容：运用单位圆解释和分析三角函数概念、性质

过程：反思能力群

情境：科学情境

第 3 章　逻辑推理素养的测量与评价

结合《普通高中数学课程标准 (2017 年版 2020 年修订)》与 PISA 数学素养测评体系, 将内容、过程、情境和情感态度价值观作为逻辑推理素养测评的四个维度, 基于 SOLO 分类理论制定了内容维度水平划分标准, 建立起高中生逻辑推理素养测评体系. 编制高中生逻辑推理素养测试卷和调查卷. 测评结果表明: (1) 样本学生的逻辑推理素养水平在内容、过程、情境为基础的测试卷得分达到一般水平, 在情感态度价值观上表现很好, 整体表现良好; (2) 样本学生逻辑推理素养测试卷和调查问卷具有显著相关性, 高中生所在的班级层次、日常数学成绩和性别与其逻辑推理水平在内容、过程、情境维度上具有相关性, 与其逻辑推理水平在情感态度价值观维度上无显著相关性; (3) 在内容维度上, 大多数高中生在观察与推理和二项式定理、常用逻辑用语和三角诱导公式中达到了多点结构水平, 超过一半的高中生在立体几何中达到关联结构水平, 在不等式证明中达到关联结构水平的人数不超过一半. 在等比数列中, 只有四成左右的学生达到关联水平. 在平面几何的证明中达到最高的抽象拓展水平不超过 10%; (4) 高中生逻辑推理素养测评过程维度中, 形成数学过程相比使用数学和解释数学过程更好, 整体属于良好水平; 在情境维度的结果分析得出个人的和社会的情境维度中的表现比职业的和科学的情境表现更好, 在情感态度价值观维度上表现优秀.

根据测评结果, 提出如下建议: (1) 在课程标准的研制中不能过于削弱几何学在基础教育中的占比; (2) 在考核过程中应聚焦逻辑推理素养, 命制一定量的开放性试题考查高中生的逻辑推理素养; (3) 对教师教学应以真实情境的问题为驱动, 让学生参与课堂, 发现数学规律体验数学的乐趣, 加强学生对逻辑推理有关概念和方法的理解; (4) 教师自身需加强对课程标准中逻辑推理素养理论的学习, 也要加强新时代教师职业素养的学习, 将终身学习理念贯穿教师生涯.

3.1　逻辑推理素养研究概述

逻辑推理一直以来都是我国普通高中数学教学的重要目标.《普通高中数学课程标准 (实验)》(2003 年) 课程目标之一就是 "提高空间想象、抽象概括、推理论证、运算求解、数据处理等基本能力". 即把推理论证作为五个数学基本能力之一. 2020 年出版的《普通高中数学课程标准 (2017 年版 2020 年修订)》更是从内

涵、学科价值、主要表现和教育价值等四个方面, 对逻辑推理素养作出了精辟的概括, 指出:

逻辑推理是指从一些事实和命题出发, 依据规则推出其他命题的素养. 主要包括两类: 一类是从特殊到一般的推理, 推理形式主要有归纳、类比, 一类是从一般到特殊的推理, 推理形式主要有演绎. (内涵)

逻辑推理是得到数学结论、构建数学体系的重要方式, 是数学严谨性的基本保证, 是人们在数学活动中进行交流的基本思维品质. (学科价值);

逻辑推理主要表现为: 掌握推理基本形式和规则, 发现问题和提出命题, 探索和表述论证过程, 理解命题体系, 有逻辑地表达与交流. (主要表现)

通过高中数学课程的学习, 学生能掌握逻辑推理的基本形式, 学会有逻辑地思考问题; 能够在比较复杂的情境中把握事物之间的关联, 把握事物发展的脉络; 形成重论据、有条理、合乎逻辑的思维品质和理性精神, 增强交流能力. (教育价值)

本研究主要是从逻辑推理素养的测量和评价方面进行. 鉴于已有研究主要是在逻辑推理能力的内涵、构成要素和能力培养方面, 甚至有些研究者将逻辑推理能力和逻辑推理素养混在一起进行分析研究, 而且似乎混淆了两者之间之细微差别. 因而本研究先对相关概念进行界定, 我们首先从逻辑推理能力的内涵、构成要素、逻辑推理能力的测量和评价, 以及逻辑推理能力的培养策略等方面的研究文献进行分析, 进而也从这四个方面对逻辑推理素养进行分析研究.

3.1.1　逻辑推理能力研究概述

从 CNKI(中国知网) 数据分析可知, 有关高中生逻辑推理能力的研究有硕士论文五篇、博士论文一篇, 其余均为期刊论文. 关于逻辑推理能力的研究一般包含其内涵和构成要素, 构成要素主要有演绎推理、归纳推理和类比推理, 主要是能够根据一定的推理形式由大前提而推出结论的能力, 有学者研究表示我国研究生推理能力偏低, 也有研究表明高中生的类比推理能力发展不平衡等问题, 所以对应提出了提高逻辑推理的策略.

(一) 逻辑推理能力内涵和构成要素研究

《逻辑学大辞典》指出任何推理都是由前提、推理形式和结论构成; 逻辑推理指的是保持真值的推理, 主要指形式上合乎逻辑规则[1]. 近年来, 推理的含义被扩大了很多, 既包括推断、演绎、归纳和联系, 又包括猜想、实验和假设[2]. 金岳霖在著作《形式逻辑》中将类比法看作归纳法的一种, 但我们现在通常依照前提和结

---

[1] 彭漪涟, 马钦荣. 逻辑学大辞典 [M]. 上海: 上海辞书出版社, 2004: 338, 369.
[2] 鲍建生, 周超. 数学学习的心理基础与过程 [M]. 上海: 上海教育出版社, 2009: 281.

论的范围, 将推理分为: 演绎推理、归纳推理和类比推理①. 有研究者认为推理的思维实际是解释事物变化并能描述未来发展趋势, 在具体情境中抽象出数学关系, 从而形成数学推理的过程②.

本研究依照《普通高中数学课程标准 (2017 年版 2020 年修订)》中对逻辑推理的概念界定, 将逻辑推理定义为: 从一些事实和命题出发, 依照规则推出其他命题的素养.

(二) 逻辑推理能力测量与评价的研究

有研究者通过测试得出的结论认为中学生的数学归纳猜想能力与基础知识和基本技能的掌握程度为正相关关系, 随着知识储备的数量和质量的增加, 其解决问题的归纳推理能力增加, 但发展进程较为缓慢③.

有研究者通过调查发现高中生的数学类比推理能力比较低, 且类比推理能力发展不平衡; 并且教学的评价制度会影响其类比推理能力的发展④.

有研究者通过调查某高级中学数学教学中对于类比推理的应用, 发现学校在数学教学中缺乏关于类比推理的系统化教学模式, 提出了利用结构、性质和研究方法的相似性三种类比推理的教学范式⑤.

(三) 逻辑推理能力培养的研究

史宁中教授强调中国基础教育不够重视学生归纳能力的训练, 认为数学教育中必须重视归纳推理, 在传统教育中的演绎推理的确能有效地培养学生的逻辑思维能力, 要落实培养学生创造能力, 就必须在中小学数学教育中加强归纳推理的教学⑥.

在逻辑推理教学方面, 面对当今高考过于削弱平面几何的现状, 杨乐院士十分强调平面几何对中学生逻辑推理素养培养的重要价值, 但曹一鸣教授在《初中数学课程内容分布的国际比较研究》中阐述要适当增加 "数与代数" 的应用, 渗透逻辑推理能力.⑦

康晶晶在其硕士论文中提出提高高中生逻辑推理能力的方案是教师要帮助学生克服其对数学学习的障碍心理, 明确各年级推理能力的培养目标及性别对于推理能力的影响, 尊重个体差异, 提高对推理能力的认识⑧.

---

① 金岳霖. 形式逻辑 [M]. 北京: 人民出版社, 1979: 139-144.

② 巩道坤, 杨晓娟, 徐素花. 情境视角下的数学核心素养养成探究 [J]. 现代教育. 2017(9): 56-57

③ 段赛花. 数学新课程中 "合情推理" 教学的初步探究 [D]. 苏州: 苏州大学, 2008.

④ 涂朦. 高中生数学类比推理能力的调查分析及培养 [D]. 武汉: 华中师范大学, 2012.

⑤ 陈诚. 类比推理在高中数学教学实践中的应用研究 [D]. 西安: 陕西师范大学, 2012.

⑥ 王瑾, 史宁中, 史亮, 孔凡哲. 中小学数学中的归纳推理: 教育价值, 教材设计与教学实施——数学教育热点问题系列访谈之六 [J]. 课程 · 教材 · 教法, 2011, (2): 58-63.

⑦ 吴立宝, 曹一鸣. 初中数学课程内容分布的国际比较研究 [J]. 教育学报, 2013(2): 29-36

⑧ 康晶晶. 高中生数学推理能力的现状分析及对策研究 [D]. 济南: 山东师范大学, 2018.

　　田金有提出不仅教师要改变教育理念, 提高逻辑推理素养的认知, 还要从对新课程教材适当重组微调, 构成逻辑知识系统; 动手实践, 让平时学习知识运用逻辑推理思想和方法; 而教师则是在概念教学中尤其要注重逻辑推理能力培养[①].

3.1.2 逻辑推理素养研究综述

　　笔者在知网上以 "逻辑推理素养" 为主题共搜索出 61 篇文献, 均发表在 1984~2019 年之间. 从 1984 到 2004 年近二十年间的发文量平均约是两篇, 说明当时大家对于逻辑推理素养的重要性还未意识到, 研究甚少. 从 2004 至 2015 年间发文量开始慢慢增加, 研究者们已经逐渐开始认识到逻辑推理素养的重要性. 直到《普通高中数学课程标准 (2017 年版)》的正式颁布, 相关研究文献发表数量开始呈激增态势. 如图 3-1 所示.

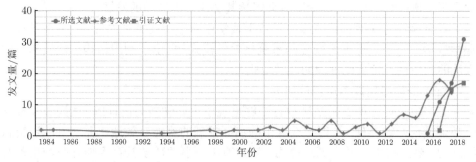

图 3-1   论文的总体趋势分布

(一) 逻辑推理素养内涵与构成要素的研究

　　陈诚通过《倚天屠龙记》中张无忌学习太极拳的例子形象生动地把数学逻辑推理素养比喻成是把知识忘却后剩下的最精华的思维和方法. 具体来说, 就是能从数学的角度看问题, 能够用科学分析和严谨的数学思维进行思考及有逻辑清晰准确地表达的能力[②].

　　史宁中教授强调统计推断本质上就是一种归纳推理, 是从经验过的东西推断未曾经验的东西, 可以根据现有的数据估计和预测未来的趋势, 认为统计学是现今为止的使用归纳推理最为典型的一个学科[③]. 史宁中教授还强调从特殊到一般的归纳推理对于数学研究具有重要意义, 合理的猜想有利于发散思维, 丰富的想象更能培养人的智慧. 而这种合情推理的合理性需要结合演绎推理方能相得益彰. 正是逻辑严谨的演绎推理, 才使得合情推理的猜想的正误得到判断和验证, 而合

① 田金有. 高中藏文班数学逻辑推理能力的调查和培养策略的研究 [D]. 成都: 四川师范大学, 2018.
② 陈诚. 数学核心素养之逻辑推理能力提升的研究 [J]. 数学之友, 2016, (16): 14-15.
③ 王瑾, 史宁中, 史亮, 孔凡哲. 中小学数学中的归纳推理: 教育价值, 教材设计与教学实施——数学教育热点问题系列访谈之六 [J]. 课程 · 教材 · 教法, 2011, (2): 58-63.

情推理的猜想更有利于培养一个人的智慧.

(二) 逻辑推理素养测量与评价的研究

林玉慈在其博士论文中根据哲学、心理学、教育神经科学和教育学的相关研究, 以及实际测试得到的结论反馈, 将高中生的数学逻辑推理素养划分为三个维度 (演绎推理、归纳推理、类比推理)、三个水平 (经验阶段、分析阶段、综合阶段)[①].

余场根据 SOLO 分类理论对上海高一学生学习三角函数的 SOLO 水平进行分析, 得出学校使用不同的校本教材以及计算机的使用会影响学生的 SOLO 水平这一结论[②].

褚滨楠在硕士论文中将课程标准中逻辑推理核心素养水平进行了更为细致的划分, 分为逻辑推理能力、逻辑推理方法、逻辑推理知识和逻辑推理语言, 对应划分水平一、水平二和水平三, 使划分更为具体和明晰, 为一线的教学工作者的工作带来便利[③].

赵安琦将其逻辑推理测试题分成合情推理测试题与演绎推理测试题两个子测试, 再将合情推理测试题分成归纳推理测试题、类比推理测试题以及统计归纳测试题三个子测试, 将演绎推理测试题分成命题推理、运算推理两个子测试. 通过对学生测试结果的分析, 对初中生数学逻辑推理的现状进行调查和分析研究, 并得出有关结论[④].

李园采用问卷调查测试学生的逻辑推理素养水平, 评价框架是以新课标中对逻辑推理素养的水平进行划分, 编制的试题与学生平常训练的题目有差别, 这可能是学生主观上认为比较困难的原因[⑤]. 这对于编制测试卷有一定的启示.

(三) 逻辑推理核心素养培养的研究

黄敏以不等式证明例题说明教师应引导学生结合已有经验来对这些内容进行推理, 从而使得自身的猜想能够验证. 通过论证教学应该如何有效渗透逻辑推理素养, 从而使得课堂教学能够更为有效地展开[⑥].

潘玉保和邹守文通过一道典型几何题的变式教学在原题上增加条件或者改变问法, 使原题的知识内涵更丰富, 提高对题目思考的深度和广度, 提高学生逻辑推理的素养[⑦].

---

① 林玉慈. 高中数学课程中的逻辑推理及教学策略研究 [D]. 长春: 东北师范大学, 2019.

② 余场. 上海高一学生三角函数学习的 SOLO 水平调查研究 [D]. 上海: 华东师范大学, 2015.

③ 褚滨楠. 高中生逻辑推理素养水平现状的测量和评价 [D]. 武汉: 湖北师范大学, 2019.

④ 赵安琦. 初中生逻辑推理素养的实证研究 [D]. 长春: 东北师范大学, 2019.

⑤ 李园. 高中生逻辑推理素养水平现状的调查研究 [D]. 石家庄: 河北师范大学, 2018.

⑥ 黄敏. 高中生数学核心素养逻辑推理的培养课堂 [J] 教学策略研究 [A]. 中国会议, 2019, (10): 43-44.

⑦ 潘玉保, 邹守文. 实施问题有效驱动提高复习课有效性——以一道典型问题的教学为例谈逻辑推理素养的培养 [J]. 中学数学教学, 2019, (4): 64-70.

　　胡学平和李院德指出教师应将素养理念贯穿在各个模块中蕴含推理知识点板块中, 只对专门介绍推理的章节较为重视是不合理的, 通过三角函数这一模块进行教学案例分析进行说明①.

　　陈平认为训练学生逻辑推理就要落实以学生为主体的教学理念, 如陈老师讲完二倍角, 把二倍角变为三倍角, 让学生上台来板演的推导过程, 这是学生达到水平三的用数学的语言表达自己的逻辑推理能力的展示过程, 台下的老师和同学们为板演的同学纠错的过程, 也是逻辑推理能力的一种培养方式②.

　　葛平平提出教师要挖掘生活素材, 将实际与理论相结合, 不仅可以提高学生对数学新知的心理认同感, 更能培养他们学以致用的本领, 从而提高逻辑思维能力③.

　　严卿通过 PME 研究显示在学前阶段就已萌发各种逻辑推理能力, 初中是逻辑推理能力的关键期, 演绎推理在高中将快速发展. 提出培养策略在高中教学中突出比较异同, 将相同的内容进行归纳整理, 为归纳推理指引方向④.

　　王志玲、王建磬在知网中检索 "逻辑推理" 相关的文献共有 146 篇, 精选其中 81 篇进行详细分析, 依据年份研究发文量发现, 新数学课程标准的颁布实施对数学推理的研究起到了较大的推动和促进作用, 彰显出数学课程标准对数学教育研究的导向作用, 并且提倡研究人员和一线基础教育人员合作研究逻辑推理素养⑤.

3.1.3　逻辑推理能力与逻辑推理素养

　　龙艳认为逻辑推理素养从广义上是一种综合性特征, 是对逻辑推理的感悟和反思; 从狭义上是指运用逻辑推理能力在真实情景中理性处理问题的行为特征⑥.

　　褚滨楠认为数学逻辑推理能力是学习逻辑推理的核心, 通过逻辑思维的分析过程, 把握问题的关键, 迅速正确地解决问题的能力. 逻辑推理能力需要通过逻辑推理方法来实现⑦.

　　需要明确的是 "逻辑推理素养", 不仅仅是指逻辑推理方法和能力, 素养比知识和能力的意义更广, 数学核心素养是具有数学基本特征的思维品质、关键能力以及情感态度价值观的综合体现⑧, 在逻辑推理活动中通过对逻辑推理的体、感悟和反思, 更多地体现在真实情境的反思和感悟上, 一种解决问题的思维品质.

---

① 胡学平, 李院德. 逻辑推理核心素养的内涵与培养 [J]. 教师教育论坛, 2018, 31(8): 74-76.

② 陈平. 数学核心素养之逻辑推理在高中课堂中的应用实例分析 [J]. 延边教育学院学报, 2019, (2): 132-135.

③ 葛平平. 培养逻辑推理能力, 发展数学核心素养 [J]. 数学学习与研究, 2019, (16): 132.

④ 严卿. 从 PME 视角看逻辑推理素养及其培养 [J]. 教育研究与评论 (中学教育教学), 2017, (2): 19-24.

⑤ 王志玲, 王建磬. 中国数学逻辑推理研究的回顾与反思——基于 "中国知网" 文献的计量分析 [J]. 数学教育学报, 2018, 27(4): 88-94.

⑥ 龙艳. 提高高中生逻辑推理素养的教学策略研究.[D] 长沙: 湖南师范大学, 2017.

⑦ 褚滨楠. 高中生逻辑推理素养水平现状的测量和评价 [D]. 武汉: 湖北师范大学, 2019.

⑧ 中华人民共和国教育部. 普通高中数学课程标准 (2017 年版 2020 年修订)[M]. 北京: 人民教育出版社, 2020: 4-5, 101-102, 149-151.

本研究将采用《普通高中数学课程标准 (2017 年版 2020 年修订)》对逻辑推理素养的定义: 逻辑推理是指从一些事实和命题出发, 依据规则推出其他命题的素养, 主要包括两类: 一类是从特殊到一般的归纳推理和类比推理; 另一类是由一般到特殊的演绎推理. 演绎推理和归纳类比推理是相辅相成的, 演绎推理具有严谨的科学性, 而归纳推理需要丰富的想象, 都是在培养学生对各种事情做出判断和决策的思维品质, 逻辑推理素养在培养学生创造能力方面有着重要的作用.

3.2 高中生逻辑推理素养测评体系的构建

现有研究文献大多是关于逻辑推理能力的研究, 对逻辑推理素养的研究相对较少. 实际上, 能力和素养是有区别的, 在综述中也给出了明确的概念界定. 而对逻辑推理素养测评的相关研究主要是根据《普通高中数学课程标准 (2017 年版)》的评价体系和水平划分, 且划分形式较为单一. 因此, 本节在分析比较现有的测评体系的基础上, 以《普通高中数学课程标准 (2017 年版 2020 年修订)》的评价体系和水平划分为依据、结合 PISA 测评指标体系与水平划分标准和 SOLO 分类理论中的水平划分特征表. 由于《普通高中数学课程标准 (2017 年版 2020 年修订)》代表了当前国内数学教育教学研究的方向, 而 PISA 测评指标体系则代表了数学素养测评的国际导向. 研究表明 PISA 等级水平的划分模式与 SOLO 分类理论表征具有内在的一致性, 存在着内在的逻辑性与匹配性①. 因此, 本研究遵循我国数学教学的实际背景, 将两者有机结合, 建立起符合我国学生的逻辑推理素养测评的指标体系.

3.2.1 高中生逻辑推理素养测评指标体系建立的依据

(一)《普通高中数学课程标准 (2017 年版 2020 年修订)》评价建议

评价的目的既要考查学生学习的成效, 又要考查教师教学的成效. 通过测试学生逻辑推理素养达成的水平, 可以更好地帮助教师制定更加有效的教学策略, 促进学生数学逻辑推理素养的有效达成. 在设计评价工具时, 使考查内容尽量和日常所学相关, 再配套合适的开放题, 有利于考查学生的思维过程. 以问卷的形式调查学生的学习态度, 重视过程评价, 有利于学生结合日常生活培养良好的学习习惯和端正的学习态度, 所以在日常评价中应该把学习习惯和态度也要作为教学评价的重要目标. 新的课程标准中明确划分了数学逻辑推理素养的水平, 其中水平一是高中毕业应该达到的水平, 水平二是参加高考应达到的水平, 水平三是优秀高中毕业生能够达到的水平. 每个水平都提供了对应的质量描述, 还提供 35 个案

① 李佳, 高凌飚, 曹琦明. SOLO 水平层次与 PISA 的评估等级水平比较研究 [J]. 课程 · 教材 · 教法, 2011, 31(4): 91-96, 45.

例供教学参考, 本研究采用了案例 25 作为测试题, 选入本次研究的逻辑推理素养测试卷中.

(二) 国际学生评估项目 (PISA)

国际学生评估项目 PISA 是一种动态模型设计测试, 这种测试是为考查 15 岁青少年实际操作能力和文化素质[①]. PISA 在教学情境、教学过程和教学内容上都有具体的内容. 借鉴梅松竹学者的相关研究成果, 将该评价框架用三维结构模型图展示出来, 具体如图 3-2[②].

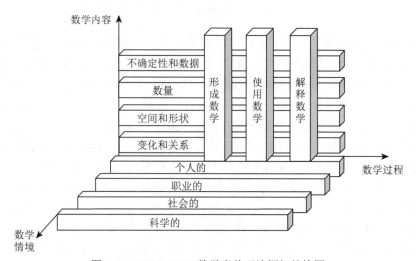

图 3-2   PISA 2012 数学素养理论框架结构图

(三)SOLO 分类理论

20 世纪 80 年代, 澳大利亚教育心理学家彼格斯首创 SOLO 分类理论, 这是一种学生学业水平分类方法, 将学生的学业水平从低到高分为 5 层, 分别对每层的水平都作出了明确的水平特征描述, 有利于了解学生在解决问题的过程中所达到的思维水平, 与新的课程标准中所划分的三种水平有所区别. 新课标中熟悉的情境、关联的情境和综合的情境不好区分, 课标中也未做出更进一步的解释和说明, 使测评结果有一定的主观性. 而 SOLO 理论中的五个水平层次的突出优点是简单而直观, 在划分过程中更为客观, 且它与 PISA 等级水平的划分模式具有内在的一致性, 因而具有更广的应用性[③], 本研究应用 SOLO 分类理论, 并借鉴 PISA 对学生进行有效评估, 可以更好地促进教与学. 因此, 本研究将该理论作为本次测

---

① 任子朝. 国际学生评价发展趋势——PISA 评介 [J]. 数学教学, 2003, (3):1-3.

② 黄友初. 数学素养的内涵、测评与发展研究 [M]. 北京: 科学出版社, 2016.

③ Biggs J B, Collis K F. Evaluating the Quality of Learning—The SOLO Taxonomy [M]. New York: Academic Press, 1982.

评体系构建的重要理论基础, 结合逻辑推理素养的水平特征整理成表 3-1[①].

表 3-1　SOLO 分类理论中的水平特征表

层次	水平特征
前结构水平	1. 对题目意思不理解; 2. 在解答过程中答非所问; 3. 语言无逻辑性.
单点结构水平	1. 只能用题中的一个信息或者数据; 2. 能够概括一个信息的一个方面; 3. 没有使用所有可用的数据而提前结束解答.
多点结构水平	1. 能同时处理几个方面的信息, 但这些信息是相互独立且互不联系; 2. 能够依据各个方面进行独立的归纳, 但整体观察中却不能发现其共性.
关联结构水平	1. 能够将零散的信息和其他的几个方面的信息组织形成一个整体; 2. 能够通过之前题目可用的信息推断出一般的结论; 3. 能够得出推理的一致性, 但并不能超越本题的信息, 推理出其他题型中类似的结论.
拓展抽象水平	1. 能够利用所有可用的信息, 并能够将其联系起来, 而且将其用来测试由数据得来的合理的抽象结构; 2. 可以超越所给信息, 推断结构, 能够进行从具体到一般的逻辑推理; 3. 能够归纳做出假设; 4. 能够利用各种方法在开放的结论中使用组合的推理结果.

逻辑推理素养重点要考查的是学生的思维过程, 以下是根据 SOLO 层次可以对应得出其思维操作的特征, 具体如表 3-2 所示[②].

表 3-2　SOLO 的层次和思维操作特征表

SOLO 层次	能力	思维操作
抽象拓展	最高: 能够通过素材和问题分析之间的关系并作出合理假设	演绎与归纳; 能根据已有的知识经验做出预判并能进行演绎证明
关联结构	较高: 能通过素材和问题线索整理出相互关系	归纳; 能利用已有的知识经验对问题加以分析归纳
多点结构	中: 能在多个孤立的相关素材中整理出问题线索	只能想到有限的相关事件但不能加以归纳整理
单点结构	较低: 只能在单个相关素材中整理出线索	只想到与之关联的单一事件

3.2.2　高中生逻辑推理素养测评各个维度的刻画

(一) 高中生逻辑推理素养内容维度的刻画

《普通高中数学课程标准 (2017 年版 2020 年修订)》对高中数学课程内容进行了规定与说明, 本章关于高中生的逻辑推理素养测评在内容维度上考查的知识点主要以此为依据.

研究表明, 要培养学生逻辑推理素养, 不应只聚焦于 "证明与推理" 这一知识板块, 而应把培养学生逻辑推理素养的理念贯穿于其他知识板块中. 因此, 在内容

---

① Brabrand C, Dahl B. Using the SOLO Taxonomy to Analyze Competence Progression of University Science Curricula [J]. High Education, 2009, (58): 531-549.

② 李佳, 高凌飚, 曹琦明. SOLO 水平层次与 PISA 的评估等级水平比较研究 [J]. 课程·教材·教法, 2011, 31(4): 91-96, 45.

维度上, 本研究主要参考《普通高中数学课程标准 (2017 年版 2020 年修订)》必修课程与选择性必修课程主要相关的内容标准. 对上述需要参加高考的学生需掌握的与逻辑推理素养主要相关的 8 个知识点进行归纳整理, 整理结果以表格的形式呈现, 如表 3-3.

表 3-3　高中必修课程与选择性必修课程与逻辑推理素养主要相关知识点

课程	内容	具体内容标准
必修课程	统计	①能选择适当的统计图和数字特征表述图中传达的数据特征. ②统计推断可从经验过的东西推断未曾经验的东西, 培养归纳推理能力.
	基本初等函数	在三角函数诱导公式的学习过程中, 尝试归纳诱导公式的特点, 并验证公式的正确性.
	立体几何	①证明立体几何中的命题, 如线线平行, 线面平行的证明, 能够使论证过程清晰, 推理过程表达严谨. ② 在立体几何中, 以空间中的平行知识为载体, 以探索作图的可能性为数学任务, 依托判断、说理等数学思维活动, 说明逻辑推理素养的水平一、水平二的表现.
	等比数列	① 通过生活的实例, 理解等比数列的概念和求和公式的意义. ②能够根据等差数列的基本概念和性质类比等比数列的基本概念和性质. ③了解数学归纳法的原理, 能用数学归纳法证明等比数列中一些简单命题.
选择性必修课程	常用逻辑用语	① 通过命题间的关系能判断命题的逆命题、逆否命题的真假性. ②能够理解否命题和命题的否定之间的区别. ③能够写出某个命题的充要条件、充分不必要条件和必要非充分条件.
	平面几何的证明	①清楚理解四边形、圆形的性质和特点. ②在证明过程中能够运用恰当的数学语言进行有条理的证明. ③能建立一个递进式的证明途径, 或者创造性地构建证明途径, 还能严谨地论证自己的结论.
	二项式定理	①根据多项式相乘的运算法则, 猜想二项式定理的展开式. ②能够通过多项式运算规律归纳二项式定理, 并能用严谨的数学语言进行证明.
	观察与推理	①能够结合实例, 观察规律并进行合理的猜想. ②了解基本的数学证明方法, 如分析法、数学归纳法和反证法等, 能够运用合适的方法证明自己的猜想.
	不等关系与不等式	①能够掌握比较不等式的几个方法, 如作差法、作商法和综合法, 分清具体条件下对应的方法进行证明. ②能熟练掌握基本不等式的变形和推论, 并能准确判断公式的适应范围. ③最后能够验证所求结果是否符合要求.

(二) 高中生逻辑推理素养过程维度的刻画

在日常数学学习中, 会逐步形成基本的数学思维品质和对数学学习的情感及态度. 要探究高中生的逻辑推理素养达到何种水平, 需要在测评中考查其过程维度. PISA 测评中的教学过程包含形成数学、使用数学和解释数学, 根据高中生在教学过程中在这三方面的表现, 有利于研究数学的学习和应用中发展和形成数学核心素养水平. 因此在内容维度测评时, 可将其作为三个二级指标, 具体表现如下:

(1) 形成数学. 形成数学即解题者需要识别相关的数学问题情境, 指的是学生能认识和明确使用数学的动机, 能为某种情境下的问题提供合理的数学结构.

(2) 使用数学. 使用数学即应用数学概念、事实, 有依据、有条理、有步骤地进行数学推理, 从而在抽象的数学世界获得相对客观结果的过程.

(3) 解释数学. 解释数学即诠释、应用以及评鉴数学结果, 学生将数学解答、结果或者结论回馈到现实情境中, 并能够用严谨的数学语言符号进行解释和说明.

本章进行高中生逻辑推理素养的测评时, 测评上述三个过程中的表现, 方便更细致了解逻辑推理素养水平. 在测评过程中, 测试题的编制考虑这三个过程, 使实证研究就变得有依据可循, 根据测评结果而提出的逻辑推理素养的培养策略有据可依.

(三) 高中生逻辑推理素养情境维度的刻画

掌握逻辑推理的基本形式和规则, 能够发现命题和提出命题往往是在实际的情境中去观察规律, 猜想结论, 最后验证结论的过程. 课程标准中的逻辑推理素养水平描述, 要求学生能够在复杂的情境中把握事物发展的走势, 更应该结合实际情境, 因此在逻辑推理素养测评中必须考查情境维度.

《普通高中数学课程标准 (2017 年版 2020 年修订)》在三种不同的情境中研究三种不同的水平, 在熟悉的情境中研究水平一, 在关联的情境中研究水平二, 在综合的情境中探究水平三. 在《普通高中数学课程标准 (2017 年版 2020 年修订)》中的情境并不是很具体细致的情境划分, 比较抽象, 所以在本研究中借鉴 PISA 测评框架, 在试题编制中将数学内容维度的考查结合数学知识情境和数学的生活应用情境. 逻辑推理素养十分注重培养学生发现数量或观察图形性质的能力, 在测试中更加强调情境的重要性, 由于 PISA 的情境结合生活情境, 可操作性强, 因此借鉴 PISA 理论, 逻辑推理素养情境维度的刻画如下:

(1) 个人的情境. 指学生在生活中可能面临的情境, 也包括学生本人、同龄人及家庭成员, 例如说购物、游戏、运动和旅游等等.

(2) 职业的情境. 对学生来说指的是他们未来可能面对的工作环境, 例如建筑测量、调度和库存、采购和成本计算.

(3) 社会的情境. 聚焦于学生所在的社会生活环境, 包括与公共交通、公共政策、人口统计、广告、国家经济等问题.

(4) 科学的情境. 指的是数学在自然世界和科学技术方面的应用, 例如气象、生态、医学、遗传学以及数学本身.

本章在编制问卷过程中, 将对以上四个情境设置一定量的问题, 研究高中生在不同情境下的逻辑推理素养表现情况.

(四) 高中生逻辑推理素养情感态度价值观维度的刻画

《普通高中数学课程标准 (2017 年版 2020 年修订)》提出良好的学习态度有

利于形成和发展数学核心素养. 因此, 本测评需要了解高中生逻辑推理的情感态度价值观的状态, 也体现其逻辑推理素养的表现水平, 应作为逻辑推理素养测评的一个维度.

人们把外界客观事物是否符合个体的主观需要而产生的内心体验称为情感. 与逻辑推理相关内容的学习有关的情感主要体现在学习兴趣与热情、动机、信心、审美意识等方面. 联系到逻辑推理素养, 具体表现为喜欢数学、喜欢观察与推理, 喜欢观察发现规律并证明自己发现的规律, 认为逻辑推理对于数学的学习很重要、自信能把逻辑推理所学的方法运用到生活当中, 能够清晰严谨地阐述自己的观点等.

人们把对某一事物的评价和行为倾向称为态度, 态度是相对稳定的个性心理. 态度和能力不相同, 态度决定着个体是否愿意去做某项工作. 对于高中生而言, 是否愿意学习数学, 是否愿意为之付出持续的努力, 都表现出自己对数学学习的态度. 在数学逻辑推理素养中具体表现为在类比、归纳 (或证明) 等过程中学习的态度, 例如是否认真、努力、愉快地学习这部分内容; 对具体生活中的情境, 观察规律并发现规律时是否感到好奇, 在证明自己发现的规律时是否很有成就感, 当发现证明自己的结论很困难时能否坚持不懈、独立思考地钻研.

人们把在处理普遍性价值问题的根本观点称为价值观. 郑毓信教授指出在教育过程中要体现价值观问题的培养, 发挥数学学科的数学价值和思维价值. 联系到逻辑推理素养, 具体表现为体会归纳推理对科学所产生的进步作用, 体会数学学科严谨求实, 演绎证明对科学发展和应用的进步价值, 具有理性思考问题的思维品质.

根据以上分析, 本章测评的一级指标包含高中生逻辑推理素养的情感态度价值观, 分别从情感、态度、价值观这三个二级指标进行测评, 此部分是个人的态度观点适合定性分析而非定量测评, 不宜编制测试题, 主要通过调查问卷的形式考查了学生对逻辑推理相关知识的情感、态度、价值观. 根据问卷调查的结果, 发现高中生对于相同事物所持的情感态度价值观不同, 如此细致的分类能真正测评出学生在逻辑推理素养情感态度价值观维度的具体发展状况, 从而为教学提供参考.

3.2.3　高中生逻辑推理素养测评的指标体系

(一) 高中生逻辑推理素养测评指标体系

结合上述测评的理论基础, 本章将建立的高中生逻辑推理素养测评指标体系分为内容、过程、情境和情感态度价值观四个一级指标, 每个指标下有三个或者三个以上的二级指标, 使指标体系更为细致和完整. 具体如表 3-4.

(二) 高中生逻辑推理素养水平划分

笔者将根据 PISA 进行制表, 它和 SOLO 水平具有一致性, 首先把内容作为一级指标, 其次是将过程和情境作为二级指标, 最后将情感态度价值观作为三级指标, 根据内容绘制测试卷, 在情感态度价值观的考查方面绘制调查问卷, 根据试卷结果对学生进行访谈, 同时也对教师进行访谈. 划分表格如表 3-5.

表 3-4   高中生逻辑推理素养测评的指标体系

一级指标	二级指标
内容	用样本估计总体
	三角函数诱导公式
	等比数列
	立体几何中的线面关系和二面角问题
	平面几何的证明
	常用逻辑用语
	二项式定理
	观察与推理
	不等式和不等关系
过程	形成数学
	使用数学
	解释数学
情境	个人的情境
	职业的情境
	社会的情境
	科学的情境
情感态度价值观	情感
	态度
	价值观

表 3-5   高中生逻辑推理素养测评体系的水平划分

内容	水平	具体表现
用样本估计总体	前结构水平	①不明白统计中样本数据的概念; ②不知道统计样本数字特征.
	单点结构水平	①知道样本的数字特征; ②知道具体中位数、众数和平均数表达样本的特点.
	多点结构水平	能够结合具体问题情境用样本的数字特征估计总体.
	关联结构水平	了解总体的取值规律, 结合其他统计知识给出一些推断性结论, 并能对结论进行合理的解释.
三角函数诱导公式	前结构水平	①不知道什么是诱导公式; ②不知道诱导公式如何推导, 更不知道如何应用此诱导公式.
	单点结构水平	能熟记 "奇变偶不变, 符号看象限" 的口诀, 但结合齐次式不会用诱导公式转换
	多点结构水平	①能够知道何时用诱导公式来简化解题步骤; ②在综合试题中能应用诱导公式解决问题;
	关联结构水平	①能将诱导公式和齐次式方程联系在一起, 在解题过程中能够清晰地写出过程; ②能够归纳出同类问题的解题步骤, 熟练掌握诱导公式的运用.
二项式定理	前结构水平	不知道什么是二项式定理的概念和特征.
	单点结构水平	理解二项式定理的概念与特征, 指导二项式定理与概率理论相关.

内容	水平	具体表现
二项式定理	多点结构水平	①在二项式定理的学习过程中能够观察二项式定理的特点; ②能归纳推理前几项的展开式, 但却不能将其求和公式正确表达.
	关联结构水平	①能准确写出求和公式, 并能解释公式的特点, 领略数学的对称美; ②能够联系具体情境, 根据二项式定理, 解决实际问题, 并能用合理的语言进行表述.
立体几何的证明和求解二面角	前结构水平	①不知道线面关系有哪些; ②不会用数学语言证明线面关系.
	单点结构水平	①能合理地证明线线关系、线面关系, 但在推理过程不能确保准确无误; ②能理解二面角的概念但却不会在综合题型中求解二面角.
	多点结构水平	①能准确归纳出线面平行或者垂直的方法, 能用数学语言准确无误地证明; ②能够顺利求解简单二面角问题, 但是在复杂情况下却不知道如何求解二面角.
	关联结构水平	①能够把所有有利的条件联系起来并加以分析, 顺利求解二面角问题; ②在求解的过程二面角过程中表达严谨, 能够归纳出求解二面角的通性通法.
平面几何的证明	前结构水平	对题目意思不明白, 不理解覆盖的含义, 不清楚理解四边、圆形的性质和特点
	单点结构水平	理解平行四边形、圆形的性质和特点, 理解覆盖的含义, 但不能把问题线索和已知条件结合.
	多点结构水平	①能将数学问题转化为数学符号或数学模型, 且在证明过程中能有逻辑、有条理地证明; ②已知条件变化时不能将两者结合, 不能找出事物之间本质关系.
	关联结构水平	条件变化时也能找到关联, 找出两者的本质联系, 并能加以证明, 但不能严谨地进行证明.
	拓展抽象水平	能建立一个递进式的证明途径, 或者创造性地构建证明途径, 还能严谨地论证自己的结论.
等比数列	前结构水平	不明白等差数列和等比数列的求和公式和概念.
	单点结构水平	①了解等差数列和等比数列的含义; ②能够根据等差数列的定义类比等比数列的定义.
	多点结构水平	①了解等差数列的性质并能类比等比数列的性质; ②若数列不是等比数列则可以用反证法说明.
	关联结构水平	①能熟练掌握等差数列和等比数列的应用; ②能根据定义证明新数列是何种数列, 并求出其和.
常用逻辑用语	前结构水平	①不认识逻辑用语中的数学符号, 不理解题意; ②不知道充分条件和必要条件的意义.
	单点结构水平	①清楚充分条件和必要条件的意义; ②能求解一元二次不等式, 但当两者结合考查时就无法判断.
	多点结构水平	能求解一元二次不等式, 能求出命题的充分不必要条件和充要条件, 最后将两者结合进行判断.
观察与推理	前结构水平	不知道证明方法有哪些, 不会观察数据特征做出类比.
	单点结构水平	①能根据观察的数据做出合理的推论; ②能运用三段论进行简单的推理.
不等式和不等关系	前结构水平	①不知道什么是不等式; ②不知道不等关系有哪些.
	单点结构水平	①了解不等式, 如绝对值不等式、均值不等式和不等关系; ②知道不等式的性质, 但不能准确无误地证明.

续表

内容	水平	具体表现
不等式和 不等关系	多点结构水平	①能熟练掌握不等式的证明方法,步骤严谨,逻辑清楚; ②针对实际问题,能够应用不等式进行分析,但不能根据不等式的性质进行合理的解释和说明.
	关联结构水平	①理解不等式和不等关系的应用条件; ②针对不同的情况能从众多的证明方法中找到合适的方法进行归纳和证明; ③在实际问题中,能够根据不等式和证明方法解决实际问题,并能做出合理的解释.

根据对观察与推理相关内容的分析, SOLO 理论水平从低到高划分了五个水平, 对应每个水平还进行了具体的描述. 最高的拓展抽象水平表现为可以超越给定资料进行新的推理或应用更为抽象的方法解决问题, 是一种综合能力的表现. 要表达思想方法不可能每一个知识点都能体现, 问题的设计应该是开放性的, 若每道题都设置拓展抽象水平, 整张试卷的难度会加大, 不利于测评. 因此, 本研究只设置最后一道题来考查学生的拓展抽象水平.

本章试卷没有按照上述知识点的顺序绘制试卷, 而是借鉴高考题型由易到难排列, 根据考查内容维度题目的难易程度调整题号, 增加学生对题目的熟悉性.

3.3 研究设计与过程

3.3.1 研究思路与方法

(一) 研究思路

首先, 我们对国内外数学课程标准关于逻辑推理能力和逻辑推理素养研究进行梳理与比较分析, 明确逻辑推理素养的内涵; 其次, 依据数学教育测量与评价有关理论, 结合 SOLO 分类理论和《普通高中数学课标标准 (2017 年版 2020 年修订)》关于核心素养水平划分的理论成果, 设计测评问卷并选择样本学校, 对高中生逻辑推理素养水平的达成进行施测, 得到初始数据; 接着, 用 SPSS 统计软件对初始数据进行分析和认知诊断, 并得出相关结果; 最后, 通过对高中生逻辑推理能力的提高过程进行深入分析, 探究出提高高中生逻辑推理素养的有效教学策略. 具体的研究思路如图 3-3 所示.

(二) 研究方法

本研究结合采用定性分析和定量研究, 先后使用了文献分析法、问卷调查法和统计分析法等.

(1) 文献分析法: 在中国知网中搜索 "逻辑推理素养""高中生""调查研究" 和 "测量与评价" 等关键词进行检索, 充分利用图书馆的网络资源搜集高中生逻辑推理素养的测量与评价的资料, 再对搜索到的资料进行分类整理和归纳汇总分析, 同时还查阅相关的书籍, 了解线下的一些名人学者对该课题的见解, 以全面了解线上线下的研究者对该课题的研究现状, 从中借鉴和学习对本研究有参考价值的信息, 对国内外关于数学逻辑推理素养研究的有关文献进行梳理和比较研究, 对逻辑推理素养指标体系进行分析反思, 奠定本研究的起点和问卷设计的基础.

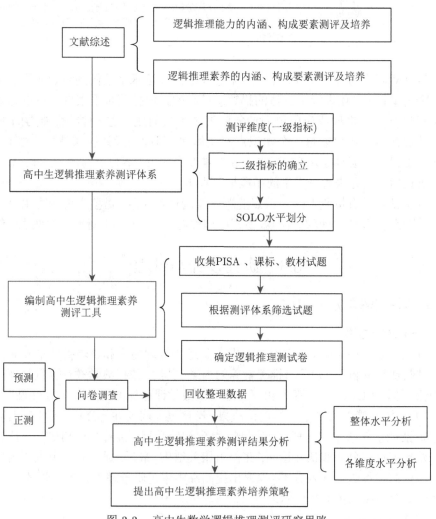

图 3-3　　高中生数学逻辑推理测评研究思路

(2) 问卷调查法: 问卷调查法是通过设计有针对性的测试题来测评教育现象, 收集数据进行有关研究的一种方法. 本问卷设计基于《普通高中数学课程标准 (2017 年版 2020 年修订)》和现行高中数学教材 (主要以北师大版教材为主)、高考试题及 PISA 试题, 根据 SOLO 水平分类研制符合逻辑推理素养指标体系的学业质量测试卷.

(3) 统计分析法: 统计分析法是利用统计理论与工具对数据进行整理、描述、分析, 以便对事物进行解释的方法. 将编制好的测试卷和调查问卷并在样本学校对高中生进行施测, 批改分析后可获得初始数据; 再将数据导入统计软件进行分析, 融合经典测量理论 (CTT) 对高中生逻辑推理素养水平的达成状况进行认知诊断与分析评估, 并根据诊断结果提出培养逻辑推理素养的策略.

这种定量定性相结合的研究方法, 不仅可以对高中生的逻辑推理素养水平做统计分析, 还可以为如何提高和培养高中生的逻辑推理素养水平提供改进意见和建议.

3.3.2 研究工具

(一) 高中生逻辑推理素养测试卷的编制

根据逻辑推理素养的内涵, 能体现高中生逻辑推理素养的相关内容有上述章节内容维度, 再根据 SOLO 分类水平对内容维度进行细分, 结合普通高中数学课程标准的有关理论, 本测试卷的试题选自北师大版的普通高中课程标准教材、2012年 PISA 试题和近 6 年高考题. 由于高考试题有利于调动学生测评的积极性, 所以试卷上的高考题都备注了出处, 保证题目有效性和权威性, 其他题目均选自北师大版的教材, 学生相对比较熟悉, 测试的可行性较强. 且每道试题的编制是与上章节讨论内容对应, 主要考查学生在逻辑推理素养的内容、过程、情境维度的现状, 测试卷的 12 道题的属性如表 3-6.

表 3-6 逻辑推理素养测试卷各测试题属性表

题号	内容	过程	情境	试题来源
2	用样本估计总体	使用	社会	2018 · 全国卷
3	三角函数诱导公式	使用	科学	2013 · 广东卷
4		使用	科学	2015 · 重庆卷
7	等比数列	使用	社会	PISA 2012 试题
10		解释	科学	2013 · 陕西
11	立体几何中的线面关系和二面角问题	使用	科学	2019 · 全国卷
1	常用逻辑用语	形成	科学	2015 · 天津卷
8	二项式定理	形成	科学	《选修 2-3》的 27 页练习
5	观察与推理	形成	科学	《选修 1-2》的 57 页上习题 3-1
6		形成	个人	《选修 1-2》的 59 页
9	不等式和不等关系	使用	科学	2019 · 全国卷
12	平面几何的证明	解释	职业	新课标案例 25

整张试卷的编制借鉴了高考试卷的题型, 分别有 5 道选择题、4 道填空题和 4道大题. 由于本测试为一节课时间, 时长为 45 分钟, 所以编制的试题一共只 12 道

逻辑推理素养水平的测试题, 每道题目的给分已在试卷中标注, 题量比高考 22 题要少 10 道, 具体与全国高考卷的题型对比如表 3-7.

表 3-7　逻辑推理素养测试卷与全国卷题型对比表

试卷	题型				
	选择题数 × 得分	填空题数 × 得分	简答题数 × 得分	选做题数 × 得分	总分/分
高考题	12×5	4×5	5×12	1×10	150
本测试题	4×4	6×5	3×12+1×14	0	100

根据 SOLO 分类水平, 挑选的每道题需要测评出学生的最高水平, 原本应当尽可能多设置开放题, 通过学生的答题思路以便了解学生的思维形成过程. 但为提高测评的效度, 不能设置过多的开放题, 否则会与学生平时的所练题型大相径庭而降低效度. 为了解决此矛盾, 在测评过程中要求学生在封闭题型中写下答题思路, 尤其是在写选择题和填空题时, 将步骤写在试卷上, 这样解答的思维过程或者步骤可以在试卷上分析得出. 在 SOLO 分类理论中的较低水平可从试卷的选择题和填空题中测得. 其中体现单点结构水平测试题占 25%, 体现多点结构水平测试题占 33.33%, 而体现关联结构水平的简答题也是占 33.33%, 考虑到抽象拓展水平这部分现在的高中生现有的思维认知水平很难达到, 所以对抽象拓展水平的考查测试题则占 8.33%, 整张试卷很符合高中生的认知发展规律. 表 3-8 是逻辑推理素养各测试题在内容维度下 SOLO 分类水平的最高水平表.

表 3-8　逻辑推理素养各测试题对应知识点与 SOLO 最高水平表

题号	具体知识点	最高水平	题型	满分/分
1	求解不等式并判断充分条件	多点结构水平	选择题	5
2	用样本的数字特征估计总体	单点结构水平	选择题	5
3	三角函数诱导公式	单点结构水平	选择题	5
4	三角函数诱导公式和齐次式方程	关联结构水平	选择题	5
5	观察等式找规律	单点结构水平	填空题	5
6	写出三段论的演绎推理	多点结构水平	填空题	5
7	数列的运算求解	多点结构水平	填空题	5
8	二项式系数的特征和二项式定理	多点结构水平	填空题	5
9	用均值不等式的变形证明不等式	关联结构水平	简答题	12
10	等比数列的求和公式和定义	关联结构水平	简答题	12
11	立体几何中的线面关系和二面角问题	关联结构水平	简答题	12
12	平面几何中证明 "周长一定的四边形中正方形所围面积最大"	抽象拓展水平	简答题	14

(二) 逻辑推理素养调查问卷的编制

逻辑推理调查问卷共设置了 10 道小题, 主要考查学生对逻辑推理相关知识的情感、态度、价值观的看法. 每道题都设置了 5 个选项, 每个选项对应反映学生对数学逻辑推理的积极程度, 比如第 3 题: 你喜欢数学严谨的逻辑思维, 因为它会帮助你有逻辑地思考问题. 选项 A. 非常同意, 如果学生选 A, 则可说明学生的情感态度最为积极; 若是选择 "B. 比较同意", 那么说明学生的情感态度价值观较次, 依次类推, 积极程度逐渐降低, 按照利克特五级量表的评价方式, 依次评定为 5 分, 4 分, 3 分, 2 分, 1 分, 调查卷共有 50 分.

综上, 逻辑推理素养测试卷和调查问卷一起构成高中生逻辑推理素养测评研究工具, 测试时间为一节课 45 分钟, 共 150 分.

(三) 测试卷的难度与区分度

本研究的测试卷和调查问卷从理论上来说设计合理, 而且每道试题保证正确性, 题型大多为考生常见, 理论上说实施测评的操作性强, 可 "实践是检验真理的唯一标准", 究竟试卷的难度和区分度如何可用经典测量理论的测试卷的难度和区分度、信度和效度等指标进行定量分析. 以下是测试卷每个指标的说明[①].

1. 难度

难度可以考察试题的难易程度. 该数值取值范围在 0 到 1 之间, 数值越靠近 0, 难度越大. 一般说来, 主观题和客观题的难度计算不同, 即选择题和填空题的难度算法和简答题的不一样. 以下进行分开说明.

填空题和选择题难度的计算: $P_{客观} = \dfrac{R}{N} \times 100\%$, 分子 R 表示某一试题答对的人数, N 表示的是总人数.

简答题难度的计算: $P_{主观} = \dfrac{\bar{X}}{W} \times 100\%$, 分子 $\bar{X}$ 表示某一试题学生的平均得分, W 表示该题的总分.

2. 区分度

区分度是指测试题对考生水平的区分能力. 该数值通常在 0 到 1 之间, 数值越靠近 1, 区分度越高. 计算方式是: 一般取得分高低排序后在前 27% 为高分组, 其总得分用 H 表示, 后 27% 为低分组, 其总得分用 L 表示, 用 D 表示区分度,

$$D = \frac{H - L}{n\left(X_H - X_L\right)}$$

其中 n 表示低分组或者高分组的人数, X_H 分别表示该试题的最高得分, X_L 则表示该试题的最低得分. 根据学生的答题情况, 应用上述方法算出 12 道题共 18 小问的答题情况, 如表 3-9 所示.

一般情况下, 测试的难度指数在 0.3~0.7 效果较好, 中等难度 0.5, 区分效果为最佳. 本测试卷是以逻辑推理相关的内容、过程和情境为载体的测试题, 难度系

---

① 马云鹏, 孔凡哲, 张春莉. 数学教育测量与评价 [M]. 北京: 北京师范大学出版社, 2009.

数在 0.2~0.85 内, 其中难度系数在 0.3~0.7 的中等试题占总分的 62%, 难度系数
在高于 0.7 的简单试题占总分的 26%, 难度系数低于 0.4 的约占 20%, 易中难的
比例接近高考试卷中易、中、难的比例为 2:6:2, 整张试卷的难度为 0.57, 难度控
制合理. 区分度的数值在 0.4 以上区分效果才会比较显著, 区分度数值在 0.4 以上
的超过 70%, 说明整张试卷的区分度设置合理.

表 3-9　测试题的难度与区分度

题号	难度	区分度	题号	难度	区分度
1	0.71	0.29	8(2)	0.68	0.54
2	0.76	0.36	9(1)	0.69	0.45
3	0.75	0.35	9(2)	0.42	0.72
4	0.32	0.65	10(1)	0.68	0.26
5	0.72	0.43	10(2)	0.38	0.56
6	0.65	0.46	11(1)	0.69	0.49
7(1)	0.68	0.39	11(2)	0.48	0.86
7(2)	0.62	0.41	12(1)	0.34	0.61
8(1)	0.68	0.52	12(1)	0.20	0.23

(四) 测试卷与调查问卷的信度与效度

本次还对测试卷的信度和效度进行了分析, 主要为探究本次测试结果是否稳
定可靠.

1. 信度

信度是指测量数据的可靠性和稳定性, 本研究采用克龙巴赫 (Cronbach)α 系
数描述测试卷和调查问卷的信度, α 系数计算公式为

$$\alpha = \frac{m}{m-1}\left(1 - \frac{\sum\limits_{i=1}^{m} s_i^2}{s^2}\right)$$

其中 m 表示的是测试题的个数, 本研究中 m 的值为 18, 用 i 表示测试题的编号,
则 s_i^2 表示第 i 个试题得分的方差, s^2 表示所有测试题总分的方差.

由于测试卷中不同小题的得分不同, 因此应用标准化的 α 系数表示测试卷的
信度更为合理. 本研究用上述公式分别计算测试卷、调查问卷和整体试卷的标准
化 α 系数, 计算结果如表 3-10 所示.

一般认为, 测试卷的 Cronbach α 系数为 0.5 以上则认为可靠. 由表 3-10 可得:
本测试卷的基于标准化项的系数为 0.562, 调查问卷的基于标准化项的 Cronbach
α 为 0.834, 整体试卷的标准化 α 系数为 0.761, 符合一般测试卷的信度标准, 可以
作为此次高中生逻辑推理素养的测评工具.

表 3-10 测试卷的 Cronbach α 系数

	Cronbach α 系数	基于标准化项的 Cronbach α 系数	项数
测试卷	0.702	0.562	18
调查问卷	0.789	0.834	10
整体	0.752	0.761	28

2. 效度

为保证试卷的效度, 本测试卷提前和校外导师联系, 商定好试题的选定, 对最后一题提出疑问, 该题型不常见, 学生作答情况可能不理想. 但考虑到这张试卷目的是测试学生的逻辑推理素养水平, 是新课标上的案例, 对逻辑推理水平的考查具有代表性, 最终导师同意将此题保留; 在试卷绘制的过程中, 也和具有 20 年教学经验的校内导师商量选定试题, 他认为选题合理, 对于调查问卷的选定也很合适, 有利于了解学生对数学的兴趣态度和对逻辑与证明相关内容的看法, 测评试卷将高考题和案例 25 试题相结合, 既可以让学生对高考知识点查缺补漏, 又可以达到考查学生逻辑推理思维水平, 两者兼得. 在选题过程中, 与学科教学 (数学) 专业研究生一起讨论选题的注意事项, 保证试卷准确无误, 而且提前在一个班进行预测, 了解学生的答题情况筛选测试题, 提高整张测试卷的质量.

3.3.3 研究对象

在笔者所在的省份, 只有高三学生才全部学完了高中课程, 开始了复习阶段, 所以本章的研究对象为本市的高三学生. 测试中所挑选的高考试题对于高三学生帮助很大. 测试实施时间为国庆之后, 即十月的中下旬, 由于笔者所在市区的学生已参加九月份的零模, 刚刚开始写高考题型, 对高考试题还不熟悉, 而本测试卷和高考题型类似, 有利于学生适应高考题型, 知识点涵盖大部分高中所学内容, 相对而言较为综合, 也可以加深学生对高考知识点的认识, 起到查缺补漏的作用, 校外导师对参与此次测评的学生强调了此次测评的重要性, 让学生在测试的过程中更为认真, 测评结果真实可靠, 能够更为准确地诊断学生逻辑推理素养水平.

笔者预测选取了江西省南昌市某中学的一个高三文科重点班的 53 人进行预测, 将试卷回收批改后, 发现第 11 题第 (2) 小题得分率特别低, 仅 2 人写对, 计算的难度系数为 0.037, 后来才发现这道高考题是理科题, 文科求的是距离问题. 于是及时把试题进行补充和调整, 区分文理科试题后再进行正测. 正测时选了一个文科实验班和两个理科班, 理科班中挑了一个实验班和重点班, 共发放了 130 份测试卷和调查问卷, 均认真完成测评. 根据回收的测试卷和调查问卷上的信息, 学生样本分布情况如图 3-4 所示.

参与此次测评的共有 130 人, 理科重点班男生人数则约为女生人数的两倍,

文科实验班的情况正好相反. 此次测评文科实验班共有 36 人, 九月零模的均分为
86.6, 理科实验班 41 人, 九月零模均分为 91.2 分, 理科重点班 53 人, 九月零模均
分为 83.5. 三个班的人数均在 35 人以上, 且男女生各占一定的比例, 能够作为本
研究的样本.

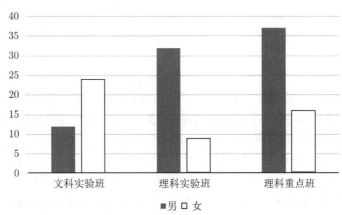

图 3-4   测量对象样本分布情况

3.3.4 数据的收集与处理

本测试选取的样本学校是笔者自主实习的学校, 在实习期间, 笔者和师生相
处融洽有利于本次测评. 当时的校外导师本学期正好带高三年级理科实验班, 跟
导师沟通好此次测评的作用和目的后, 他联合文科实验班和理科重点班的数学老
师完成此次测评. 在学生的数学自习课时下发试卷并严格监考, 保证学生在考试
期间认真自觉完成, 得到的数据真实可靠.

2019 年 10 月 20 日, 所有班级测评完毕, 根据试卷上客观题的得分给分, 如有
出现在试卷上解题步骤清晰, 可实际选错的情况, 也给 5 分满分, 前 3 道简答题是
严格按照高考步骤给分的, 最后一题是《普通高中数学课程标准 (2017 年版 2020
年修订)》上的案例 25, 根据 SOLO 分类水平中的五个层次, 分别依次 2~14 分给
分, 10 月 26 日才将所有测评卷的批阅工作完全结束, 接着开始对数据进行整理.

第一步, 测试卷和调查问卷分类与编码. 在下发逻辑推理素养测评卷和调查
问卷时将两者装订成一份试题, 根据调查问卷上的信息, 将其按性别分类整理. 把
文科实验班、理科实验班和理科重点班分别设为 A, B, C, 按学生的学号对应每张
测试卷和调查问卷. 比如 A03, 表示文科实验班学号为 3 的同学, 测试卷和调查问
卷分开录入和整理.

第二步, 学生基本信息编码. 编码的基本信息由性别和平时成绩. 男生用 "1"
表示, 女生用 "2" 表示. 有了班上同学的学号和平时的数学成绩单, 就可以探究此
次测评与日常考试成绩是否具有相关性. 最典型的是记录此次九月份的零模成绩

和高二下学期期末考试成绩, 取两者的平均值作为其日常数学考试成绩, 将学号和日常考试成绩进行对应编码.

第三步, 调查问卷试题答题情况编码. 情感态度价值观的试卷共有 10 道, 用 Q1, Q2, · · ·, Q10 表示, 每题有 5 个选项, 要求学生进行单选, 这 5 个选项对应编码为 5, 4, 3, 2, 1.

第四步, 测试卷试题的批改评分与编码. 将这 10 道题目按题号进行编码, 其中简答题有两问, 则用 (1) 和 (2) 表示, 如 7(1) 表示第七题的第一问, 每道题将严格按照评分标准进行批改.

第五步, 借助 EXCEL 和 SPSS 软件分析数据. 将样本学生的测试卷和调查问卷的结果按上述的编码方式依次录入 EXCEL2016 表格中, 最后用统计软件 SPSS22.0 进行数据处理与分析.

3.4 高中生逻辑推理素养的测评结果分析

3.4.1 高中生逻辑推理素养整体分析

(一) 测试卷得分分析

高中生逻辑推理素养测评卷, 共编制了 12 道大题 18 道小题, 满分为 100 分. 笔者将回收的试卷按标准批改, 并将每小题的得分一一录入 EXCEL2016 表格中, 用公式直接可求得各样本的测试卷总得分, 并将数据录入到 SPSS22.0 可得到测试卷总得分的回归标准化残差曲线, 如图 3-5 所示.

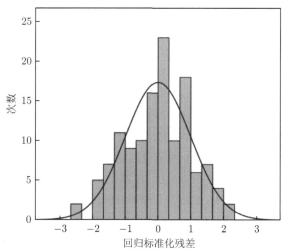

图 3-5 逻辑推理测试卷总得分的回归标准化残差曲线

应变数为 77, 均值 $E = 0.0000$, 标准偏差为 0.996, $N = 130$

标准化残差是残差除以其标准差得到的数值, 也称 Pearson(皮尔逊) 残差. 如果误差项 ε 服从正态分布, 则标准化残差的分布也服从正态分布, 由此图象可知样本所测的总得分的回归标准化残差曲线服从正态分布, 从信度的角度再次说明本测试卷试题设计合理.

为了更全面地了解被抽取学生样本的逻辑推理素养测试卷总得分情况, 我们算出其最大值、最小值和平均数, 并根据得到的这些数据来初步分析学生现有的逻辑推理素养水平.

根据 SPSS22.0 软件可直接得到测试卷总得分的各项统计数据, 如表 3-11.

表 3-11　逻辑推理测试卷总得分的各项统计数据

	最小值	最大值	平均数	标准偏差	N
实际得分	52	90	71.57	1.484	130
残差	-20.219	16.481	0.000	7.922	130
标准预测值	-1.712	1.712	0.000	1.000	130
标准残差	-2.542	2.072	0.000	0.996	130

样本逻辑推理测试卷的最高分为 90, 最低分为 52, 全距为 38, 说明不同学生的逻辑推理素养水平在内容维度上相差较大. 样本的逻辑推理调查问卷最高分为 47 分, 最低分为 37 分, 全距为 10, 说明不同学生的关于逻辑推理素养的情感态度价值观方面差距较小. 测试卷总分为 100, 按一般的测试标准, (60, 64) 合格, (65, 74) 一般, (75, 84) 良好, 85 分以上为优秀, 样本学生逻辑推理素养测试卷的平均分为 71.57 分, 说明样本学生的逻辑推理素养水平在内容、过程、情境为基础的测试卷得分只达到一般水平.

(二) 调查问卷得分分析

高中生逻辑推理素养调查问卷, 共编制了 10 道小题, 满分为 50 分. 笔者和测试卷进行一样的操作, 得到的逻辑推理调查问卷总得分的回归标准化残差曲线如图 3-6.

由此图象可知, 样本调查问卷所测的总得分的回归标准化残差曲线服从正态分布, 也从信度角度说明本调查问卷的问题设计合理.

根据 SPSS22.0 软件可直接得到调查问卷总分的各项统计数据, 如表 3-12.

逻辑推理调查问卷的总分为 50 分, 样本平均分达到了 42.48 分, 按一般的测试标准, (60,64) 合格, (65,74) 一般, (75,84) 良好, 85 分以上为优秀. 将调查问卷平均得分转化成百分制为 84.96 分, 已接近优秀水平, 说明高中生逻辑推理水平在情感态度价值观上表现很好.

根据统计分析的结果, 得到学生样本的整体得分平均分为 78.26 分, 相当于一般测试的良好水平, 即高中生逻辑推理素养水平整体良好.

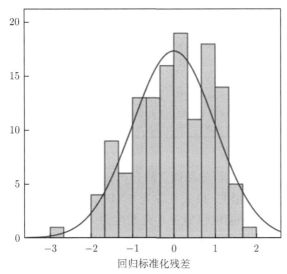

图 3-6 逻辑推理调查问卷总得分的回归标准化残差曲线

应变数为 41, 均值 $E = 0.000$, 标准偏差为 0.096, $N = 130$

表 3-12 逻辑推理调查问卷总得分的各项统计数据

	最小值	最大值	平均数	标准偏差	N
实际得分	37	47	42.48	0.048	130
残差	-7.455	5.472	0.000	2.773	130
标准预测值	-1.583	1.734	0.000	1.000	130
标准残差	-2.678	1.966	0.000	0.996	130

(三) 相关性分析

由上述结果可知, 样本的逻辑推理素养水平在内容维度上只达到一般水平, 而高中生逻辑推理素养水平在情感态度价值观上表现接近优秀, 说明关于逻辑推理在情感态度价值观上表现良好, 但是在内容的掌握上和实际问题的过程中表现一般, 因此有必要分析两者之间的相关性. 除此之外, 为了更为全面了解高中生数学逻辑推理素养水平的影响因素, 还分析了逻辑推理素养水平是否跟性别、班级类型和零模成绩是否具有相关性, 以下是根据 SPSS22.0 测试的结果. 在 SPSS 统计分析中, * 表示的是显著性 P 值, 即 sig 值小于 0.01, 这说明得出变量间相关显著的结论犯错误的可能性为 1%. 若 $P > 0.05$, 表示差异性不显著; 若 $0.05 > P > 0.01$, 表示差异性显著; $0.01 > P$ 表示极显著.

1. 测试卷总得分与调查问卷总得分的相关性分析

运用样本的测试卷总得分和对应的调查问卷总得分这两组数据进行 Pearson 相关分析, 分析结果如表 3-13 所示.

表 3-13　测试卷总得分与调查问卷总得分的相关性分析

		测试卷	调查问卷
测试卷	Pearson 相关性	1	0.345*
	显著性 (双侧)	0	0.025
	N	130	130
调查问卷	Pearson 相关性	0.345*	1
	显著性 (双侧)	0.035	0
	N	130	130

* 在 0.05 水平 (双侧) 上显著相关.

由表 3-13 可知, 测试卷得分和调查问卷得分两者的显著性 (双侧) 值为 0.025, 说明在 0.05 水平上显著相关, 相关系数为 0.345, 属于低度相关, 说明逻辑推理素养水平在内容维度和情感态度价值观具有低度相关性. 即表明在逻辑推理相关内容的掌握上和情境化问题的解决过程中表现越好的同学, 对逻辑推理相关的内容更喜欢, 也更相信逻辑推理素养所发挥的重要作用.

2. 测评得分与性别的相关性分析

根据样本学生逻辑推理素养的测试卷总得分和对应的调查问卷总得分这两组数据分别和性别进行 Pearson 相关分析, 分析结果如表 3-14 所示.

表 3-14　测评得分与性别的相关性分析

		性别
测试卷	Pearson 相关性	0.118*
	显著性 (双侧)	0.015
调查问卷	Pearson 相关性	0.012
	显著性 (双侧)	0.335
整体总分	Pearson 相关性	0.106*
	显著性 (双侧)	0.018

* 在 0.05 水平 (双侧) 上显著相关.

表 3-14 表明测试卷与样本学生的性别的显著性 (双侧) 值为 0.015, 说明在 0.05 水平上显著相关, 相关系数为 0.118, 属于低度相关, 说明逻辑推理在内容维度上与性别具有低度相关性. 调查问卷与样本性别的显著性 (双侧) 值为 0.335, 逻辑推理素养情感态度价值观与性别无显著相关性, 而逻辑推理测评卷总体得分与性别的显著性 (双侧) 值为 0.018, 说明在 0.05 水平上显著相关, 相关性为 0.106, 说明逻辑推理素养的整体水平与性别具有低度相关性.

3. 测评得分与班级层次类型的相关性分析

运用样本的测试卷总得分、调查问卷总得分和测试卷的总体得分和班级层级类型分别进行 Pearson 相关分析, 分析结果如表 3-15 所示.

表 3-15　测评得分与班级层次类型的相关性分析

		班级层次类型
测试卷	Pearson 相关性	0.521**
	显著性 (双侧)	0.000
调查问卷	Pearson 相关性	0.079
	显著性 (双侧)	0.415
整体总分	Pearson 相关性	0.498**
	显著性 (双侧)	0.000

** 在 0.01 水平 (双侧) 上显著相关.

表 3-15 表明测试卷与班级层次的显著性 (双侧) 值小于 0.01, 说明逻辑推理素养在内容维度上与班级层次在 0.01 水平上显著相关, 且相关系数为 0.521, 显示两者具有中度相关性. 而调查问卷与班级层次的显著性 (双侧) 值为 0.415, 表明逻辑推理情感态度价值观与班级层级并无显著相关性. 测试卷的整体总分与班级层次相关性为 0.498, 显示两者具有中度相关性, 显著性 (双侧) 值小于 0.01, 说明逻辑推理素养的整体水平与班级层次在 0.01 水平上表示差异性极显著, 即意味着学生所在班级层次越好, 逻辑推理素养水平很大程度上会越高.

4. 测评得分与日常数学成绩的相关性分析

运用样本的测试卷总得分、调查问卷总得分及整体得分分别和日常数学成绩分别进行 Pearson 相关分析, 分析结果如表 3-16 所示.

表 3-16　测评得分与日常数学成绩的相关性分析

		日常数学成绩
测试卷	Pearson 相关性	0.506**
	显著性 (双侧)	0.000
调查问卷	Pearson 相关性	0.205
	显著性 (双侧)	0.098
整体总分	Pearson 相关性	0.412**
	显著性 (双侧)	0.000

** 在 0.01 水平 (双侧) 上显著相关.

表 3-16 表明测试卷与日常数学成绩的显著性 (双侧) 值小于 0.01, 说明逻辑推理素养在内容维度上与日常数学成绩在 0.01 水平上显著相关, 且相关系数为 0.506, 显示两者具有中度相关性. 而调查问卷与日常数学成绩的显著性 (双侧) 值为 0.098, 大于 0.05, 表明逻辑推理情感态度价值观与日常数学成绩并无显著相关性. 测试卷的整体总分与日常数学成绩的显著性 (双侧) 值小于 0.01, 说明逻辑推理素养整体与日常数学成绩在 0.01 水平上显著相关, 且相关系数为 0.412, 显示两者也具有中度相关性. 这表明学生平时数学成绩越好, 对数学内容掌握得越牢固,

很大程度上对逻辑推理相关的知识点的掌握情况越好, 逻辑推理素养整体也越好.

3.4.2　高中生逻辑推理素养各测评维度结果分析

上述高中生逻辑推理素养水平仅从测试卷和调查问卷的相关性以及逻辑推理素养水平与性别、日常成绩、班级层次之间的相关性分析, 并没有深入分析逻辑推理素养的各个维度的二级指标. 因此还要根据学生具体的答题情况分析学生在逻辑推理素养内容、过程、情境和情感态度价值观维度上的具体表现.

(一) 高中生逻辑推理素养测评内容维度结果分析

高中生逻辑推理素养在内容维度上主要从推理证明相关的知识点进行测试, 为使测评内容全面, 共选了 9 个二级指标, 其中从必修内容涉及了 4 个知识点, 而在选择性必修内容选了 5 个知识点. 本研究通过批改整理学生在不同测试题的得分情况, 可以初步分析学生对具体知识点的掌握情况, 再根据学生每道简单题的具体书写步骤进行合理的解释归因.

根据逻辑推理素养测试卷在内容维度中的答题得分情况, 将计算结果整理如表 3-17 所示.

表 3-17　内容维度各二级指标答题得分情况

课程	内容	总分	平均分	得分率	满分率
必修课程	用样本估计总体	5	4.53	90.60%	90.60%
	三角函数诱导公式	10	6.52	65.20%	65.28%
	等比数列	22	8.56	81.73%	38.90%
	立体几何中的线面关系和二面角问题	12	5.63	88.63%	56.86%
选择性必修课程	常用逻辑用语	5	4.58	91.60%	91.60%
	二项式定理	10	8.68	56.69%	52.13%
	观察与推理	10	8.79	100%	42.89%
	不等式的证明	12	6.68	76.31%	61.87%
	平面几何中的证明	14	5.63	41.25%	21.25%

观察表 3-17 中的数据可以得出不同的内容单元的得分率不同. 在必修课程的内容中, 用样本估计总体的得分率最高达 90.6%, 满分率也最高. 而在选择性必修课程中则是常用逻辑用语的得分率最高, 超过 90%, 也是整张试卷中在内容维度下最高, 满分率也是最高, 说明常用逻辑用语和用样本估计总体这两部分内容学生掌握情况较好. 而等比数列和平面几何中的证明的满分率都在 40% 以下, 造成该现象的原因还需要具体分析.

1. 常用逻辑用语

对学生常用逻辑用语掌握情况的考查是在本张试卷的第 1 题, 要求解绝对值不等式和一个一元二次不等式, 这在初中阶段学生就已经知晓求解方法, 最后是判断充分性和必要性, 这是高中新学的数学语言, 此题将初中与高中知识点衔接, 是道比较简单的选择题, 得分率和满分率都是 91.60%, 说明此题是符合学生的知识背景的. 为排除学生猜对选择题的偶然性, 还观察了学生在试卷上的解题步骤, 图 3-7 是学生的解题示例.

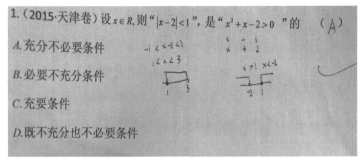

图 3-7 逻辑推理素养测试卷第 1 题学生解答示例一

此题的解答过程也很清楚, 步骤详细, 绝对值不等式解出来的范围小于二次函数不等式的范围, 所以小范围可以推大范围, 则为充分不必要条件. 超过 90% 的学生写对了此题, 说明学生对常用逻辑用语充分条件和必要条件的概念理解得比较清楚, 掌握情况良好, 达到了多点结构水平.

2. 用样本估计总体

对学生用样本估计总体掌握情况的考查是在本张试卷的第 2 题, 本题要求学生能够辨别平均数、标准差、最大值和中位数的作用, 在根据样本评估总体的稳定程度时, 需要用到的指标是标准差. 图 3-8 是学生在选择的过程中的示例.

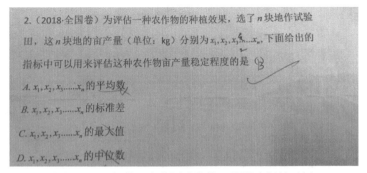

图 3-8 逻辑推理素养测试卷第 2 题学生解答示例

此解题示例就是在写选择题的标准示范, 虽然题目简单, 但是还是要把每个选项看完, 一一区分和排除, 提高自己的得分率. 此题的平均分达到了 4.53, 得分率达到了 90.60%, 说明在用样本估计总体的过程中, 绝大部分学生对基本的概念掌握情况良好, 至少达到了单点结构水平.

3. 三角函数诱导公式

三角函数的诱导公式设置了两道试题, 分别是本测试卷的第 3 题和第 4 题, 第 3 题考查的是学生对诱导公式的理解, 得分率为 93.13%, 达到了多点结构水平, 但是还有 6.87%, 也就是 9 位同学选错答案, 图 3-9 是学生第 3 题的解题示例.

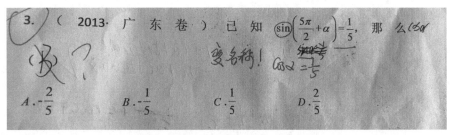

图 3-9　逻辑推理素养测试卷第 3 题学生解答示例

这道题错误示例, 考完后与学生访谈, 写错的学生回复说这道题很简单, 知道诱导公式, 但书写过快, 考虑不周, 没有想清楚就选出答案; 也有的学生自己加了负号, 没有先减去周期再来判断导致失误, 审题不清, 这也是逻辑推理素养中对数学知识理解得不严谨, 属于单点结构水平.

第 4 题不只考查诱导公式的运用, 还要结合三角函数中各函数的转化关系和齐次式方程, 是第 3 题知识点上的延伸, 需要了解学生在关联的情境中的思维的灵活度, 图 3-10 是学生正确的解题示例.

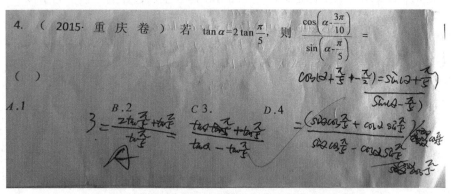

图 3-10　逻辑推理素养测试卷第 4 题学生解答示例

此题只有 46.35% 写出了正确的解题步骤, 远低于第 3 题的得分率, 说明在三角函数的诱导公式综合应用中不到一半的学生达到关联结构水平.

4. 等比数列

与逻辑推理相关的等比数列知识点的考查是在试卷的第 7 题和第 10 题, 第 7 题要求学生能够在情境中根据前几项推导通项, 第 10 题是根据等比数列的规律进行简单的运算求解, 准确率比较高, 该题选自 PISA 试题, 学生这道题的准确率达 78.63%, 说明大部分学生都能大部分达到了多点结构水平. 第 10 题要求推导等比数列的求和公式并判断新数列是否为等比数列, 该题的满分率仅为 26.12%, 满分率较低, 情况不尽如人意, 为分析具体原因, 着重分析了样本学生的答题情况. 图 3-11 是其中一位学生给出的解答示例.

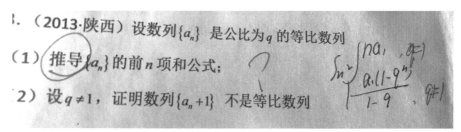

图 3-11 逻辑推理素养测试卷第 10(1) 题学生解答示例一

该生只记住公式的一部分, 不会推导, 且没有讨论公比的取值情况, 说明在学习新课记住公式却没有真正理解公式, 所以就造成这种 "知其然而不知其所以然" 的现象, 只达到单点水平结构. 图 3-12 是另一位学生给出的解答示例.

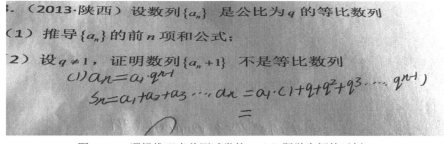

图 3-12 逻辑推理素养测试卷第 10(1) 题学生解答示例二

该生也不会推导等比数列求和的公式, 只记得当时证明的形式, 究竟是怎么将两个等式相减得到等比数列的求和公式就没有思路, 也是处于单点结构水平. 据统计, 处于在数列这个内容维度下处于单点水平结构的学生有 12.24%, 大多数处于多点水平结构, 如图 3-13 所示, 以其中一位同学的解答为例.

该生知道如何推导等比数列求和的公式, 能够将两个等式相减得到等比数列的求和公式, 但没有讨论公比为 1 的情况, 考虑不够周全, 达到了多点水平结构,达到此水平的学生不超过一半, 仅有 45.21%, 不到一半的学生达到了关联结构水平, 如图 3-14, 以其中一位同学正确的解答过程为例.

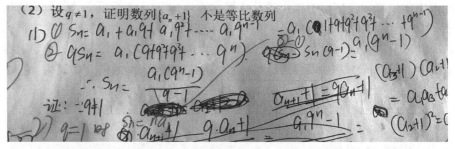

图 3-13　逻辑推理素养测试卷第 10(1) 题学生解答示例三

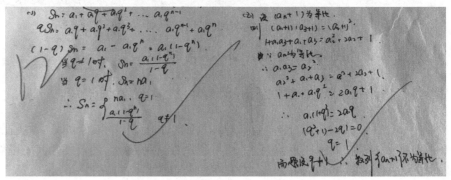

图 3-14　逻辑推理素养测试卷第 10(1) 题学生解答示例四

该生全部写对, 并且在第二问的解题过程中运用了反证法的思想, 证明过程条理清楚, 结构严谨, 所以给了满分 12 分, 达到关联水平结构. 在试卷的批阅中, 该题全部得到满分的学生还不及 25%, 说明只有四成左右的学生达到关联水平.

从学生解答数列这部分内容维度的答题情况可得出学生的逻辑推理素养水平还有待提高. 尤其是对于一些公式的推导还需加强. 在传统教学中, 有些老师直接给学生公式、定理或法则, 接下来的时间大多用来解题, 导致学生对公式不够理解. 正如数学家弗赖登塔尔所批评的演绎的方法实则是 "教学法的颠倒"[1], 会降低学生的创造性.

5. 立体几何中的线面关系和二面角问题

立体几何中的线面关系和二面角问题是选自 2019 年的理科高考题, 属于高考的经典题型, 学生对此题型比较熟悉, 看到高考题也会更加谨慎, 写题的过程中也会更加认真. 此题属于难度适中, 比较常见. 首问要证 "线面平行", 可通过平行四

---

① 弗赖登塔尔. 作为教育任务的数学 [M]. 陈昌平, 等译. 上海: 上海教育出版社, 1995: 96.

边形的对边平行或者中位线定理证明 "线线平行". 这个证明过程也相对简单, 本问的准确率高达 88.16%, 但是该题得满分的同学不到 60%, 满分率不够理想. 如图 3-15 所示, 以其中一位同学的解题过程为例, 分析满分率低的原因.

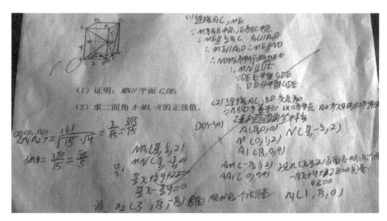

图 3-15 逻辑推理素养测试卷第 11 题学生解答示例四

该生的解答过程第一问正确, 通过平行四边形的对边平行来证明线线平行, 进而证明线和面平行, 逻辑严谨, 达到了多点水平结构. 第二问可以 D 点为坐标原点建立空间直角坐标系分别求出两个面的法向量, 再求法向量所成角的余弦值, 再将余弦值转化为正弦值, 才是题目所求二面角的正弦值. 值得一提的是, 若题目求的是二面角的余弦值, 必须回归图形判断二面角是锐角还是钝角, 若为钝角, 余弦值为负, 问正弦值则不需判断, 因为不论是钝角还是锐角, 正弦值恒为正. 所以此问较为简单, 但满分率不高, 有很多同学书写数学符号不严谨, 正如图 3-15 所示, 首先在设两个面的法向量时表述不够完整; 其次是两个法向量夹角的余弦值的表示方式不正确. 该题的第二问有近三分之一的学生在计算过程中算错, 导致该题拿不到满分. 整道题只有 56.86% 的人全对, 超过半数的人达到了水平划分中的关联结构水平, 大部分同学达到了多点结构水平.

第二问是文科考题, 求的是点面距, 比理科简单, 只需用等体积法转换顶点, 用等体积法即可求. 以 C_1DE 为底面, C 点到平面 C_1DE 的距离为高, 表示 C-C_1DE 的体积, 另外以 CDE 为底面, C_1C 为高, 表示 C-C_1DE 的体积. 题目本身较为简单, 计算量不大, 所选样本本文科生该题的准确率为 63.12%, 超过半数的学生达到关联结构水平.

6. 不等式的证明

此题选自 2019 年全国卷最后一题, 根据均值不等式和平均值不等式证明, 此题考查的是学生在关联的情境中灵活运用不等式证明, 并且表述需要严谨, 本题第一问的准确率比较高, 准确率高达 68.79%, 说明将近七成的学生都达到多点水平结构. 而第二问平均值不等式的应用属于选修内容, 准确率为 42.12%, 不到一半的人达到关联水平结构. 以下是学生解答示例:

5. 从下面的等式中, 你能想出什么结论?＿＿＿＿＿＿＿＿

$$37 \times 3 = 111, \quad 37 \times 6 = 222, \quad 37 \times 9 = 333, \quad 37 \times 12 = 444.$$

9. (2019 · 全国卷) 设 a, b, c 为正数, 且满足 $abc = 1$.

(1) 求证: $\dfrac{1}{a} + \dfrac{1}{b} + \dfrac{1}{c} \leqslant a^2 + b^2 + c^2$.

(2) $(a+b)^3 + (b+c)^3 + (c+a)^3 \leqslant 24$.

第二问是第一问在知识点上的延伸, 既需要掌握均值不等式的应用, 还要学会使用平均值不等式. 该生在解答过程中的平均值不等式的应用不够灵活, 没有将括号内看成一个整理, 笔者在批改试卷的过程中已订正, 注意整体思想的使用, 将每个三次方括号内看成一个整体运用平均值不等式, 还要说明均值不等式取等号的情况, 没有验证扣 2 分. 该题要求学生能够在众多的方法中选择合适的方法进行证明, 并能熟练掌握不等式的证明方法, 步骤严谨, 逻辑清楚, 该题考查得到的结论是, 样本中不超过一半的人达到关联水平结构 (图 3-16).

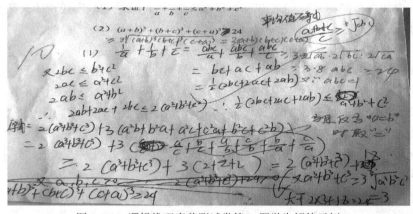

图 3-16　逻辑推理素养测试卷第 9 题学生解答示例

7. 观察与推理和二项式定理

观察与推理的考查是在第 5 题和第 6 题, 学生的准确率很高, 平均得分 8.79. 得分率 100%.

5. 从下面的等式中, 你能想出什么结论?＿＿＿＿＿＿＿＿

$$37 \times 3 = 111, \quad 37 \times 6 = 222, \quad 37 \times 9 = 333, \quad 37 \times 12 = 444.$$

　　这是开放性问题, 根据观察的式子猜想结论, 需要学生发现等式之间的规律, 找到数学的乐趣, 适当降低本章试卷的难度, 符合新课程标准提出的结合具体实例, 能利用类比进行简单的猜想.

　　尤其是第 6 题, 要求学生观察一个例子, 结合生活实际写出三段论, 有利于结合生活实际解决数学问题, 符合新课标理念中理论联系实际的能力.

　　6. 请写出一个用三段论表述的命题证明 _____

　　例如: 数学的毕业生都学过高等代数, (大前提)

　　　　　高明是北京大学数学系毕业生, (小前提)

　　　　　所以, 高明学过高等代数. (结论)

　　此题旨在测评学生掌握演绎推理的程度, 统计数据显示, 超过 80% 的学生达到多点水平结构, 说明掌握程度良好.

　　8. 平面几何证明

　　平面几何中证明 "周长一定的四边形中正方形所围面积最大", 此覆盖问题是唯一一个涉及抽象拓展水平的考查, 该题属于开放性问题, 考查学生对问题的理解能力, 是平时考试很少碰到的, 对题目意思不明白, 不理解覆盖的含义, 不清楚理解四边、圆形的性质和特点, 有很多同学无法下手, 导致该题的得分率较低, 属于前结构水平的学生有 12.23%.

　　12. 设桌面上有一个由铁丝围成的封闭曲线, 周长为 $2L$, 回答下面的问题

　　(1) 当封闭曲线为平行四边形时, 用直径为 L 的圆形纸片是否能完全覆盖这个平行四边形? 请说明理由.

　　(2) 当封闭曲线是四边形时, 正方形面积最大.

　　在证明过程中有条理, 达到多点水平结构的学生有 45.21%. 以其中一位同学的解答为例, 该生能够找出特殊的情况满足题目所求, 当四边形为平行四边形时可以覆盖, 并用数学语言进行证明, 达到了多点水平结构.

　　而在回答第 (2) 小题时, 封闭曲线要求面积最大时, 不一定是平行四边形, 这点还需说明, 所以论述不够严谨. 但是在证明正方形覆盖的面积最大时转化成数学方程, 求出面积最大时, 角度为 90 度, 且两边长相等, 说法严谨, 条件变化时也能找到关联, 找出两者的本质联系, 并能加以证明, 但不能严谨地进行证明, 该生已达到关联水平结构. 实际上, 样本中达到该水平的学生仅四分之一.

　　笔者在批阅试卷的过程中, 发现能够真正达到拓展抽象水平的学生不多, 条件变化时也能找到关联, 找出两者的本质联系, 并能加以证明, 但不能严谨地进行证明 (图 3-17). 图 3-18 所示的解题过程中进行了严谨的证明, 表述严谨, 达到抽象拓展水平, 样本中达到该水平的不到 10%, 说明要达到抽象拓展水平还需要加强培养.

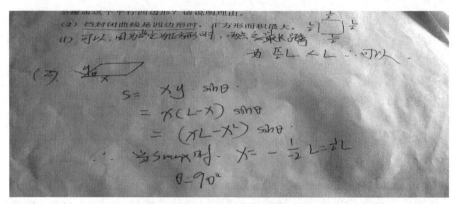

图 3-17　逻辑推理素养测试卷第 12 题学生解答示例 1

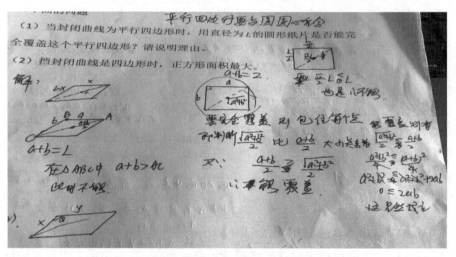

图 3-18　逻辑推理素养测试卷第 12 题学生解答示例 2

(二) 高中生逻辑推理素养测评过程维度结果分析

高中生逻辑推理素养的测评从过程维度来看, 主要包括形成数学、应用数学和解释数学这三个二级指标, 各指标分别对应设计了题目, 为分析学生在过程维度中的表现情况, 分别计算样本学生在对应题目中所得的平均分、得分率和标准差, 统计如表 3-18 所示.

表 3-18　过程维度各二级指标答题得分情况

维度	二级指标	总分	平均分	得分率	标准差
过程维度	形成数学	30	25.65	85.43%	5.463
	使用数学	44	20.03	45.52%	4.638
	解释数学	26	9.65	37.11%	2.684

表 3-18 显示, 样本学生在形成数学的二级指标中的得分率最高, 有 85.43% 表现最好, 在使用数学的过程中表现其次, 而在解释数学这个二级指标中的表现相对较差, 仅为 37.11%, 三者的差别较大, 因此, 需要具体分析其产生的原因.

1. 形成数学

考查学生对形成数学维度的试题分布在题号 1, 5, 6, 8 这四道题, 需要学生在真实的情境中识别问题情境, 能够在该情境下提供合理的数学的结构.

最典型的是第 5 题和第 6 题, 要求学生能够根据观察的等式得出结论, 写出自己的见解, 逐渐形成数学的过程. 第 8 题也是类似, 观察 "杨辉三角" 可以得到二项式定理的通项, 这是从具体的数学情境中得到的结果.

形成数学表现良好, 主要在于观察和发现规律有利于学生了解数学过程, 在真实的情境中发现数学的规律, 找到数学的结构, 形成数学也容易有成就感. 说明以后在数学的学习过程中, 可以设计更多的贴合生活实际的开放性问题, 让学生去找生活中的 "三段论", 找到属于数学中乐趣, 提高形成数学的能力.

2. 使用数学

对使用数学维度的考查试题分别在 2, 3, 4, 9, 10 和 11 这六道题, 考查学生能否应用数学概念、符号、步骤和进行公式化的证明和推理. 比如第 2 题中要对数学基本概念的理解和掌握, 了解什么是平均数、标准差、中位数和最值, 分别体现样本的什么特点, 一定要把基本概念辨析清楚. 而第 3 题是在使用诱导公式, 看到三角函数中的 $\frac{\pi}{2}$ 立马想到的是 "奇变偶不变, 符号看象限", 也可以得出正确答案.

第 9 题需要证明不等式, 要求学生能够有步骤、有条理地运用数学符号, 灵活运用基本不等式进行证明, 是典型的使用数学的过程. 还有第 11 题, 立体几何中的线面关系的证明, 要求学生证明线面平行, 第二问则理科要求建系求解二面角, 文科要求转换顶点求点到面的距离, 分析结果表明学生在使用数学的过程中还不够灵活.

使用数学测量结果表明, 在使用数学的过程中, 要求学生对知识点熟悉, 能够辨析基本概念, 合理运用数学定义和方法, 所以在教学过程中需要强调基础概念的重要性和重视对数学方法的归纳和整理.

3. 解释数学

对解释数学维度的考查试题分别在第 10 题和第 12 题, 第 10 题要求能够用作差法推导等比数列的前 n 项和公式, 第二问要说明一个新数列不是等比数列, 可回归到等比数列的定义上, 证明新数列不满足等比数列的定义, 利用反证法证明. 该题要求学生首先对求和公式不再停留在背诵和记忆上, 而是去推导和解释怎么来的, 根据数据测评的结果可知学生解释数学的能力还有待提高, 这也正是现在教学需要注意的重点方向.

使用数学知识解释和说明数学问题, 典型地体现在 12 题中, 解释直径为 L 的圆形纸片是否能完全覆盖这个平行四边形时, 需要找几个特例进行说明, 从特殊到一般, 真正理解覆盖的含义, 找到其几何本质, 在应用均值不等式判断边的大小关系. 可样本学生的得分率较低, 主要是在 "覆盖" 这个概念上就难以理解, 很多同学难以发现几何本质.

学生在解释数学这个过程中的得分最低, 说明学生对基本概念和基本方法理解得不够透彻, 在教学过程中, 教师要注意理解公式的推导方法, 而非记忆和背诵, 注重数学符号和数学语言表达的精确性和数学论证的严谨性, 从特殊到一般找特点, 再数形结合, 运用数学知识解释数学过程, 从而提高解释数学的能力.

(三) 高中生逻辑推理素养测评情境维度结果分析

逻辑推理素养测试卷的试题将数学内容结合现实生活情境和具体的数学内容情境. 借鉴 PISA 试题, 在试题的编制过程中尽量匹配可以结合生活情境或者具有真实情境的试题, 让学生体会数学的实用性.

根据逻辑推理素养测试卷中各试题的情境属性, 分别计算出样本学生在每一情境下答题的平均分、得分率和标准差, 了解学生在各情境中表现情况, 如表 3-19 所示.

表 3-19　过程维度各二级指标答题得分情况

维度	二级指标	总分	平均分	得分率	标准差
情境维度	个人的	5	4.32	86.40%	3.412
	职业的	14	5.63	40.21%	3.126
	社会的	15	11.36	75.73%	4.168
	科学的	56	26.87	47.98%	7.629

由表 3-19 可知, 样本学生得分率最高的是在个人的情境维度, 其次是在社会的情境维度, 说明学生能够很好地理解这两种情境, 从真实的情境中抽象出数学问题, 尤其是再结合自身生活环境时能表现得更好. 但在职业的和科学的情境下表现不佳, 职业的情境维度的得分率最低, 也并不是说明学生在职业维度下表现最不好, 很大一部分原因是学生对这类题目不熟悉, 对 "覆盖" 一词不理解, 不能找到满足题意的特殊情况, 再推导到一般情况, 找到几何本质特征, 这种从特殊到一般的归纳能力还有待提高. 在科学的情境维度下, 更多的是对数学本身的理解, 得分率较低, 说明样本学生对于数学本身的理解还不够透彻, 尽管每天都在学习或练习数学知识内容, 但是对于方法的归纳和总结上不够, 使得总体得分率不高.

根据表 3-19 可知, 样本学生在四个情境维度下均有一定的理解能力, 在个人的和社会的情境中表现较好, 在科学的和职业的情境中表现相对较差.

(四) 高中生逻辑推理素养测评情感态度价值观维度结果分析

高中生逻辑推理素养调查问卷分别设置了 10 道题来了解学生在情感、态度、价值观上的表现, 其中情感维度下设置的是前三道题, 态度维度下设置的中间四道题, 价值观维度下设置了后三道题. 根据学生的答题情况, 整理得到学生在情感态度价值观维度下的二级指标统计得分数据, 如表 3-20 所示.

表 3-20　情感态度价值观维度各二级指标答题得分情况

维度	二级指标	总分	平均分	得分率	标准差
情感态度价值观	情感	15	12.36	82.40%	2.369
	态度	20	15.59	77.95%	5.368
	价值观	15	13.41	89.4%	2.631

由表 3-20 可知, 在测评逻辑推理素养的调查问卷的统计分析中, 学生在情感和价值观维度的得分率都在 80% 以上, 表现优秀, 说明大部分学生对逻辑推理相关的内容有良好的体验, 也非常肯定逻辑推理素养在科学的进步和实际应用中具有较大的价值. 可对于逻辑推理素养的态度维度下的得分率相对低一些, 在75% 以上, 说明表现良好, 且标准差较大, 说明不同的学生对逻辑推理素养的态度差异较大, 对与逻辑推理素养相关的内容的学习兴趣、动机和信心等的相对价值观水平较低.

1. 情感

与逻辑推理相关内容的学习情感维度主要体现在学习时的兴趣与热情、动机、信心、审美意识等方面, 具体表现为喜欢数学、喜欢观察与推理, 喜欢观察发现规律并证明自己发现的规律, 认为逻辑推理对于数学的学习很重要、自信能把逻辑推理方法运用到生活当中, 能够严谨清晰地表达自己的看法等等. 为了了解学生在学习与逻辑推理相关内容的学习情感维度的表现情况, 利用 SPSS22.0 软件分析得出样本学生在前三道题中的平均分和每题各选项的比例如表 3-21 所示.

表 3-21　逻辑推理素养情感态度价值观维度情感指标有关试题的答题情况

试题编号	平均分	非常同意	比较同意	不确定	比较不同意	完全不同意
1	3.52	35.12%	26.51%	23.59%	8.63%	6.15%
2	3.67	32.56%	43.65%	13.24%	4.23%	6.32%
3	4.26	45.62%	32.19%	13.15%	6.24%	2.8%

由表 3-21 可知, 样本学生在逻辑推理素养情感态度价值观下的情感有较大的差异, 其中平均分最高的第 3 题, 其次是第 2 题, 再次是第 1 题, 前两个选项的勾

选率均大于 60%, 有的甚至达到了 75%, 说明大部分学生喜欢数学, 相信自己能学好与逻辑推理相关的内容. 以下是出现在调查问卷上的题目, 可以结合具体每道小题测评的内容和学生答题的情况进行具体分析.

(　　)1. 在所有的学科中, 你最喜欢的是数学.

A. 非常同意　　　　　　　　　　B. 比较同意

C. 不确定　　　　　　　　　　　D. 比较不同意

E. 完全不同意

(　　)2. 在高中数学的各个模块内容中, 你最感兴趣的是以逻辑推理为核心的归纳类比方法.

A. 非常同意　　　　　　　　　　B. 比较同意

C. 不确定　　　　　　　　　　　D. 比较不同意

E. 完全不同意

(　　)3. 你喜欢数学严谨的逻辑思维, 因为它会帮助你有逻辑地思考问题.

A. 非常同意　　　　　　　　　　B. 比较同意

C. 不确定　　　　　　　　　　　D. 比较不同意

E. 完全不同意

结合每道题测试的内容, 由表 3-21 可知, 只有极少部分学生非常不喜欢数学, 也不喜欢数学中与逻辑推理相关的内容, 喜欢数学的占比约 60%, 而喜欢逻辑推理相关内容的约占 76%, 说明喜欢逻辑推理相关内容的程度高于对数学的本身, 结合平均分最高的第 3 题, 说明大部分学生是喜欢数学, 正是因为数学严谨的逻辑思维能够帮助学生有条理地思考问题.

2. 态度

与逻辑推理相关内容的学习态度维度主要体现在是否认真、努力、愉快地学习这部分内容; 对具体生活中的情境, 观察并发现规律时是否感到好奇, 在证明自己发现的规律时是否很有成就感, 当发现证明自己的结论很困难时能否独立思考、坚持不懈地钻研. 为了解样本学生的态度情况, 可利用 SPSS22.0 软件分析学生在问卷的中间四道题的平均分和每题各选项的比例, 具体如表 3-22 所示.

表 3-22　逻辑推理素养情感态度价值观维度态度指标有关试题的答题情况

试题编号	平均分	非常同意	比较同意	不确定	比较不同意	完全不同意
4	3.16	26.35%	32.74%	12.36%	17.86%	10.69%
5	3.23	35.19%	35.36%	16.78%	7.41%	5.26%
6	4.32	48.94%	36.71%	11.18%	2.24%	0.93%
7	3.14	32.91%	30.16%	17.12%	10.63%	9.18%

由表 3-22 可知, 样本学生对逻辑推理素养相关内容的学习态度较为端正, 第 5, 6 题选择前两个选项的比例都在 70% 以上, 这四道题的平均分在 3.14 至 4.32 之间, 不同试题的同一选项比例极差大部分在 10% 以下, 说明学生在该指标的表现较为均衡. 以下是出现在调查问卷上的中间四个问题, 这四个问题主要调查的是学生在学习与逻辑推理相关内容的课前预习、课中听讲和课后作业的情况, 根据学生答题的情况进行具体分析.

(   )4. 在学习与证明内容有关的课之前, 你会主动提前预习这节课的内容.

A. 非常同意   B. 比较同意   C. 不确定

D. 比较不同意   E. 完全不同意

(   )5. 学习归纳数学方法时, 你总能专心致志.

A. 非常同意   B. 比较同意   C. 不确定

D. 比较不同意   E. 完全不同意

(   )6. 在发现数学的规律时, 你感觉到自己是积极快乐、富有成就感的.

A. 非常同意   B. 比较同意   C. 不确定

D. 比较不同意   E. 完全不同意

(   )7. 你非常乐意并且能够认真完成数学作业中的定理证明问题.

A. 非常同意   B. 比较同意   C. 不确定

D. 比较不同意   E. 完全不同意

结合每道题所测评的内容和每道题答题情况可知, 在问题 6 中, 超过 80% 的学生认为在发现数学的规律时, 自己是积极快乐且富有成就感的. 可在问题 7 显示的数据却不容乐观, 有近五分之一的学生不太乐意主动尽快完成数学作业中的证明问题, 有超过 12% 的学生不能专心学习归纳的数学方法, 也有约 28% 的学生不能提前做好预习.

高中生逻辑推理素养情感态度价值观态度指标表明, 近 85% 的样本学生虽然能够在发现数学的规律时体验到数学的乐趣和超过 70% 的学生在课堂上能够认真听讲, 但是有一半左右的学生不能在课前做好预习工作, 导致约 40% 的学生在完成相关的数学作业时不够顺利. 教学过程中要注意在归纳数学方法时, 引导学生去发现和归纳方法, 同样让学生富有成就感, 找到学习数学的乐趣.

3. 价值观

高中生逻辑推理素养调查问卷后面三道小题测评学生与逻辑推理有关的价值观, 研究学生是否肯定归纳推理对科学所产生的进步作用以及演绎证明对科学发展和应用的进步价值, 是否具有理性思考问题的思维品质. 为了了解学生在学习与逻辑推理相关内容的学习价值观维度的表现情况, 利用 SPSS22.0 软件分析得出样本学生在最后三道题中每题各选项的比例和平均分如表 3-23 所示.

表 3-23　逻辑推理素养情感态度价值观维度价值观指标有关试题的答题情况

试题编号	平均分	非常同意	比较同意	不确定	比较不同意	完全不同意
8	4.12	35.21%	45.16%	15.26%	3.61%	4.76%
9	4.67	63.42%	34.12%	1.93%	0.5%	0.03%
10	4.31	42.37%	35.32%	18.91%	2.58%	0.82%

　　由表 3-23 可知, 样本学生对逻辑推理素养相关的内容学习中价值观维度的平均分很高, 都在 4 分以上, 平均分最低有 4.12, 最高达到了 4.67, 学生前两个选项的比例都在 80% 以上, 说明学生对逻辑推理素养的肯定程度很高. 只有约 8% 的学生没有对第 8 题的看法表示肯定. 各小题测试的内容不同, 学生在作答时的情况也不一样, 现根据学生答题的情况进行具体分析.

　　(　　)8. 你认为逻辑推理思维非常重要的, 因为它有助于解决现实中的一些问题.

　　A. 非常同意　　　　　　B. 比较同意　　　　　　　C. 不确定

　　D. 比较不同意　　　　　E. 完全不同意

　　(　　)9. 将实验和逻辑推理 (包括数学演算) 和谐结合, 有利于发展人类的科学思维方式和科学的研究方法.

　　A. 非常同意　　　　　　B. 比较同意　　　　　　　C. 不确定

　　D. 比较不同意　　　　　E. 完全不同意

　　(　　)10. 数学的发展依赖于严密的逻辑思维, 培养良好的逻辑推理的品质有利于科学技术的发展.

　　A. 非常同意　　　　　　B. 比较同意　　　　　　　C. 不确定

　　D. 比较不同意　　　　　E. 完全不同意

　　结合每道题所测评的内容和样本学生对每道题答题情况可知, 认可度最高的是第 9 题, 本题是由一道物理题改编而来, 但是说的正是伽利略这位伟大的物理学家, 将数学作为工具运用到物理实验的计算中, 从而推动着科学的发展, 这也是第 10 题认可度位居第二的原因, 绝大多数学生都认为良好的逻辑推理的思维水平有利于科学技术的发展. 而在第 8 题, 有少部分学生不是很赞同逻辑推理思维有助于解决实际问题, 实际上如何抉择需要通过谨慎的思考和推敲. 因此, 在日常的教学中还需提高学生对逻辑推理思维的认识, 数学本身就是人类生活生产实践的产物, 基础教育阶段的数学教学结合更多生活中的例子, 能够让学生更好地认识到数学的应用价值, 从而更好地应用于生活生产实践.

3.5　高中生逻辑推理素养测评之研究结论与建议

3.5.1　高中生逻辑推理素养测评研究结论

　　基于前面的实证研究, 我们有如下的主要结论:

(1) 整体得分分析结果表明, 样本学生基于本测试卷所得的逻辑推理素养平均分为 71.57 分, 说明样本学生的逻辑推理素养水平在内容、过程、情境为基础的测试卷得分达到一般水平. 而在高中生逻辑推理素养的调查问卷中将调查问卷平均得分转化成百分制为 84.96 分, 已接近优秀水平, 说明高中生逻辑推理水平在情感态度价值观上表现很好. 根据统计分析的结果, 得到学生样本的整体得分平均分为 78.26 分, 相当于一般测试的良好水平, 即说明高中生逻辑推理素养水平整体良好.

(2) 相关性分析结果表明, ①样本学生逻辑推理素养测试卷与调查问卷具有显著相关性, 说明在逻辑推理相关内容的掌握和情境化问题的解决过程中表现越好的同学, 对逻辑推理相关的内容更喜欢, 也更相信逻辑推理素养所发挥的重要作用. ②逻辑推理测试卷与样本学生的性别显著相关, 说明逻辑推理在内容维度上与性别具有低度相关性; 逻辑推理调查问卷与样本性别无显著相关性, 逻辑推理测评卷总得分与性别显著相关, 说明逻辑推理素养的整体水平与性别具有低度相关性. ③高中生的逻辑推理素养水平在内容、过程、情境维度上与班级层次具有中度相关性, 逻辑推理情感态度价值观与班级层级并无显著相关性. 测试卷的整体总分与班级层次相关性为中度相关, 说明学生所在班级层次越好, 逻辑推理素养水平很大程度上会越高. ④测试卷与日常数学成绩具有中度相关性, 调查问卷与日常数学成绩无显著相关性, 测试卷的整体总分与日常数学成绩的显著性具有中度相关性, 说明学生平时数学成绩越好, 很大程度上对逻辑推理相关的知识点的掌握情况越好, 逻辑推理素养整体也越好.

(3) 样本学生逻辑推理素养测试卷从内容维度可以分析得出: 在用样本估计总体的得分率最高, 绝大部分学生达到单点结构水平. 表现其次的是常用逻辑用语, 超过 80% 的学生达到多点水平结构. 在三角诱导公式的使用中也超过 90% 达到了多点结构水平, 不到一半的学生达到关联结构水平. 在立体几何中的线面关系和二面角问题中, 超过半数的人达到了关联结构水平, 大部分同学达到了多点结构水平. 在观察与推理和二项式定理内容上, 大部分学生能进行简单的推理, 超过 80% 的学生达到多点水平结构. 在不等式证明中, 近七成的学生都达到多点水平结构, 不到一半的人达到关联水平结构. 表现欠佳的是等比数列和平面几何中的证明, 满分率都在 40% 以下 (分别为 38.90% 和 21.25%), 在等比数列中不到一半的学生达到多点结构水平, 只有四成左右的学生达到关联水平. 在平面几何证明中, 属于前结构水平的学生超过十分之一, 多点水平结构的学生不到一半, 约四分之一的学生达到关联水平结构, 达到最高的抽象拓展水平不超过 10%.

(4) 高中生逻辑推理素养测评过程维度的结果分析表明: 样本学生形成数学过程中相比另外两个过程更好, 整体属于良好水平, 主要在于观察和发现规律的过程中有利于学生了解数学过程, 在真实的情境中发现数学的规律, 找到数学的结构, 形成数学也容易有成就感. 表现较次的是在使用数学过程, 要求学生对知识点熟悉, 能够辨析基本概念, 明确什么情况下运用什么方法进行证明和应用. 表现相对较差的是在解释数学这个过程中, 大部分学生在记忆和背诵公式, 在数学语言论证不够严谨, 尤其是数学符号不能严谨运用, 不擅长从特殊到一般, 根据数形结合找几何本质时, 运用数学知识解释数学过程.

(5) 高中生逻辑推理素养测评情境维度的结果分析得出样本学生得分率最高的是在个人情境维度, 其次是在社会的情境维度, 说明学生能够很好地理解这两种情境, 从真实的情境中抽象出数学问题, 尤其是再结合自身生活环境时能表现得更好. 但在职业的和科学的情境下表现不佳, 职业的情境维度的得分率最低, 说明样本学生对于数学本身的理解还不够透彻, 尽管每天都在学习或练习数学的知识内容, 但是对于方法的归纳和总结上不够, 使得总体得分率不高.

(6) 高中生逻辑推理素养测评情感态度价值观维度结果分析得出: 学生在情感和价值观维度的得分率都在 80% 以上, 表现优秀, 说明大部分学生对逻辑推理相关的内容有良好的体验, 也非常肯定逻辑推理素养在科学的进步和实际应用中具有较大的价值. 可对于逻辑推理素养的态度维度下的得分率相对低一些, 具体体现在近 85% 的样本学生虽然能够在发现数学的规律时体验到数学的乐趣和超过 70% 的学生在课堂上能够认真听讲, 但是有一半左右的学生不能在课前做好预习工作, 导致约 40% 的学生在完成相关的数学问题时不够顺利.

3.5.2　高中生逻辑推理素养培养建议

由高中生逻辑推理素养测评卷和调查问卷所得到的结论, 说明高中生逻辑推理素养水平还有待进一步提高. 因此, 结合数学课程标准的要求, 本节将从课程标准研制、考核形式、教师的教学和教师自身的专业素养四个方面提出相应的建议.

(一) 对课程标准研制的建议

测评结果的内容维度表明, 在平面几何证明中, 属于前结构水平的学生超过十分之一, 多点水平结构的学生不到一半, 约四分之一的学生达到关联水平结构, 达到最高的抽象拓展水平不超过 10%, 说明高中生的逻辑推理素养水平在平面几何内容维度上表现十分不理想. 根据最新的课程标准, 其实施建议重心在平面解析几何, 较少涉及几何证明选讲部分, 且现在的高考题型中也把几何证明选做题删除, 选做题由 "三选一" 变成 "二选一", 说明新课标内容的研制存在根本性的问题, 导致高中生对几何思维训练存在严重的缺失.

课程标准可以指导教师教学和考试命题的方向, 现在的高考在不断削弱几何学在基础教育中的地位导致学生几何思维训练的缺失, 需要课程标准的研制者对此引起重视. 平面几何内容的难度较大, 可适当削弱, 但削弱到何种程度值得思考, 而是否应该适度减少几何学在高中教学内容的占比? 这是需要课程标准研制者注意和慎重研究的科学问题. 只有从课标研制上解决这个问题, 才能使学生在平面几何的思维训练中得到合理的训练, 从而提高高中生的逻辑推理素养水平.

(二) 对考核过程的建议

1. 命制一定量的开放性试题考查学生的逻辑推理素养

测评结果表明, 样本学生简答题的答题情况没有选择题的答题情况好, 尽管学生经常练习高考题型, 在使用数学过程比形成过程的表现要好, 即运用定理和公式的能力比推导公式和定理的能力要强, 所以对于高考题型可以适当出一些常用公式的证明, 让学生更好地理解数学知识. 填空题的答题情况要比简答题好一些, 比如观察 "三段论" 和观察等式规律写结论的问题反而表现较好, 现在高考命题方向也加入了类似新定义的题型, 让学生能够在新的数学情境中使用数学知识, 高考的命题方向正好与此次调查结果一致.

开放性问题能更好地考查学生的实践能力和创新意识, 更深入地了解学生的思维过程, 更能体现学生的逻辑推理素养水平, 符合新课标中 "立德树人" 的培养任务.

2. 在日常考核时应聚焦逻辑推理素养

课程标准中要求把握事物之间的关联, 形成重论据、有条理、合乎逻辑的思维品质和理性精神, 增强交流能力. 要真正落实培养学生的逻辑推理素养, 只从高考、期末考试远远不够, 应该从日常考核中进行培养和观察.

测评结果表明学生的日常成绩越好, 很大程度上对逻辑推理相关的知识点的掌握情况越好, 逻辑推理素养整体也越好. 在日常考试中, 包括课堂考查课堂内容的理解、课后作业的布置 (包括错题)、周练卷的命题和月考试卷都是教师关注的对象, 根据学生具体的表现情况, 有利于了解学生对具体知识点的理解和逻辑推理方法的掌握, 教师可以及时调整教学进度和安排, 通过日常考核的过程评价, 教师及时向学生反馈可以给学生更好的学习指导.

(三) 对教师教学的建议

1. 以真实情境的问题为驱动开展与逻辑推理素养有关内容的教学

样本学生得分率最高的是在个人的情境维度, 其次是在社会的情境维度, 说明学生能够很好地理解这两种情境, 从真实的情境中抽象出数学问题, 尤其是再结合自身生活环境时能表现得更好. 设置情境教学, 可以提高学生对数学学习实用性的体会. 经常听到学生问: "学数学有什么用, 我买菜又不需要用到数学?" 的确买菜不用进行复杂的计算, 但是决定选择买哪样菜却需用到数学的逻辑思维. 通过情境引入, 可以使学生建立逻辑推理与现实问题的联系, 体会数学的生活性和实用性. 但是引例必须具有真实性, 如果为了强行设置情境而造假, 反而会影响课堂效果. 比如在讲解同角三角函数的教学过程中, 引用学生爬山角度为 30 度, 每秒走了 6 米, 走两个小时之后的海拔是多少? 这个问题情境就不具有真实性, 因为一般山路迂回曲折不可能是成 30 度角, 情境一引入就被学生质疑而议论纷纷, 使课堂无法正常进行. 数学教育家弗赖登塔尔指出: "讲到充满着联系的数学, 我强调的是联系亲身经历的现实, 而不是生造的虚假的现实, 那是作为应用的例子人为地制造出来的, 在算术教育中经常会出现这种情况. "[①]在以问题情境驱动进行课堂教学时, 必须以真实情境为基础.

2. 让学生更多地参与课堂, 发现数学规律体验数学的乐趣

本研究测评结果发现高中生在形成数学过程表现良好, 主要在于观察和发现规律有利于学生了解数学过程, 在真实的情境中发现数学的规律, 找到数学的结构, 形成数学也容易有成就感. 说明以后在数学的教学过程中, 可以更多地设计贴合生活实际的开放性问题, 观察实际生活中的 "三段论", 形成严谨的逻辑思维, 寻找数学中乐趣, 提高形成数学的能力. 高中生逻辑推理素养情感态度价值观态度指标表明, 近 85% 的样本学生虽然能够在发现数学的规律时体验到数学的乐趣和超过 70% 的学生在课堂上能够认真听讲. 比如在相关性教学时, 让同学去发现身边的例子, 探究班上同学饭量和体重是否具有线性相关, 学生会觉得有趣, 数学课堂就不再认为枯燥无味.

3. 加强学生对逻辑推理有关概念和方法的理解

本研究统计数据得出样本学生在发现规律和验证规律过程中能体验数学的乐趣, 但是有一半左右的学生不能在课前做好预习工作, 导致约 40% 的学生在完成相关的数学作业时不太理性. 由此教师需要及时表扬和鼓励具有良好复习、预习习惯的同学. 测试卷中大量的高考题, 学生在科学的情境表现不太理想, 说明学生是对数学本身知识点的理解不够, 对推理方法的归纳、推理的具体类型掌握不牢, 所以教师要引导学生去发现和归纳方法, 学习的知识点较多, 但宜粗不宜细, 逻辑推理中的方法将贯穿整个数学学习过程, 重点是要注意紧密结合数学实例, 注意感性经验向理性认识的提升, 从归纳方法中让学生富有成就感, 找到学习数学的乐趣.

样本学生在解释数学这个过程中的得分最低, 从学生解答数列这部分内容维度的答题情况可得出学生的逻辑推理素养水平还有待提高. 尤其是对于一些公式的推导还需加强. 在应试倾向影响下的数学教学中, 有些老师直接给学生公式、定理或法则, 接下来的时间大多用来解题, 也是造成对公式理解不够的原因. 正如弗赖登塔尔所批评的演绎的方法是 "教学法的颠倒", 它使学生失去了创造的机会.

---

① 弗赖登塔尔. 作为教育任务的数学 [M]. 陈昌平, 等译. 上海: 上海教育出版社, 1995: 96.

陈惠勇在其著作中所强调的"追寻数学概念、思想、方法发生发展的本源,让学生亲历数学思维的过程,并在这一思维过程中领悟数学的思想和方法,积累数学活动的经验"[①].说明在教学的过程中,一定要重视基本概念和定义的理解,在课堂教学中带领学生探究知识发生的本源,追求数学教学思维的自然.同时引导学生重视常用公式的推导方法,而非记忆和背诵,注重运用严谨的数学语言论证,注意数学符号的严谨运用,从特殊到一般,数形结合,运用数学知识解释数学过程,从而提高学生解释数学的能力.

测评结果还表明样本学生在职业的和科学的情境下表现不佳,职业的情境维度的得分率最低,也并不是说明学生在职业维度下表现最不好,很大一部分原因是学生对这类题目不熟悉,对"覆盖"一词不理解,不能找到满足题意的特殊情况,再推导到一般情况,找到几何本质特征,这种从特殊到一般的归纳能力还有待提高.在科学的情境维度下,得分率较低的是对数学本身的理解,说明样本学生对于数学本身的理解还不够透彻,所以平时在布置数学练习时,还应强调对数学中通性通法的归纳和总结.

(四) 对教师自身的建议

1. 加强数学学科核心素养相关理论的学习

笔者在把试卷发放给样本学校时,与该校的被测班级的数学老师进行了简单的交流,这三位一线教师都不能完全地说出"逻辑推理素养"的内涵,只是听过逻辑推理核心素养一词,这也正说明"核心素养"一词提出以来,许多教师已有耳闻,但对具体内容的理解还不够透彻.因此,我们建议一线教师一定要系统地学习数学教育有关理论,认真研读普通高中数学课程标准及其相关理论,对逻辑推理素养理论有深刻的理解和认识,如此方能更好地贯彻课程标准的基本理念,更好地将理论贯穿于实际教学过程之中.

2. 努力提升自身数学专业素养

基础教育改革的核心是课程改革,课程改革中对教师提出了更高的素质要求,除应具备精湛的学科专业知识和广博的文化知识来解决"教什么"的问题的能力之外,还必须深入研究教育学、教学法和教育心理学等的知识来解决"怎么教"的问题,能够把学术形态的数学转化为教育形态的数学.关注学生的过程性评价,理解和把握评价的作用,思考如何评价学生才能更好地发挥学生学习数学的自觉性.现在提倡"以鼓励为主,批评为辅"的教学评价原则,根据教学的生成性原则及时反馈调整自身的教学,将教育理论和教学实践紧密结合.也只有通过自身不断的理论学习,才能更好地指导教学实践.

---

① 陈惠勇. 数学课程标准与教学实践一致性——理论研究与实践探讨 [M]. 北京: 科学出版社, 2017: 102-103.

3. 将终身学习理念贯穿教师生涯

新时代下, 对教师提出了越来越高的要求, 学生的思想水平和精神面貌也因为周围环境的变化而改变. 以前的教学设计中的情境引入若没有及时更新, 可能不会再适应现在的教学. 由调查结果可知, 样本学生在个人的、社会的情境表现不错. 因此, 教师可以设计合适的教学情境, 关注最新的生活案例, 积累最新的教学素材, 结合学生的兴趣和心理认知规律, 使教学过程更为充实. 在实践教学中的优点与不足, 让数学课堂生动有趣, 更好地培养学生的逻辑推理素养.

"一辈子做老师, 一辈子学做老师""活到老, 学到老", 让终身学习理念贯穿整个教师生涯.

3.6　反思与展望

(一) 研究反思

本研究首先对关于逻辑推理能力与逻辑推理素养内涵、构成要素、测评和培养的文献进行综述, 深入研究与逻辑推理素养相关的国内外权威测评理论, 建立起高中生逻辑推理素养测评体系, 以高中生为研究对象, 通过逻辑推理测试卷和调查问卷了解他们的逻辑推理素养现状, 利用回收的问卷数据对数学逻辑推理的达成水平状况进行分析与评价; 最后, 在现状分析评价的基础上提出培养和提高高中生逻辑推理素养的建议, 为教师的教学提供参考. 论文的撰写和研究方法符合实证研究的规范, 但不足之处是:

(1) 在设置测评体系中借鉴了 PISA 理论, 结合本国高中生的逻辑推理素养的情境维度, 由于科学的情境较多, 个人的情境较少, 得到高中生逻辑推理素养水平在情境维度上的结论会相对片面. PISA 测试题的考查结合等比数列的内容, 对高中生逻辑推理素养的测评比较合适, 但是 PISA 测试题主要是针对国外的初中生进行测评, 对高中知识的试题相对较少, 笔者能找到的试题比较有限, 所以选择了大量的高考题以提高学生答题的积极性. 逻辑推理水平测试题的编制借鉴 PISA 理论中划分内容、过程和情境三个维度, 使得本实证研究的实证研究就变得有依据可循, 但由于笔者理论水平有限, 划分过程还不够全面和细致, 需要笔者进一步学习并持续改进.

(2) 整张逻辑推理测试卷的编制借鉴了高考试卷的题型, 一共只有 12 道逻辑推理素养水平的测试题, 比高考题少了 10 道, 调查问卷只有 10 道题, 全套题都涉及了内容、过程和情感态度价值观四个维度, 本测试仅为一节课时间, 测试时长为 45 分钟, 时间有限, 题量有限, 可能使测评结果不够全面. 其次是预测采用一个班级量较大, 如果提前预测一部分, 发现测评中的问题及时修改后再拿去其他正测, 这样得到正测的数据更多, 测量结果的准确性相对更高, 总的来说还是选择的样本较少, 若从不同地区的不同学校采集样本, 可能将会进一步提高本研究的代表性.

(二) 研究展望

在本项目的研究背景下, 数学逻辑推理素养的测量与评价大多以理论研究为主, 缺乏实证研究, 如何建立更为合理的测量评价体系还有待研究. 笔者根据现有的文献研究和个人的理解建立了测评体系, 希望能起到抛砖引玉的效果. 如何改善本逻辑推理素养测评体系中存在的不足还需要进一步的思考, 基于测评结果提出的建议如何真正有效地落实还有待一线教师进行实践检验, 这也是笔者今后作为一线教师需要积极思考和努力的方向.

参 考 文 献

[1] 谢明初. 匈牙利培养学生数学推理能力的经验及借鉴 [J]. 广东教育学院报, 2002, (2):107-110.

[2] G. 波利亚. 数学与猜想 [M]. 李心灿, 王日爽, 李志尧, 译. 北京: 科学出版社, 2011.

[3] 廖运章, 卢建川. 2014 英国国家数学课程述评 [J]. 课程 · 教材 · 教法, 2015, 35(4): 116-120.

[4] Gal I. Issues and Challenges in Adult Numeracy [C] (Tech. Rep. No. tr93-15) Philadelphia University of Pennsylvania. National Center on Adult Literacy, 1995.

[5] 中华人民共和国教育部制定. 普通高中数学课程标准 (2017 年版)[M]. 北京: 人民教育出版社, 2018.

[6] 彭漪涟, 马钦荣. 逻辑学大辞典 [M]. 上海: 上海辞书出版社, 2004: 338, 369.

[7] 鲍建生, 周超. 数学学习的心理基础与过程 [M]. 上海: 上海教育出版社, 2009: 281.

[8] 金岳霖. 形式逻辑 [M]. 北京: 人民出版社, 1979: 139-144.

[9] 巩道坤, 杨晓娟, 徐素花. 情境视角下的数学核心素养成探究 [J]. 现代教育, (9): 56-57.

[10] 段赛花. 数学新课程中 "合情推理" 教学的初步探究 [D]. 苏州: 苏州大学, 2008.

[11] 涂朦. 高中生数学类比推理能力的调查分析及培养 [D]. 武汉: 华中师范大学, 2012.

[12] 陈诚. 类比推理在高中数学教学实践中的应用研究 [D]. 西安: 陕西师范大学, 2012.

[13] 王瑾, 史宁中, 史亮, 孔凡哲. 中小学数学中的归纳推理: 教育价值. 教材设计与教学实施——数学教育热点问题系列访谈之六 [J]. 课程 · 教材 · 教法. 2011, (2): 58.

[14] 杨乐, 谈谈数学的应用与中学数学教育 [J]. 课程 · 教材 · 教法, 2012, 32(2): 48-54.

[15] 康晶晶. 高中生数学推理能力的现状分析及对策研究 [D]. 济南: 山东师范大学, 2018.

[16] 田金有. 高中藏文班数学逻辑推理能力的调查和培养策略的研究 [D]. 成都: 四川师范大学,2018.

[17] 陈诚. 数学核心素养之逻辑推理能力提升的研究 [J]. 数学之友, 2016, (16): 14-15.

[18] 林玉慈. 高中数学课程中的逻辑推理及教学策略研究 [D]. 吉林: 东北师范大学, 2019.

[19] 余旸. 上海高一学生三角函数学习的 SOLO 水平调查研究 [D]. 上海: 华东师范大学, 2015.

[20] 褚滨楠. 高中生逻辑推理素养水平现状的测量和评价 [D]. 武汉: 湖北师范大学, 2019.

[21] 赵安琦. 初中生逻辑推理素养的实证研究 [D]. 长春: 东北师范大学, 2019.

[22] 李园. 高中生逻辑推理素养水平现状的调查研究 [D]. 石家庄: 河北师范大学, 2018.

[23] 黄敏. 高中数学核心素养逻辑推理的培养课堂教学策略研究 [J]. 教育理论研究, 2019, (10): 43-44.

[24] 潘玉保, 邹守文. 实施问题有效驱动提高复习课有效性——以一道典型问题的教学为例谈逻辑推理素养的培养 [J]. 中学数学教学, 2019, (4): 64-70.

[25] 胡学平, 李院德. 逻辑推理核心素养的内涵与培养 [J]. 教师教育论坛, 2018, 31(8): 74-76.

[26] 陈平. 数学核心素养之逻辑推理在高中课堂中的应用实例分析 [J]. 延边教育学院学报, 2019, (2): 132-135.

[27] 葛平平. 培养逻辑推理能力, 发展数学核心素养 [J]. 数学学习与研究, 2019, (16): 132.

[28] 严卿. 从 PME 视角看逻辑推理素养及其培养 [J]. 教育研究与评论 (中学教育教学), 2017, (2): 19-24.

[29] 王志玲, 王建磐. 中国数学逻辑推理研究的回顾与反思——基于 "中国知网" 文献的计量分析 [J]. 数学教育学报, 2018, 27(4): 88-94.

[30] 龙艳. 提高高中生逻辑推理素养的教学策略研究 [D]. 长沙: 湖南师范大学, 2017.

[31] 褚滨楠. 高中生逻辑推理素养水平现状的测量和评价 [D]. 武汉: 湖北师范大学, 2019.

[32] 中华人民共和国教育部. 普通高中数学课程标准 (2017 年版)[M]. 北京: 人民教育出版社, 2018: 4-5, 101-102, 149-151.

[33] 李佳, 高凌飚, 曹琦明. SOLO 水平层次与 PISA 的评估等级水平比较研究 [J]. 课程·教材·教法, 2011, 31(4): 91-96, 45.

[34] 教育部基础教育课程教材专家工作委员会组织编写, 普通高中数学课程标准修订组编写, 史宁中, 王尚志, 主编. 普通高中数学课程标准 (2017 年版) 解读 [M]. 北京: 人民教育出版社, 2017.

[35] 任子朝. 国际学生评价发展趋势——PISA 评介 [J]. 数学教学, 2003, (3): 1-3.

[36] 黄友初. 数学素养的内涵、测评与发展研究 [M]. 北京: 科学出版社, 2016.

[37] Biggs J B , Collis KF. Evaluating the Quality of Learning: The SOLO Taxonomy [M]. New York: Academic Press, 1982.

[38] Brabrand C, Dahl B. Using the SOLO taxonomy to analyze competence progression of university science curricula [J]. High Education, 2009, (58): 531-549.

[39] 马云鹏, 孔凡哲, 张春莉. 数学教育测量与评价 [M]. 北京: 北京师范大学出版社, 2009.

[40] 弗赖登塔尔. 作为教育任务的数学 [M]. 陈昌平, 等译. 上海: 上海教育出版社, 1995.

[41] 钟启泉. 为了中华民族的复兴为了每位学生的发展——《基础教育课程改革纲要 (试行)》解读 [M]. 上海: 华东师范大学出版社, 2001.

[42] 陈惠勇. 数学课程标准与教学实践一致性——理论研究与实践探讨 [M]. 北京: 科学出版社, 2017.

附录 3-1 高中数学逻辑推理素养测试卷

一、选择 (每题 5 分, 共 20 分)

1. (2015·天津卷) 设 $x \in R$, 则 "$|x-2| < 1$", 是 "$x^2 + x - 2 > 0$" 的 (　　).

A. 充分不必要条件 　　　　　　 B. 必要不充分条件

C. 充要条件 　　　　　　　　　 D. 既不充分也不必要条件

2. (2018·全国卷) 为评估一种农作物的种植效果, 选了 n 块地作试验田, 这 n 块地的亩产量 (单位: kg) 分别为 $x_1, x_2, x_3, \cdots, x_n$, 下面给出的指标中可以用来评估这种农作物亩产量稳定程度的是 (　　).

A. $x_1, x_2, x_3, \cdots, x_n$ 的平均数 　　 B. $x_1, x_2, x_3, \cdots, x_n$ 的标准差

C. $x_1, x_2, x_3, \cdots, x_n$ 的最大值 　　 D. $x_1, x_2, x_3, \cdots, x_n$ 的中位数

3. (2013·广东卷) 已知 $\sin\left(\dfrac{5\pi}{2} + \alpha\right) = \dfrac{1}{5}$, 那么 (　　).

A. $-\dfrac{2}{5}$ 　　　　 B. $-\dfrac{1}{5}$ 　　　　 C. $\dfrac{1}{5}$ 　　　　 D. $\dfrac{2}{5}$

4. (2015·重庆卷) 若 $\tan\alpha = 2\tan\dfrac{\pi}{5}$, 则 $\dfrac{\cos\left(\alpha - \dfrac{3\pi}{10}\right)}{\sin\left(\alpha - \dfrac{\pi}{5}\right)}$ 则 $= ($　　$)$.

A. 1 　　　　 B. 2 　　　　 C. 3 　　　　 D. 4

二、填空题 (每空 5 分, 共 30 分)

5. 从下面的等式中, 你能想出什么结论? _____

$$37 \times 3 = 111, \quad 37 \times 6 = 222, \quad 37 \times 9 = 333, \quad 37 \times 12 = 444.$$

6. 请写出一个用三段论表述的命题证明_____

例如: 数学系的毕业生都学过高等代数, (大前提)

　　　高明是北京大学数学系毕业生, (小前提)

　　　所以, 高明学过高等代数. (结论)

7. 动物摄影师尚·巴提历经一年之久的考察, 拍摄了许多企鹅和企鹅宝宝的照片. 他对不同企鹅族群的数量增长特别感兴趣.

(1) 在年初, 这个族群由 10000 只 (5000 对夫妇) 企鹅构成; 每年春天, 每对企鹅养育一只企鹅宝宝; 到年底, 所有的企鹅 (包括成年企鹅与企鹅宝宝) 中有 20%

会死去; 那么到第一年的年底, 这个族群中还有_____ 多少只企鹅 (包括成年企鹅与企鹅宝宝)?

(2) 假设这个族群中满一岁的企鹅可以养育企鹅宝宝, 根据上述假设, 请写出公式表示了 7 年后企鹅的数量 P_____.

8. 当 n 依次取 $1,2,3,\cdots$ 时, $(a+b)^n$ 展开式的二项式系数如图所示:

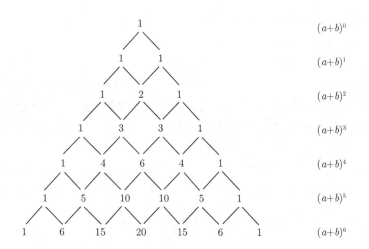

$(a+b)^0$
$(a+b)^1$
$(a+b)^2$
$(a+b)^3$
$(a+b)^4$
$(a+b)^5$
$(a+b)^6$

该图表形如中国的 "杨辉三角", 请根据你发现的规律写出 $(a+b)^8$ 的二项式系数_____, 并归纳出 $(a+b)^n$ 的二项式系数_____.

三、解答题 (第 9、10、11 每题 12 分, 第 12 题 14 分, 共 50 分)

9. (2019 · 全国卷) 设 a,b,c 为正数, 且满足 $abc=1$.

(1) 求证: $\dfrac{1}{a}+\dfrac{1}{b}+\dfrac{1}{c} \leqslant a^2+b^2+c^2$;

(2) $(a+b)^3+(b+c)^3+(c+a)^3 \leqslant 24$.

10. (2013 · 陕西) 设数列 $\{a_n\}$ 是公比为 q 的等比数列.

(1) 推导 $\{a_n\}$ 的前 n 项和公式;

(2) 设 $q \neq 1$, 证明数列 $\{a_n+1\}$ 不是等比数列.

11. (2019 · 全国卷) 如图, 直四棱柱 $ABCD$-$A_1B_1C_1D_1$ 的底面是菱形, $AA_1=4$, $AB=2$, $\angle BAD=60°$, E,M,N 分别是 BC,BB_1,A_1D 的中点.

(1) 证明: $MN//$ 平面 C_1DE;

(2) 求 C 点到平面 C_1DE 的距离. (文科生回答)

求二面角 A-MA_1-N 的正弦值. (理科生回答)

12. 设桌面上有一个由铁丝围成的封闭曲线, 周长为 $2L$, 回答下面的问题.

(1) 当封闭曲线为平行四边形时, 用直径为 L 的圆形纸片是否能完全覆盖这个平行四边形? 请说明理由.

(2) 当封闭曲线是四边形时, 正方形面积最大.

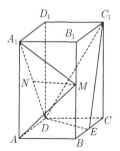

附录 3-2　高中生逻辑推理素养调查问卷

亲爱的同学:

你好! 为了研究高中生逻辑推理素养现状, 我们特邀你参加这次问卷调查. 本调查研究结果有利于更好地改进教学, 提高教学质量. 我们会对你的回答绝对保密和尊重, 希望你能认真如实作答, 真诚感谢你的合作!

一、基本信息

年级:　　　　　性别:　　　　　　学校:

平时数学成绩: □ 120 分 ~ 150 分　　□ 90 分 ~ 120 分

　　　　　　　□ 60 分 ~ 90 分　　　□ 60 分以下

二、逻辑推理情感态度价值观 (请将选项填在每道题前的括号中, 选项没有对错之分, 根据你的真实想法选择即可)

(　　) 1. 在所有的学科中, 你最喜欢的是数学.

A. 非常同意　　　　　B. 比较同意　　　　　C. 不确定

D. 比较不同意　　　　E. 完全不同意

(　　) 2. 在高中数学的各个模块内容中, 你最感兴趣的是以逻辑推理为核心的归纳类比方法.

A. 非常同意　　　　　B. 比较同意　　　　　C. 不确定

D. 比较不同意　　　　E. 完全不同意

(　　) 3. 你喜欢数学严谨的逻辑思维, 因为它会帮助你有逻辑地思考问题.

A. 非常同意　　　　　B. 比较同意　　　　　C. 不确定

D. 比较不同意　　　　E. 完全不同意

(　　) 4. 在学习与证明内容有关的课之前, 你会主动提前预习这节课的内容.

A. 非常同意　　　　　B. 比较同意　　　　　C. 不确定

D. 比较不同意　　　　E. 完全不同意

(　　) 5. 学习归纳数学方法时, 你总能专心致志.

A. 非常同意　　　　　B. 比较同意　　　　　C. 不确定

D. 比较不同意　　　　E. 完全不同意

(　　) 6. 在发现数学的规律时, 你感觉到自己是积极快乐、富有成就感的.

A. 非常同意　　　　　B. 比较同意　　　　　C. 不确定

D. 比较不同意　　　　E. 完全不同意

(　　) 7. 你非常乐意并且能够认真完成数学作业中的定理证明问题.

A. 非常同意　　　　　　B. 比较同意　　　　　　C. 不确定

D. 比较不同意　　　　　E. 完全不同意

(　　) 8. 你认为逻辑推理思维非常重要的, 因为它有助于解决现实中的一些问题.

A. 非常同意　　　　　　B. 比较同意　　　　　　C. 不确定

D. 比较不同意　　　　　E. 完全不同意

(　　) 9. 将实验和逻辑推理 (包括数学演算) 和谐结合, 有利于发展人类的科学思维方式和科学的研究方法.

A. 非常同意　　　　　　B. 比较同意　　　　　　C. 不确定

D. 比较不同意　　　　　E. 完全不同意

(　　) 10. 数学的发展依赖于严密的逻辑思维, 培养良好的逻辑推理的品质有利于科学技术的发展.

A. 非常同意　　　　　　B. 比较同意　　　　　　C. 不确定

D. 比较不同意　　　　　E. 完全不同意

第 4 章　数学建模素养的测量与评价

　　根据《普通高中数学课程标准 (2017 年版 2020 年修订)》与 PISA 数学素养测评体系, 结合 SOLO 分类评价理论和徐斌艳等人提出的数学建模素养能力水平划分等建立起高中生数学建模素养测评体系. 编制高中生数学建模素养测试卷和调查卷. 测评结果表明: (1) 中学生的数学建模素养在理解和创新能力方面存在不足, 应用能力方面水平中等; (2) 高中生数学建模素养综合水平略高于初中生, 但其创新能力水平却略低于初中生, 这说明高中阶段学业负担重, 从而在某种程度上限制了学生的创新能力发展, 也不利于数学建模素养的培养; (3) 数学建模素养水平与学生的性别、数学成绩以及对数学建模的喜好程度有一定的相关性.

　　针对上述情况提出以下教学策略: (1) 教师应在重视数学建模素养的基础上, 激发学生的学习兴趣; (2) 培养学生独立思考、发现生活中的数学问题、运用数学建模解决实际问题的学习习惯; (3) 鼓励学生发挥自己的想象力, 以学生的个人能力发展为主要目的开发数学建模特色课程与教材.

4.1　数学建模素养研究概述

　　《普通高中数学课程标准 (实验)》(2003 年版) 将 "发展学生的数学应用意识" 作为数学课程的基本理念之一, 将数学建模作为高中数学课程一个组成部分, 认为数学建模是贯穿于整个高中数学课程的重要内容, 并设立了数学建模专题, 指出: "高中数学课程应提供基本内容的实际背景, 反映数学的应用价值, 开展 '数学建模' 的学习活动, 设立体现数学某些重要应用的专题课程." 并对其教育价值作出了重要的论述, 指出: "数学建模是数学学习的一种新的方式, 它为学生提供了自主学习的空间, 有助于学生体验数学在解决实际问题中的价值和作用, 体验数学与日常生活和其他学科的联系, 体验综合运用知识和方法解决实际问题的过程, 增强应用意识; 有助于激发学生学习数学的兴趣, 发展学生的创新意识和实践能力." 可见数学建模培养学生数学素养以及在整个高中数学教学中的重要地位和作用.

　　《普通高中数学课程标准 (2017 年版 2020 年修订)》将数学建模作为数学学科核心素养之一提出, 并分别从数学建模素的内涵、学科价值、主要表现和育人价值等方面对数学建模核心素养进行了精辟的阐述, 指出:

数学建模是对现实问题进行数学抽象,用数学语言表达问题、用数学方法构建模型解决问题的素养. 数学建模过程主要包括: 在实际情境中从数学的视角发现问题、提出问题,分析问题、建立模型,确定参数、计算求解,检验结果、改进模型,最终解决实际问题. (内涵)

数学模型搭建了数学与外部世界联系的桥梁,是数学应用的重要形式. 数学建模是应用数学解决实际问题的基本手段,也是推动数学发展的动力. (学科价值)

数学建模主要表现为: 发现和提出问题,建立和求解模型,检验和完善模型,分析和解决问题. (主要表现)

通过高中数学课程的学习,学生能有意识地用数学语言表达现实世界,发现和提出问题,感悟数学与现实之间的关联;学会用数学模型解决实际问题,积累数学实践的经验;认识数学模型在科学、社会、工程技术诸多领域的作用,提升实践能力,增强创新意识和科学精神. (育人价值)

数学作为一门理论性非常强的学科,其研究对象大多数是较为抽象的数学概念体系. 数学建模是数学理论与实际生活的桥梁,用数学语言来描述实际生活中的情境,运用数学知识建立数学模型,使用数学模型解决实际问题,数学建模是实现 "数学化" 的必要手段. 新的高中数学课程标准从学科核心素养的视域和高度,将数学建模作为数学学科核心素养之一,特别关注 "在实际情境中从数学的视角发现问题、提出问题,分析问题、建立模型,确定参数、计算求解,检验结果、改进模型,最终解决实际问题" 这一完整的数学建模过程,从而使得学生在亲历这一数学发现和创造的过程中,夯实数学基础知识和基本技能、领悟数学的基本思想、积累数学的基本活动经验,落实 "四基",提升 "四能",最终达到课程目标的 "三会". 因而,数学建模素养不仅仅是一个知识应用的问题,还包含着思想、精神以及态度,它与其他数学学科核心素养密切相关,在数学核心素养中起着核心的地位和作用.

4.1.1 数学建模与数学建模素养

数学的发展与人类的生产生活实践息息相关,在利用数学知识解决实际问题时,首要任务就是将生产生活实践活动中涉及的事物的数量及其关系或空间形式等抽象为数学的模型或语言,并通过数学方法来解决实际问题,数学符号语言的出现为表达数学模型提供了方便,而数学公式 (数学模型) 的出现,则为通过数学演算解决实际问题提供了工具和语言,这种简单的过程的实现本质上就是最早的数学建模.

随着数学的发展,许多数学模型被建立起来,例如牛顿在研究机械运动时获得的力学模型等,特别是牛顿利用他发明和创造的微积分这一工具和语言,建立了天体力学体系等,可谓是数学建模思想的辉煌成就之一. 计算机的发明和创造,解决了以前通过人工无法实现和完成的巨量计算问题, 大力推动了数学建模的发展, 而数学建模能通过计算机演算解决生产生活实践中的很多重大问题 (如天文计算、数值天气预报等). 数学建模已经成为推动当今社会科学技术领域发展的重要思想与方法之一.

当前, 国内外对于数学建模过程及其教学等的探索与研究均比较重视且有相当的成果, 如国外有 PISA 2012 中采用的四阶段循环[①], PISA 2021 中使用的三环节框架[②], 布鲁姆 (W. Bloom) 等学者提出的数学建模七阶段循环流程图[③], 国内学者徐稼红提出将数学建模分成六个阶段[④]等.《普通高中数学课程标准 (2017 年版 2020 年修订)》中指出: "数学建模是对现实问题进行数学抽象, 用数学语言表达问题、用数学方法构建模型解决问题的素养. 数学建模过程主要包括: 在实际情境中从数学的视角发现问题、提出问题, 分析问题、建立模型, 确定参数、计算求解, 检验结果、改进模型, 最终解决实际问题. " 这些理论的共同之处在于都认为数学建模是数学世界与现实世界的桥梁, 本研究主要是参考《普通高中数学课程标准 (2017 年版 2020 年修订)》中的数学建模过程, 如图 4-1 所示.

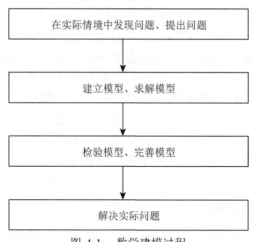

图 4-1   数学建模过程

目前, 国内数学建模素养相关的研究主要集中为几大类: 一是现状调查类, 调

① OECD. PISA 2012 Assessment and Analytical Framework: Mathematics, Reading, Science, Problem Solving and Financial Literacy[M]. Paris: OECD Publishing, 2013: 38.

② 董连春, 吴立宝, 王立东. PISA 2021 数学素养测评框架评介 [J]. 数学教育学报, 2019, 28(4): 6-11, 60.

③ Bloom W, Niss M. Applied mathematical problem solving, modelling, applications, and links to other subjects-state, trends and issues in mathematics instruction[J]. Educational Studies in Mathematics, 1991, 22(1):37-68.

④ 徐稼红. 中学数学应用与建模 [M]. 苏州: 苏州大学出版社, 2001.

查不同层次的学生数学建模素养的学习现状; 二是教学研究类, 研究如何将数学建模融入数学课程之中; 三是分析比较类, 和国外进行比较分析. 这些研究得出的结论主要有以下几点.

一是目前我国数学建模的教学在实践中难以很好落实, 虽然课程标准将数学建模素养纳入了数学核心素养体系之中, 但由于众所周知的高考应试影响, 数学建模素养水平的评价有相当的困难, 高考中也很难直接考查数学建模素养, 因此数学建模的教学开展很是不够, 一线教师教学中对数学建模素养的落实重视不够, 这使得数学建模的教学实施难以开展.

二是有些教师缺乏数学建模素养相关的教育经验, 有些教师自身对数学建模没有足够的认识和理解, 更难以为教, 教师自身经验不足是数学建模教学的一个非常大的障碍.

三是学生数学建模素养普遍低下, 部分学生不能理解数学建模或者理解有误, 甚至对数学建模有恐惧心理, 由于上述的原因, 学生甚至不想去了解和参与数学建模, 这无疑是数学教育的重大缺失, 也与数学课程标准的教育理念是相悖的.

4.1.2 数学建模素养的评价体系

当前, 国际上具代表性的数学建模素养评价体系主要有 PISA 数学素养测评框架[1], HALL 的三层次 (内容、表征、操作) 建模能力评价表, J. S. Berry 的七步建模能力评价表[2]; 国内除了有徐稼红等提出的建模能力评价表, 最具代表性的就是我国《普通高中数学课程标准 (2017 年版 2020 年修订)》提出的关于数学建模素养内涵、价值以及学业质量水平划分等理论.

SOLO 分类评价理论是比格斯教授首创的学生学业评价方法, 将对某个问题的学习结果划分为五个层次[3], 化成表格, 如表 4-1.

表 4-1　SOLO 分类评价理论

层次	描述
前结构层次	学生基本上无法理解问题和解决问题, 只提供了一些逻辑混乱、没有论据支撑的答案
单点结构层次	学生找到了一个解决问题的思路, 但就此停止探究, 且单凭一点论据就直接跳到答案上去
多点结构层次	学生找到了多个解决问题的思路, 但却未能把这些思路有机地整合起来
关联结构层次	学生找到了多个解决问题的思路, 并且能够把这些思路结合起来思考
抽象拓展层次	学生能够对问题进行抽象的概括, 从理论的高度来分析问题, 而且能够深化问题, 使问题本身的意义得到拓展

① 曹一鸣. 数学素养的测评——走进 PISA 测试 [M]. 北京: 教育科学出版社, 2017: 22, 121.

② Berry J S. Teaching and Applying Mathematical Modelling[M]. Chichester, UK: John Wiley & Sons INC., 1984.

③ Watson J M. Longitudinal Development of Inferential Reasoning by School Students[J]. Educational Studies in Mathematics, 2001, 47(3): 337-372.

结合 SOLO 分类评价理论, 由鲁小莉、程靖、徐斌艳和王嵘雨提出的数学建模素养能力水平划分[①], 如表 4-2 所示.

表 4-2 鲁小莉等人提出的数学建模素养能力水平划分

水平	描述
水平 0	无法从实际情境中识别出任何数量关系, 无内容, 或不相关、无意义内容
水平 1	尝试将实际情境结构化、提出问题, 但无法找到数学模型, 例如文字描述某些变量、变量间的关系
水平 2	提出合理的假设, 并找到数学模型, 但数学模型不合理
水平 3	找到现实模型, 转化为合理的数学模型, 但未能得到准确的数学解答或数学解答过程错误
水平 4	提出合理的数学模型, 得到准确的解答, 但没从实际情境解释结果
水平 5	找到现实模型, 转化为数学模型, 得到准确解答, 结合实际情境解释并检验解答、评价数学模型的合理性

从上述文献分析研究可以看出, 数学建模的教学以及数学建模素养的落实等一直是数学教育研究的一个重要领域, 数学建模素养的评价、方法以及数学建模教学等方面仍有待深入的研究.

4.2 研究的设计与过程

随着数学课程改革的深入推进, 对数学建模素养的培养日益受到教师与学生的重视. 但是, 中学生数学建模素养整体水平如何? 影响当前中学数学建模教学以及数学建模素养水平的因素有哪些? 数学建模教学中究竟存在哪些问题? 等等, 这些问题都需要我们进行深入的调查与探讨, 本研究将主要集中在这几个方面.

4.2.1 研究的目的、意义和内容

(一) 研究目的

本研究的主要目的是通过对中学生数学建模素养现状进行调查研究, 建立科学合理的数学建模素养评价体系. 旨在找出数学建模教学中存在的问题, 并分析其原因, 从而探究培养中学生数学建模素养的路径和方法, 提升学生的数学建模素养水平.

(二) 研究意义

(1) 理论上, 我们期望通过数学建模素养的调查与研究, 建立科学合理的数学建模素养评价体系, 探究中学生数学建模素养有效达成的实现路径, 为当前的数

---

① 鲁小莉, 程靖, 徐斌艳, 王嵘雨. 学生数学建模素养的评价工具研究 [J]. 课程 · 教材 · 教法, 2019, 39(2): 100-106.

学课程改革提供一个参考和借鉴.

(2) 实践意义: 通过对中学生数学建模素养现状进行调查, 以及培养中学生数学建模素养的路径和方法的探究, 提高教师和学生对数学建模素养的重视程度, 从而为更好地开展数学建模的教学提供一个参考.

(三) 研究内容

(1) 根据《普通高中数学课程标准 (2017 年版 2020 年修订)》以及借鉴相关评价理论, 探究并建立一个合理的数学建模素养的评价体系, 并编制有效的测评工具;

(2) 调查中学生数学建模素养的现状, 对中学生数学建模素养水平进行关于性别、年级的相关性分析, 探究影响中学生数学建模素养水平的主要因素;

(3) 根据调查结果分析有关问题的原因, 探讨该如何培养中学生的数学建模素养, 并提出相关建议.

研究思路如图 4-2 所示.

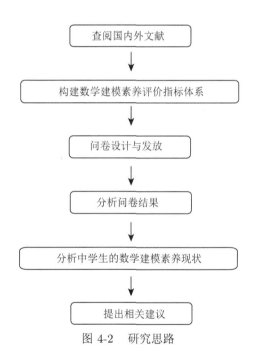

图 4-2 研究思路

4.2.2 研究的对象和工具

为了能够更好地实施调查, 本研究选取了江西省南昌市几所学校的初二和高二年级学生作为研究对象, 并对样本学生进行测试及访谈, 同时选取了相应学校从业时间不同的数学教师进行访谈, 具体研究对象 (学生) 的问卷发放情况如表 4-3.

表 4-3 样本学生问卷发放情况

年级	发放数量	回收数量
初二	100	78
高二	100	67

研究工具的研发思路如图 4-3.

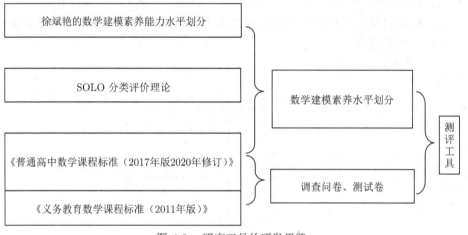

图 4-3 研究工具的研发思路

测评工具的研发遵循以下几点原则:

(1) 测评工具严格依据各类理论进行设计, 并且和指导教师一起讨论研究测评工具是否合理, 针对不合理的地方进行修改. 完成测评工具后要进行小规模预测试, 根据测试结果再次修正测评工具, 以保证测评工具的合理性和科学性.

(2) 调查问卷、测试卷的编制要有依据, 要有明确的目的性, 每道题目都应该有意义, 并且与数学建模素养密切相关, 避免与数学建模素养无关的问题, 或者意义不明确的问题.

(3) 调查问卷、测试卷的题目要清晰明了, 避免出现有歧义或难以被理解的题目, 以免影响测试结果.

(4) 测试卷的题目中涉及的知识点必须是学生已经学过且掌握的知识点, 避免由于知识内容的不足而影响数学建模素养的测评结果, 即尽量减少无关变量对测试的影响.

(5) 测试卷的题目需要贴近生活、源于生活, 尽量保证学生对这些问题情境很熟悉, 避免学生因不熟悉实际生活情境而影响测试结果.

4.2.3 数学建模素养水平划分

笔者将数学建模素养细分为三个维度, 即数学建模知识的理解能力、应用能力与创新能力, 三者互相关联又有区别, 无法用同一水平来衡量, 因此本研究整合了数学课程标准关于数学建模素养水平划分以及 SOLO 分类评价理论, 对数学建模素养三个维度各设置了五个水平, 并依据该水平划分设计了调查问卷和测试卷. 具体如表 4-4~ 表 4-6.

表 4-4 数学建模知识理解能力水平划分

水平	数学建模知识理解能力
水平 0	不了解建模的基础知识, 不了解数学建模过程与含义
水平 1	了解一部分的基础知识, 但不了解数学建模过程与含义
水平 2	了解建模的基础知识, 了解数学建模的过程, 但不了解其含义
水平 3	了解建模的基础知识, 了解数学建模的过程与含义
水平 4	熟知数学建模的基础知识, 深入理解数学建模的过程与含义, 并且能够将数学建模知识与实际生活联系起来

表 4-5 数学建模知识应用能力水平划分

水平	数学建模知识应用能力
水平 0	基本上无法理解和解决问题
水平 1	基本能够理解题目意思, 有一点思路, 但是无法建立模型
水平 2	能够理解题目意思, 有正确的思路, 但是建立的模型有误
水平 3	能够理解题目意思, 有正确的思路, 并且可以建立模型并给出结论, 但是模型的合理性不足, 无法应用于实际生活中
水平 4	能够理解题目意思, 有正确的思路, 可以建立模型, 能深入完善模型, 模型具有一定的合理性并且能将结论用于实际生活中

表 4-6 数学建模知识创新能力水平划分

水平	数学建模知识创新能力
水平 0	基本上不能创新
水平 1	能有一点天马行空的创新思路, 但是无法与题目联系起来
水平 2	能在某些点上有创新思路, 但是将有关知识应用在建模上时, 合理性不足
水平 3	能在某些点上有创新思路, 能合理运用于建模中, 但是可行性不足, 无法应用于实际生活中
水平 4	能将创新思路融入数学模型, 具有可行性, 能用于实际生活中

4.2.4   数学建模素养测试工具

本研究的测试工具主要是调查问卷和测试卷, 其中调查问卷共设计了 9 个大题, 18 个小问, 问卷主要调查数学建模知识理解能力; 测试卷共设计了 3 个大题, 5 个小问, 测试卷主要调查数学建模知识应用能力和数学建模知识创新能力.

1. 关于调查问卷

本问卷采用不记名方式, 第 1 题收集学生性别信息, 整理数据时将男性记为 1, 女性记为 2; 第 2 题收集学生年级信息, 根据年级分类记录数据; 第 3 题收集学生数学成绩相关信息, 其中初中总分 120, 高中总分 150, 根据比例按照百分制分数划分为不及格 (0~59 分)、及格 (60~69 分)、中等 (70~79 分)、良好 (80~89 分)、优秀 (90~100 分), 整理数据时不及格记为 1、及格记为 2、中等记为 3、良好记为 4、优秀记为 5; 这三题的主要目的都是收集学生的个人信息, 为后期做相关性分析和差异性分析提供必要的信息.

第 4 题共 5 小题, 主要是调查学生对数学建模知识的了解程度, 根据了解程度打分, 从 1 分到 5 分, 整理数据时直接使用学生的打分; 由于数学建模的相关知识不多, 直接使用问卷调查即可了解学生对数学建模知识理解的基本情况, 所以这一题收集的分数可以直接用于确定学生数学建模知识理解能力, 同时 5 道题具有一定的相关性, 理论上说同一个学生的答案差别不会过大, 如果答案跨度过大, 将认定为无效问卷, 可以用于问卷筛选.

第 5 题收集学生学习数学建模知识的渠道, 不转化成数据, 只进行了解分析; 这一题通过了解学生的学习渠道, 可以分析学生的知识学习现状的产生原因, 也可以据此提出相关教学建议和学习建议.

第 6 题调查学生对学习数学建模的喜好程度, 根据喜好程度划分了 5 个选项, 整理数据时根据学生的选择, 按照喜好程度从低到高打 1~5 分; 第 7 题调查学生对使用数学建模的喜好程度, 根据喜好程度划分了 5 个选项, 整理数据时根据学生的选择, 按照喜好程度从低到高打 1~5 分; 这两题的目的是了解学生的学习兴趣情况, 分析数学建模学习的影响因素.

第 8 题共 6 小题, 主要是调查学生对数学建模素养的认可程度及对学习数学建模的接受程度, 根据其程度打分, 从 1 分到 5 分, 整理数据时直接使用学生的打分; 本题可了解学生对于数学建模学习、考查的接受程度, 根据这个数据分析学习现状的产生原因, 同时 6 道题具有一定的相关性, 可以用于问卷筛选.

第 9 题收集学生对数学建模素养学习的相关建议, 了解学生的需求.

2. 关于测试卷

测试卷与调查问卷同时发放和收回, 与调查问卷一起分析, 同样采用不记名形式, 所有题目都是开放性试题, 并且都需要写出详细解题过程, 以便了解学生具体的思维方式.

第 1 题是考查学生发现问题、提出问题的能力, 根据其解答给出 0~10 分, 具体评分标准见表 4-7; 第 2 题考查学生建立模型解决实际问题的能力, 根据其解答给出 0~10 分, 具体评分标准见表 4-8; 第 3(1), (2) 题考查学生建立模型解决实际问题的能力, 根据其解答给出 0~20 分, 具体评分标准见表 4-9, 第 3 题第 3 问考查学生的创新能力, 根据其解答给出 0~10 分, 具体评分标准见表 4-10.

这三题涉及的知识点都比较基础, 属于中学生都能掌握的知识点, 即几乎不会出现由于未学习理论知识而无法解题的情况, 只要能考虑清楚实际情况就可以进行建模, 分析得越贴近生活得分越高, 测试过程中可以使用各种工具去收集数据等相关信息, 测试时间为 2 天, 无标准答案, 答案合理即可.

表 4-7　第 1 题评分标准

分数	评分标准
0	不回答或回答的内容完全无关或无逻辑
1~3	回答少于 3 条且明显不合理
4~6	回答少于 3 条但内容较合理或回答不少于 3 条但内容明显不合理
7~9	回答不少于 3 条且内容较合理但不够符合实际
10	回答不少于 3 条且内容合理符合实际

表 4-8　第 2 题评分标准

分数	评分标准
0	不答题或答案完全错误无逻辑
1~3	给出了模型但是模型完全错误或重要步骤缺失
4~6	给出了模型, 思路基本正确但是模型有误或数据、步骤有缺失
7~9	给出了模型, 模型基本正确, 但是没有考虑清楚实际情况, 如过马路、等公交等需要时间的情况, 从而导致无法用于实际生活中
10	给出了正确模型并且能将模型用于实际生活中

表 4-9　第 3(1), (2) 题评分标准

分数	评分标准
0	不答题或答案完全错误无逻辑
1~6	给出了答案但是答案完全错误或重要步骤缺失
7~12	给出了答案, 思路基本正确但是建模有误或缺少奶制品包装种类或优缺点分析缺失、错误
13~18	给出了答案, 模型基本正确, 列举了所以常见的奶制品包装, 对优缺点进行了分析, 但是没有考虑清楚实际情况, 优缺点分析不够到位, 不完全符合实际情况
19~20	给出了正确答案并且模型及分析都符合实际情况

表 4-10　第 3(3) 题评分标准

分数	评分标准
0	没有设计或设计没有创新
1~3	有一点创新但是完全不合理
4~6	有创新但是可行性不足, 难以实现
7~9	有创新且合理, 但是无实用价值
10	有合理的创新并且有实用价值

　　以上是测试卷的评分标准, 由于数学建模素养评价有一定的主观性, 为了尽量避免主观感知的影响, 本次测试卷的评分标准尽量采用客观的描述, 虽然仍具有一定的主观性, 但是对结果的影响不大.

　　根据以上的测试工具, 可以通过对调查问卷和测试卷的结果进行数据处理, 最后将数学建模素养水平评价完全量化, 用直观的分数来进行衡量, 其中数学建模知识理解能力由调查问卷第 4 题的总得分来进行评价, 根据调查问卷的结果, 学生的最终分数从 5 到 25 分不等, 具体分数划分见表 4-11; 数学建模应用理解能力由测试卷第 1 题、第 2 题、第 3 题 (1) 和 (2) 的总分来进行评价, 第 1 题对应数学建模应用能力中的发现问题、提出问题环节, 第 2 题、第 3 题对应数学建模应用能力中的分析问题和解决问题的环节, 根据测试卷的结果, 学生的最终分数从 0 到 40 分不等, 具体分数划分见表 4-12; 数学建模知识创新能力由测试卷第 3(3) 题的得分来进行评价, 根据测试卷的结果, 学生的最终分数从 0 到 10 分不等, 具体分数划分见表 4-13.

表 4-11　数学建模知识理解能力水平分数

水平	数学建模知识理解能力分数
水平 0	5
水平 1	6~12
水平 2	13~18
水平 3	19~24
水平 4	25

表 4-12　数学建模知识应用能力水平分数

水平	数学建模知识应用能力分数
水平 0	0
水平 1	1~13
水平 2	14~26
水平 3	27~39
水平 4	40

表 4-13 数学建模知识创新能力水平分数

水平	数学建模知识创新能力分数
水平 0	0
水平 1	1~3
水平 2	4~6
水平 3	7~9
水平 4	10

为了保证调查问卷、测试卷的合理性, 笔者进行了一次 30 人的预测试, 预测试的对象是 15 个初中生、15 个高中生, 同时笔者的导师与同学也对本调查问卷和测试卷试做并进行了分析, 获得预测试的结果之后, 运用评分标准将测试结果量化, 导入 SPSS 软件进行数据分析, 针对调查问卷的一些问题进行信度分析与效度分析, 针对测试卷的问题进行信度分析、效度分析、难度分析、区分度分析, 结果显示设计的调查问卷与测试卷是合理的, 并根据预测试结果、导师与同学的建议对调查问卷、测试卷进行了一些文字修改.

4.2.5 预测试结果分析

(一) 调查问卷预测试结果分析

1. 信度分析

为了衡量调查问卷的可信度, 笔者使用 SPSS 软件对预测试结果进行了信度分析, 使用的是内部一致性信度的系数公式, 分析了除去个人信息与无法量化的题目之外的所有题目 (含小题), 得到的结果是 0.844, 信度高于 0.7, 可以认为这份调查问卷的信度较好, 结果如下:

可靠性统计

Cronbach 系数	项数
.844	13

2. 效度分析

为了判断调查问卷是否能够准确测出数学建模素养的各水平相关程度, 笔者使用 SPSS 软件的因子分析, 分析了前四道题 (含小题), 得到的结果是 0.728, 信度高于 0.7 说明本调查问卷效度较好, 很适合做因子分析, 结果如下:

以上结果表明, 本调查问卷的可信度较高, 可以正式使用. 修改了一些描述性文字, 使得更便于学生阅读与理解题意, 例如将第 4 题、第 8 题的评分细则写得更加详细.

KMD 和巴特利特检验

KMD 取样适切性量数		.728
Bartlett 的球形度检验	上次读取的卡方	117.170
	自由度	15
	显著性	.000

(二) 测试卷预测试结果分析

1. 信度分析

同样地, 为了衡量测试卷的可信度, 笔者使用 SPSS 软件对预测试结果进行了信度分析, 使用的是内部一致性信度的系数公式, 分析了测试卷的所有题目 (含小题), 得到的结果是 0.740, 信度高于 0.7, 可以认为这份测试卷的信度较好, 结果如下:

可靠性统计

Cronbach 系数	项数
.740	4

2. 效度分析

同样地, 为了判断测试卷是否能够准确测出数学建模素养的各水平相关程度, 笔者使用 SPSS 软件的因子分析, 分析了测试卷的所有题目 (含小题), 得到的结果是 0.840, 信度高于 0.7, 说明本测试卷效度较好, 很适合做因子分析, 结果如下:

KMD 和巴特利特检验

KMD 取样适切性量数		.840
Bartlett 的球形度检验	上次读取的卡方	542.627
	自由度	21
	显著性	.000

3. 难度分析

为了判断测试卷的难易程度 (得分率), 笔者使用 EXCEL 软件进行了难度分析, 计算了每题的平均得分, 除以总分值, 即可得到难度, 值越高代表得分率越高, 本次测试卷除了最后一题的最后一问以外, 难度都在 0.6、0.7 左右, 难度适中, 最后一题最后一问的难度是 0.3, 属于难题, 具体难度见表 4-14。

表 4-14 测试卷难度分析

题号	第 1 题	第 2 题	第 3 题 (1), (2)	第 3 题 (3)
难度	0.67	0.70	0.60	0.32

4. 区分度分析

为了判断测试卷的有效性, 即学生之间的分数是否有差别, 若测试卷不能测出学生之间的差别则意义不大, 笔者使用 EXCEL 软件进行了区分度分析, 使用了得分求差法, 对每题进行以下操作: 按分数高低进行排序, 计算最低的 27% 分数的总分与最高的 27% 分数的总分, 利用公式计算其区分度, 每题的分数都在 0.4 以上, 说明本测试卷区分度优秀, 具体区分度见表 4-15.

表 4-15 测试卷区分度分析

题号	第 1 题	第 2 题	第 3 题 (1) 和 (2)	第 3 题 (3)
区分度	0.45	0.42	0.57	0.53

以上结果表明, 本测试卷的可信度较高, 可以正式使用. 修改了一些描述性文字, 避免产生歧义, 第 1 题中添加了 "至少列举 3 个" 的条件, 以免学生列举过少, 第 2 题添加了 "不可以直接用表等工具得到最终需要的时间", 以免有学生直接用表测量上学路程需要的时间, 达不到测试效果.

预测试完成后, 在学校进行了正式测试, 本次测验时间共 2 天 (周末), 保证学生有足够的时间收集相关情报和数据, 回收后剔除了无效问卷, 无效问卷主要包括大面积空白的以及明显乱填的, 最后共回收了 145 份有效的调查问卷与测试卷, 将测试卷按照年级分类, 分别批改并录入数据, 对结果进行分析.

(三) 访谈测试

为了能够更加详细地了解学生的数学建模学习情况、学习态度, 数学教师对数学建模的教学情况、教学态度等, 在正式测试结束后, 选择了 10 名学生、10 名数学教师分别进行访谈, 选取的访谈对象有一定的差异性, 包含不同性别、班级、年级的学生, 不同年级、教龄的教师, 访谈大致包含以下内容:

(1) 对学生的访谈涉及的问题有. 是否系统性地学习过数学建模? 是否熟悉数学建模? 是否会使用数学建模? 是否会观察周边的事物与数学的联系? 是否了解数学建模的意义? 是否对数学建模感兴趣? 是否愿意学习数学建模? 是否愿意参与数学建模相关比赛? 等等.

(2) 对教师的访谈涉及的问题有. 是否进行过系统性的数学建模教学? 是否熟悉数学建模的相关知识? 是否了解学生接触数学建模的渠道? 是否进行过应用题以及开放性问题解题方法的教学? 是否理解数学建模的意义? 是否认为应该将

数学建模融入数学教学之中? 是否认为中学生应该学习数学建模? 是否认为中学生应该考数学建模? 是否认为中学生应该参与数学建模竞赛? 在公式教学中, 是否会讲清楚公式来源? 具体是如何对公式进行教学的? 等等.

4.3　中学生数学建模素养现状的调查与分析

4.3.1　初中生数学建模素养现状

(一) 调查问卷分析

收集到初中年级的 78 份问卷之后, 根据前文的量化方式将数据录入 EXCEL 中, 并将该数据导入 SPSS 中, 进行统计图表制作与相关性、差异性分析, 具体分析结果如下:

1. 整体分析

调查问卷第 1 题是调查学生的性别, 其中男生 33 人, 女生 45 人, 利用 EXCEL 软件制作了扇形图, 见图 4-4.

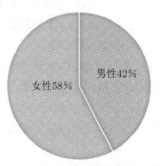

图 4-4　性别扇形统计图

第 3 题是调查学生的数学成绩区间, 其中不及格人数为 9 人, 及格人数为 11 人, 中等人数为 17 人, 良好人数为 25 人, 优秀人数为 16 人, 利用 EXCEL 软件制作了扇形图, 见图 4-5.

第 4 题是调查学生的数学建模知识理解能力, 根据评分标准, 直接根据总分判断学生数学建模知识理解能力的水平划分, 为了能够更加清晰地看出初中生的水平情况, 利用 SPSS 软件将学生第 4 题总分制作成了直方图, 见图 4-6.

根据总分分布情况, 统计了处于各个水平的人数, 得出以下结论, 学生中共 6 人处于水平 0, 共 44 人处于水平 1, 共 25 人处于水平 2, 共 2 人处于水平 3, 共 1 人处于水平 4, 见表 4-16.

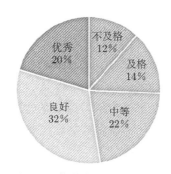

图 4-5　数学成绩扇形统计图

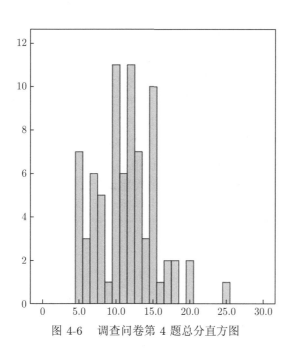

图 4-6　调查问卷第 4 题总分直方图

表 4-16　初中生数学建模知识理解能力水平

数学建模知识理解能力水平	水平 0	水平 1	水平 2	水平 3	水平 4
人数	6	44	25	2	1

　　从以上数据中可以看出, 初中生对于数学建模知识的学习了解并不到位, 大部分人处于水平较低的状态, 只有极个别学生能达到高水平, 这表明了初中生对于数学建模知识的学习现状并不乐观.

　　第 5 题是调查学生学习数学建模的渠道, 大多数学生表示并没有学习过数学建模, 对于数学建模的了解主要来自课外书籍, 以及课本上的一些简单介绍, 这也是数学建模知识理解能力水平低的原因之一, 初中几乎不学习数学建模的相关知识, 很多学生也没有了解数学建模的渠道.

第 6 题是调查学生对于学习数学建模的喜好程度, 其中回答非常不喜欢的有 4 人, 回答不喜欢的有 13 人, 回答一般的有 47 人, 回答喜欢的有 10 人, 回答非常喜欢的有 4 人, 由于初中生几乎没有学习过数学建模, 因此本题是建立在学生假想的基础之上的, 大部分学生对于学习数学建模的喜好程度为一般, 即持中立态度, 少部分人表示出了明显的喜好程度.

第 7 题是调查学生对在生活中应用数学建模的喜好程度, 其中回答非常不喜欢的有 5 人, 回答不喜欢的有 11 人, 回答一般的有 44 人, 回答喜欢的有 14 人, 回答非常喜欢的有 4 人, 与上一题的结论相似, 大部分学生持中立态度, 对于培养学生的学习兴趣还有很长一段路要走.

第 8 题是调查学生对于数学建模的认可程度, 大部分学生对数学建模持认可的态度, 但是学生对于数学建模的学习和考查不太自信, 部分学生对于学习数学建模具有恐惧心理, 认为自己学不好数学建模, 这也是数学建模知识理解能力水平低下的原因之一, 学生对于未知的知识抱有天然的恐惧和不自信.

第 9 题是收集学生对于数学建模教学的建议, 部分同学没有提出建议, 部分同学提出了较空的、没有什么参考价值的建议, 部分同学提出了具有参考价值的建议, 这里整理了这部分同学的相关建议: 数学建模教学尽量与学生感兴趣的实际情况联系起来, 尽量选择学生熟悉、易懂的现实情境, 希望数学建模的教学能够生动有趣等, 主要是关于提高学生学习兴趣, 降低学生学习难度的建议.

2. 相关性分析

为了了解能影响数学建模知识理解能力的因素, 笔者针对学生对数学建模的喜好程度、对数学建模的认可程度进行了相关性分析, 使用 SPSS 软件进行了分析, 得出的具体结果如下:

相关性

			问卷 6	总分
问卷 6	Pearson	相关性	1	.210
	显著性	(双尾)		.065
	N		78	78
总分	Pearson	相关性	.210	1
	显著性	(双尾)	.065	
	N		78	78

相关性

			问卷 7	总分
问卷 7	Pearson	相关性	1	.147
	显著性	(双尾)		.199
	N		78	78
总分	Pearson	相关性	.147	1
	显著性	(双尾)	.199	
	N		78	78

相关性

			问卷 8.1	总分
问卷 8.1	Pearson	相关性	1	.052
	显著性	(双尾)		.654
	N		78	78
总分	Pearson	相关性	.052	1
	显著性	(双尾)	.654	
	N		78	78

其中学生的数学建模的喜好程度、对数学建模知识的认可程度均与数学建模知识理解能力无显著相关性, 但是这并不代表这两者并不是影响数学建模知识理解能力的因素, 可能是因为本次调查的初中生大多没有接受过数学建模的学习, 水平大多在同一阶段 (水平 1、水平 2), 从而导致无显著相关性.

3. 差异性分析

为了了解性别、数学成绩是否与数学建模知识理解能力水平有显著差异性, 笔者利用 SPSS 软件进行了差异性分析, 具体结果如下:

	t	自由度	显著性 (双尾)
配对 1　性别 － 总分	-21.031	77	.000

	t	自由度	显著性 (双尾)
配对 1　分数段 － 总分	-17.868	77	.000

其中学生的性别、数学成绩均与数学建模知识理解能力具有显著差异性, 根

据本次问卷结果来看, 女生在数学建模知识理解能力上强于男生, 数学成绩较好的学生拥有更强的数学建模知识理解能力.

(二) 测试卷分析

　　收集到初中年级的 78 份测试卷之后, 根据前文的评分标准批改测试卷, 将分数录入 EXCEL 中, 并将该数据导入 SPSS 中, 进行统计图表制作与相关性、差异性分析, 具体分析结果如下.

　　1. 整体分析

　　第 1 题是调查学生的数学建模知识应用能力中发现问题、提出问题的能力, 第 2 题与第 3 题的前两问是调查学生的数学建模知识应用能力中的分析问题到解决问题的能力, 根据总分判断学生数学建模知识应用能力的水平划分, 利用 SPSS 软件将学生这几题的总分制作成直方图, 见图 4-7.

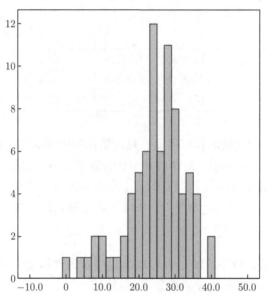

图 4-7　测试卷第 1、2 题, 第 3 题 (1) 和 (2) 总分直方图

　　根据总分分布情况, 统计了处于各个水平的人数, 得出以下结论, 学生中共 1 人处于水平 0, 共 7 人处于水平 1, 共 36 人处于水平 2, 共 32 人处于水平 3, 共 2 人处于水平 4, 见表 4-17.

表 4-17　初中生数学建模知识应用能力水平

数学建模知识应用能力水平	水平 0	水平 1	水平 2	水平 3	水平 4
人数	1	7	36	32	2

从整体情况来看, 大部分初中生处于水平 2、水平 3, 即数学建模知识应用能力处于中上游, 情况比理解能力好得多, 虽然初中生没有系统性地学习过数学建模知识, 但是与数学建模应用能力相关的应用题接触较多, 因此大部分同学能够达到水平 2 以上, 这也表明了数学学习与数学建模素养难以割裂, 虽然学生不清楚, 但是实际上在学习数学的过程中他们一直在锻炼数学建模应用能力.

第 3(3) 题是调查学生的数学建模知识创新能力, 根据得分判断学生数学建模知识创新能力的水平划分, 利用 SPSS 软件将学生该题得分制作成了直方图, 见图 4-8.

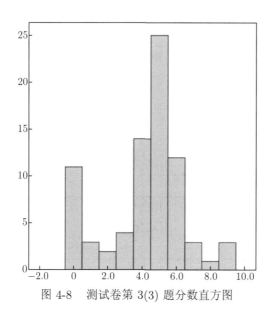

图 4-8　测试卷第 3(3) 题分数直方图

根据得分分布情况, 统计了处于各个水平的人数, 得出以下结论, 学生中共 11 人处于水平 0, 共 9 人处于水平 1, 共 51 人处于水平 2, 共 7 人处于水平 3, 共 0 人处于水平 4, 见表 4-18.

表 4-18　初中生数学建模知识创新能力水平

数学建模知识创新能力水平	水平 0	水平 1	水平 2	水平 3	水平 4
人数	11	9	51	7	0

从整体情况来看, 大部分初中生处于水平 2, 即有一定的创新能力但不太贴合实际, 没有处于水平 4 的学生, 创新能力是一项非常重要的能力, 虽然很难要求每位同学都有很强的创新能力, 但大多数人都拥有一定的创新思维, 教师需要发掘学生的创新潜力并帮助学生提高创新能力.

2. 相关性分析

同样地, 为了了解能影响数学建模知识应用能力的因素, 笔者使用 SPSS 软件针对学生对数学建模的喜好程度、对数学建模的认可程度进行了相关性分析, 得出的具体结果如下:

相关性

			问卷 6	总分
问卷 6	Pearson	相关性	1	.565**
	显著性	(双尾)		.000
	N		78	78
总分	Pearson	相关性	.565**	1
	显著性	(双尾)	.000	
	N		78	78

** 在置信度（双侧）为 0.01 时相关性是显著的.

相关性

			问卷 7	总分
问卷 7	Pearson	相关性	1	.640**
	显著性	(双尾)		.000
	N		78	78
总分	Pearson	相关性	.064**	1
	显著性	(双尾)	.000	
	N		78	78

** 在置信度（双侧）为 0.01 时相关性是显著的.

相关性

			问卷 8.1	总分
问卷 8.1	Pearson	相关性	1	.276*
	显著性	(双尾)		.015
	N		78	78
总分	Pearson	相关性	.276*	1
	显著性	(双尾)	.015	
	N		78	78

* 在置信度（双侧）为 0.05 时, 相关性是显著的.

其中, 对学习数学建模的喜好程度、对运用数学建模的喜好程度与数学建模知识应用能力有显著相关性, 对数学建模的认可程度数学建模知识应用能力无显著相关性, 这个结果表明有兴趣地学习数学建模能够事半功倍, 对于教学也有很大的启示, 教学中需要培养学生的学习兴趣.

3. 差异性分析

为了了解性别、数学成绩是否与数学建模知识应用能力水平有显著差异性, 笔者利用 SPSS 软件进行了差异性分析, 具体结果如下:

	t	自由度	显著性　（双尾）
配对 1　性别　-　总分	-24.431	77	.000

	t	自由度	显著性　（双尾）
配对 1　分数段　-　总分	-23.674	77	.000

可以看出, 性别、数学成绩与数学建模知识应用能力水平具有显著差异性, 这说明性别与数学建模知识应用能力有一定的关系, 男性的数学建模知识应用能力强于女性, 同时数学成绩与数学建模知识应用能力也有一定的关系, 笔者认为虽然不是成绩越好建模能力越强, 但是成绩很好的学生大多有较强的数学建模能力, 因为数学建模知识应用能力与解题能力有一定的关系.

(三) 访谈分析

测试结束后, 笔者对部分学生、数学教师进行了访谈, 具体情况如下.

1. 对学生的访谈

学生都表示没有系统性地学习过数学建模, 对于数学建模这一概念只是略有耳闻, 平时也没有接触过数学建模的相关题目, 没有参加过相关竞赛, 对建模的意义就更不了解了, 对于这次测试, 大家表示调查问卷的内容很多都不熟悉, 但是测试卷大部分的题目都不算很难, 只是和平时做的题目不太一样, 没有标准答案, 需要自己找条件, 虽然这种不熟悉这种答题模式, 但是还蛮有趣的.

接着笔者向学生们介绍了一下数学建模的相关知识与意义, 并介绍这次的测试卷的题目就是数学建模相关的题目, 学生们的意见开始产生了分歧, 只有一名数学成绩较好的男生表示有意学习数学建模, 并且希望能够参加相关竞赛, 其余的学生大都表示虽然数学建模很重要, 但是中考涉及不广, 不太愿意花费很多的时间在数学建模上, 对于竞赛他们觉得自己不会取得很好的成绩, 因此不太愿意参加, 希望能将更多的时间用于学习课本知识.

可以看出, 大部分学生并没有认识到数学建模的重要性, 同时对数学建模的不了解使得他们将数学建模看成了一种高深的知识体系, 认为学习数学建模是花费大量的时间和精力学习中考不考的内容, 并且极度缺乏自信, 认为自己很难学好数学建模, 只有少部分人具有挑战精神, 敢于挑战这并不可怕的数学建模.

2. 对教师的访谈

针对数学建模, 教龄较长的教师与教龄较短的教师有不一样的答案. 教龄较长的教师对数学建模的了解不多, 并认为初中教学阶段不怎么需要数学建模能力, 认为初中生不具有系统性学习数学建模的时间, 因此他们的教学并不会涉及数学建模, 也没有了解过学生对数学建模的接触情况, 他们会花更多的时间在方法教学上, 即教会学生如何做题, 很重视学生的解题能力, 会教学生一些 "通用解法", 同时他们认为数学建模很难进入中考的考查之中, 关于中学生的数学建模竞赛也不普及, 没必要特地进行数学建模的教学.

教龄不长的教师大多对于数学建模有一定的了解, 他们有些在大学中参与过数学建模竞赛, 认为数学建模对于数学能力的培养有很大的帮助, 但是他们不知道如何将数学建模落实到数学教学之中, 在教学中本来就是新手的他们也不敢随意加入数学建模相关的课程, 因此虽然有意推广数学建模, 但还是没有什么行动, 同时他们认为数学建模的题目较难, 初中生学习起来会有一定的困难.

教师在公式教学中, 一般会给出公式的得出方式, 有时还会使用多种方式讲解公式的由来, 除了讲解之外, 还会辅以例题帮助学生理解运用.

可以看出, 其实很多教师本身对于数学建模就有一定的误区, 首先他们将数学建模复杂化了, 数学建模其实就是一种 "数学化" 的思维模式, 将实际生活中的情境用数学语言描述, 通过数学模型来解决实际问题, 并非只有高难的竞赛题才是数学建模, 简单的应用题也属于数学建模; 其次他们小看了数学建模的作用, 实际上, 数学建模能力优秀的人, 解题时会轻松很多, 他们很容易抓住题目的主要内容, 并且能够准确地分析问题, 这对于中考也会有很大的帮助; 最后他们误认为自己没有进行数学建模的教学, 实际上他们只是没有讲解数学建模的基础知识, 但是他们在公式、应用题等的教学过程中其实已经涉及数学建模的分析问题到解决问题的过程, 所谓的 "通用方法" 其实大部分都是已经建立的数学模型, 因此他们的教学过程都涉及了数学建模, 只是没有意识到而已. 可见, 教师始终是开展数学建模教学的关键.

4.3.2 高中生数学建模素养现状

(一) 调查问卷分析

收集到高中年级的 67 份问卷之后, 根据前文的量化方式将数据录入 EXCEL 中, 并将该数据导入 SPSS 中, 进行统计图表制作与相关性、差异性分析, 具体分析结果如下, 分析过程与初中年级相同, 因此直接给出相关结论和数据.

1. 整体分析

高中男生 28 人, 女生 39 人, 利用 EXCEL 软件制作了扇形图, 见图 4-9; 不及格人数为 7 人, 及格人数为 10 人, 中等人数为 19 人, 良好人数为 20 人, 优秀人数为 11 人, 利用 EXCEL 软件制作了扇形图, 见图 4-10.

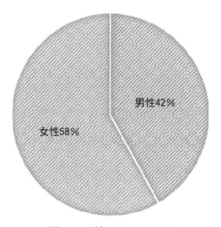

图 4-9　性别扇形统计图

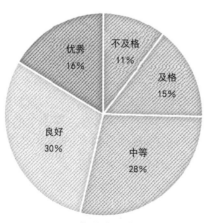

图 4-10　数学成绩扇形统计图

利用 SPSS 软件将高中学生第 4 题总分制作成了直方图, 见图 4-11.

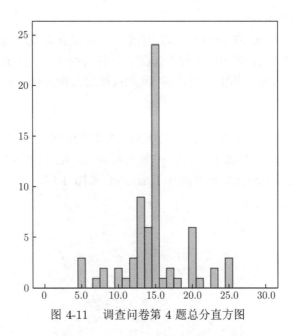

图 4-11　调查问卷第 4 题总分直方图

根据总分分布情况, 统计了处于各个水平的人数, 得出以下结论, 学生中共 3 人处于水平 0, 共 6 人处于水平 1, 共 45 人处于水平 2, 共 10 人处于水平 3, 共 3 人处于水平 4, 见表 4-19.

表 4-19　高中生数学建模知识理解能力水平

数学建模知识理解能力水平	水平 0	水平 1	水平 2	水平 3	水平 4
人数	3	6	45	10	3

从以上数据中可以看出, 高中生对于数学建模知识有一定的了解, 大部分人处于水平 2, 但是处于高水平的学生不多, 大多都是处于了解层次, 并没有深入理解数学建模知识.

第 5 题是调查学生学习数学建模的渠道, 大多数高中生学习过一些数学建模的知识, 教师会进行一些教学, 同时课外书籍、课本上的也会有一些简单介绍, 高中大多会设计一些数学建模相关的教学, 但是不够深, 只是简单地介绍一下.

第 6, 7, 8, 9 题高中与初中情况基本相同.

2. 相关性分析

为了解能影响数学建模知识理解能力的因素, 笔者针对学生对数学建模的喜好程度、对数学建模的认可程度进行了相关性分析, 使用 SPSS 软件进行了分析,得出的具体结果如下.

其中学生的数学建模的喜好程度、对数学建模知识的认可程度均与数学建模知识理解能力无显著相关性.

相关性

			问卷 6	总分
问卷 6	Pearson	相关性	1	.168
	显著性	(双尾)		.174
	N		67	67
总分	Pearson	相关性	.168	1
	显著性	(双尾)	.174	
	N		67	67

相关性

			问卷 7	总分
问卷 7	Pearson	相关性	1	.233
	显著性	(双尾)		.057
	N		67	67
总分	Pearson	相关性	.233	1
	显著性	(双尾)	.057	
	N		67	67

相关性

			问卷 8.1	总分
问卷 8.1	Pearson	相关性	1	-.009
	显著性	(双尾)		.945
	N		67	67
总分	Pearson	相关性	-.009	1
	显著性	(双尾)	.945	
	N		67	67

3. 差异性分析

为了了解性别、数学成绩是否与数学建模知识理解能力水平有显著差异性, 笔者利用 SPSS 软件进行了差异性分析, 具体结果如下:

	t	自由度	显著性　（双尾）
配对 1　性别　-　总分	-25.335	66	.000

	t	自由度	显著性　（双尾）
配对 1　分数段　-　总分	-23.314	66	.000

其中学生的性别、数学成绩均与数学建模知识理解能力有显著差异性. 这一结果与初中生结果相似, 表明女生在知识理解方面有一定的优势, 女生比男生更愿意学习、背诵、理解基础知识; 数学成绩与数学建模知识理解能力有一定的关系, 数学成绩较好的学生一般数学建模知识理解能力也越好, 这也说明了成绩好的学生更愿意学习理论基础知识, 也更加重视这类知识的学习.

(二) 测试卷分析

同样地, 收集到高中年级的 67 份测试卷之后, 根据前文的评分标准进行改分, 并将分数录入 EXCEL 中, 并将该数据导入 SPSS 中, 进行统计图表制作与相关性、差异性分析, 具体分析结果如下.

1. 整体分析

利用 SPSS 软件将学生第 1 题、第 2 题、第 3(1), (2) 题的总分制作成了直方图, 具体见图 4-12.

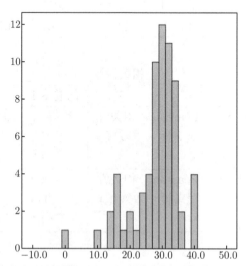

图 4-12　测试卷第 1、2 题, 第 3(1), (2) 题总分直方图

根据总分分布情况, 统计了处于各个水平的人数, 得出以下结论, 学生中共 1

人处于水平 0, 共 2 人处于水平 1, 共 16 人处于水平 2, 共 44 人处于水平 3, 共 4 人处于水平 4, 见表 4-20.

表 4-20 高中生数学建模知识应用能力水平

数学建模知识应用能力水平	水平 0	水平 1	水平 2	水平 3	水平 4
人数	1	2	16	44	4

从整体情况来看, 大部分高中生处于水平 3, 虽然数学建模知识理解能力水平不高, 但是应用能力还是不错的, 这说明大多数学生更加重视应用, 忽视了基础知识的学习.

利用 SPSS 软件将学生第 3(3) 题得分制作成了直方图, 见图 4-13.

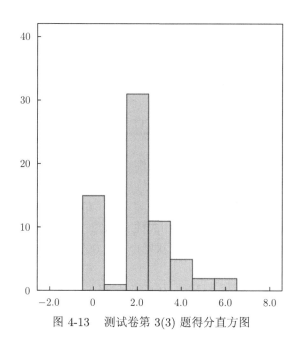

图 4-13 测试卷第 3(3) 题得分直方图

根据得分分布情况, 统计了处于各个水平的人数, 得出以下结论, 学生中共 15 人处于水平 0, 43 人处于水平 1, 共 9 人处于水平 2, 共 0 人处于水平 3, 共 0 人处于水平 4, 见表 4-21.

表 4-21 高中生数学建模知识创新能力水平

数学建模知识创新能力水平	水平 0	水平 1	水平 2	水平 3	水平 4
人数	15	43	9	0	0

　　从整体情况来看, 大部分高中生处于水平 1, 创新能力低下, 水平 3、水平 4 的学生都没有, 这说明高中生的思维局限很大, 创新性不足.

　　2. 相关性分析

　　同样地, 笔者使用 SPSS 软件针对学生对数学建模的喜好程度、对数学建模的认可程度进行了相关性分析, 得出的具体结果如下:

相关性

			问卷 6	总分
问卷 6	Pearson	相关性	1	.405**
	显著性	(双尾)		.001
	N		67	67
总分	Pearson	相关性	.405**	1
	显著性	(双尾)	.001	
	N		67	67

** 在置信度 (双侧) 为 0.01 时相关性是显著的.

相关性

			问卷 7	总分
问卷 7	Pearson	相关性	1	.472**
	显著性	(双尾)		.000
	N		67	67
总分	Pearson	相关性	.472**	1
	显著性	(双尾)	.000	
	N		67	67

** 在置信度 (双侧) 为 0.01 时相关性是显著的.

相关性

			问卷 8.1	总分
问卷 8.1	Pearson	相关性	1	.236
	显著性	(双尾)		.055
	N		67	67
总分	Pearson	相关性	.236	1
	显著性	(双尾)	.055	
	N		67	67

其中, 对学习数学建模的喜好程度、对运用数学建模的喜好程度与数学建模知识应用能力有显著相关性, 对数学建模的认可程度数学建模知识应用能力无显著相关性, 说明教师需要培养学生的学习兴趣.

3. 差异性分析

为了了解性别、数学成绩是否与数学建模知识应用能力水平有显著差异性, 笔者利用 SPSS 软件进行了差异性分析, 具体结果如下:

	t	自由度	显著性　（双尾）
配对 1　性别　-　总分	-28.508	66	.000

	t	自由度	显著性　（双尾）
配对 1　分数段　-　总分	-27.961	66	.000

其中学生的性别、数学成绩均与数学建模知识应用能力有显著差异性. 男生数学建模知识应用能力平均水平高于女生, 与初中生结果相似, 说明男生的解题应用能力普遍高于女生, 从答案来看, 女生答案的工整度和细心程度一般高于男生, 但是解题的思路和步骤弱于男生, 在解决普通数学问题时区别不大, 但是针对灵活度较高的数学建模时, 与男生水平还是有一定的差异.

(三) 访谈分析

测试结束后, 笔者对部分学生、数学教师进行了访谈, 具体情况如下.

1. 对学生的访谈

学生都表示有学习过数学建模, 接触过数学建模的相关题目, 但是没有参加过相关竞赛, 对建模的意义有一定的了解, 对于这次测试, 大家表示测试卷大部分的题目都不难, 但是考验创新性的题目难度较大, 没有思路. 大多数学生表示愿意学习数学建模, 愿意参加相关竞赛, 但是不希望高考涉及数学建模的知识, 因为开放性试题很难完全答对, 容易失分.

可以看出, 大部分高中生认识到了数学建模的重要性, 但是没有接受过深层次的教学, 对于数学建模还有一定的错误理解, 误将竞赛题难度看成是数学建模的难度, 缺乏考查数学建模的自信.

2. 对教师的访谈

针对数学建模, 高中教师大多了解一定的数学建模, 并且了解数学建模的重要性, 在教学中会设计一些数学建模教学, 会讲授一些数学建模的基础知识, 但由于高考考查困难, 虽然《普通高中数学课程标准 (2017 年版 2020 年修订)》对学生的数学建模素养提出了一定的要求, 数学建模仍没有成为教师教学的重点, 同时教师对于数学建模竞赛题几乎不会涉及, 认为数学建模竞赛有一定的客观限制, 加之高中数学任务量繁重, 教师没有办法花费大量时间在数学建模上. 教师很重视解题方法的教学, 会给出详细的解题过程, 并且给出通用法, 辅以例题帮助学生理解运用.

由以上分析可知, 高中教师对于数学建模的认知还是比较符合当前现实的. 在当前高考仍是高校选拔人才的主要方式的形势下, 基础教育主流更多关注的仍然是解题教学, 而对于数学建模则缺乏应有的研究和教学探索, 数学建模教学在实际的教学中难以全面实施. 事实上, 随着数学改革的深入推进, 高考试题也更加趋于灵活多样和创新性, 而数学建模在全面培养学生数学核心素养以及对于数学能力的提升均有着重要的作用.

4.3.3　初中生与高中生数学建模素养的对比分析

(一) 数学建模知识理解能力

从平均情况看, 初中生这部分的平均分为 11.36、标准差为 4.03, 高中生的平均得分为 14.87、标准差为 4.28, 可以看出高中生的平均得分高于初中生, 同时从水平划分人数来看, 高中生的数学建模知识理解能力明显高于初中生, 运用 SPSS 进行相关性分析可以得到:

相关性

			年级	总分
斯皮尔曼等级相关系数	年级	相关系数	1.000	.424**
		显著性 (双尾)	-	.000
		N	145	145
	总分	相关系数	.424**	1.000
		显著性 (双尾)	.000	-
		N	145	145

** 相关性在 0.01 级别显著 (双尾).

年级与数学建模知识理解能力方面有显著相关性, 这与教师教学有一定的关系, 高中教师会进行一些关于数学建模的教学, 而初中教师大多不会进行相关教学, 因此初中学生的数学建模知识理解能力明显较弱.

(二) 数学建模知识应用能力

从平均情况看, 初中生这部分的平均分为 24.18、标准差为 8.09, 高中生的平均得分为 27.73、标准差为 7.36, 可以看出高中生的平均得分高于初中生, 同时从水平划分人数来看, 高中生的数学建模知识应用能力明显高于初中生, 运用 SPSS 进行相关性分析可以得到年级与数学建模知识应用能力方面有显著相关性, 高中生进行了更多的解题训练, 因此解题能力明显强于初中生, 具体情况如下:

相关性

			年级	总分
斯皮尔曼等级相关系数	年级	相关系数	1.000	.265**
		显著性 (双尾)	-	.001
		N	145	145
	总分	相关系数	.265**	1.000
		显著性 (双尾)	.001	-
		N	145	145

** 相关性在 0.01 级别显著 (双尾).

(三) 数学建模知识创新能力

从平均情况看, 初中生这部分的平均分为 4.21、标准差为 2.29, 高中生的平均得分为 2.06、标准差为 1.45, 可以看出初中生的平均得分高于高中生, 同时从水平划分人数来看, 初中生的数学建模知识创新能力明显高于高中生, 运用 SPSS 进行相关性分析可以得到:

相关性

			年级	测试 3.2
斯皮尔曼等级相关系数	年级	相关系数	1.000	.502**
		显著性 (双尾)	-	.000
		N	145	145
	测试 3.2	相关系数	.502**	1.000
		显著性 (双尾)	.000	-
		N	145	145

** 相关性在 0.01 级别显著 (双尾).

年级与数学建模知识创新能力方面有显著相关性, 初中生高于高中生, 原因很可能是虽然高中生学习了更多的知识内容, 但同时由于大量的解题训练, 导致思维的定式, 反而丧失了想象力? 过于追求 "通性通法" 和 "标准答案", 很可能慢慢地就丧失了想象力与创新能力? 笔者认为, 这是需要我们好好研究并持续关注的研究课题.

4.4　结论与建议

4.4.1　研究结论

(一) 与学生相关的结论

(1) 初中生数学建模知识理解能力平均水平为水平 1, 高中生为水平 2, 初中生数学建模知识理解能力弱于高中生; 初中生数学建模知识应用能力平均水平为水平 2, 高中生为水平 3, 初中生数学建模知识应用能力弱于高中生; 初中生数学建模知识创新能力平均水平为水平 2, 高中生为水平 1, 初中生数学建模知识创新能力强于高中生. 中学生数学建模知识理解能力水平和创新能力水平普遍较低, 应用能力普遍达到中等水平.

(2) 中学生几乎没有接受过系统性的数学建模教学, 初中生几乎不学习数学建模, 高中生只是浅显地学习数学建模.

(3) 中学生数学建模素养水平与学生对数学建模的认可程度没有太大的关系; 影响中学生数学建模素养水平的因素有性别、年级和学生对数学建模的喜好程度, 中学生的数学成绩与数学建模素养水平呈正相关.

(4) 大部分中学生没有意识到数学建模的重要性, 虽然觉得数学建模有点重要, 但是具体为什么重要, 重要到什么程度都不是很清楚; 中学生对于数学建模的认知程度也不高, 将数学建模想成了非常高深的知识, 对自己不够自信.

(5) 中学生学习数学建模的意愿不高, 大部分学生不太希望学习、考查数学建模, 甚至害怕数学建模进入中、高考, 他们认为数学建模是一种难以把握的知识, 如果进入考试将成为他们的失分点, 同时他们也认为中学数学课程内容已经很多了, 再加入数学建模会加大学习负担.

(6) 中学生缺少学习数学建模的渠道, 缺少相关教辅材料, 学校中也接触不到相关知识, 没有参加数学建模竞赛的渠道.

(二) 与教师相关的结论

(1) 有的初中教师不会进行数学建模素养的相关教学, 有的高中教师只进行基础的数学建模知识教学, 并且一般不太会讲解数学建模例题, 也不会考查数学建模.

(2) 有的教师对于数学建模素养的认知程度不够, 有的教师特别是年纪较大的教师几乎没有接触过数学建模, 有的年轻的数学教师参与过大学生数学建模竞赛, 并且误以为数学建模都是竞赛级的难度.

(3) 有的教师没有意识到数学建模素养的重要性, 虽然《普通高中数学课程标准 (2017 年版)》中加入了数学建模相关的内容, 但由于数学建模并不能直接体现在中、高考之中, 大多数教师都以分数为主, 忽视了学生数学建模素养的培养.

(4) 有的教师没有了解过中学生数学建模竞赛, 也不认为学生需要参加相关竞赛, 甚至觉得学生不一定有能力完成竞赛题.

(5) 有的教师更为重视结论教学而非过程教学, 比起让学生知道公式怎么来的, 他们更重视让学生知道公式怎么使用, 教学以解题、得分为主要目的, 对于能力的培养没那么重视.

(6) 有的教师不知道该如何进行数学建模教学, 实际上有的教师都在教学中涉及了数学建模的应用, 但是他们对此并不清楚, 加上目前没有关于数学建模的教科书、规范的教学体系和成熟的课程体系, 有的教师认为没有必要研发相关的特色课程, 因此就算想要进行数学建模素养的教学也不知如何下手.

(7) 有的教师完全不重视学生创新能力的培养, 经常陷于题海, 让学生掌握题型甚至解题套路等, 从而在某种程度上束缚了学生的想象力和创新能力.

4.4.2 建议

(一) 对学生的建议

1. 正确认识数学建模

树立对数学建模的正确认知, 认识数学建模的重要性, 了解数学建模其实是一种 "数学化" 的思维方式, 用数学的眼光看待世界, 运用数学知识解决实际问题, 将数学这种 "理论型" 的学科转变为 "应用型" 的学科, 将数学与实际生活结合起来, 这样可以更加容易地理解数学知识. 同时, 数学建模素养与数学能力有很大的关系, 对于解题也有很大的帮助, 数学建模素养优秀的学生更容易理解题目意思、从题目中获取条件, 知道使用什么样的工具建立模型 (公式) 来解决问题, 并且这种思维方式能使得学生更好地弄懂问题的本质, 这对于高考应试形势下的数学考试方式有很大的启示与帮助. 事实上, 学生对于一些灵活性高综合性强的数学应用问题无从下笔, 某种程度上说也是数学建模素养不高的表现, 这也从反面证明了数学建模素养的重要性.

2. 网上参与数学建模

可以通过网络渠道了解、学习数学建模的相关知识. 通过网络了解数学建模竞赛, 并通过阅读网上的优秀参赛作品加深对数学建模的理解. 还可以适当参与相关的数学建模竞赛, 系统性地学习并掌握数学建模过程与方法, 提升自己的能力.

3. 发现生活中的数学建模

多关注日常生活与数学的联系, 多用数学语言来描述日常生活中的情形, 例如当购买折扣物品时, 可以提出最优惠购买方式的问题, 并且建立模型解决该问题; 购买不同容量、价格的生活用品 (沐浴露、洗发露等) 时, 可以提出哪种包装性价比最高的问题, 并且建立模型求解. 生活中与数学相关的情境比比皆是, 多去发现, 多去提问, 多去解决, 这样既可以培养自己的数学建模素养, 还可以提高自己的各种数学能力, 当发现数学可以解决生活中的各类问题, 使生活变得更好时, 学生也会爱上数学, 提高学习数学的积极性.

(二) 对教师的建议

1. 树立正确的数学建模认知

教师应该认识到数学建模素养的重要性, 并且要让学生认识到数学建模素养的重要性, 数学建模素养较高的人解题能力往往也会更强, 即便是为了提高分数, 也应该教授数学建模的知识, 更何况数学建模还能提高学生的数学能力, 无论是从应试教育的角度还是从学生未来发展的角度来看, 数学建模素养都有着非常重要的地位, 树立正确的认知是教育的第一步.

2. 提高自身的数学建模水平

教师应该提升自己的数学建模素养水平, 实际上现在很多教师对于数学建模都是一知半解, 因此提升教师的数学建模素养迫在眉睫, 教师可以通过与同事交流、阅读相关书籍、查阅相关论文、参与相关培训、参与相关竞赛等方式提高自己的数学建模素养, 学校也应该对教师提供帮助, 参与数学教师的培养.

3. 培养学生的数学建模兴趣

教师应该培养学生的学习兴趣, 学生的学习兴趣与数学建模素养水平正相关, 如果学生对数学建模感兴趣, 教学一定可以事半功倍. 可以将数学建模与学生感兴趣的话题结合起来, 例如打篮球投篮的距离与准度问题、购物时的优惠方式问题、游戏中的抽卡概率问题、游戏中的技能伤害问题、网站视频推荐度与点赞数、硬币数、收藏数的关系问题等, 尽量了解学生的喜好, 从学生喜好的内容入手, 将学生感兴趣的内容编写成数学问题, 这样学生会觉得新奇有趣, 也会提高对数学建模学习的兴趣.

4. 研发特色的数学建模课程

教师应该着手研发数学建模的特色课堂, 研发数学建模的教材, 由于现有内容的缺少, 在职教师应重视这一块的研发, 具体该如何教学, 编写怎样的教辅材料, 都是教师应该考虑的问题, 从实践中找到方向, 要避免过于沉重的学习负担, 要提供清晰明了的教材, 这将会是今后教师的重要课题之一.

5. 注重学生的创新能力培养

教师应该注重学生创新能力的培养, 经过调查笔者发现越是经历了高层次的教学, 学生的创新能力越低, 标准答案和固定解题思路局限了学生的想象力, 教师应该设计一些开放性试题与数学建模问题, 这种无标准答案和固定解题方式的问题更能激发学生的创造性, 培养学生的创新能力.

6. 组织课外的建模竞赛学习

教师可以开展课后兴趣班, 组织学生参与中学生数学建模竞赛, 针对有能力、有兴趣的学生进行额外教学, 既可以做到因材施教, 也可以避免其余学生的学习压力过大, 让有能力的学生参与竞赛可以增加学生的参与程度, 对于其未来发展也有很大的帮助.

7. 尊重个体差异性因材施教

教师应该注重因材施教, 针对男女生的不同特点进行有针对性的数学建模教学, 教师应该认识到由于性别造成的先天性区别, 不能忽视这一点, 针对不同性别容易出现的问题进行教学. 对于男生, 应加强其理论知识教学, 注意其答题的规范性, 有时候学生的答案虽然是对的, 但是答题步骤不规范, 这点教师也需要指出; 对丁女生, 她们愿意花时间在学习上, 但是往往不得其法, 通过大量做题来解决解题方面的问题, 治标不治本, 教师应该教会其解题的本质, 让学生学会举一反三, 避免机械化地做题, 真正做到在理解的基础上掌握数学理论.

参 考 文 献

[1] 中华人民共和国教育部. 普通高中数学课程标准 (2017 年版)[M]. 北京: 人民教育出版社, 2018.

[2] 中华人民共和国教育部. 关于全面深化课程改革落实立德树人根本任务的意见. 2014 年 3 月 30 日, http://old.moe.gov.cn/.

[3] 史宁中, 王尚志. 普通高中数学课程标准 (2017 年版) 解读 [M]. 北京: 高等教育出版社, 2018.

[4] 张奠宙. 数学教育研究导引 [M]. 南京: 江苏教育出版社, 1994.

[5] OECD. PISA 2012 Assessment and Analytical Framework: Mathematics, Reading, Science, Problem Solving and Financial Literacy[M]. Paris: OECD Publishing, 2013. (http://dx.doi.org/10.1787/9789264190511-en).

[6] 董连春, 吴立宝, 王立东. PISA 2021 数学素养测评框架评介 [J]. 数学教育学报, 2019, 28(4): 6-11, 60.

[7] Bloom W, Niss M. Applied mathematical problem solving, modelling, applications, and links to other subjects-State, trends and issues in mathematics instruction[J]. Educational Studies in Mathematics, 1991, 22(1): 37-68.

[8]　徐稼红. 中学数学应用与建模 [M]. 苏州: 苏州大学出版社, 2001.

[9]　曹一鸣. 数学素养的测评——走进 PISA 测试 [M]. 北京: 教育科学出版社, 2017: 22, 121.

[10]　Berry J S. Teaching and Applying Mathematical Modelling[M]. Chichester, UK: John Wiley & Sons INC., 1984.

[11]　Watson J M. Longitudinal development of inferential reasoning by school students[J]. Educational Studies in Mathematics, 2001, 47(3): 337-372.

[12]　鲁小莉, 程靖, 徐斌艳, 王嵘雨. 学生数学建模素养的评价工具研究 [J]. 课程·教材·教法, 2019, 39(2): 100-106.

[13]　叶巧飞. 高中生数学建模素养的调查研究 [D]. 西安: 陕西师范大学, 2018.

[14]　杨迪. 八年级学生数学模型思想学习现状的调查研究 [D]. 沈阳: 沈阳师范大学, 2018.

[15]　李星云. 论小学数学核心素养的构建——基于 PISA 2012 的视角 [J]. 课程·教材·教法, 2016, 36(5): 72-78.

[16]　蔡金法, 徐斌艳. 也论数学核心素养及其构建 [J]. 全球教育展望, 2016, 45(11): 3-12.

[17]　孔凡哲, 史宁中. 中国学生发展的数学核心素养概念界定及养成途径 [J]. 教育科学研究, 2017, (6): 5-11.

[18]　陈燕. 小学数学建模: 概念解读、现状分析与未来展望——基于课题研究与数学核心素养培养的分析与思考 [J]. 福建教育学院学报, 2017, (8): 74-77.

[19]　杨元超. 从 "情境-模型" 双向建构看数学建模与数学分析素养 [J]. 黑河学院学报, 2017, 8(8): 163-164.

[20]　张振敏. 高中生数学建模能力的调查研究 [D]. 扬州: 扬州大学, 2018.

[21]　王宇. 基于核心素养理念高中数学建模的策略研究 [J]. 课程教育研究, 2019, (29): 125-126.

[22]　李静. 初中数学教学中学生数学建模素养的培养策略 [J]. 华夏教师, 2019, (17): 9-10.

[23]　杜艳娇. 高中数学创新题对高中生核心素养的培养研究 [D]. 哈尔滨: 哈尔滨师范大学, 2019.

[24]　郝晶杰. 高中生数学建模素养调查研究 [D]. 新乡: 河南科技学院, 2019.

[25]　蔡琳文. 高二学生数学建模素养发展的个案研究 [D]. 漳州: 闽南师范大学, 2019.

[26]　覃秋敏. 高中生数学建模核心素养培养的教学策略研究 [D]. 桂林: 广西师范大学, 2019.

[27]　宋宏悦. 高中生数学建模素养水平现状调查研究 [D]. 石家庄: 河北师范大学, 2019.

[28]　陈鹭. 高一学生数学建模素养现状调查研究 [D]. 厦门: 集美大学, 2019.

[29]　徐梦园, 初晓琳, 赵宝江. 浅谈中学生数学建模核心素养的培养 [J]. 中外企业家, 2019(13): 186-187.

[30]　林子植, 胡典顺. 基于 SOLO 理论的高中生数学建模素养评价模型建构与应用 [J]. 教育测量与评价, 2019(5): 32-38.

[31]　牛伟强. 高中生数学建模能力发展研究 [D]. 上海: 华东师范大学, 2019.

[32]　范思岐. 高中生数学建模素养影响因素研究 [D]. 济南: 山东师范大学, 2019.

[33]　史晓明. 高三学生数学建模素养水平的调查研究 [D]. 石家庄: 河北师范大学, 2019.

[34]　黎明. 高中生 "数学建模" 素养的调查研究 [D]. 重庆: 重庆师范大学, 2017.

[35]　刘伟艳. 高三学生数学建模素养的调查研究 [D]. 成都: 四川师范大学, 2017.

[36]　王晓慧. 高中生数学建模水平的现状研究 [D]. 青岛: 青岛大学, 2017.

[37]　陈英杰. 哈尔滨高一学生数学建模能力调查分析 [D]. 哈尔滨: 哈尔滨师范大学, 2017.

附录 4-1 中学生数学建模素养现状调查

同学你好, 这是一份关于中学生数学建模素养现状的调查, 想邀请你用几分钟时间帮忙填答这份问卷. 本问卷实行匿名制, 所有数据只用于统计分析, 请你放心填写. 题目选项无对错之分, 请你按自己的实际情况填写. 谢谢你的帮助!

1. 你的性别? (单选题 * 必答)

○ 男

○ 女

2. 你所在的年级? (单选题 * 必答)

○ 初一

○ 初二

○ 初三

○ 高一

○ 高二

○ 高三

3. 你的数学成绩分数段大约是? (填空题 * 必答)

_____

4. 请你对以下各行内容进行评价, 其中 1 表示完全不了解, 2 表示不太了解, 3 表示基本了解, 4 表示比较了解, 5 表示非常了解 (打分题请填 1~5 数字打分 * 必答)

你对数学建模的认知程度是 _____

你对数学建模参数的了解程度是 _____

你对数学建模过程的了解程度是 _____

你对数学建模结论含义的了解程度是 _____

你对数学建模意义的了解程度是 _____

5. 你是从哪些方面了解到数学建模的? (可多选) (多选题 * 必答)

□ 通过教师课上教学

□ 通过课后辅导班

□ 通过课外书籍

□ 通过网络传播

□ 通过数学建模比赛

□ 其他 _____

6. 你喜欢学习数学建模吗? (单选题 * 必答)

○ 非常不喜欢

○ 不喜欢

○ 一般

○ 喜欢

○ 非常喜欢

7. 你喜欢分析实际问题, 并且用数学方式解决问题吗? (单选题 * 必答)

○ 非常不喜欢

○ 不喜欢

○ 一般

○ 喜欢

○ 非常喜欢

8. 请你对以下各行内容进行评价, 其中 1 表示完全不符合, 2 表示基本不符合, 3 表示不一定符合, 4 表示基本符合, 5 表示完全符合 (打分题请填 1~5 数字打分 * 必答)

你认为数学建模有利于提高数学能力 _____

你认为数学建模有利于解决实际问题 _____

你认为数学建模有利于学科综合发展 _____

你认为中学生有能力学习数学建模 _____

你认为中学生有必要学习数学建模 _____

你认为数学建模应该加入考试之中 _____

9. 你对学校数学建模素养学习方面有什么建议? (填空题 * 必答)

_____

附录 4-2　中学生数学建模素养测试卷

1. 函数是中学学习的重要组成部分, 同时数学建模中也经常会运用到函数, 为了解决实际生活中的问题, 往往会使用函数作为工具, 请你思考运用函数知识可以解决哪些实际问题并举出例子 (尽量列举多个, 至少列举 3 个, 合理即可).

2. 家到学校的路是每个学生都非常熟悉的路, 请你计算从自己家到学校需要花费的时间. 请思考需要运用哪些知识来解决这个问题, 自设条件, 自己收集解题需要的数据 (不可以直接用手表等工具得到最终需要的时间, 如果有多种上学方式, 可以分别进行计算).

3. 奶制品有各种各样的包装, 包装在形状、大小、材质上有很多的不同之处, 请观察各类奶制品的包装并回答下列问题:

(1) 计算奶制品包装表面积与容积比, 并计算实际制造中需要的材料量;

(2) 根据实际使用情况分析各类包装的优缺点, 并说明原因;

(3) 请发挥你的创造力, 为奶制品设计一个新的包装并说明设计意图.

参考问题[①]:

4. 停车距离问题

【目的】在数学建模活动中, 经历从现实问题中确定变量、探寻关系、建立模型、计算系数、分析结论的全过程, 形成和发展数学建模素养.

【情境】根据现实背景, 建立急刹车的停车距离数学模型, 理解数学模型中系数的意义, 并根据模型得到的结果, 就行车安全提出建议.

5. 测量学校内、外建筑物的高度

【目的】运用所学知识解决实际测量高度的问题, 体验数学建模活动的完整过程. 组织学生通过分组、合作等形式, 完成选题、开题、做题、结题四个环节.

【情境】给出下面的测量任务:

(1) 测量本校的一座教学楼的高度;

(2) 测量本校的旗杆的高度;

(3) 测量学校墙外的一座不可及, 但在学校操场上可以看得见的物体的高度.

---

① 参考问题选自:《普通高中数学课程标准 (2017 年版 2020 年修订)》之案例 7: p116、案例 15: p132.

第 5 章　直观想象素养的测量与评价

根据《普通高中数学课程标准 (2017 年版)》与 PISA 数学素养测评体系, 确定了直观想象素养测评的内容、过程、情境三个维度, 基于 SOLO 分类理论制定了内容维度水平划分标准, 建立起高中生直观想象素养测评体系. 编制高中生直观想象素养测试卷和调查卷. 测评结果表明: (1) 高中生直观想象素养测评整体得分处于及格水平, 高中生的直观想象素养测试卷平均略低于及格水平. (2) 不同性别和不同年龄的高中生在直观想象素养水平上的表现并无显著差异, 而不同班级的高中生在直观想象素养水平上的表现具有显著差异. (3) 高中生的直观想象核心素养测试卷得分与高中生运用直观想象的频率呈现强相关, 与高中生日常数学成绩、高中生的学习态度和习惯呈现中度相关, 与高中生对几何的学习兴趣呈现弱相关. (4) 内容维度: 基本立体图形板块超过一半的学生达到多点结构水平, 基本图形位置关系板块达到单点结构水平和多点结构水平的学生比例均接近一半; 直线与方程、圆与方程板块近三分之一学生达到多点结构水平; 圆锥曲线与方程板块绝大多数学生达到单点结构水平. (5) 过程维度: 学生在表述数学和运用数学方面表现较好, 在解释数学方面表现较弱. (6) 情境维度: 高中生在职业情境中表现最优, 其次是科学情境, 再次是个人情境, 最后是社会情境.

根据测评结果, 提出如下建议: (1) 以培养高中生直观想象素养作为几何教学的核心目标; (2) 注重几何模型思维, 发展几何直观和空间想象能力; (3) 注重数学三大语言转化, 加强数形结合思想; (4) 注重现代教育技术融入课堂教学.

5.1　直观想象素养研究概述

5.1.1　课程视角的研究

随着数学课程改革的深入推进, 数学课程的基本理念经历了从素质到核心素养的深刻变革. 几何学的教学理念也经历着同样的演变, "注重培养学生的几何直观" 是进入 21 世纪以来数学教育的热点话题之一. 《义务教育数学课程标准 (2011 年版)》明确提出了 "在数学课程中, 应当注重发展学生的数感、符号意识、空间观念、几何直观、数据分析观念、运算能力、推理能力和模型思想. ⋯⋯ 特别注重发展学生的应用意识和创新意识", 学界称之为 "十大核心概念或核心素养", 其中对几何学的教学明确提出培养 "空间观念和几何直观" 素养的要求. 对于 "空间观念"和"几何直观",义务教育数学课程标准界定如下:"**空间观念**主要是指根据物体特征**抽象出**几何图形,根据几何图形**想象出**所描述的实际物体;**想象出**物体的方位和相互之间的位置关系;**描述**图形的运动和变化;依据语言的描述**画出**图形等.""**几何直观**主要是指利用图形**描述和分析**问题.借助几何直观可以把复杂的数学问题变得简明、形象,有助于探索解决问题的思路,预测结果.几何直观可以帮助学生**直观地理解**数学,在整个数学学习过程中都发挥着重要作用."

《普通高中数学课程标准 (2017 年版 2020 年修订)》更是将"直观想象"作为数学核心素养之一提出,并从内涵、学科价值、主要表现和教育价值等四个方面,对直观想象素养作出了精辟的概括,指出:

直观想象是指借助几何直观和空间想象感知事物的形态与变化,利用空间形式特别是图形,理解和解决数学问题的素养.主要包括:借助空间形式认识事物的位置关系、形态变化与运动规律;利用图形描述、分析数学问题;建立形与数的联系,构建数学问题的直观模型,探索解决问题的思路.(内涵)

直观想象是发现和提出问题、分析和解决问题的重要手段,是探索和形成论证思路、进行数学推理、构建抽象结构的思维基础.(学科价值)

直观想象主要表现为:建立形与数的联系,利用几何图形描述问题,借助几何直观理解问题,运用空间想象认识事物.(主要表现)

通过高中数学课程的学习,学生能提升数形结合的能力,发展几何直观和空间想象能力;增强运用几何直观和空间想象思考问题的意识;形成数学直观,在具体的情境中感悟事物的本质.(教育价值)

直观想象,作为六大数学核心素养之一,深深扎根于数学发展变化的过程中,在学生学习的各个阶段都发挥着不可替代的作用.数学是研究空间形式和数量关系的一门学科,图形或者是符号化、形式化的内容,有助于学生对数学知识的学习与理解.通常情况下,人们对事物的认识是一个从感性到理性的过程,在熟悉的环境中,人们通过直观想象抽象出物体的几何图形或几何模型,从中可以探寻物体的位置关系、对称特性、运动规律和形态变化,提出数学问题,利用数形结合探寻解决问题的途径.直观想象在问题解决过程中发现问题、提出问题、分析问题、解决问题各个环节都发挥重要作用.数学思维不仅仅是在抽象层面展开,还经常在许多情境中借助直观手段展开的.直观想象在数学活动中是探索和形成论证思路、进行数学推理、构建抽象结构的思维基础.

5.1.2 直观想象相关概念的界定

1. 直观

直观,常常被定义为与客观事物直接接触而获得的感性知识.笛卡尔 (Descartes) 基于哲学的思维认为,直观是一种构想,它是通过人类纯净心灵和专注思维所激发出来的, 简单而独特①. M. 克莱因 (Morris Kline) 基于数学以及数学教育的观点则认为, 数学是建立在正确的直观上的科学, 直观就是直接把握概念和证明②. 我国数学家徐利治教授认为, 直观是在观察、经验、测试或类比联想的基础之上, 直接感知认识事物关系③.

2. 想象

想象, 是一种特殊的思维形式. 普通心理学定义想象是一种心理过程, 指的是现实世界的情境被人的大脑储存成为表象, 再进行加工改造生成新形象的过程. 从哲学的角度, 以亚里士多德为代表, 把想象定义为一种表象的能力, 想象是思维活动的中介④. 从数学以及数学教育的角度, 笛卡尔认为想象是一种能力, 这种能力是运用形状来理解事物, 可以是现实世界的直观的形状或是脑海中创造的形状来理解物体性事物或精神性事物⑤.

3. 几何直观

《义务教育数学课程标准 (2011 年版)》明确指出, 几何直观主要是指利用图形描述和分析问题⑥. 孔凡哲、史宁中教授认为, 几何直观是一种特殊的数学直观, 基于现实情境中看见的或是脑海中想象出来的几何图形, 直接感知、整体把握数学的研究对象即空间形式和数量关系的能力⑦.

4. 空间想象

十三院校协编的《中学数学教材教法》中, 对空间想象能力作了解释, 空间想象是人们观察、分析和抽象客观事物的空间形式的能力⑧. 曹才翰先生在《数学教育学概论》中将空间想象能力认为是基于现实世界, 加工改造几何表象, 从而创造新的形象的能力⑨. 孙宏安认为, 空间想象是人们感知和记忆现有事物的大小、形状、方向、距离、场所、排列次序等空间形式, 在脑海中创造现实尚不具体存在的事物的大小、形状、方向、距离、场所、排列次序等广延性和并存的空间形式方面的形象的心理活动⑩.

① 贾江鸿. 笛卡尔的直观理论新探 [J]. 现代哲学, 2011, (2): 66-71.
② M. 克莱因. 古今数学思想 [M]. 上海: 上海科学技术出版社, 1979: 306-316.
③ 徐利治. 谈谈我的一些数学治学经验 [J]. 数学通报, 2000, (5): 1-3.
④ 黄传根. 论亚里士多德的 "想象" 及其认知功能 [J]. 南昌师范学院学报, 2015, (5): 13-16.
⑤ 贾江鸿. 笛卡尔的想象理论研究 [J]. 现代哲学, 2006, (3): 100-107.
⑥ 中华人民共和国教育部. 义务教育数学课程标准 [M]. 北京: 北京师范大学出版社, 2011.
⑦ 孔凡哲, 史宁中. 关于几何直观的含义与表现形式 [J]. 课程 · 教材 · 教法, 2012, 32(7): 92 97.
⑧ 十三院校协编. 中学数学教材教法总论 [M]. 北京: 人民教育出版社, 1980.
⑨ 曹才翰. 中学数学教学概论 [M]. 北京: 北京师范大学出版社, 1990.
⑩ 孙宏安. 谈直观想象 [J]. 中学数学教学参考, 2017, (31): 2-5, 33.

5. 直观想象

直观想象, 作为数学六大核心素养之一, 随着新课程标准的修订走进了高中数学课堂. 新课标给出直观想象的解释是: 直观想象是指借助几何直观和空间想象感知事物的形态与变化, 利用空间形式特别是图形, 理解和解决数学问题的素养. 主要包括: 借助空间形式认识事物的位置关系、形态变化与运动规律; 利用图形描述、分析数学问题; 建立形与数的联系, 构建数学问题的直观模型, 探索解决问题的思路[1].

直观想象实际上是对几何直观和空间想象的融合和延伸. 几何直观是把抽象复杂的问题转化为图形的形式, 把问题化繁为简, 利用直观的图形来描述、分析并解决问题; 空间想象是基于现实世界背景中几何图形的运动、变换和位置关系, 加工、改造几何表象甚至创造新的空间形象[2]. 而 "直观想象" 是以 "几何直观" 为工具, 在直观的基础上强调 "空间想象", 是超越了数形结合, 对直观到抽象之间事物所具有的本质联系的探索和问题内化交流的过程. 由此可见, 直观想象与几何直观、空间想象之间既有各自的侧重点也有较多的交融点, 我们要更多地关注其在相互交融基础之上价值取向的拓展, 在核心素养的视野下准确地把握直观想象的内涵.

5.1.3 喻平教授的数学核心素养水平划分

喻平教授认为新课程标准中划分六大数学核心素养的三种水平缺乏说理依据, 并且对日常学习评价没有直接的指导意义. 数学核心素养是对学生能力的要求, 是不能脱离数学知识单独存在的, 必须依附于数学知识. 因此, 喻平教授基于布鲁姆的学习目标分类理论、PISA 模型和 SOLO 模型, 密切结合数学知识, 提出数学核心素养水平划分的理论构想, 将知识学习的结果分为三种形态: 知识理解、知识迁移、知识创新, 每种形态对应生成数学核心素养的三种水平, 并对三种水平的具体含义及指标做进一步分析描述, 使其具有操作性, 在具体教学实践中可以有效运用.

喻平教授还针对三种形态下不同的六个数学核心素养, 给出不同的操作性定义, 以此建立学生数学核心素养的测评框架. 其中, 直观想象素养的测评指标框架见表 5-1.

表 5-1　直观想象素养的测评指标框架

	知识理解	知识迁移	知识创新
直观想象	理解基本图形的性质	利用图形探索数学问题	构建数学问题的直观模型

[1] 中华人民共和国教育部. 普通高中数学课程标准 [M]. 北京: 人民教育出版社, 2017.
[2] 王欢. 基于 "直观想象" 素养的高中数学教学设计研究 [D]. 重庆: 重庆师范大学, 2018.

区别于高中数学核心素养水平划分的二级指标体系, 董林伟、喻平在测量初中生数学核心素养发展状况时, 将数学核心素养划分为三级指标, 并对具体表现进行水平划分, 分为 A, B, C, D 四个水平, A 水平最高, 依次递减[①]. 直观想象素养作为其中一个一级指标, 其具体表现与表现水平的划分如表 5-2 所示.

表 5-2　直观想象具体表现与表现水平的划分

具体表现	表现水平
(1) 借助空间认识事物的位置关系、形态变化与运动规律	A. 能根据物体特征抽象出几何图形; 能用语言描述几何图形的特征, 并想象出所描述的实际物体; 能想象出物体的方位和相互之间的位置关系; 能用数学语言描述图形的运动和变化; 能依据文字语言的描述画出图形. B. 能根据物体特征抽象出几何图形; 能根据几何图形想象物体; 能根据文字语言的描述想象出物体的方位和相互之间的位置关系; 能描述简单的图形运动和变化; 能依据文字语言的描述画出简单图形. C. 能根据物体的详细特征抽象出几何图形; 能根据完整的几何图形想象出所描述的实际物体; 能想象出物体的方位和相互之间的位置关系; 能用自己的语言描述图形的运动和变化; 能依据语言的描述画出简单的图形. D. 不能根据物体特征抽象出几何图形; 不能根据几何图形想象出所描述的实际物体; 不能想象出物体的方位和相互之间的位置关系; 不能描述图形的运动和变化; 不能依据语言的描述画出图形.
(2) 利用图形理解数学概念, 描述、分析数学问题	A. 能借助几何直观图形准确理解数学概念; 能借助明确的几何图形来描述和分析复杂的数学问题; 能通过对复杂的实物动手操作或图形运动操作进行几何直观探索. B. 能借助几何直观图形理解数学概念; 能借助几何图形来描述和分析数学问题; 能通过对不太复杂的实物动手操作或图形运动操作进行几何直观探索. C. 能借助几何直观图形理解数学概念; 能借助几何图形来描述和分析简单的数学问题; 能通过对简单的实物动手操作或图形运动操作进行几何直观探索. D. 不能利用几何直观图形理解数学概念; 不能通过对实物的动手操作或图形运动操作进行几何直观探索; 不能借助明确的几何图形来描述和分析具体的数学问题.
(3) 建立形与数的联系, 把握不同事物之间的关联	A. 能借助见到的 (或想象出来的) 几何图形的形象关系, 对数学的研究对象 (空间形式和数量关系) 进行直接感知、整体把握; 能借助与研究对象有一定关联的现实世界中的实际事物, 进行简捷、形象的思考和判断; 能在几何图形、数或具体情境之间等进行灵活转化; 能借助几何图形直观探索、描述和分析几何以外的其他数学领域的问题. B. 能借助见到的 (或想象出来的) 几何图形的形象关系, 对数学的研究对象 (空间形式和数量关系) 进行直接感知; 能借助与研究对象有一定关联的现实世界中的实际事物, 进行形象的思考和判断; 能在几何图形、数或具体情境之间等进行转化; 能借助几何图形直观探索、描述和分析几何以外的其他数学领域的问题. C. 能借助见到的 (或想象出来的) 几何图形的形象关系, 对数学的研究对象 (空间形式和数量关系) 进行直接感知、整体把握; 能借助与研究对象有一定关联的现实世界中的实际事物, 进行简捷、形象的思考和判断; 能在几何图形与数之间进行转化; 能借助几何图形直观探索、描述和分析几何以外的其他数学领域的简单问题. D. 不能借助见到的 (或想象出来的) 几何图形的形象关系, 对数学的研究对象 (空间形式和数量关系) 进行直接感知、整体把握; 不能借助与研究对象有一定关联的现实世界中的实际事物, 进行简捷、形象的思考和判断; 不能借助几何图形直观探索、描述和分析几何以外的其他数学领域的问题.

---

① 董林伟, 喻平. 基于学业水平质量监测的初中生数学核心素养发展状况调查 [J]. 数学教育学报, 2017, 26(1): 7-13.

本研究以《普通高中数学课程标准 (2017 年版 2020 年修订)》为主要参考, 核心内容不脱离课程标准的具体要求. 仔细比较分析了 PISA 和 TIMSS 两大测评理论, 得出结论 PISA 测评理论覆盖面更加广泛, 提出的情境维度也与课程标准的要求相似, 最终选取 PISA 测评理论作为本研究的主要理论基础, TIMSS 测评理论作为辅助参考. 本研究还比较了 SOLO 分类理论、范希尔的几何思维层次理论, 得出结论这两个理论框架均适用本研究, 但 SOLO 分类理论具有细致的水平特征表, 可为本研究中各个水平下具体表现提供宝贵借鉴, 因此我们也选取了 SOLO 分类理论作为本研究的理论基础, 范希尔的几何思维层次理论作为辅助参考. 本研究还结合了喻平教授的数学核心素养水平划分, 在课程标准提出的直观想象素养水平划分的二级指标体系之上, 对具体表现细分, 建立三级指标体系, 虽是在义务教育阶段有关直观想象概念基础上且针对初中生提出的测评框架, 但是初中与高中是相通的且存在着必然的内在联系, 喻平教授三级指标划分的细致性和可操作性能够给本研究提供必要的参照.

5.2　直观想象素养测评的指标体系与水平划分

5.2.1　直观想象素养测评的指标体系

为了全面、系统地对高中生的直观想象素养水平进行测评, 本研究的首要工作是建立高中生直观想象素养的指标体系, 构造评价框架, 借助国际上测评数学素养或数学能力常用的 PISA 能力评价框架, 从内容、过程、情境三个维度测评直观想象素养水平, 以此建立一级指标.

(一) 内容维度下的直观想象素养

PISA 测评的数学内容维度包含数量、不确定性和数据、变化和关系、空间和图形, 这四个内容类别与我国现行的传统学校课程分类可以相互对照. 数字现象、数和测量是数量的基础, 概率与统计是不确定性和数据的基础, 代数与函数是变化和关系的基础, 几何是空间与图形的基础[①].

《普通高中数学课程标准 (2017 年版)》在提出六大数学核心素养的同时, 还规定和说明了高中数学课程内容的要求. 因此, 本研究针对直观想象素养测评在内容维度上考查的知识点紧密结合课程标准的要求, 以课程标准中的内容为依据来源.

新课程标准将高中数学课程分为三部分: 必修课程、选择性必修课程、选修课程, 其中必修课程和选择性必修课程是作为高考的内容要求. 必修课程包括预备知识、函数、几何与代数、概率与统计、数学建模活动与数学探究

---

① 周明旭, 曹一鸣. PISA 数学素养测评主要结构 [J]. 中国教师, 2016, (1): 54-56.

活动; 选择性必修课程包括函数、几何与代数、概率与统计、数学建模活动与数学探究活动. 几何与代数主题是与本研究的直观想象素养最为密切相关的, 因此在内容维度上主要参考课程标准必修课程与选择性必修课程中的几何与代数主题下的内容要求, 将高中生需要掌握的直观想象素养的相关知识点进行归纳整理, 包含五个单元内容, 分别是: 基本立体图形、基本图形位置关系、直线与方程、圆与方程、圆锥曲线与方程①. 各单元的具体内容要求详情可见表 5-3.

(二) 过程维度下的直观想象素养

数学过程是将现实情境问题通过数学的表达转化成数学模型, 即数学化的过程, 在过程中体现能力. 因此, 过程维度包含了数学过程和数学能力两个方面. PISA 划分了八种数学能力, 这八种能力并不是完全独立的, 而是相互交错的, 学生在解决实际问题时需要的往往是多种数学能力, 即为一个能力群. PISA 指出当学生运用数学解决不同情境下的问题时, 大多数问题只需其中一个数学过程即可, 并不是必须需要完整的数学化过程. 因此, PISA 数学素养测评以学生解决数学问题的步骤为划分标准, 将数学过程分为: 表述数学、运用数学、解释数学. 其具体描述如下:

(1) 表述数学. 将情境问题表述为数学问题, 即要求学生运用常规的方法针对熟悉的材料, 采取标准的符号和法则表达, 并用来解决问题, 包括标准表示和定义、常规的计算和过程等.

(2) 运用数学. 将已被表述的数学问题, 运用数学概念、事实、步骤, 通过数学推理获得数学结果或解法. 包括数学建模, 转化和解释常规的问题, 严格的论证、数学抽象, 提出和解决繁杂问题等.

(3) 解释数学. 依据已得到的数学结果, 阐述解释情境结果, 评价情境问题. 要求学生具备一定洞察和反思的能力, 将情境中的数学因素辨别并提取出来, 运用数学知识从数学的角度分析问题, 并能够对数学模式进行解释②.

(三) 情境维度下的直观想象素养

PISA 认为问题情境也是数学素养的重要方面, 恰当的数学策略常常取决于问题发生的情境, 因此 PISA 数学素养的测试题目都是选取与学生实际生活紧密相关的具体问题, 让学生在不同情境中深刻体会到数学的应用价值与人文价值. PISA 将问题情境分为四个类别: 个人情境、职业情境、社会情境、科学情境, 其基本定义如下:

(1) 个人情境. 问题聚焦于个体自我、个体的家人以及个体的同龄群体的活动. 个人情境包括: 购物、个人健康、游戏、交通、运动、旅行、个人的日常安排

---

① 中华人民共和国教育部. 普通高中数学课程标准 [M]. 北京: 人民教育出版社, 2017.

② 林青. PISA 教育理念下我国初中生数学素养测评的研究 [D]. 长沙: 湖南师范大学, 2015.

和个人财务等.

(2) 职业情境. 问题聚焦于工作领域. 职业情境包括: 测量、成本计算和订购建筑材料、工资/会计、质量控制、计划/库存、设计/架构、职业决策等.

(3) 社会情境. 问题聚焦于个体所处的社会 (无论是地方的、国家的还是全球的). 社会情境包括: 政府、公共政策、人口统计、全球性统计、经济等.

(4) 科学情境. 问题聚焦于自然世界中以及科学技术中的数学应用. 科学情境包括: 天气、气候、生态、空间科学、医学、测量学以及数学本身等①.

(四) 直观想象素养测评的指标体系

综合上述在内容维度、过程维度、情境维度下的直观想象素养的刻画, 在三个一级指标之下又细分若干个二级指标, 以此构成本研究直观想象素养测评指标体系, 具体如图 5-1 所示.

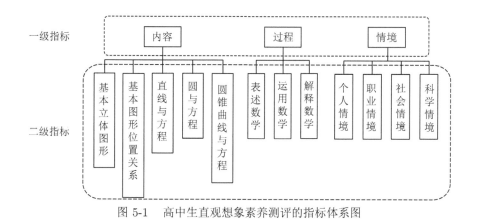

图 5-1　高中生直观想象素养测评的指标体系图

5.2.2　直观想象素养测评的水平划分

《普通高中数学课程标准 (2017 年版)》将直观想象素养分成三个水平, 但划分稍笼统不具有可直接操作性, 且尚未考虑到未达到高中生直观想象素养水平的学生情况, 即水平零的存在. 而 SOLO 理论对学生解决问题时所达到的思维水平等级划分更为细致且具有可操作性, 考查范围也相对完整全面, 其中 SOLO 理论水平特征中最高水平为拓展抽象水平. 拓展抽象水平是综合能力的体现, 在必修课程和选择性必修课程知识的学习中本研究认为暂时达不到这样的水平. 综合考量之下, 结合具体知识点内容, 本研究提出以下直观想象素养的水平划分及具体表现 (表 5-3).

---

① http://www.oecd.org/pisa/(PISA 官网).

表 5-3　　高中生直观想象素养测评的水平划分及具体表现

单元	水平	具体表现
基本立体图形	前结构水平	①不理解简单几何体及其组合体的结构特征; ②不知道简单几何体的表面积和体积的计算公式; ③不知道斜二测法.
	单点结构水平	①能认识简单几何体的结构特征; ②知道简单几何体的表面积和体积的计算公式; ③知道斜二测法但是画不出直观图.
	多点结构水平	①能认识简单几何体及组合体的结构特征; ②能正确运用简单几何体的表面积和体积的计算公式; ③能用斜二测法画出简单几何体的直观图.
	关联结构水平	①能认识简单几何体及组合体的结构特征,并会运用所学对现实生活中物体的结构进行描述; ②能正确运用简单几何体的表面积和体积的计算公式解决实际问题; ③能用斜二测法画出简单几何体及其组合体的直观图.
基本图形位置关系	前结构水平	①不理解如何定义空间点、直线、平面的位置关系及基本事实和定理; ②不了解空间中的线线、线面、面面平行和垂直的位置关系.
	单点结构水平	①理解空间点、直线、平面的位置关系的定义,基本了解基本事实和定理; ②了解线线、线面、面面平行和垂直的关系,知道一种或两种平行和垂直的性质和判定定理.
	多点结构水平	①理解空间点、直线、平面的位置关系的定义,掌握基本事实和定理; ②掌握线线、线面、面面平行和垂直的关系,并能归纳出三种平行和垂直的性质和判定定理.
	关联结构水平	①掌握空间点、直线、平面的位置关系的定义,熟练运用基本事实和定理; ②掌握线线、线面、面面平行和垂直的性质和判定定理,并能进行证明.
直线与方程	前结构水平	①不理解直线的倾斜角和斜率的定义,不知道如何计算过两点的直线斜率; ②不会判定两条直线平行或垂直; ③不理解直线方程的点斜式、两点式、一般式; ④不会点点、点线、平行线间的距离公式.
	单点结构水平	①理解直线的倾斜角和斜率的定义,知道如何计算过两点的直线斜率; ②会利用斜率关系判定线线平行或垂直; ③能掌握直线方程的点斜式、两点式、一般式中的一种或两种,知道两直线的交点坐标的求法; ④了解点点、点线间的距离公式.
	多点结构水平	①掌握直线的倾斜角和斜率的定义,会计算并推导过两点的直线斜率; ②会利用斜率关系判定线线平行或垂直,并知道理由; ③掌握直线方程的点斜式、两点式、一般式,知道两直线的交点坐标的求法; ④掌握点点、点线间的距离公式,会求平行线间的距离.
	关联结构水平	①掌握直线的倾斜角和斜率的定义,熟练计算并推导过两点的直线斜率; ②会利用斜率关系判定线线平行或垂直,并能写出完整证明过程; ③掌握直线方程的点斜式、两点式、一般式以及三种形式之间的内在关系,能依据题目要求选择合适的直线形式,会求两直线的交点坐标; ④掌握点点、点线间的距离公式并知道证明过程,会求平行线间的距离.

续表

单元	水平	具体表现
圆与方程	前结构水平	①不知道圆的标准方程与一般方程; ②不会判断直线与圆、圆与圆的位置关系.
	单点结构水平	①知道圆的标准方程与一般方程; ②知道直线与圆、圆与圆的位置关系的判断依据但不能很好地建立联系.
	多点结构水平	①掌握圆的标准方程与一般方程,并能依据题目要求选择合适的形式; ②能判断直线与圆、圆与圆的位置关系; ③能运用所学解决简单的数学问题.
	关联结构水平	①掌握圆的标准方程与一般方程,并能依据题目要求选择合适的形式,以及两种形式的相互转化; ②能判断直线与圆、圆与圆的位置关系,写出完整解答过程; ③能运用所学将实际问题转化成数学问题求解.
圆锥曲线与方程	前结构水平	①不知道椭圆的相关知识; ②不知道抛物线和双曲线的相关知识.
	单点结构水平	①了解椭圆的定义和标准方程; ②了解抛物线与双曲线的定义和标准方程.
	多点结构水平	①理解椭圆的定义、标准方程、性质; ②理解抛物线与双曲线的定义、标准方程、性质.
	关联结构水平	①掌握椭圆的定义、标准方程、性质,并会用性质解决问题; ②掌握抛物线与双曲线的定义、标准方程、性质,并会用性质解决问题.

5.3 研究的设计与过程

5.3.1 思路与方法

(一) 研究思路

本研究基于理论的学习研究,对国内外关于数学核心素养尤其是直观想象素养的研究文献进行梳理与比较分析;在此基础上,探究直观想象素养指标体系的内涵及表现水平划分;然后,再从数学教育测量与评价的视角,编制测评问卷并选择样本学校,对学生数学核心素养的达成水平施测,展开实证研究,并运用 SPSS 软件等统计分析方法对数据进行分析和认知诊断,并得出相关结果;最后,将针对相关结果,提出高中生直观想象素养有效达成的培养建议. 图 5-2 为本研究的研究思路流程图.

(二) 研究方法

(1) 文献分析法. 搜集查阅大量国内外文献资料,系统地阐述与梳理直观想象素养及其相关概念,形成关于直观想象素养的深刻内涵概念分析;比较分析国内外测评理论研究,选取最适合的理论定为本研究的理论基础,从多方角度提供新思考,以此建立高中生直观想象素养测评指标体系与水平划分.

(2) 测试法. 依据直观想象素养水平划分编制基于具体指标体系下的数学测试卷,对高中生的直观想象素养水平现状进行测试,得到数据后运用统计工具进行定量分析和定性分析, 计算出各题高中生直观想象素养对应水平的百分比, 总结高中生的直观想象素养情况.

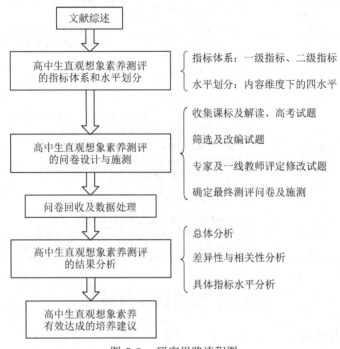

图 5-2 研究思路流程图

(3) 问卷调查法. 通过问卷调查研究不同背景 (性别、年龄、对数学的喜欢程度、数学学习的平时成绩等) 下的高中生, 分析其直观想象素养水平的差异性和相关性, 从而提出全面有效地培养和发展高中生直观想象素养的教学建议.

(4) 统计分析法. 统计分析法是利用统计理论与相关工具结合数据对研究进行定量分析, 本研究将测试卷所得样本数据进行编码处理, 利用 SPSS 软件对数据进行描述性统计分析、单因素方差分析、Pearson 相关性分析等, 从而得出有关结论.

5.3.2 研究对象

本研究是考查高中生直观想象核心素养, 测试题主要包含空间立体几何和平面解析几何, 知识点涉及整个高中阶段, 且对于圆锥曲线与方程知识考查较难, 因此被试学生选择了高三理科学生, 更能验证合理性.

笔者选取了江西省南昌市某重点中学的一个高三实验班, 两个高三理科平行普通班进行测试, 发放测试卷和调查问卷共 153 份, 回收 153 份, 其中有效测试卷和调查问卷 145 份, 有效率为 94.8％. 整理有效测试卷和调查问卷, 将学生按照班级和性别进行分类汇总, 如图 5-3 所示.

图 5-3　学生分类情况

由图可知, 被测对象的男女比例为 11：9, 样本性别较为均衡, 能够作为本测量研究的样本.

5.3.3　数据编码与整理

处理样本数据之前, 先从所回收的测试卷和调查问卷中剔除无效测试卷和调查问卷, 后按照不重不漏、不作改动的原则对有效试卷和调查问卷进行编码, 再逐一批改有效试卷和调查问卷以给出每小题的得分和总分, 最后将测试所得结果录入 EXCEL 中, 用 SPSS 统计软件进行分析处理. 具体数据编码如下:

① 测试卷和调查问卷的学生基本信息编码. 测试收集到的学生的基本信息有: 班级、性别、平时数学考试成绩. 为方便数据处理, 对班级进行编码, 用大写字母 A、B、C 表示; 对各班的测试卷和调查问卷进行编码, 用两位数字依次表示. 因此, 每位学生的测试卷和调查问卷编码由字母加数字表示, 是一一对应的关系, 例如 "A01" 表示 A 班第一位学生的测试卷和调查问卷. 另外, 对性别进行编码, 用 1 表示男生, 2 表示女生; 对平时数学考试成绩进行编码, "131 分 ～150 分"、"111 分 ～130 分"、"91 分 ～110 分"、"71 分 ～90 分"、"70 分及以下" 分别用 5、4、3、2、1 表示.

② 测试卷和调查问卷的答题信息编码. 测试卷依据笔者指定的各测试题评分标准批改, 对每小题进行评分后累加汇总得出最终测试卷总分; 调查问卷采用心理学上常用的利克特量表 (Likert Scale) 进行计分, 各测试题的选项为 "非常同意""比较同意""不确定""比较不同意""完全不同意", 分别计分为 5、4、3、2、1, 每小题累加汇总得出调查问卷总分.

5.3.4　高中生直观想象素养测试卷及调查问卷的编制

(一) 高中生直观想象素养测试卷的编制

本研究在对直观想象素养的内涵进行具体分析的基础之上, 选取了高中阶段主要能体现直观想象素养的五个单元, 以此为基础, 筛选和改编符合主题的测试题, 测评高中生直观想象素养的内容、过程、情境维度的现状. 直观想象素养测试卷的基本情况如表 5-4 所示.

表 5-4　直观想象素养测试卷的基本情况

题号	内容维度	过程维度	情境维度	试题来源
1(1)	基本立体图形	运用数学	职业情境	2019 年版数学教科书
1(2)		解释数学		必修第二册 P120 T9 改编
2(1)	基本图形位置关系	运用数学	科学情境	2016 年新课标全国高考理科
2(2)				数学 II 卷理科数学 14 题改编
3(1)	圆与方程圆锥曲线与方程	运用数学	科学情境	2018 年江苏高考 I 卷
3(2)	直线与方程圆锥曲线与方程	运用数学		数学 18 题改编
3(3)	直线与方程	运用数学		
4(1)	基本立体图形	表述数学运用数学	个人情境	课程标准案例 30
4(2)	基本立体图形	表述数学解释数学		影子问题改编
5(1)	基本立体图形	表述数学	个人情境	课程标准案例 31
5(2)	圆锥曲线与方程	解释数学		圆柱体截面问题
6(1)	直线与方程	运用数学	社会情境	课程标准解读
6(2)	直线与方程、圆与方程	运用数学解释数学		案例 5-14 改编
6(3)	圆与方程	表述数学解释数学		

由上表可知, 本研究编制的高中生直观想象核心素养测试卷保证了针对内容、过程、情境维度下的所有二级指标的全覆盖, 为本研究提供完整性的研究工具. 高中生直观想象核心素养测试卷的试题经过大量试题的筛选, 最终来源取自《普通高中数学课程标准 (2017 年版 2020 年修订)》和《普通高中数学课程标准 (2017年版 2020 年修订) 解读》、2019 年人教版数学教科书必修第二册 P120 T9 改编、2016 年新课标全国高考理科数学 II 卷、2018 年江苏高考数学 I 卷, 试题来源真实可信, 经过加工改编后编制成更符合本次研究的测试卷. 现将测试卷中的具体知识点、所能达成素养的最高水平及得分介绍如表 5-5.

(二) 高中生直观想象素养调查问卷的编制

本研究采用测试卷与调查问卷相结合的形式, 以便对高中生直观想象核心素养进行定性和定量研究. 高中生直观想象素养调查问卷分为基本信息和信息反馈两个部分, 基本信息包括班级、性别、平时数学考试成绩; 信息反馈包括 10 个问题, 可分为三个类别: 对几何的学习兴趣、学习态度与习惯、运用直观想象的频率, 如表 5-6 所示.

表 5-5 测试卷的对应知识点、达成素养的最高水平与满分

题号	具体知识点	最高水平	满分
1(1)	根据三视图计算简单组合体的表面积和体积	多点结构水平	8
1(2)	根据三视图画出简单组合体的直观图	关联结构水平	5
2(1)	判定线线、线面、面面平行或垂直	多点结构水平	4
2(2)	归纳线线、线面、面面平行或垂直的判定定理	多点结构水平	6
3(1)	求圆和椭圆的方程	单点结构水平	6
3(2)	直线与圆、直线与椭圆公共点问题	多点结构水平	8
3(3)	求直线的方程	关联结构水平	8
4(1)	求简单组合体的体积	关联结构水平	10
4(2)	说明轨迹的形状	关联结构水平	5
5(1)	圆柱体截面问题, 并画出直观示意图	多点结构水平	15
5(2)	证明圆柱体截面形状	关联结构水平	8
6(1)	求直线的方程	单点结构水平	6
6(2)	求切线的方程	多点结构水平	6
6(3)	画出直线与圆的位置关系示意图	关联结构水平	5
总分			100

表 5-6 高中生直观想象素养调查问卷的内容与类别

题号	内容	类别	满分
1	所有学科中, 你最喜欢的学科是数学		
2	在高中数学的所有板块中, 你最喜欢的是几何	对几何的学习兴趣	15
3	学习几何知识容易让你获得快乐和成就感		
4	在学习与几何知识有关的课之前, 你会主动预习		
5	在学习与几何知识有关的内容时, 你总能专心致志	学习态度与习惯	20
6	在学习与几何知识有关的课之后, 你会认真及时完成数学作业		
7	在学习与几何知识有关的课之后, 你会思考与课上内容相似的几何模型		
8	在做题目时, 会习惯性地运用直观想象解题		
9	在日常生活中, 会习惯性地运用直观想象看待问题	运用直观想象的频率	15
10	你认为思维的发展离不开直观想象素养		

调查问卷的选项采用利克特五级量表的方式呈现, A. 非常同意, B. 比较同意, C. 不确定, D. 比较不同意, E. 完全不同意, 规定选 A 项为 5 分, 选 B 项记为 4 分, 选 C 项记为 3 分, 选 D 项记为 2 分, 选 E 项记为 1 分, 满分 50 分.

(三) 高中生直观想象素养测试卷和调查问卷的信度和效度[①]

本研究编制了形式多样、分布合理的高中生直观想象素养的测试卷和调查问卷, 在此基础上, 通过经典测量理论中常用的指标对测验进行定量说明, 以明确该试题测量高中生直观想象核心素养的可靠性和有效性.

1. 信度

信度是衡量测验分数一致性或可靠性的指标, 即同一被试群体针对同一测验进行多次施测, 测试结果的一致性的程度, 以及测验分数所反映被试群体真实水平的可靠性程度.

由于本研究测试试题相对较少, 不同测试题所要测试的水平不同, 因此选择克龙巴赫 (Cronbach)α 系数公式进行内部一致性信度检验, α 系数公式为

$$\alpha = \frac{n}{n-1}\left(1 - \frac{\sum\limits_{i=1}^{n} s_i^2}{s^2}\right)$$

其中, n 是测试题的个数, s_i^2 是每个测试题目得分的方差, s^2 是整份测验总分的方差. α 系数值介于 0 到 1 之间, α 值越大, 信度越高.

通过 SPSS 软件得出测试卷、调查问卷以及整体情况的 α 系数如表 5-7.

表 5-7　测试卷和调查问卷的 α 系数

	Cronbach α 系数	基于标准化的 Cronbach α 系数	项数
测试卷	0.690	0.711	14
调查问卷	0.665	0.645	10
整体	0.769	0.780	24

由上表可知, 测试卷信度为 0.711, 调查问卷信度为 0.645, 整体信度为 0.780. α 系数低于 0.35 属于低信度, 建议拒绝使用; α 系数在 0.5 以上, 认为测试符合标准; α 系数在 0.8 以上, 认为测试可靠性较高. 因此, 本研究中高中生直观想象素养测评的测试卷和调查问卷以及整体试卷符合标准, 可以作为高中生直观想象核心素养测评的工具.

2. 效度

效度是测验有效性或准确性的指标. 对常模参照测验来说, 主要有结构效度、内容效度和效标关联效度. 本研究主要采用结构效度和内容效度. 通过 SPSS 进

① 马云鹏, 孔凡哲, 张春莉. 数学教育测量与评价 [M]. 北京: 北京师范大学出版社, 2009.

行效度分析可得结果如表 5-8 所示.

表 5-8 测试卷和调查问卷的 KMO 和巴特利特检验

		测试卷	调查问卷
KMO 取样适切性量数		0.747	0.634
Bartlett 的球形度检验	上次读取的卡方	228.182	96.370
	自由度	91	45
	显著性	0.000	0.000

由上表可知, 本研究的测试卷 KMO 值为 0.747, 调查问卷 KMO 值为 0.634, 两者的显著性均为 0.000. Kaiser 给出了常用的 KMO 度量标准: 0.6 以上均可, 且显著性低于 0.05 时, 各变量之间具有相关性, 因子分析有效. 因此, 本研究中高中生直观想象素养测评的测试卷和调查问卷均属于有效范围之内, 可以作为高中生直观想象核心素养测评的工具.

(四) 高中生直观想象素养测试卷的难度和区分度[①]

难度和区分度, 是衡量试题有效性常用的指标, 具体到每一道试题. 因此, 为了检测高中生直观想象素养测试卷中每一试题的具体情况, 本研究采取了计算难度和区分度这两个指标的方式.

1. 难度

难度是指试题的难易程度. 通常情况下, 难度的表示为试题的得分率 (P), P 值在 0~1 内, 数值越大, 说明试题越容易. 通常情况下, $P \geqslant 0.7$ 定为容易题, $0.4 < P < 0.7$ 定为中档题, $P \leqslant 0.4$ 定为难题, 全卷难度系数在 0.5~0.6 内为最佳.

客观性试题采用二分法计分方法计算其难度, 以得分率来表示:

$$P = \frac{n}{N} \times 100\%$$

其中, P 为题目的得分率, n 为答对该题目的人数, N 为全体有效被测人数. 此时, P 值越大, 其难度越小; P 值越小, 其难度越大.

主观性试题指的是论述题、问答题和计算题等非二分法计分的题目, 其难度计算公式为

$$P = \frac{\overline{X}}{W} \times 100\%$$

其中, $\overline{X}$ 为被测学生在某题的平均分, W 为此题的满分.

[①] 马云鹏, 孔凡哲, 张春莉. 数学教育测量与评价 [M]. 北京: 北京师范大学出版社, 2009.

2. 区分度

区分度指的是测试对不同被试者的知识或能力水平的鉴别程度. 测试的区分能力较强表现为: 高水平的被试者得分普遍较高, 而低水平的被试者得分普遍较低. 通常情况下, 区分度低于 0.3, 试题便认为是没有区分能力的; 区分度在 0.3 以上为有效区分的试题; 区分度在 0.4 以上为区分能力优秀的试题.

本研究计算试题的区分度所采用的方法为得分求差法. 将每一小题的得分进行由高到低的排列, 计算总人数的 27%, 取高分组和低分组, 用 D 表示区分度, 计算公式为

$$D = \frac{H - L}{n\left(X_H - X_L\right)}$$

其中, H 表示高分组总得分, L 表示低分组总得分, n 表示高分组或低分组人数 (即总人数的 27%), X_H, X_L 分别表示该题的最高分与最低分.

利用上述公式可以得到测试卷中每个测试题的难度和区分度以及测试卷总难度和总区分度, 计算后汇总如表 5-9 所示.

表 5-9　直观想象测试卷的难度和区分度

题号	难度	区分度	题号	难度	区分度
1(1)	0.84	0.35	4(1)	0.47	0.41
1(2)	0.83	0.32	4(2)	0.35	0.44
2(1)	0.71	0.37	5(1)	0.66	0.32
2(2)	0.76	0.38	5(2)	0.41	0.35
3(1)	0.67	0.36	6(1)	0.65	0.31
3(2)	0.47	0.40	6(2)	0.49	0.31
3(3)	0.39	0.46	6(3)	0.32	0.26
测试卷难度		0.57	测试卷区分度		0.42

由上表可知, 本研究的测试卷中各测试题的难度系数在 0.32~0.84 内, 测试卷整体难度为 0.57, 与高考的要求一致, 且容易题: 中档题: 难题比例为 4:7:3, 接近高考试题难度比例 3:5:2, 整体上难度控制合理.

除第 6(3) 题外, 本研究的测试卷中各测试题的区分度均在 0.3 以上, 测试卷整体区分度为 0.42, 区分度较好, 符合经典测量理论的要求. 第 6(3) 题的区分度相对较弱, 可能原因是该题难度较大, 中档分数与低分数的学生得分接近, 区分能力较差, 只能作为分析学生是否达到高水平的参考.

5.4 高中生直观想象素养的测评结果分析

5.4.1 高中生直观想象素养整体分析

本研究从内容维度、过程维度、情境维度对高中生直观想象素养进行测评研究, 编制高中生直观想象核心素养测试卷, 测试卷共 6 个大题 14 个小题, 满分 100 分. 在严格按照制定的评分标准批改测试卷后, 将学生的各小题的得分利用 EXCEL 表格进行处理, 累加计算最终测试卷的得分. 利用 SPSS 软件分析测试卷 得分, 将得分绘制成频率分布直方图以及正态分布曲线, 如图 5-4 所示.

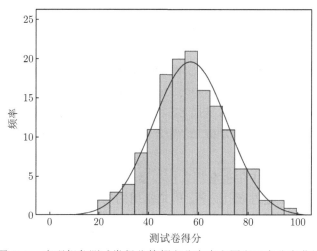

图 5-4   直观想象测试卷得分的频率分布直方图和正态分布曲线

由上图可知, 样本得分大部分落在中间位置 $[30, 80)$ 中, 位于两端的 $[20, 30)$ 和 $[80, 100)$ 两个分数段的样本量较少, $[45, 60)$ 分数段的样本量明显高于其他分数段, 其中样本量最多的区间在 $[55, 60)$ 分数段. 根据频率分布直方图绘制的正态分布曲线可知样本的得分情况为正态分布, 这符合试卷的一般规律, 说明高中生直观想象素养测试卷符合一般要求.

除此之外, 笔者还编制了高中生直观想象核心素养调查问卷, 调查问卷共分为基本信息和信息反馈两个部分, 其中信息反馈包括 10 个小题, 选项采用利克特五级量表的方式呈现, 五个选项赋予不同分值, 满分 50 分. 利用 SPSS 软件分析调查问卷得分, 得到调查问卷得分的频率分布直方图和正态分布曲线, 如图 5-5 所示.

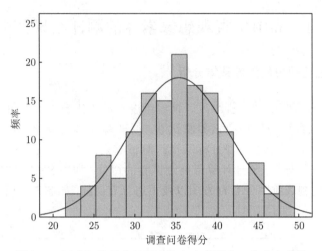

图 5-5　调查问卷得分的频率分布直方图和正态分布曲线

　　由上图可知, 样本得分大部分落在中间位置 $[25, 45)$ 中, 位于两端的 $[20, 25)$ 和 $[40, 50)$ 两个分数段的样本量较少, $[30, 40)$ 分数段的样本量明显高于其他分数段, 其中 $[35, 37)$ 分数段的样本量最多. 根据频率分布直方图绘制的正态分布曲线可知样本的得分情况为正态分布, 这符合试卷的一般规律, 说明高中生直观想象素养调查问卷符合一般要求.

　　为了更好地了解高中生直观想象核心素养测试卷和调查问卷得分情况, 进一步对得分情况进行描述性统计分析, 借由常用的描述性统计量: 平均数、中位数、众数、标准偏差等分析高中生直观想象素养水平. 利用 SPSS 软件分析测试卷得分、调查问卷得分以及总得分, 得到各项统计数据, 如表 5-10 所示.

表 5-10　各项统计数据

		测试卷	调查问卷	整体
N	有效	145	145	145
	缺失	0	0	0
平均值		56.70	35.43	92.14
中位数		56.00	35.00	91.00
众数		53	31	81
标准偏差		14.729	6.000	20.713
方差		216.946	35.997	429.009
最小值		22	22	52
最大值		96	49	145

高中生直观想象核心素养的测试卷的满分为 100 分, 调查问卷的满分为 50 分, 总共 150 分. 由上表可知, 测试卷的平均分在 56.70 分, 低于 60 分, 说明高中生直观想象素养指标下的水平还有待提高, 后再基于内容、过程、情境指标维度做进一步分析. 调查问卷的平均分在 35.43, 换算成百分制为 70.86 分, 高于 70 分, 说明信息反馈水平较高, 后再对具体内容做相关性和差异性分析. 整体平均值为 92.14, 相当于一般测试的及格水平, 说明高中生直观想象核心素养达到及格水平. 相比较而言, 调查问卷的标准偏差较小, 学生之间的差距较小, 而测试卷的标准偏差较大, 学生之间的差距较大, 可能的原因是测试卷相对较难, 区分区较好. 整体看来, 得分最高与最低相差 93 分, 说明高中生整体直观想象素养水平存在较大差距.

本研究统计了测试卷得分、调查问卷得分以及整体总分情况, 按照各分数段的样本数量进行由高分到低分的排序, 计算频数和百分比, 为了方便进行比较分析, 调查问卷得分及整体得分均换算成百分制加以统计, 统计结果如表 5-11.

表 5-11 高中生直观想象核心素养测评各类得分的分布情况

分数段 (百分制)	测试卷		调查问卷		整体	
	频数	百分比	频数	百分比	频数	百分比
[80,100]	11	7.59%	38	26.21%	14	9.66%
[60,80)	47	32.41%	82	56.55%	65	44.83%
[40,60)	70	48.28%	25	17.24%	58	40.00%
[0,40)	17	11.72%	0	0.00%	8	5.52%

由测试卷的各分数段频数和百分比数据可知, 处于高分段 [80,100] 的人数最少, 占比 7.59%, 40% 的学生处于及格线 60 分以上, 另外 60% 学生测试卷不及格, 其中 [40,60) 分数段的学生有 70 人, 占比 48.28%, 此分数段为人数最多的分数段, 还有 17 人处于 [0,40) 低分段. 由此可见, 高分段与低分段人数较少, 中间段学生人数较多, 且中低段学生人数接近总人数的一半. 由调查问卷的各分数段频数和百分比数据可知, 处于高分段 [80,100] 的人数有 38 人, 占比 26.21%, 中高段 [60,80) 的人数最多, 超总人数的一半, 占比 56.55%, 中低段人数 25 人, 占比 17.24%, 值得一提的是, 低分段 [0,40) 的人数为 0, 说明信息反馈水平较高. 若从测试卷和调查问卷组成的整体来看, 则有 54.49% 的学生达到合格水平, 其中, 高分段学生 14 人, 占比 9.66%, 绝大部分学生都处于中间段, 低分段也较少, 仅 8 人, 占比 5.52%. 上述通过分析总得分相关数据初步衡量高中生直观想象素养现状, 下文会具体进行差异性与相关性分析, 以及在维度指标下的具体表现分析.

5.4.2　高中生直观想象素养的差异性分析

为了进一步研究高中生直观想象核心素养, 本研究从性别、年龄、班级三个方面对其差异性进行分析.

(一) 性别差异分析

从性别角度对高中生直观想象素养水平进行差异性分析, 利用 SPSS 软件进行数据分类对比和单因素方差分析, 结果如表 5-12.

表 5-12　针对性别差异的测试卷得分基本情况

	性别	样本数量	平均值	标准差
类型	男	79	56.16	14.609
	女	66	57.35	14.958

由上表可知, 不同性别的学生测试卷得分平均值与标准差数值上存在一定的差异, 但差异较小, 不明显, 因此再进一步利用 SPSS 软件做单因素方差分析, 判断是否具有显著差异, 结果如表 5-13 所示.

表 5-13　针对性别差异的单因素方差分析

	平方和	df	标准差	F	显著性
组间	50.403	1	50.403	0.231	0.631
组内	31189.846	143	218.111		
总计	31240.248	144			

显著性 $P > 0.05$ 说明数据之间没有显著差异, $P < 0.05$ 说明数据之间有显著差异, 此时的显著性 P 为 $0.631 > 0.05$, 因此不同性别的学生的直观想象素养测试卷得分的表现并无显著差异.

(二) 年龄差异分析

从年龄角度对高中生直观想象素养水平进行差异性分析, 利用 SPSS 软件进行数据分类对比和单因素方差分析, 结果如表 5-14.

表 5-14　针对年龄差异的测试卷得分基本情况

	年龄	样本数量	平均值	标准差
类型	16 岁	3	49.67	3.512
	17 岁	85	56.58	14.699
	18 岁	56	57.75	14.858
	19 岁	1	30.00	.

由上表可知, 由于 19 岁学生样本数量只有 1 人, 不具有平均值和标准差之间的比较, 因此分析数据时暂时去掉该数据. 其余不同年龄的学生测试卷得分平

均值与标准差数值上存在一定的差异, 但差异较小, 不明显, 因此再进一步利用 SPSS 软件做单因素方差分析, 判断是否具有显著差异, 结果如表 5-15 所示.

表 5-15 针对年龄差异的单因素方差分析

	平方和	df	均方	F	显著性
组间	924.329	3	308.110	1.433	0.236
组内	30315.920	141	215.007		
总计	31240.248	144			

显著性 $P > 0.05$ 说明数据之间没有显著差异, $P < 0.05$ 说明数据之间有显著差异, 此时的显著性 P 为 0.236>0.05, 因此不同年龄的学生的直观想象素养测试卷得分的表现并无显著差异.

(三) 班级差异分析

从班级角度对高中生直观想象素养水平进行差异性分析, 利用 SPSS 软件进行数据分类对比和单因素方差分析, 结果如表 5-16.

表 5-16 针对班级差异的测试卷得分基本情况

	班级	样本数量	平均值	标准差
类型	A	49	62.24	14.853
	B	50	53.32	14.190
	C	46	54.48	13.727

由上表可知, 不同班级的学生测试卷得分平均值与标准差数值上存在一定的差异, 其中 A 班与 B 班、C 班平均值差异较大, B 班与 C 班平均值差异较小, 原因为 A 班为实验班, B 班和 C 班为普通班, 总体素质有所差异, 因此再进一步利用 SPSS 软件做单因素方差分析, 判断是否具有显著差异, 结果如表 5-17 所示.

表 5-17 针对班级差异的单因素方差分析

	平方和	df	标准差	F	显著性
组间	2304.829	2	1152.414	5.655	0.004
组内	28935.419	142	203.771		
总计	31240.248	144			

显著性 $P > 0.05$ 说明数据之间没有显著差异, $P < 0.05$ 说明数据之间有显著差异, 此时的显著性 P 为 0.004<0.05, 因此不同班级的学生的直观想象素养测试卷得分的表现具有显著差异.

5.4.3　高中生直观想象素养的相关性分析

为了研究高中生直观想象核心素养的相关因素, 更好地为教育工作者提供有效的教学建议, 本研究分析了测试卷与调查问卷得分之间的关系, 依据高中生直观想象素养调查问卷获取的学生的日常数学成绩、对几何的学习兴趣、学习态度与习惯、运用直观想象的频率有关信息, 为了了解学生直观想象核心素养与这些因素是否具有相关性, 笔者利用 SPSS 软件对有关数据进行了 Pearson 相关性分析.

Pearson 相关系数是用于描述线性相关强度的量, 因此又称为线性相关系数, 相关系数的绝对值越大, 则表明相关性越强, 其中相关系数越接近于 1 或 −1, 相关度越强, 反之相关系数越接近于 0, 相关度越弱[①]. 通常情况下通过表 5-18 中的取值范围可判断变量的相关强度.

表 5-18　Pearson 相关系数解释

Pearson 相关系数	一般解释
0.8~1.0	极强的相关
0.6~0.8	强相关
0.4~0.6	中度相关
0.2~0.4	弱相关
0.0~0.2	非常弱的相关或无关

(一) 与学生日常数学成绩的相关性分析

将样本的测试卷总得分与学生日常数学成绩进行 Pearson 相关性分析, 得出以下结果, 如表 5-19.

表 5-19　测试卷得分与学生日常数学成绩的 Pearson 相关性分析

		测试卷	学生日常数学成绩
测试卷	Pearson 相关性	1	0.419**
	显著性 (双尾)	0	0.007
	N	145	145
学生日常数学成绩	Pearson 相关性	0.419**	1
	显著性 (双尾)	0.007	0
	N	145	145

** 在置信度 (双侧) 为 0.01 时, 相关性是显著的.

由上表可知, 高中生的直观想象核心素养测试卷得分与高中生日常数学成绩在 0.01 水平上显著相关, 相关系数为 0.419, 属于中度相关. 说明日常数学成绩较好的学生一定程度上在直观想象素养水平上表现也较好, 但也并不完全绝对化,

---

① 张文彤. SPSS 统计分析基础教程 [M]. 北京: 高等教育出版社, 2017.

日常数学成绩较差的学生在直观想象核心素养水平上也可能表现良好, 具体的素养表现是因人而异的, 只能说明高中生的直观想象核心素养与高中生日常数学成绩两者之间存在着一定的相关性.

(二) 与对几何的学习兴趣的相关性分析

将样本的测试卷总得分与学生对几何的学习兴趣进行 Pearson 相关性分析, 得出以下结果, 如表 5-20.

表 5-20 测试卷总得分与学生对几何的学习兴趣的 Pearson 相关性分析

		测试卷	对几何的学习兴趣
测试卷	Pearson 相关性	1	0.265**
	显著性 (双尾)	0	0.000
	N	145	145
对几何的学习兴趣	Pearson 相关性	0.265**	1
	显著性 (双尾)	0.000	0
	N	145	145

** 在置信度 (双侧) 为 0.01 时, 相关性是显著的.

由上表可知, 高中生的直观想象核心素养测试卷得分与高中生对几何的学习兴趣在 0.01 水平上显著相关, 相关系数为 0.265, 属于弱相关. 说明对几何的学习兴趣高的学生不一定直观想象素养水平也高, 相反对几何的学习兴趣低的学生也不一定直观想象素养水平低, 兴趣与素养之间还存在着诸多因素, 比如学生学习方法不同、学生理解能力的差异、教师教学手段不同等, 因此高中生的直观想象核心素养与高中生对几何的学习兴趣两者之间存在着较弱的相关性.

(三) 与学习态度和习惯的相关性分析

将样本的测试卷总得分与学生的学习态度和习惯进行 Pearson 相关性分析, 得出以下结果, 如表 5-21.

表 5-21 测试卷总得分与学生学习态度和习惯的 Pearson 相关性分析

		测试卷	学习态度和习惯
测试卷	Pearson 相关性	1	0.564**
	显著性 (双尾)	0	0.000
	N	145	145
学习态度和习惯	Pearson 相关性	0.564**	1
	显著性 (双尾)	0.000	0
	N	145	145

** 在置信度 (双侧) 为 0.01 时, 相关性是显著的.

由上表可知, 高中生的直观想象核心素养测试卷得分与高中生的学习态度和习惯在 0.01 水平上显著相关, 相关系数为 0.564, 属于中度相关. 说明学习态度和习惯较好的学生一定程度上在直观想象素养水平上表现也较好, 但也并不完全绝对化, 学习态度和习惯较差的学生在直观想象核心素养水平上也可能表现良好, 具体的素养表现是因人而异的, 只能说明高中生的直观想象核心素养与高中生的学习态度和习惯两者之间存在着一定的相关性.

(四) 与运用直观想象的频率的相关性分析

将样本的测试卷总得分与学生运用直观想象素养的频率进行 Pearson 相关性分析, 得出以下结果, 如表 5-22.

表 5-22　测试卷总得分与学生运用直观想象素养的频率的 Pearson 相关性分析

		测试卷	运用直观想象素养的频率
测试卷	Pearson 相关性	1	0.786**
	显著性 (双尾)	0	0.000
	N	145	145
运用直观想象素养的频率	Pearson 相关性	0.786**	1
	显著性 (双尾)	0.000	0
	N	145	145

** 在置信度 (双侧) 为 0.01 时, 相关性是显著的.

由上表可知, 高中生的直观想象核心素养测试卷得分与高中生运用直观想象的频率在 0.01 水平上显著相关, 相关系数为 0.786, 属于强相关. 说明运用直观想象的频率越高的学生很大程度上在直观想象素养水平上表现也较好, 相反运用直观想象的频率越低的学生很大程度上在直观想象素养水平上表现也较差. 经常运用直观想象的学生的思维能够得到锻炼, 直观想象核心素养水平也会有所提升, 因此高中生的直观想象核心素养与高中生运用直观想象的频率两者之间存在着较强的相关性.

5.4.4　高中生直观想象素养各维度结果分析

本研究基于内容维度、过程维度、情境维度三个一级指标以及各维度下的二级指标, 利用高中生直观想象核心素养测试卷的答题情况, 对高中生直观想象素养水平现状进行深入分析研究.

(一) 高中生直观想象素养内容维度结果分析

高中生直观想象素养测试卷以空间立体几何和平面解析几何为载体, 测量学生在内容维度下的基本立体图形、基本图形位置关系、直线与方程、圆与方程、圆锥曲线与方程这 5 个二级指标的具体表现. 因此, 基于内容维度下的二级指标分类整理各测试题, 得到学生在各指标下的具体表现. 根据直观想象核心素养测试卷各测试题的内容属性, 将学生的具体答题情况整理汇总, 如表 5-23 所示.

表 5-23 高中生在内容维度二级指标下的得分情况

课程	二级指标	总分	平均分	得分率
必修课程	基本立体图形	43	16.01	37.23%
	基本图形位置关系	10	5.03	50.34%
选择性必修课程	直线与方程	17	5.70	33.53%
	圆与方程	15	4.67	31.13%
	圆锥曲线与方程	15	4.83	32.21%

由上表可知, 高中生直观想象素养测试卷内容维度的二级指标以空间立体几何和平面解析几何为载体, 空间立体几何属于必修课程, 平面解析几何属于选择性必修课程, 空间立体几何部分的总分与平面解析几何部分的总分之比为 53 : 47, 几乎各占一半. 学生在内容维度的二级指标下测试题答题得分率存在一些差异, 基本图形位置关系得分率最高, 为 50.34%, 说明该板块内容学生掌握情况较好, 基本立体图形内容最多, 但得分率却并不是最高, 得分率为 37.23%, 学生掌握情况欠佳, 而直线与方程、圆与方程、圆锥曲线与方程得分率相近, 学生对这几个板块内容掌握情况也相似, 下文会结合各二级指标下的测试题进行具体分析.

1. 基本立体图形

基于高中生直观想象素养测试卷中的各测试题所考查的内容知识板块, 考查内容维度下的 "基本立体图形" 板块的测试题为 1(1), 1(2), 4(1), 4(2), 5(1), 共五小题, 满分为 43 分, 各测试题的得分情况及所对应的直观想象素养水平情况如表 5-24 所示.

基本立体图形是高中数学立体几何内容的开篇, 主要通过具体实物或模型让学生直观地认识正方体、圆柱、球等立体图形, 概括结构特征, 培养初步的直观想象. 第 1(1), 1(2) 题考查立体图形的组合体的表面积和体积以及直观图的画法, 由上表可知, 总体答题情况较好, 第 1(1) 题有 86.90% 的学生能达到多点结构水平, 第 1(2) 题有 70.30% 的学生能达到关联结构水平, 说明学生对该知识点的掌握程度较好. 部分学生不能准确记忆表面积和体积的计算公式或者不知该如何画图, 导致无法作答或得低分, 因此在日常教学中应该督促学生准确记忆必背的公式、教授学生基础的作图技巧, 尽量避免不必要的失分.

第 4(1), 4(2) 题脱离了具体模型, 对学生的想象能力要求有所增加, 考查立体图形是由一平面图形绕一轴旋转的生成过程以及投影的相关知识点. 由表 5-24 可知, 第 4(1) 题有 48.28% 的学生能达到多点结构水平, 27.59% 的学生达到单点结构水平, 接近五分之一的学生达到关联结构水平, 说明大部分学生能够脱离具体事物依靠想象掌握立体图形的结构特征. 第 4(2) 题由于题目较难, 有 50.34% 的学生仅为前结构水平, 47.59% 的学生能理解题意贯通各知识点但未能完整作答从而为多点结构水平, 仅有 2.07% 的学生达到关联结构水平, 说明有相当多的一部分学生对于投影的相关知识是不熟悉的, 更加难以将该知识点与其他知识点结合运用.

表 5-24　"基本立体图形" 测试项目学生得分及素养水平情况

测试题	满分	得分	百分比	对应水平
1(1)	8	0	1.38%	前结构水平
		(0,4]	11.72%	单点结构水平
		(4,8]	86.90%	多点结构水平
1(2)	5	(0,1]	5.52%	前结构水平
		(1,3]	24.18%	多点结构水平
		(3,5]	70.30%	关联结构水平
4(1)	10	0	4.18%	前结构水平
		(0,2]	27.59%	单点结构水平
		(2,5]	48.28%	多点结构水平
		(5,10]	19.95%	关联结构水平
4(2)	5	(0,1]	50.34%	前结构水平
		(1,3]	47.59%	多点结构水平
		(3,5]	2.07%	关联结构水平
5(1)	15	0	2.07%	前结构水平
		(0,9]	51.03%	单点结构水平
		(9,15]	46.90%	多点结构水平

　　第 5(1) 题考查的是圆柱体的截面问题, 共有五个截面, 仅有个别学生是没画出一个截面, 仅为前结构水平, 51.03% 的学生能画出最基本的截面, 达到单点结构水平, 46.90% 的学生能画出三个以上截面, 达到多点结构水平, 说明大部分学生对于立体图形截面问题掌握情况良好, 能想到大部分的截面, 但可能会有遗漏情况, 需要教授学生分类讨论的思想, 避免重复或遗漏.

　　2. 基本图形位置关系

　　基于高中生直观想象素养测试卷中的各测试题所考查的内容知识板块, 考查内容维度下的 "基本图形位置关系" 板块的测试题为 2(1) 和 2(2), 共两小题, 满分为 10 分, 各测试题得分情况及所对应的直观想象素养水平情况如表 5-25 所示.

表 5-25   "基本图形位置关系" 测试项目学生得分及素养水平情况

测试题	满分	得分	百分比	对应水平
2(1)	4	0	10.34%	前结构水平
		2	40.00%	单点结构水平
		4	49.66%	多点结构水平
2(2)	6	0	13.79%	前结构水平
		3	44.83%	单点结构水平
		6	41.38%	多点结构水平

基本图形位置关系是对基本立体图形的深入, 又是立体几何的基础, 主要内容为直线与直线、直线与平面、平面与平面的平行和垂直的关系, 第 2(1) 和 2(2) 题均是对以上知识点的考查. 由上表可知, 总体答题情况较好, 第 2(1) 题为填空题, 有两个正确选项, 选对一个可得 2 分, 选对两个得满分 4 分, 有 49.66% 的学生选对两个, 达到多点结构水平, 40.00% 的学生达到单点结构水平, 还有 10.34% 的学生错选, 为前结构水平, 说明多数学生能熟练掌握好线线、线面、面面的平行和垂直关系, 少数学生掌握其中的部分关系, 极少数学生不能理解该知识点. 第 2(2) 题是第 2(1) 题的延伸, 改正第 (1) 问的错误命题, 即使第 (1) 问有 49.66% 的学生全部选对命题, 在第 (2) 问中这些学生有小部分未能正确改正错误命题, 有 41.38% 学生能全部答对, 达到多点结构水平, 有 44.83% 的学生达到单点结构水平, 有 13.79% 的学生达到前结构水平, 说明大部分学生掌握情况还是较好, 但仍有部分学生仅能判断命题的正确与否, 不能将命题完整写出, 需要进一步深入理解线线、线面、面面平行和垂直的关系.

3. 直线与方程

基于高中生直观想象素养测试卷中的各测试题所考查的内容知识板块, 考查内容维度下的 "直线与方程" 板块的测试题, 由于与其他板块有交叉的内容, 将有交叉内容的测试题满分减半为该题中考查 "直线与方程" 板块的满分. 因此, 考查 "直线与方程" 板块的测试题为 3(2), 3(3), 6(1), 6(2), 共四小题, 满分为 21 分, 各测试题的得分情况及所对应的直观想象素养水平情况如表 5-26 所示.

直线与方程是平面解析几何的基础, 是后续学习圆与方程、圆锥曲线与方程的前提. 第 3(3) 题考查直线方程的综合题, 难度较大, 有 26.21% 的学生停留在前结构水平, 52.41% 的学生能将直线与方程的知识点综合作答, 达到多点结构水平, 仅有 21.38% 的学生能较好地理解题意, 结合其他知识点较完整作答, 达到关联结构水平. 说明超一半的学生对于直线与方程知识点掌握情况较好, 但是部分学生不能很好地将该知识点进行延伸.

第 6(1), 6(2) 题主要考查求直线方程的不同形式, 答题情况总体较好. 第 6(1)

题难度较低, 最高可达的水平为单点结构水平, 有 69.66% 的学生能理解题意, 较好地完成答题, 达到单点结构水平, 第 6(2) 题有 72.41% 的学生能达到多点结构水平, 说明大部分学生对 "直线与方程" 的形式内容掌握较好.

表 5-26　"直线与方程" 测试项目学生得分及素养水平情况

测试题	满分	得分	百分比	对应水平
3(3)	8	(0,2]	26.21%	前结构水平
		(2,4]	52.41%	多点结构水平
		(4,8]	21.38%	关联结构水平
6(1)	6	(0,2]	30.34%	前结构水平
		(2,6]	69.66%	单点结构水平
6(2)	3	(0,1]	27.59%	前结构水平
		(1,3]	72.41%	多点结构水平

4. 圆与方程

基于高中生直观想象素养测试卷中的各测试题所考查的内容知识板块, 考查内容维度下的 "圆与方程" 板块的测试题, 由于与其他板块有交叉的内容, 将有交叉内容的测试题满分减半为该题中考查 "圆与方程" 板块的满分. 因此, 考查 "圆与方程" 板块的测试题为 3(1), 3(2), 6(2), 6(3), 共四小题, 满分为 15 分, 各测试题的得分情况及所对应的直观想象素养水平情况如表 5-27 所示.

表 5-27　"圆与方程" 测试项目学生得分及素养水平情况

测试题	满分	得分	百分比	对应水平
3(1)	3	0	8.28%	前结构水平
		(0,3]	91.72%	单点结构水平
3(2)	4	0	13.79%	前结构水平
		(0,2]	54.49%	单点结构水平
		(2,4]	31.72%	多点结构水平
6(2)	3	(0,1]	38.62%	前结构水平
		(1,3]	61.38%	多点结构水平
6(3)	5	0	56.55%	前结构水平
		3	37.24%	多点结构水平
		5	6.21%	关联结构水平

圆与方程是圆锥曲线与方程的基础, 为后续学习圆锥曲线与方程提供了良好的方法和策略上的示范. 第 3(1) 和 3(2) 题是圆与方程、圆锥曲线与方程的综合题, 其中 "圆与方程" 部分约占一半. 第 3(1) 题考查给定圆心和半径求圆的方程, 难度较低, 能达到的最高水平为单点结构水平, 有 91.72% 的学生达到单点结构水

平, 极少部分学生由于计算错误失分. 第 3(2) 题考查直线与圆的方程联立有唯一解问题, 有超过一半的学生会进行方程联立, 达到单点结构水平, 有 31.72% 的学生不仅联立方程还能理解题意的唯一解, 达到多点结构水平.

第 6(2), 6(3) 题考查圆与直线的综合问题, 第 6(2) 题有 61.38% 的学生能够结合 (1) 问的解题方法完成进一步的分析理解, 达到多点结构水平, 有三分之一多的学生不能读懂题意, 止步于前结构水平. 第 6(3) 题难度较大, 能完整答题的人数较少, 仅占 6.21%, 达到关联结构水平, 超过一半的学生未能作答, 还有 37.24% 的学生能理解题意有思路但未能完整作答, 达到多点结构水平.

5. 圆锥曲线与方程

基于高中生直观想象素养测试卷中的各测试题所考查的内容知识板块, 考查内容维度下的 "圆锥与方程" 板块的测试题, 由于与其他板块有交叉的内容, 将有交叉内容的测试题满分减半为该题中考查 "圆锥与方程" 板块的满分. 因此, 考查 "圆锥与方程" 板块的测试题为 3(1), 3(2), 5(2), 共三小题, 满分为 15 分, 各测试题的得分情况及所对应的直观想象素养水平情况如表 5-28 所示.

表 5-28 "圆锥与方程" 测试项目学生得分及素养水平情况

测试题	满分	得分	百分比	对应水平
3(1)	3	0	13.79%	前结构水平
		(0,3]	86.21%	单点结构水平
3(2)	4	0	13.79%	前结构水平
		(0,2]	60.69%	单点结构水平
		(2,4]	25.52%	多点结构水平
5(2)	8	0	4.14%	前结构水平
		(0,2]	45.52%	单点结构水平
		(2,6]	48.27%	多点结构水平
		(6,8]	2.07%	关联结构水平

圆锥与方程是圆与方程的后续内容, 可以对圆与方程进行类比学习, 还能拓展圆与圆锥曲线的综合问题. 第 3(1), 3(2) 题是圆与方程、圆锥曲线与方程的综合题, 其中 "圆锥与方程" 部分约占一半. 第 3(1) 题考查给定焦点和过椭圆上的一点求椭圆的方程, 难度较低, 能达到的最高水平为单点结构水平, 有 86.21% 的学生达到单点结构水平, 少部分学生由于计算错误或椭圆标准方程相关知识点记忆错误失分. 第 3(2) 题考查直线与椭圆的方程联立有唯一解问题, 有 60.69% 的学生会进行方程联立, 达到单点结构水平, 有约四分之一的学生不仅联立方程还能理解题意的唯一解, 达到多点结构水平.

第 5(2) 题主要考查圆锥截面的证明问题, 尤其是圆锥截面为椭圆的证明难度较大, 仅有 2.07%的学生能完整证明, 达到关联结构水平, 大部分学生能给出其余截面的证明过程, 4.14%的学生无法作答, 停留在前结构水平, 说明对于圆锥曲线的证明问题学生掌握得还不够, 需要再进一步地深入理解圆锥曲线最本质的内涵.

(二) 高中生直观想象素养过程维度结果分析

高中生直观想象核心素养的过程维度包含三个二级指标: 表述数学、运用数学、解释数学, 高中生直观想象素养测试卷中的各测试题都对应着一种或两种过程. 因此, 基于过程维度下的二级指标分类整理各测试题, 得到学生在各指标下的具体表现. 根据直观想象核心素养测试卷各测试题的过程属性, 将学生的具体答题情况整理汇总, 如表 5-29 所示.

表 5-29　高中生在过程维度二级指标下的得分情况

维度	二级指标	总分	平均分	得分率
过程维度	表述数学	31	12.52	40.38%
	运用数学	48	19.12	39.83%
	解释数学	21	7.13	33.96%

由上表可知, 学生在过程维度的二级指标下测试题答题得分率存在一些差异, 表述数学得分率最高, 为 40.38%, 说明学生能够很好地将实际问题转化为数学问题. 运用数学的内容最多, 但得分率却并不是最高, 得分率为 39.83%, 略低于表述数学的得分率, 说明学生可能并没有完全掌握知识, 对相关知识点的运用还存在一些疑问没有得到及时解答. 而学生在解释数学过程的得分率最低, 为 33.96%, 说明学生用数学语言表达现实的能力较弱. 下文结合各二级指标下的测试题进行具体分析.

1. 表述数学

高中生直观想象核心素养测试卷中考查学生在表述数学过程的表现的测试题为第 4, 5(1), 6(3) 题, 这些试题都是处于现实情境中, 学生需要理解题意, 将现实情境中的数学问题抽离出来, 再进行分析作答.

测试卷中第 4 题共有 (1) 和 (2) 两小题, 均为路灯下女孩影子问题为背景. 第 4(1) 题大部分学生能将实际问题抽象成数学问题, 看出问题本质为一平面图形绕一轴旋转而得一立体图形, 得分情况良好. 但在第 4(2) 题中学生对于投影问题理解较差, 得分较低, 可能原因是对该知识点不够熟悉, 加上现实情境的复杂性, 不能很好地抽象出数学模型.

第 5(1) 题是圆柱桶的截面问题, 将现实情境中的圆柱桶抽象成数学情境中的圆柱体, 将现实情境中的圆柱桶的截面抽象成数学情境中的平面几何. 该题得分情况较好, 现实情境与数学情境的相似度较高, 学生容易建立两者之间的联系. 失分的原因主要是部分学生不能画出所有的截面, 需要教师进一步地引导学生注意观察日常生活.

第 6 题是台球撞击问题, 尤其第 6(3) 题主要考查如何放置台球才能达到击球目标, 将现实情境中的台球抽象成数学情境中的圆, 将现实情境中的台球击打路线抽象成数学情境中的直线, 因此该题考查直线与圆相关知识点. 由于该题难度较高, 部分学生即使能理解题目的本质也难以解决问题, 对于此类题型的综合解题能力较弱.

2. 运用数学

高中生直观想象核心素养测试卷中考查学生在运用数学过程的表现的测试题为第 1(1), 2, 3, 4(1), 6(1), 6(2) 题, 这些试题的题干有较明显的数学概念和公式化特征, 需要学生运用数学公式、数学定理、数学方程等相关内容解决问题.

测试卷中第 1(1) 题考查的是立体图形组合体的表面积和体积知识点, 学生首先得掌握记忆常见立体图形的表面积和体积公式, 再判断该组合体是由哪些立体图形组成, 最后运用表面积和体积公式准确进行计算. 学生对于该知识点掌握情况较好, 绝大部分学生能够准确选取并运用对应公式.

第 2 题考查的是直线与直线、直线与平面、平面与平面的关系知识点, 学生得先掌握线线、线面、面面平行和垂直的判定定理和性质定理, 第 2(1) 题根据给定条件判断命题的正确与否, 第 2(2) 题改正第 2(1) 题中的错误命题, 大部分学生能运用线线、线面、面面的判定定理准确判断命题的对错, 但即使能正确判断后对于改正命题还存在一些困难.

第 3 题考查的是直线与圆、直线与圆锥曲线的综合知识点, 将近 90% 的学生能准确进行第 3(1) 题的圆的标准方程和椭圆的标准方程的求解, 对于第 3(2), 3(3) 题直线与圆、直线与椭圆综合问题答题情况一般, 说明学生对于单个知识点掌握较好, 但与其他知识点结合的综合问题掌握较弱.

第 4(1) 题考查的是一平面图形绕一轴形成立体图形并求该立体图形的体积的知识点, 学生得先了解立体图形可以由平面图形而生成的过程, 准确把握该立体图形的结构特征, 运用体积公式完成解答. 该题难度较大, 学生往往知道体积公式但不太会准确把握立体图形的结构特征, 导致未得分或失分.

第 6(1), 6(2) 题考查的是直线与圆的位置关系以及直线的方程知识点, 60% 多的学生能较好理解题意, 准确把握本质要求, 运用相关数学公式和方程完成解答, 但还有一部分学生不能理解题意, 即使知道公式和方程解法, 也不能很好地作答导致失分.

3. 解释数学

高中生直观想象核心素养测试卷中考查学生在解释数学过程的表现的测试题为第 1(2), 4(2), 5(2), 6(2), 6(3) 题, 这些试题的解答、结果、证明再反馈到现实情境中加以合理说明.

测试卷中第 1(2) 题是通过三视图还原实物的直观图, 学生要能看懂三视图的位置关系以及数量关系, 对其进行必要的理解与解释, 才得以将直观图准确画出, 将数学情境的问题回馈到了现实情境中. 超过三分之一的学生完成情况较好, 能够准确把握数学情境与现实情境的关联.

第 4(2) 题要求画出影子的轨迹并说明轨迹的形状, 学生首先得运用投影知识, 再将所得到的平面几何图形去解释现实情境中影子的轨迹, 该题难度较大, 大部分学生投影知识点掌握情况较差, 再进行解释数学的过程就难上加难.

第 5(2) 题是对圆柱体截面问题的证明, 学生得先明确圆柱体会有哪些截面, 再对这些截面加以说明解释, 其中椭圆截面的证明较难, 仅有 3 位学生能够完整说明理由, 大部分学生只能证明简单截面.

第 6(2), 6(3) 题是台球撞击问题, 要求学生依据数学计算解释是否能够撞击目标球以及若能撞击目标球求解母球的放置范围, 难度较大, 学生得先运用直线与圆的位置关系进行数学运算, 得出结论后对现实情境加以解释说明, 将数学问题与现实情境紧密结合起来, 学生答题情况较差, 大部分学生只能解释说明是否能撞击目标球, 对于母球的放置范围的解释还不够.

(三) 高中生直观想象素养情境维度结果分析

高中生直观想象核心素养的情境维度包含个人情境、职业情境、社会情境、科学情境四个二级指标, 高中生直观想象素养测试卷中的各测试题都对应着一种情境. 因此, 依据情境维度的四个二级指标, 分类整理各测试题, 得到学生在各二级指标下的具体表现. 根据直观想象核心素养测试卷各测试题的情境属性, 将学生的具体答题情况整理汇总, 如表 5-30 所示.

表 5-30　高中生在情境维度二级指标下的得分情况

维度	二级指标	总分	平均分	得分率
情境维度	个人情境	38	13.23	34.83%
	职业情境	13	7.39	56.82%
	社会情境	17	5.70	33.55%
	科学情境	32	12.45	38.90%

由上表可知, 学生在职业情境的得分率最高, 为 56.82%, 对应的测试题为第 1 题, 说明学生能够很好地理解该情境, 由于给定了三视图的位置关系和数量关系, 学生作答也相对容易一些, 得分情况也就好一些. 其次是科学情境, 得分率为

38.90%, 对应的测试题为第 2 题和第 3 题, 一个为纯数学情境一个为天文情境, 纯数学情境学生只需掌握数学定理进行作答, 天文情境需要学生对情境进行理解再作答. 个人情境与社会情境得分率接近, 分别为 34.83% 和 33.55%, 相对较低. 个人情境对应的测试题为第 4 题和第 5 题, 社会情境对应的测试题为第 6 题, 笔者认为个人情境和社会情境的得分率较低并不能说明学生对个人情境和社会情境问题的处理能力较弱, 与测试题的难易程度有很大的关联.

5.5 高中生直观想象素养的测评结论与培养建议

5.5.1 高中生直观想象素养的测评结论

本研究编制了高中生直观想象核心素养测试卷, 在内容维度、过程维度、情境维度下对高中生直观想象素养进行了测评研究; 又编制了高中生直观想象素养调查问卷, 对高中生直观想象素养做出了差异性和相关性分析. 依据测评结果, 分析总结得出以下结论:

(1) 整体得分分析结果. 从内容、过程、情境维度下编制测试卷测试高中生直观想象素养水平. 若以测评整体得分来衡量高中生直观想象素养水平, 高中生的直观想象素养测试卷的平均分为 56.70 分, 平均低于及格水平, 说明高中生在直观想象素养有关方面的表现整体较弱还有待提高. 高中生直观想象素养调查问卷的平均分为 35.43 分, 换算成百分制为 70.86 分, 高于 70 分, 说明信息反馈水平较高, 后再对具体内容做差异性和相关性分析.

(2) 差异性分析结果. 本研究从性别、年龄、班级三个方面对高中生直观想象素养的差异性进行分析. 结果表明, 不同性别和不同年龄的高中生在直观想象素养水平上的表现并无显著差异, 而不同班级的高中生在直观想象素养水平上的表现具有显著差异.

(3) 相关性分析结果. 本研究从学生日常数学成绩、对几何的学习兴趣、学习态度和习惯、运用直观想象的频率四个方面对高中生直观想象素养的相关性进行分析. 结果表明, 高中生的直观想象核心素养测试卷得分与高中生运用直观想象的频率呈现强相关, 与高中生日常数学成绩、高中生的学习态度和习惯呈现中度相关, 与高中生对几何的学习兴趣呈现弱相关.

(4) 高中生直观想象素养内容维度测评结果. 内容维度以空间立体几何和平面解析几何为载体, 测量学生在基本立体图形、基本图形位置关系、直线与方程、圆与方程、圆锥曲线与方程这五个二级指标的具体表现. 结果表明, 基本立体图形和基本图形位置关系板块得分相对较高, 基本立体图形板块超过一半的学生达到多点结构水平, 甚至有近五分之一的学生能达到关联结构水平, 基本图形位置关系板块达到单点结构水平和多点结构水平的学生比例相近, 接近 45%, 表现较为优秀; 直线与方程、圆与方程板块也有近三分之一学生能达到多点结构水平, 同时有超四分之一的学生仅达到前结构水平; 圆锥曲线与方程板块绝大多数学生达到单点结构水平, 近四分之一学生能达到多点结构水平.

(5) 高中生直观想象素养过程维度测评结果. 过程维度包含三个二级指标: 表述数学、运用数学、解释数学, 高中生直观想象素养测试卷中的各测试题都对应着一种或两种过程. 结果表明, 学生在表述数学和运用数学方面表现较好, 在解释数学方面表现较弱, 说明大部分学生具备将实际问题转化为数学问题以至于运用数学解决问题的能力, 但可能在将数学结论再次反馈到现实情境中存在困难.

(6) 高中生直观想象素养情境维度测评结果. 情境维度包含个人情境、职业情境、社会情境、科学情境四个二级指标, 高中生直观想象素养测试卷中的各测试题都对应着一种情境. 结果表明, 高中生在职业情境中表现最优, 其次是科学情境, 再次是个人情境, 最后是社会情境.

5.5.2　高中生直观想象素养的培养建议

我国正处于新一轮教育课程改革的关键时期, 数学核心素养的提出是新课程改革的重中之重. 本研究基于高中生直观想象素养测评得到的结论和发现的问题, 提出以下高中生直观想象素养的培养建议, 希望能对一线教师有效组织课堂教学提供一些参考作用.

(一) 以培养高中生直观想象素养作为几何教学的核心目标

落实数学核心素养是高中数学课程标准修订的重点, 几何教学又是高中数学知识体系中极为重要的一块, 因此落实直观想象素养成为几何教学的核心目标. 数学教师应先从理论高度深刻理解直观想象素养的内涵和水平划分, 体会直观想象素养的育人价值, 将落实直观想象素养作为一名数学教师应具备的自觉行动; 再通过适当的学习任务、情境、活动、设问等实际操作, 渗透和发展高中生的直观想象素养; 最后以培养高中生直观想象素养作为教学评价和自我评价的归宿, 调整和改进教学观念和教学活动.

(二) 注重几何模型思维, 发展几何直观和空间想象能力

空间想象是直观想象素养的重要组成部分, 发展空间想象能力是培养直观想象素养的前提保障. 为了发展空间想象能力, 要注重几何模型思维, 培养学生的用图意识. 数学来源于生活, 教师应当引导学生用数学的眼光观察生活中的实物, 将它们抽象成数学中的点、线、面、体, 体会 "形" 的魅力和数学知识的应用价值, 促进学生对空间几何体的认识, 经历直观感知—直观表象—直观想象的过程, 积累几何模型思维, 有意识地锻炼空间想象能力. 数学教师还应重视特殊数学几何模型的教学, 例如长方体模型, 引导学生借助特殊几何模型去感知空间中线线、线面、面面关系, 培养动手作图的习惯, 提供直观的手段简化复杂的教学.

(三) 注重数学三大语言转化, 加强数形结合思想

我国著名数学家华罗庚先生曾说过: "数缺形时少直观, 形少数时难入微, 数形结合百般好, 隔离分家万事休." 通过以形助数或者以数解形的方法将抽象思维与形象思维紧密结合, 数形结合是直观想象素养的必要成分. 数学的三大语言包括文字语言、符号语言、图形语言, 数形结合也正是数学符号语言和图形语言的结合. 数学教师应重视引导学生对三大数学语言的转化, 会用数学语言表达问题, 在几何教学中渗透数形结合思想, 加强运用图形思考问题的意识, 将抽象问题具体化.

(四) 注重现代教育技术融入课堂教学

在 "互联网 +" 的时代, 教育也应当紧跟现代化脚步, 让图形动起来, 让课堂活起来. 数学教师应充分运用信息技术工具, 例如几何画板、GeoGebra 等, 数学动态软件可以辅助几何教学, 打破传统黑板的局限, 借助现代教育技术更好地从不同角度观察空间图形, 给学生展现动态的变化过程, 在直观感知的基础上深化对概念本质的理解.

参 考 文 献

[1] 国际学生评估项目中国上海项目组. 质量与公平: 上海 2012 年国际学生评估项目 (PISA) 结果概要 [M]. 上海: 上海教育出版社, 2015.

[2] 中华人民共和国教育部. 普通高中数学课程标准 (2017 年版)[M]. 北京: 人民教育出版社, 2018.

[3] 林崇德. 21 世纪学生发展核心素养研究 [M]. 北京: 北京师范大学出版社, 2016.

[4] 贾江鸿. 笛卡尔的直观理论新探 [J]. 现代哲学, 2011, (2): 66-71.

[5] M. 克莱因. 古今数学思想 [M]. 上海: 上海科学技术出版社, 1979: 306-316.

[6] 徐利治. 谈谈我的一些数学治学经验 [J]. 数学通报, 2000, (5): 1-3.

[7] 黄传根. 论亚里士多德的 "想象" 及其认知功能 [J]. 南昌师范学院学报, 2015, (5): 13-16.

[8] 贾江鸿. 笛卡尔的想象理论研究 [J]. 现代哲学, 2006, (3): 100-107.

[9] 中华人民共和国教育部. 义务教育数学课程标准 [M]. 北京: 北京师范大学出版社, 2011.

[10] 孔凡哲, 史宁中. 关于几何直观的含义与表现形式 [J]. 课程 · 教材 · 教法, 2012, 32(7): 92-97.

[11] 十三院校协编. 中学数学教材教法总论 [M]. 北京: 人民教育出版社, 1980.

[12] 曹才翰. 中学数学教学概论 [M]. 北京: 北京师范大学出版社, 1990.

[13] 孙宏安. 谈直观想象 [J]. 中学数学教学参考, 2017, (31): 2-5, 33.

[14] 王欢. 基于 "直观想象" 素养的高中数学教学设计研究 [D]. 重庆: 重庆师范大学, 2018.

[15] OECD. Learning for Tomorrow's World First Results from PISA 2003 [EB/OL]. http://www.pisa.oecd.org.

[16] 王鼎. 国际大规模数学测评研究——基于对 TIMSS 和 PISA 数学测评的分析 [D]. 上海: 上海师范大学, 2016.

[17] 黄友初. 数学素养的内涵、测评与发展研究 [M]. 北京: 科学出版社, 2016.

[18] 梁贯成. 第三届国际数学及科学研究结果对华人地区数学课程改革的启示 [J]. 数学教育学报, 2005, (1): 7-11.

[19] 丁梅娟. 国际大型教育评价比较项目研究及对我国的启示 [C]. 中国教育学会基础教育评价专业委员会 2012 年学术年会论文选集. 中国教育学会基础教育评价专业委员会、北京教育科学研究院: 中国教育学会基础教育评价专业委员会, 2012: 85-89.

[20] 曾小平, 刘长红, 李雪梅, 韩龙淑. TIMSS2011 数学评价: "框架""结果" 与 "启示"[J]. 数学教育学报, 2013, 22(6): 79-84.

[21] Biggs J B, Collis K F. Evaluating the Quality of Learning-The SOLO Taxonomy [M]. New York: Academic Press, 1982.

[22] 李佳, 高凌飚, 曹琦明. SOLO 水平层次与 PISA 的评估等级水平比较研究 [J]. 课程 · 教材 · 教法, 2011, (4): 91.

[23] Claus Brabrand, Bettina Dahl. Using the SOLO Taxonomy to Analyze Competence Progression of University Science Curricula [J]. High Education, 2009, (58): 531-549.

[24] 喻平. 数学核心素养评价的一个框架 [J]. 数学教育学报, 2017, 26(2): 19-23.

[25] 鲍建生, 周超. 数学学习的心理基础与过程 [M]. 上海: 上海教育出版社, 2009.

[26] 喻平. 基于核心素养的高中数学课程目标与学业评价 [J]. 课程 · 教材 · 教法, 2018, 38(1): 80-85.

[27] 董林伟, 喻平. 基于学业水平质量监测的初中生数学核心素养发展状况调查 [J]. 数学教育学报, 2017, 26(1): 7-13.

[28] 周明旭, 曹一鸣. PISA 数学素养测评主要结构 [J]. 中国教师, 2016, (1): 54-56.

[29] 林青. PISA 教育理念下我国初中生数学素养测评的研究 [D]. 湖南师范大学, 2015.

[30] http://www.oecd.org/pisa/(PISA 官网).

[31] 马云鹏, 孔凡哲, 张春莉. 数学教育测量与评价 [M]. 北京: 北京师范大学出版社, 2009.

[32] 张文彤. SPSS 统计分析基础教程 [M]. 北京: 高等教育出版社, 2017.

附录 5-1 高中课程中考查直观想象素养的知识点

课程	单元内容	内容要求
必修课程	基本立体图形	①观察空间图形，认识柱、锥、台、球及简单组合体的结构特征，能运用这些特征描述现实生活中简单物体的结构； ②知道球、棱柱、棱锥、棱台的表面积和体积的计算公式，能用公式解决简单的实际问题； ③能用斜二测法画出简单空间图形（长方体、球、圆柱、圆锥、棱柱及其简单组合）的直观图.
	基本图形位置关系	①借助长方体，在直观认识空间点、直线、平面的位置关系的基础上，抽象出空间点、直线、平面的位置关系的定义，了解基本事实和定理； ②借助长方体，通过直观感知，了解空间中直线与直线、直线与平面、平面与平面的平行和垂直的关系，归纳出性质定理，并加以证明； ③借助长方体，通过直观感知，了解空间中直线与直线、直线与平面、平面与平面的平行和垂直的关系，归纳出判定定理； ④能用已获得的结论证明空间基本图形位置关系的简单命题.
选择性必修课程	直线与方程	①在平面直角坐标系中，结合具体图形，探索确定直线位置的几何要素； ②理解直线的倾斜角和斜率的概念，经历过代数方法刻画直线斜率的过程，掌握过两点的直线斜率的计算公式； ③能根据斜率判定两条直线平行或垂直； ④根据确定直线位置的几何要素，探索并掌握直线方程的几种形式（点斜式、两点式及一般式）； ⑤能用解方程组的方法求两条直线的交点坐标； ⑥探索并掌握平面上两点间的距离公式、点到直线的距离公式，会求两条平行直线间的距离.
	圆与方程	①回顾确定圆的几何要素，在平面直角坐标系中，探索并掌握圆的标准方程与一般方程； ②能根据给定直线、圆的方程，判断直线与圆、圆与圆的位置关系； ③能用直线与圆的方程解决一些简单的数学问题与实际问题.
	圆锥曲线与方程	①了解圆锥曲线的实际背景，感受圆锥曲线在刻画现实世界和解决实际问题中的作用； ②经历从具体情境中抽象出椭圆的过程，掌握椭圆的定义、标准方程及简单几何性质； ③了解抛物线与双曲线的定义、几何图形和标准方程，以及它们的简单几何性质； ④通过圆锥曲线与方程的学习，进一步体会数形结合的思想； ⑤了解椭圆、抛物线的简单应用.

附录 5-2　高中生直观想象素养测试卷

1. 某厂家设计了一款奖杯, 设计图纸如下图所示, 图为该奖杯的三视图.

(1) 试根据奖杯的三视图计算它的表面积和体积;

(2) 画出奖杯的直观图.(尺寸如图, 单位: cm)

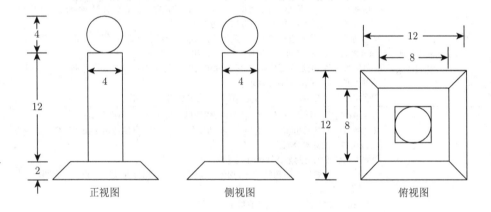

正视图　　　　　　　侧视图　　　　　　　　俯视图

2. α,β 是两个不重合的平面, m,n 是两条不重合的直线, 有下列命题:

① 如果 $m\perp n$, $m\perp\alpha$, $n//\beta$, 那么 $\alpha\perp\beta$.

② 如果 $m\perp\alpha$, $n//\alpha$, 那么 $m\perp n$.

③ 如果 $\alpha//\beta$, $m\subset\alpha$, 那么 $m//\beta$.

④ 如果 $m\subset\alpha$, $n\subset\alpha$, $m//\beta$, $n//\beta$, 那么 $\alpha//\beta$.

(1) 其中正确的命题有＿＿＿＿＿＿.(填写所有正确命题的编号)

(2) 改正错误的命题的条件, 使之成为正确的命题.

3. 科学家为了探测某一行星, 向该行星发射两颗探测卫星, 卫星绕行星的运动轨迹可近似看作一椭圆和一圆, 如图所示, 在平面直角坐标系 xOy 中, 椭圆 C 过点 $\left(\sqrt{3},\dfrac{1}{2}\right)$, 焦点 $F_1\left(-\sqrt{3},0\right)$, $F_2\left(\sqrt{3},0\right)$, 圆 O 的直径为 F_1F_2. 设直线 l 与圆 O 相切于第一象限内的点 P.

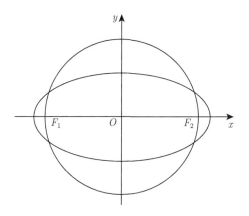

(1) 求椭圆 C 及圆 O 的方程;

(2) 若直线 l 与椭圆 C 有且只有一个公共点, 求点 P 的坐标;

(3) 直线 l 与椭圆 C 交于 A,B 两点. 若 $\triangle OAB$ 的面积为 $\dfrac{2\sqrt{6}}{7}$, 求直线 l 的方程.

4. 如图, 广场上有一盏路灯挂在高 10 m 的电线杆顶上, 记电线杆的底部为 A.

把路灯看作一个点光源, 身高 1.5 m 的女孩站在离 A 点 5 m 的 B 点处. 回答下列问题:

(1) 女孩所在直线和影子所在直线与光线围成的是什么图形, 若女孩以 5 m 为半径绕着电线杆走一个圆圈, 该图形所扫过的区域如何表示, 求出扫过区域的体积;

(2) 若女孩向点 A 前行 4 m 到达点 D, 然后从点 D 出发, 沿着以 BD 为对角线的正方形走一圈, 画出女孩走一圈时头顶影子的轨迹, 说明轨迹的形状.

5. 在一个密闭透明的圆柱桶内装一定体积的水.

(1) 将圆柱桶分别竖直、水平、倾斜放置时, 指出圆柱桶内的水平面可能呈现出的所有几何形状, 画出直观示意图;

(2) 参考下图, 对上述结论给出证明.

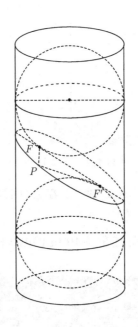

6. 台球是一项在国际上广泛流行的高雅室内体育运动, 是一种用球杆在台上击球、依靠计算得分确定比赛胜负的室内娱乐体育项目. 其规则为: 在桌面上, 用母球击打目标球, 使目标球运动, 球的位置是指球心的位置, 我们说球 A 是指该球的球心点 A. 两球碰撞后, 目标球在两球的球心所确定的直线上运动. 目标球的运动方向是指目标球被母球击打时, 母球球心指向目标球球心的方向. 所有的球都简化为平面上半径为 1 的圆.

在桌面上建立平面直角坐标系, 解决下列问题:

(1) 如图 1 所示, 设母球 A 的位置为 $(0, 0)$, 目标球 B 的位置为 $(4, 0)$. 要使目标球 B 向 $C(8, -4)$ 处运动, 求母球 A 球心运动的直线方程.

(2) 如图 2 所示, 若母球 A 的位置为 $(0, -2)$, 目标球 B 的位置为 $(4, 0)$. 能否让母球 A 击打目标球 B 后, 使目标球 B 向 $C(8, -4)$ 处运动?

(3) 通过作图, 给出母球 A 的放置范围, 使得母球 A 击打目标球 B 时, 目标球 $B(4, 0)$, 可以碰到目标球 $C(8, -4)$.

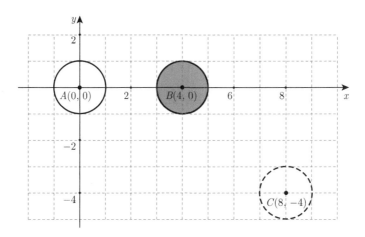

图 1

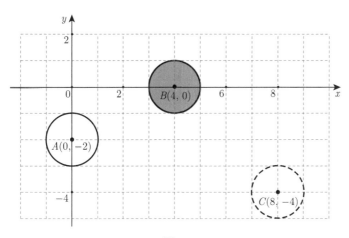

图 2

附录 5-3 高中生直观想象素养调查问卷

亲爱的同学:

你好! 我们正在进行一项关于高中生直观想象素养的测评研究, 特邀你参与此次的问卷调查. 本次调查采取不记名形式, 调查结果对各位同学不产生任何不利影响, 希望同学们能够认真如实地回答, 你的回答将为我们的研究提供真实有力的依据, 谢谢你的合作!

一、基本信息

班级: _____   性别: _____   年龄: _____

你平时数学考试成绩大多数情况下分布在 (   ) 分数段

□ 131~150 分   □ 111~130 分   □ 91~110 分   □ 71~90 分   □ 70 分及以下

二、信息反馈

1. 所有学科中, 你最喜欢的学科是数学. (   )

A. 非常同意   B. 比较同意   C. 不确定

D. 比较不同意   E. 完全不同意

2. 在高中数学的所有板块中, 你最喜欢的是几何. (   )

A. 非常同意   B. 比较同意   C. 不确定

D. 比较不同意   E. 完全不同意

3. 学习几何知识容易让你获得快乐和成就感. (   )

A. 非常同意   B. 比较同意   C. 不确定

D. 比较不同意   E. 完全不同意

4. 在学习与几何知识有关的课之前, 你会主动预习. (   )

A. 非常同意   B. 比较同意   C. 不确定

D. 比较不同意   E. 完全不同意

5. 在学习与几何知识有关的内容时, 你总能专心致志. (   )

A. 非常同意   B. 比较同意   C. 不确定

D. 比较不同意   E. 完全不同意

6. 在学习与几何知识有关的课之后, 你会认真及时完成数学作业. (   )

A. 非常同意   B. 比较同意   C. 不确定

D. 比较不同意   E. 完全不同意

7. 在学习与几何知识有关的课之后, 你会思考与课上内容相似的几何模型.
(　　)
　A. 非常同意　　　　　　B. 比较同意　　　　　　C. 不确定
　D. 比较不同意　　　　　E. 完全不同意

8. 在做题目时, 会习惯性地运用直观想象解题. (　　)
　A. 非常同意　　　　　　B. 比较同意　　　　　　C. 不确定
　D. 比较不同意　　　　　E. 完全不同意

9. 在日常生活中, 会习惯性地运用直观想象看待问题. (　　)
　A. 非常同意　　　　　　B. 比较同意　　　　　　C. 不确定
　D. 比较不同意　　　　　E. 完全不同意

10. 你认为思维的发展离不开直观想象素养. (　　)
　A. 非常同意　　　　　　B. 比较同意　　　　　　C. 不确定
　D. 比较不同意　　　　　E. 完全不同意

第 6 章　数学运算素养的测量与评价

结合《普通高中数学课程标准 (2017 年版)》与 PISA 数学素养测评体系, 将内容、过程、情境和情感态度价值观作为数学运算素养测评的四个维度, 基于 SOLO 分类理论制定了内容维度水平划分标准, 建立起高中生数学运算素养测评体系. 编制高中生数学运算素养测试卷和调查问卷. 测评结果表明: (1) 高中生数学运算素养整体分析表明, 学生在数学运算素养测试卷中, 按照一般测试卷标准属于刚刚及格水平. 问卷调查化为百分制为 74.85 分, 说明高中生在数学运算素养的情感态度属于良好水平. (2) 通过 Pearson 相关分析, 测试卷总体得分与调查问卷总体得分中度相关, 学生的数学运算素养测试卷得分和调查问卷得分以及整体得分与性别并无显著相关性. 学生的数学运算素养测试卷总得分和调查问卷总得分、整体总分与其所在班级类型显著相关, 学生在数学运算素养测试卷与班级类型达到高度相关. (3) 通过单因素方差分析, 不同性别的学生数学运算素养的整体水平、以内容为载体的测试卷得分、情感态度价值观无显著差异. 不同班级的学生数学运算素养的整体水平、以内容为载体的测试卷得分、情感态度价值观的表现有显著差异. (4) 高中生数学运算素养内容维度测评结果分析表明, 学生在内容维度的二级指标下的得分率存在较大的差异, 得分率最高的是数列, 达到了 72.27%, 而得分率最低的是直线与圆锥曲线这一单元, 得分率为 45%. (5) 高中生数学运算过程维度测评结果分析表明, 形成数学的得分率是三个过程中得分率最高的, 在这个过程中, 得分率最低的是解释数学. (6) 高中生数学运算素养测评情境维度结果分析表明, 得分率最高的是科学二级指标. (7) 高中生数学运算素养情感态度价值观维度结果分析表明, 绝大多数学生对于运算的态度端正并且认真对待. 数学运算相关内容学习在良好思维品质的形成过程中的价值认同还有提升空间.

根据测评结果, 提出以下建议: (1) 考试命题要重视真实情境和运算思维的考查; (2) 教师自身应加强数学运算思维和相关理论素养的学习和掌握; (3) 教师教学过程中应激发学生对数学运算的兴趣, 在教学内容、教学环节、运算习惯等方面应加强对学生数学运算素养的培养.

6.1 数学运算素养研究概述

6.1.1 数学运算能力的相关研究

《义务教育数学课程标准 (2011 年版)》指出: "在数学课程中, 应当注重发展学生的**数感**、**符号意识**、**空间观念**、**几何直观**、**数据分析观念**、**运算能力**、**推理能力和模型思想**. 为了适应时代发展对人才培养的需要, 数学课程还要特别注重发展学生的**应用意识和创新意识**." 正是在这份文件中提出了所谓的 "十大核心概念或称十大核心素养", 并进一步指出 "**数感**主要是指关于数与数量、数量关系、运算结果估计等方面的感悟. 建立数感有助于学生理解现实生活中数的意义, 理解或表述具体情境中的数量关系." "**运算能力**主要是指能够根据法则和运算律正确地进行运算的能力. 培养运算能力有助于学生理解运算的算理, 寻求合理简洁的运算途径解决问题." 从而将数学运算能力的培养提高到了一个非常重要的地位. "在数学教学过程中, 运算能力是学生需要培养的重要能力之一." 运算能力的进步对学生的空间思维、推导论证、运算求解、抽象概括、数据处理等基本的能力都会有很大的帮助, 它不仅可以帮助学生理解算理, 更能激发学生探索简洁的运算途径以及解决问题的兴趣.

曹一鸣教授团队的研究指出: "数学运算能力是数学学科能力中的一项核心能力."[①] 人们将早期的数学称为算术, 即是运算的学问, 运算不仅是中学数学教学的重要内容, 而且随着数学的发展, 对运算能力也提出了更新更高的要求. 运算能力不仅是学生继续学习数学的基础, 而且还是学生继续发展所必备的关键素养. 随着科学技术的飞速发展, 在当今这样一个智能化、信息化、数字化的时代, 数学运算能力已经成为每一个公民必备的一项基本素养. 随着我国基础教育数学课程改革的不断深入推进, 数学教育界对数学运算能力越来越关注, 逐渐形成一些基本共识: 学生数学运算能力的培养是必需的, 运算素养的欠缺不仅会制约学生数学能力的提高和问题的解决, 对其他的学科领域也会受到影响.

6.1.2 数学运算素养的相关研究

数学运算素养是《普通高中数学课程标准 (2017 年版 2020 年修订)》提出的数学核心素养之一. 课程标准分别从内涵、学科价值、主要表现和育人价值等四个方面, 对数学运算素养作出了精辟的概括, 指出:

数学运算是指在明晰运算对象的基础上, 依据运算法则解决数学问题的素养. 主要包括: 理解运算对象, 掌握运算法则, 探究运算思路, 选择运算方法, 设计运算程序, 求得运算结果等. (内涵)

---

① 曹一鸣, 冯启磊, 陈鹏举, 等. 基于学生核心素养的数学学科能力研究 [M]. 北京: 北京师范大学出版社, 2017, (10): 182.

数学运算是解决数学问题的基本手段. 数学运算是演绎推理, 是计算机解决问题的基础. (学科价值)

数学运算主要表现为: 理解运算对象, 掌握运算法则, 探究运算思路, 求得运算结果. (主要表现)

通过高中数学课程的学习, 学生能进一步发展数学运算能力; 有效借助运算方法解决实际问题; 通过运算促进数学思维发展, 形成规范化思考问题的品质, 养成一丝不苟、严谨求实的科学精神. (育人价值)

数学运算素养这个词汇出现之前, 教学大纲和课程标准一直是使用运算能力衍生的各种名称, 国内外教育工作者对数学运算能力有大量的探究. 数学运算能力是运算技能与运算思维综合体现. 对比数学运算能力与数学运算素养的概念可以知道, 数学运算素养比数学运算能力的内涵更加深刻, 而其外延则更为广泛一些.

迄今, 关于数学运算素养的相关研究大多是结合数学运算能力, 而且主要是结合运算素养的内涵来分析如何更好地培养运算素养. 概述如下:

章建跃[①]教授认为数学运算是十分需要技术的, 他要求学生能够计算并且在会算的基础上明白使用更快的方法, 这就需要学生们不断地练习运算技巧, 使自己达到熟能生巧的境界. 不仅如此, 章教授还认为数系扩充的思维方法也能够从另一方面提高学生的数学运算素养. 如何做到以上两点成为发展学生数学运算素养的主要因素.

石明荣[②]则强调数学运算的核心是 "为什么要这样运算" 以及 "应该怎么样算", 结合这两个核心, 他认为要培养数学运算素养必须理解其自身概念, 对运算的各项公式和法则定义理解透彻掌握熟练, 进一步需要提升运算的能力简化运算, 除以上三点还需要在出题上下功夫, 做到题目设计的最优化、合理化方能提高学生的运算能力.

张夏雨[③]综合自身研究成果指出运算素养不仅是运算能力, 也包含了运算思维, 并且运算思维对学生数学能力的开发更为关键, 学校在培养学生数学运算素养时, 要注重对学生运算思维的开发和锻炼.

黄小宁[④]从心理因素的归因偏差、理解、思维品质、思维定式、对运算过程的评价和监控、认知结构这六个方面进行了研究.

过家福[⑤]团队从高考命题的角度分析数学运算素养, 结合这几年以来的高考

① 章建跃. 高中阶段的数学运算素养该强调什么 [J]. 中小学数学版 (高中版), 2016, (6): 66.
② 石明荣. "核心素养" 中 "数学运算" 素养的内涵与实践研究 [J]. 中学数学, 2017, (5). 26-27.
③ 张夏雨. 从 PME 视角看数学运算素养及其培养 [J]. 教育研究与评论 (中学教育教学), 2017, (2): 25-29.
④ 黄小宁. 造成学生运算能力差的心理因素 [J]. 天水师专学报: 教育科学版, 2000, 20(S1): 70-72.
⑤ 过家福, 王华民. 探索培养学生数学运算素养的几个途径 [J]. 中学数学月刊, 2017, (12): 36-40.

题目, 对其中包含的运算技巧和能力进行分析, 总结了自己的看法, 提出 "适时指点迷津, 锁定运算症结, 寻求矫正措施" 的策略.

陈玉娟[①]老师从教学视角出发, 结合多年的执教经验, 认为要培养学生的数学运算素养, 首先老师要在教学上做出改进, 要多从学生的角度去思考和设计教学任务, 上课时要围绕学生这个知识受体考量学生的需求. 在运算能力的培养上, 多多引导学生在运算思路和运算技巧上创新, 结合学生的思维方式展开教学.

6.1.3 数学运算素养测量与评价的研究

(一) 数学核心素养测评框架中与数学运算相关的部分

数学运算素养的测量与评价的主要难点在于建立怎样的测评指标, 以及如何进行水平划分, 且目前为止适用于数学运算的测评框架十分有限. 通过查阅相关文献, 整理出可供参考借鉴的测评框架有两个: 一个是在数学核心素养测评中与数学运算有关的一小部分, 另一个是从运算能力、运算思维方面的测评框架.

董林伟、喻平[②]经过研究提出了数学运算作为数学核心素养的重要组成部分, 是当下研究的重点, 并对数学运算进行水平划分. 它是基于义务教育阶段的数学运算观念所划分的内涵为标准的, 与《普通高中数学课程标准 (2017 年版 2020 年修订)》的数学运算素养定义有些区别, 研究的对象也不是高中生而是初中生, 但在数学运算素养内涵方面是基本一致的, 所以其细致的水平划分能够给本研究提供参照.

(二) 数学运算素养测量与评价框架

文嫡[③]硕士进行了高中生数学运算素养水平调查研究, 结合椭圆方程与直线方程、指数幂的运算法则、三角函数及向量、三角形三边关系五部分内容进行数学运算素养的测评. 经过研究, 该作者认为如果按照《普通高中数学课程标准 (2017 年版)》中给出的数学素养测评水平划分进行测评, 在执行上很困难. 所以决定以该水平划分为蓝本, 通过调整后的测评框架测试高中学生的数学运算素养水平.

事实上, 作者查询到有关测评框架的水平划分大部分都是脱胎于 SOLO 理论, 并且李佳团队[④]的研究也从侧面证明了 PISA 与 SOLO 在测试的水平划分指标和划分思想相同, 在测评上 SOLO 能够更直观地体现学生的数学运算能力, 应用方面 SOLO 理论也更广泛.

---

① 陈玉娟. 例谈高中数学核心素养的培养——从课堂教学中数学运算的维度 [J]. 数学通报, 2016, 55(8): 34-54.

② 董林伟, 喻平. 基于学业水平质量监测的初中生数学核心素养发展状况调查 [J]. 数学教育学报, 2017, 26(1): 7-13.

③ 文嫡. 高二学生数学运算素养水平的测评研究——以湖北省某示范性中学为例 [D]. 上海: 华东师范大学, 2018.

④ 李佳, 高凌飚, 曹琦明. SOLO 水平层次与 PISA 的评估等级水平比较研究 [J]. 课程 · 教材 · 教法, 2011, 31(4): 91-96, 45.

基于以上分析, 作者选择使用 SOLO 理论作为本书的测评体系为蓝本, 在此基础上进行相应的水平划分, 表 6-1 是 SOLO 理论中水平划分表[1][2].

表 6-1　SOLO 理论水平划分表

层次	水平特征
前结构水平	1. 学生答非所问; 2. 学生将无用信息堆砌; 3. 学生对问题几乎没有理解, 也没能解决问题, 只是堆砌了一堆逻辑不清混乱的答案
单点结构水平	1. 学生能够寻找出所给题目中一个有用的信息点; 2. 学生作答出一个有用信息; 3. 学生找到一个解决问题的思路, 但仅此而已, 单凭一点论据就直接作答.
多点结构水平	1. 学生能梳理出几条有用的信息, 但不能将信息整合起来; 2. 学生能对几个单独的思路进行总结; 3. 学生能够想出好几个解决问题的思路和想法, 但不能将这几个思路进行关联与整合.
关联结构水平	1. 学生能将题目中零散的信息整合起来; 2. 学生能够将零散思维做出总结归纳; 3. 学生拥有好几个解决问题的思路和想法, 并能通过自己的思考将这些想法思路统一地整合起来.
拓展抽象水平	1. 学生能够结合题目并理解推出未给定的信息; 2. 学生能在所有已经获得信息情况下假设引申; 3. 学生能够做到对所提的问题进行抽象的概括, 并深化拓展题目的意义.

(三) 课程标准关于数学运算素养的水平划分与质量描述

《普通高中数学课程标准 (2017 版 2020 年修订)》根据其所界定的数学运算素养内涵, 分别从学业质量内涵和学业质量水平方面对数学运算素养的水平进行了划分, 涉及情境与问题、知识与技能、思维与表达、交流与反思等四个维度, 如表 6-2 所示.

6.1.4　本章研究的问题

2014 年 3 月 30 日, 教育部颁布了《关于全面深化课程改革落实立德树人根本任务的意见》[3], 对学生发展核心素养体系和学业质量标准提出了指导性意见, 并指出要构建分学段的 "学生应具备的适应终身发展和社会发展需要的必备品格和关键能力" 的学生发展核心素养体系. 本研究以高二学生为研究对象, 以《普通高中数学课程标准 (2017 年版)》之必修课程和选择性必修课程内容为载体, 依据有关测量与评价理论设计问卷进行施测, 通过对回收问卷的数据分析, 了解高二学生数学运算素养的水平和现状. 最后, 根据国内外关于数学运算素养相关理论, 构建高中生数学运算素养测评体系, 并提出培养和提高高中生数学运算素养的若干参考和建议.

---

[1] Biggs J B, Collis K F. Evaluating the Quality of Learning—The SOLO Taxonomy [M]. New York: Academic Press, 1982.

[2] Brabrand C, Dahl B. Using the SOLO taxonomy to analyze competence progression of university science curricula [J]. High Education, 2009, 58: 531-549.

[3] http://www.moe.gov.cn/srcsite/A26/jcj_kcjcgh/201404/t20140408_167226.html.

表 6-2 数学运算素养的水平划分

水平	素养
	数学运算
水平一	能够在熟悉的数学情境中了解运算对象, 提出运算问题. 能够了解运算法则及其适用范围, 正确进行运算; 能够在熟悉的数学情境中, 根据问题的特征建立合适的运算思路, 解决问题. 在运算过程中, 能够体会运算法则的意义和作用, 能够运用运算验证简单的数学结论. 在交流的过程中, 能够用运算的结果说明问题.
水平二	能够在关联的情境中确定运算对象, 提出运算问题. 能够针对运算问题, 合理选择运算方法、设计运算程序, 解决问题. 能够理解运算是一种演绎推理; 能够在综合利用运算方法解决问题的过程中, 体会程序思想的意义和作用. 在交流的过程中, 能够借助运算探讨问题.
水平三	在综合情境中, 能把问题转化为运算问题, 确定运算对象和运算法则, 明确运算方向. 能够对运算问题, 构造运算程序, 解决问题. 能够用程序思想理解与表达问题, 理解程序思想与计算机解决问题的联系. 在交流的过程中, 能够用程序思想理解和解释问题.

6.2 高中生数学运算素养测评体系的构建

如所知, 数学核心素养的测评研究是当下研究的热点与难点, 能够查询到的与之相关测评研究少之又少. 为满足高中学生的数学运算素养的水平划分与测评, 我们结合了《普通高中数学课程标准 (2017 版)》关于数学运算素养的水平划分、PISA 测评理论相关指标和水平划分, 以及 SOLO 分类理论中相关的水平划分表等三个方面来构建本研究的测评框架.

6.2.1 高中生数学运算素养测评指标体系建立的依据

(一) 课程标准的评价建议与案例

《普通高中数学课程标准 (2017 年版)》在评价建议中明确指出: "评价应以课程目标、课程内容和学业质量为基本依据. 评价要关注学生数学知识技能的掌握, 还要关注学生的学习态度、方法和习惯, 更要关注学生数学学科核心素养水平的达成."

基于课程标准的评价建议, 我们在关于数学运算素养的测评当中不仅仅是关注运算内容这个维度, 还要去了解学生在情感、学习态度, 以及学生自身的价值观等方面. 也就是说, 应该同时关注内容、情感态度和价值观等几个维度, 只有这样才能更深入更全面地了解学生.

为了更好地阐释《普通高中数学课程标准 (2017 年版)》, 从内容维度、情境维度以及情感态度价值观维度对数学运算素养的考查, 我们对课程标准中的一个案例进行分析.

例题 1(课标案例 32): 过河问题

【目的】以平面向量的运算为知识载体, 以确定游船的航向、航程为数学任务, 借助理解运算对象、运用运算法则、探索运算思路、设计运算程序、实施运算过程等一系列数学思维活动, 说明数学运算素养水平一、水平二和水平三的表现, 体会满意原则和加分原则.

【情境】长江某地南北两岸平行. 如图 6-1 所示, 江面宽度 $d = 1\text{km}$, 一艘游船从南岸码头 A 出发航行到北岸. 假设游船在静水中的航行速度 v_1 的大小为 $|v_1| = 10\text{km/h}$, 水流的速度 v_2 的大小为 $|v_2| = 4\text{km/h}$, 设 v_1 和 v_2 的夹角为 $\theta\,(0 < \theta < 180°)$, 北岸的点 A' 在 A 的正北方向, 回答下面的问题:

(1) 当 $\theta = 120°$ 时, 判断游艇航行到达北岸的位置在 A' 的左侧还是在右侧, 并说明理由.

(2) 当 $\cos\theta$ 多大时, 游艇能到达 A' 处? 需要航行多长时间?

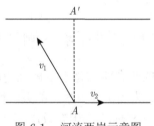

图 6-1　河流两岸示意图

【分析】回答这个问题需要几何直观下的代数运算.

(1) 首先要知道游船航行速度是静水速度与水流速度之和, 然后会按比例画示意图判断航行方向. 如果学生能够用向量加法的平行四边形法则画出示意图, 并给出合理解释, 根据满意原则, 可以认为达到数学运算素养水平一的要求.

如果学生把航行速度即速度之和表示为 v, 可以通过计算航行速度向量 v 与水流速度向量 v_2 之间的夹角进行判断, 由

$$\cos\langle v, v_2 \rangle = \frac{v \cdot v_2}{|v| \cdot |v_2|} = \frac{v_1 \cdot v_2 + v_2 \cdot v_2}{|v| \cdot |v_2|} = \frac{-4}{|v| \cdot |v_2|} < 0$$

判断游船到达的位置在 A' 的左侧. 说明学生不仅能够理解向量的加法, 还能够根据题意, 运用向量数量积运算求解向量之间的夹角, 根据加分原则, 可以认为达到数学运算素养水平二的要求.

(2) 首先要将 "游船能到达 A' 处" 抽象为游船的实际航向与河岸垂直, 即游船的静水速度和水流速度的合速度方向与 $\overrightarrow{AA'}$ 相同, 将合速度运算与平面向量的

加法运算联系起来, 画出速度合成示意图 (图 6-2、图 6-3、图 6-4). 根据满意原则, 学生能够画出向量加法示意图, 可以认为达到数学运算素养水平一的要求.

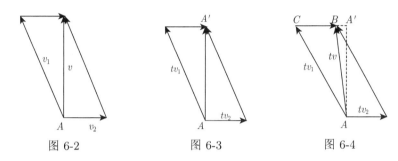

图 6-2　　　　　　　　　　图 6-3　　　　　　　　　　图 6-4

通过解三角形, 求得 $\cos\theta$ 值为 $-\dfrac{2}{5}$; 通过 $|v| = |v_1|\sin\theta = 2\sqrt{21}$, 得到航行时间 $\dfrac{1}{2\sqrt{21}}$ h. 说明学生能够将题目中提供的数据信息与几何图形有机联系, 并且能够明晰运算途径、得到运算结果, 根据加分原则, 可以认为达到数学运算素养水平二的要求.

进一步地, 如果学生能够通过直角三角形计算出 $\cos\theta = -\dfrac{2}{5}$, 由勾股定通, 通过 $(10t)^2 - (4t)^2 = 1$ 解得 $t = \dfrac{1}{2\sqrt{21}}$ h. 说明学生能够运用勾股定理建立方程求解, 根据加分原则, 可以认为达到数学运算素养水平三的要求.

【拓展】在本题背景下, 可以设计数学运算素养拓展问题, 例如当 $\theta = 120°$ 时, 游船航行到北岸的实际航程是多少?

为了回答这个问题, 可以先依据题意画出向量加法的示意图, 如图 6-4 所示, 然后利用向量数量积运算求得

$$|tv|^2 = t^2(v_1 + v_2)^2 = t^2(10^2 + 2 \times 10 \times 4 \times \cos 120° + 4^2) = 76t^2$$

在 Rt△$AA'C$ 中, 因为 $t|v_1|\cos 30° = 1$, 从而 $t = \dfrac{1}{5\sqrt{3}}$, 所以 $AB = \dfrac{2\sqrt{57}}{15}$ km. 如果学生能够完成这个过程, 说明学生能够综合运用向量的加法、数乘、数量积运算和勾股定理, 恰到好处地设计运算程序、完成问题求解, 根据加分原则, 可以在数学运算素养水平三的基础上加分.

(二) 国际学生评估项目 (PISA) 样题分析

国际学生评估项目 (PISA) 测评体系由三个维度构成, 分别是数学内容、数学过程以及数学情境, 数学素养测评的理论框架由这三个维度构成的一级指标和其

下分的具体分类一道组成, 其理论框架结构直观体现如图 6-5 所示①.

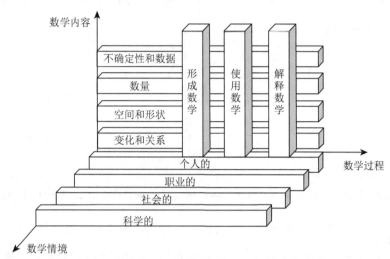

图 6-5　PISA 2012 数学素养理论框架结构图

从图 6-5 我们可以很清楚地看出, PISA 2012 数学素养理论框架结构总共包含了三个维度, 它们分别是: 数学内容维度、数学过程维度以及数学情境维度, 这三个维度下又都包含了若干方面的内容. (1) 从数学内容这个维度来看, 主要包括了四个方面, 分别是不确定性和数据、数量、空间和形状以及我们非常熟悉的变化和关系, 这四部分内容中的数量与数学运算素养是息息相关的; (2) 从数学过程维度来看, 主要涉及三个过程, 包括解决问题中的形成、使用和解释数学这三个过程; (3) 数学情境维度主要是研究学生学习数学问题的来源, 它们分别是个人、职业、社会以及科学, 这些都是学生目前和将来会接触得到的四个真实存在的情境.

下面, 我们选择 PISA 测评的一道样题为例, 阐释如何从内容、过程以及情境维度这三个方面对数学素养进行考查与分析.

例题 2(PISA 测试样题): *海鸟产蛋*

南极动物观察员奥露西·米莉经过多年的考察, 对南极的海鸟以及海鸟的种群繁殖进行了大量的研究.

提问 1: 在一般情况下, 一对海鸟 A 一年只产下 2 个蛋. 而且往往都是较大的蛋孵出来的幼鸟最终幸存下来. 已知海鸟 A, 其先下的那颗蛋质量约为 78g, 后下那颗蛋质量约为 110g. 请问后者比前者重多少百分比?

A. 29%　　　B. 32%　　　C. 41%　　　D. 71%

① 黄友初. 数学素养的内涵、测评与发展研究 [M]. 北京: 科学出版社, 2016.

题旨:

问题描述: 考查真实情境中的问题计算

内容领域: 数量关系

情境脉络: 科学的

数学过程: 使用数学

答案: C

提问 2: 奥露西·米莉为研究该海域海鸟未来几年种群数量的变化, 提出了以下假设:

假设一开始, 有个海鸟群落有 10000 只 (5000 对) 海鸟;

并且每年到繁殖季节, 每对海鸟会繁殖一只幼鸟;

且一年以来, 所有的海鸟 (包括成年海鸟与幼鸟) 中有 20% 会死亡;

请问一年过后, 这个海鸟族群还有多少只海鸟 (包括成年海鸟与幼鸟)?

题旨:

问题描述: 考查真实情境中增长与死亡的数量计算

内容领域: 数量关系

情境脉络: 科学的

数学过程: 形成数学

答案: 12000

提问 3: 奥露西·米莉为探究海鸟种群的增长方式, 提出下列假设:

一开始, 这个海鸟族群有相同数量的公鸟、母鸟, 这些海鸟都能两两配对;

在每年的春天, 每一对海鸟都会繁殖一只幼鸟;

一年到底, 所有的海鸟 (包括成年海鸟与幼鸟) 中有 20% 会死亡;

海鸟一年长大就能繁殖养育幼鸟.

结合以上的假设, 请问下列哪个选项的公式能表示 7 年后海鸟的种群总数 P?

A. $P = 10000 \times (1.5 \times 0.2)^7$

B. $P = 10000 \times (1.5 \times 0.8)^7$

C. $P = 10000 \times (1.2 \times 0.2)^7$

D. $P = 10000 \times (1.2 \times 0.8)^7$

题旨:

问题描述: 考查理解特定情境构建数学模式

内容领域: 转换与关系

情境脉络: 科学的

数学过程: 形成数学

答案: B

提问 4: 奥露西·米莉考察结束回到美国, 她通过资料查询到几种海鸟繁殖数量的差异, 海鸟 A、海鸟 B、海鸟 C 三种海鸟的繁殖数量的直方图如图 6-6 所示.

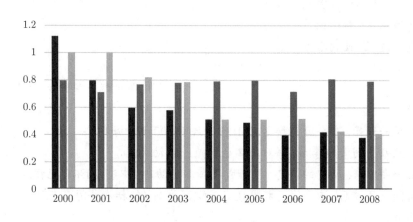

■ 海鸟B ■ 海鸟A ▨ 海鸟C

图 6-6   一对海鸟繁殖数量直方图

依据图 6-6, 请问下列关于海鸟 A、海鸟 B、海鸟 C 三种海鸟的描述正确与否?

1. 在 2000 年, 一对海鸟的繁殖数量的平均数量大于 0.6.

2. 在 2006 年, 平均低于 80% 的海鸟繁殖了幼鸟.

3. 在 2001 年到 2004 年, 一对海鸟 C 繁殖的数量的平均数逐年降低.

题旨:

问题描述: 根据所给直方图分析不同说法

内容领域: 资料分析、阅读理解

数学过程: 解释数学

例题答案: 对、对、对.

通过上述样例可以看出, PISA 的测试题相较于我国中学生日常考试试题有很大的不同, 它不仅仅关注知识内容, 还关注过程与情境这两个方面, 特别是对于情境的关注尤为突出. 因而 PISA 在对数学素养测评方面更具全面性. 因此, 研究者认为 PISA 样题中的数量部分问题可以直接用在高中生数学运算素养的测评中.

本章结合 PISA 测评中有的三个维度, 外加一份情感态度价值观的调查问卷, 作为本章数学运算核心素养测评的一级指标. 并以函数、代数与几何相关内容为载体, 结合具体情境、数学过程编制问卷测试题, 用以测评高中生的数学运算素养水平.

6.2.2 高中生数学运算素养测评各维度的刻画

(一) 高中生数学运算素养内容维度的刻画

数学运算素养是数学核心素养的重要组成部分, 高中数学课程内容与数学运算素养相关的内容主要是 "函数" 以及 "几何与代数" 两大主题, 相关内容如表 6-3 所示.

表 6-3 高中必修课程与选择性必修课程运算板块知识点

课程	单元内容	具体内容标准
必修课程	集合	1. 集合的概念与表示; 2. 集合的基本关系; 3. 集合的基本运算.
	平面向量 及其应用	1. 熟练向量的各种运算法则, 明白其中的意义; 2. 能够结合物理中的实例, 进行平面向量的数量积运算.
	基本 不等式	1. 理解基本不等式 $\sqrt{ab} \leqslant \dfrac{a+b}{2}\,(a, b \geqslant 0)$; 2. 能用基本不等式解决简单的求最大值或最小值的问题.
	解三角形	1. 熟练理解正弦定理和余弦定理, 明白三角形三边与三角的关系; 2. 能够熟练使用正弦定理和余弦定理来解决实际问题.
选择性 必修课程	直线与 圆锥曲线	1. 对直线与圆锥曲线综合问题的求解, 进一步熟悉坐标法; 2. 能体会方程的思想和解析的思想.
	数列	1. 理解数列, 明白数列是一种特殊的函数形式; 2. 能够通过具体的问题情境中, 发现数列的关系, 并解决相应的问题.
	运用方程解 决实际问题	1. 能运用数学逻辑知识正确表达自己的思想, 解释社会生活中的现象; 2. 能将运算的逻辑推理体现出来, 掌握数学运算素养.

数学运算素养与 "函数" 以及 "几何与代数" 两大主题的内容紧密相关, 《普通高中数学课程标准 (2017 年版 2020 年修订)》中的必修课程和选择性必修课程包含上述七个单元内容, 而作为测试题的测试范围, 在学生可接受的范围内, 应考虑试题的广泛性, 并尽可能关注高考的要求, 更加全面地测评学生数学运算素养.

(二) 高中生数学运算素养过程维度的刻画

解决数学问题是一个复杂的过程, 它需要将实际的问题通过 "数学化" 的方式转化为数学问题, 并运用所学的数学知识来解决. 而这一解决问题的过程深刻地体现了数学抽象、逻辑推理以及数学运算等核心素养所达到的水平, 所以对这一过程的考查就变得十分重要. PISA 数学素养测评中所运用到的形成数学、使用数学和解释数学就是我们在解决数学问题所经历的三个过程, 这三个数学过程的定义如下:

(1) 形成数学. 形成数学是指答题者能够认识相关的数学问题和其对应的情境, 明白使用数学的目的, 能够为解决题目提出自己的想法.

(2) 使用数学. 使用数学是指学生能够使用数学步骤、事实、推理和概念在抽象的客体中解决数学问题.

(3) 解释数学. 解释数学就是通过应用、解释、鉴定数学的结果, 学生能将数学的问题与现实情境相结合, 在现实情境中评鉴数学的运算结果.

在设计数学运算素养的测试卷时, 这三个过程都要设计一定量的试题, 这样做的话, 可以有利于更加全面地了解学生的数学运算素养水平. 测评结果也可以为提出数学运算培养建议提供实证研究的依据.

(三) 高中生数学运算素养情境维度的刻画

情境维度的刻画要考虑到情境分类是否可以实施. 在课程标准中我们可以看到, 数学运算素养水平划分中的情境包含了现实情境、科学情境和数学情境, 其中每个情境又可以分为学生熟悉的情境、关联的情境, 以及综合的情境三种, 但对上述情境的描绘仍过于模糊, 操作上依然存在一定的困难. 然而, PISA 的数学素养测评试题与学生实际生活是密切联系的, 而且非常贴近学生的真实生活. 因此, 我们在关于高中生情境维度的刻画上, 将借鉴 PISA 的情境分类.

(1) 个人情境. 这一类情境指的是学生自己在生活中面临的情境, 这也包括学生的家人、学生的同伴. 涉及比如说学生购物、交通以及个人理财等.

(2) 职业情境. 这一类情境指的是学生在未来可能面临有关的职业与面对的工作环境, 这包括设计和架构以及日后工作相关的决策等等.

(3) 社会情境. 这一类情境是指与学生所处的社会生活密切相关的情境, 主要包括投票制度、公共交通、政府、公共政策、人口统计和经济等.

(4) 科学情境. 这一类情境是指数学与自然世界的应用, 以及与科学技术相关的问题和主题. 主要包括天气预报、生态、医学、空间科学、测量与数学本身等.

(四) 高中生数学运算素养情感态度价值观维度的刻画

《普通高中数学课程标准 (2017 年版 2020 年修订)》中的课程目标要求包括所谓的 "四基", 即基础知识、基本技能、基本思想、基本活动经验. 我们认为新的课程标准中的 "基本思想、基本活动经验" 内在地包含了 2003 年版课程标准的 "三维目标" 中的 "过程与方法、情感态度与价值观" 等目标, 课程标准强调对学生进行 "情感态度价值观" 目标的培养也是素质教育的要求, 更是 "以学生发展为本, 立德树人" 教育理念的体现. 因此, 高中生在情感态度价值观方面的表现也应作为数学运算素养测评的一个维度.

情感是人们对于某种事物或现象所体现的一种发自内心的感受, 从而产生相对应的情绪体验, 例如开心、悲伤、难受、喜悦等特征. 总的来说, 就是人们对于事情所产生的一种态度体验. 与数学学习有关的情感主要体现在学习兴趣与热情、动机、信心、审美意识等方面. 联系到数学运算素养, 具体表现为喜欢数学、喜欢数学运算、认为数学运算很重要、自信能将数学运算能力提升、体会数学文化等等.

态度是指人们对于某一事物的评价和行为倾向, 是一种具有相对稳定内在结构的心理倾向. 新的数学课程目标中的"态度"不仅指学习态度、学习责任, 也包括人生态度、科学精神和科学态度. 联系到数学运算素养, 例如是否认真、努力、愉快地学习与数学运算相关的数学问题. 研究表明, 学生学习数学的态度可以在其平时作业或考试当中明显地表现出来.

价值观是基于思维之上而做出的判断、理解、认识. 也就是说能辨别是非的一种思维取向. 价值观强调个人价值与社会价值等多方面的统一. 联系到数学运算素养, 表现在对于学习数学运算内容的科学, 在生活中的应用以及文化价值, 要具有批判性思维.

根据对于情感态度价值观的详细分析, 将情感态度价值观作为数学运算素养测评的一级指标, 将情感、态度、价值观作为测评的二级指标. 在进行运算素养测评时, 针对这三个二级指标设计相对应的测评题目. 学生测试完后, 可能会有在某一方面表现比较优秀, 可能另一方面会表现比较弱一些, 这之间可能会存在一定的差异性. 但是这样的分类可以有助于了解学生在该维度上的表现和具体的发展情况, 为教师的教学提供参考.

6.2.3 高中生数学运算素养测评的指标体系

根据前 6.2.2 小节的分析, 我们将高中生数学运算素养的内容维度、过程维度、情境维度, 以及情感态度价值观维度作为高中生数学运算素养测评的指标体系的一级指标, 而具体各个维度下的子项目作为高中生数学运算素养测评指标体系的二级指标, 而第三级指标则为下一节将要分析的, 即针对运算素养的七个部分知识内容进行四个水平划分——前结构水平、单点结构水平、多点结构水平和关联结构水平. 这样, 形成了本研究关于高中生数学运算素养测评的指标体系, 如表 6-4 所示.

6.2.4 高中生数学运算素养水平划分

数学运算素养的水平划分是本研究的关键, 本章将综合《普通高中数学课程标准 (2017 年版 2020 年修订)》的三水平划分理论、PISA 测评理论中特别关注学生现实的理念, 以及 SOLO 分类理论在水平划分中所具有的广泛应用性等特征[1][2], 遵循高中生数学运算素养的内涵、学科价值、主要表现以及育人价值等, 制定本章的数学运算素养水平划分标准, 并将针对运算素养的七个部分知识内容进行四个水平划分, 具体水平划分如表 6-5 所示.

---

[1] Biggs J B, Collis K F. Evaluating the Quality of Learning—The SOLO Taxonomy [M]. New York: Academic Press, 1982.

[2] Brabrand C, Dahl B. Using the SOLO taxonomy to analyze competence progression of university science curricula [J]. High Education, 2009, 58: 531-549.

表 6-4   高中生数学运算素养测评的指标体系

一级指标	二级指标
内容	集合
	平面向量及其应用
	不等关系
	直线与圆锥曲线
	运用方程解决实际问题
	解三角形
	数列
过程	形成数学
	使用数学
	解释数学
情境	个人的情境
	职业的情境
	社会的情境
	科学的情境
情感态度价值观	情感
	态度
	价值观

表 6-5   高中生运算素养测评体系的水平划分

内容	水平	具体表现
集合	前结构水平	①不理解集合与函数的概念和性质, 没有作答; ②未读懂题意或将无用信息运算堆集在一起.
	单点结构水平	①能够部分理解集合中的元素确定性、互异性和无序性; ②能理解函数要求的像的唯一性, 表现出一定逻辑的运算, 但未能准确得出唯一结果.
	多点结构水平	能够完全理解集合与函数的概念和性质并能根据两者的性质准确运算得出唯一结果.
平面向量及其应用	前结构水平	①不理解向量的基本运算没有作答; ②未读懂题意或将无用数据信息和几何图形堆集在一起.
	单点结构水平	理解向量加法的法则, 会使用比例示意图判断航行方向, 但不能根据题意计算航行速度, 可由两向量之间的夹角进行方向的判断.
	多点结构水平	①不仅能够理解向量的加法运算, 还能根据题意运用向量数量积运算求解向量之间的夹角; ②能够将题目中提供的数据信息与几何图形有机联系, 并能够通过运算和作图得到题目结果.
	关联结构水平	解题者可以根据题意画出向量加法示意图, 然后通过综合运用向量的加法、数乘、数量积运算和勾股定理建立运算方程求得结果.
不等关系	前结构水平	①不理解基本不等式的概念与特征, 没有作答; ②未读懂题意或将无关联运算堆集在一起.
	单点结构水平	①理解题意列出总费用与每次购买吨数的函数关系, 但未能转换为基本不等式或转化错误; ②能理解题意并能正确转化为基本不等式, 但运算能力欠缺未能正确求得结果.

续表

内容	水平	具体表现
不等 关系	多点结 构水平	理解基本不等式的概念与特征, 能根据题意正确建立求解方程, 转化为基本不 等式求解得出正确结果.
直线 与圆 锥曲 线	前结构 水平	①不理解曲线方程的性质, 没有作答; ②未读懂题意或将无关方程组堆集在一起.
	单点结 构水平	①将直线与曲线方程联立, 但未能接着解答; ②理解大部分题意, 计算能力有限, 未能再往下作答.
	多点结 构水平	①将直线与曲线程联立, 并将使用 $\angle OPM = \angle OPN$, 得出 $k_{MP} = -k_{NP}$, 但无法求出 P 的坐标; ②完全理解题意, 但是运算能力有限, 未将最后结果求得.
	关联结 构水平	①将直线与椭圆方程联立, 通过已知条件求出 P 的坐标; ②完全理解题意, 运算求解过程缜密.
运用 方程 解决 实际 问题	前结构 水平	①不理解题意, 没有作答; ②不理解题意, 将无关运算堆积在一起.
	单点结 构水平	①通过画图理解题意, 未将时间用已知队伍长度和速度表示; ②能够理解部分信息, 但是对于题目中的设未知数无从下笔.
	多点结 构水平	理解部分题意, 并能根据画图将时间用队伍长度和速度进行表示, 但对于路程 却无法运算出.
	关联结 构水平	①完全理解题意, 能将时间用队伍长度和速度表示, 并且路程也能根据题意运算 得出, 灵活运用时间作为桥梁; ②将题 (2) 的速度求出与题 (1) 进行比较得出结果.
解三 角形	前结构 水平	①不理解不清楚正弦定理、余弦定理的基本公式, 没有作答; ②不理解题意, 未能运用正确定理作答, 或将无关运算堆集在一起.
	单点结 构水平	①理解题意, 能根据三角形正余弦定理, 以及角度问题列出相应力方程; ②运用三角形内角关系结合相应定理列出方程式, 但未运算得出正确结果.
	多点结 构水平	理解题意, 能根据三角形正余弦定理列相关公式, 并灵活运用三角形相关运算 得出正确结果.
数列	前结构 水平	理解题意, 能写出题目中已有的图形的个数, 无法推理和运算出 $n = 5$ 图形的 个数.
	单点结 构水平	①能根据题意列出相应的方程, 并计算得出结果, 但对于哪种树会增长得较快, 没有思路, 没有作答; ②无法列出不等式计算得到最后结果.
	多点结 构水平	①能根据题意列出对应的方程, 并且针对哪种树会增长得较快, 利用作差法进行 分类讨论; ②理解题意, 将实际问题转化为数学语言, 解决问题.

　　需要说明的是, 根据对 "函数""几何与代数" 主题内容的分析, "集合""数列"
"解三角形""不等式" 等内容在水平层次划分上, 有划分三个水平层次的 (即前结
构水平、单点结构水平和多点结构水平), 也有划分为四个水平层次的 (即前结构
水平、单点结构水平、多点结构水平和关联结构水平). 在 SOLO 理论中最高水
平是扩展抽象水平, 扩展水平是被测试者能够将问题放置在一个广阔的情境之中,
能够对问题进行高水平的概括, 是一种综合能力的表现, 高中期间是学生思维的
过渡期, 学生对教师或教材的依赖性较强, 而且根据 Biggs(1982) 提出的五种思维
模式, 学生在这个阶段处于形式运算思维模式, 而要达到后形式思维模式, 要等到

学生 22 岁, 因此, 在这个研究中, 笔者放弃对于思维能力要求更高的扩展结构. 因此, 本研究将数学运算素养的内容划分四个层次.

6.3　研究的设计与过程

6.3.1　研究思路

　　本节的主题是高中生数学运算素养的测量与评价. 为了使文章的结构更为清晰, 本节设计了三个主要的环节. 首先, 通过对已有文献的分析研究, 厘清数学运算素养的内涵与本质, 在此基础上建立适合高中生数学运算素养的测评体系; 其次, 基于数学教育测量与评价理论编制测试卷和调查问卷, 选择样本学校完成调查问卷和测试卷的施测与实证研究; 再次, 对问卷结果进行统计分析, 了解当前高中生数学运算素养的现状; 最后, 进行理论建构, 提出培养高中生数学运算素养的参考建议. 具体的研究思路如图 6-7 所示.

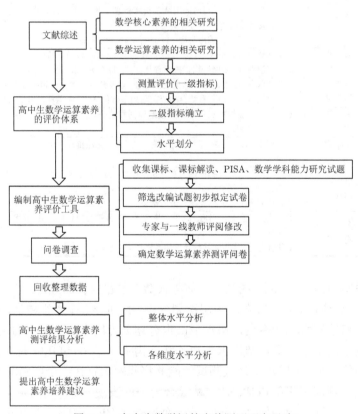

图 6-7　高中生数学运算素养测评研究思路

6.3.2 研究工具

本节关于高中生数学运算素养的测试卷和调查问卷是以 6.2 节构建的高中生数学运算素养测评体系为理论基础, 考虑数学运算素养各个维度的二级指标来编制的. 试题主要根据《普通高中数学课程标准 (2017 年版 2020 年修订)》和 PISA 2012 测评中样题的分析研究, 以 "函数" 和 "几何与代数" 主题中的相关数学运算内容为载体. 关于内容、过程和情境这三个指标, 试题的比例分布尽可能合理分配, 并且试题的数量也尽可能能够实施, 不能太多, 也不能太少. 关于情感、态度和价值观的试题则单独命题, 以便更好地考查高中生数学运算素养的情感态度价值观, 考虑到情感态度价值观的考查主观性比较强, 因此, 调查问卷是以量表的形式编制的.

(一) 高中生数学运算素养测试卷的编制

根据数学运算素养的内涵, 能体现高中生数学运算素养的主要内容是 "函数" 和 "几何与代数" 主题部分. 因此, 我们筛选、改编和自编了以这部分内容为载体的测试卷, 以考查学生在数学运算素养的内容、过程、情境维度的现状, 最终确定了 7 个测试题, 具体的属性如表 6-6 所示.

从表 6-6 我们可以得到, 测试题来源于高考改编题、PISA 测评样题、课程标准附录中的案例以及课程标准解读中的案例等. 试题在内容、过程以及情境这三个维度都有所涉及, 并且各个维度的二级指标都全面覆盖, 这些试题设计都是比较合理的, 并且试题来源可靠. 基于以上所述, 本研究设计了七道测试题 (附录 6-1), 让学生在内容、过程和情境三个方面都能有所涉及.

本研究的水平划分和知识点考察都是基于 SOLO 分类理论的, 分数的给定上需要结合测试题的内容和知识点, 依据题型的类型和其最高水平来最终决定.

(二) 数学运算素养调查问卷的编制

调查问卷考查的是学生的情感态度价值观, 我们将单独设置问题. 考虑到具体实施的可行性, 调查问卷设计了 15 个小题, 每方面的考查都设计了 5 个问题, 确保试题数量的平均性, 见附录 6-2. 这 15 个题目分别对应的是情感、态度和价值观. 试题主要来源于数学运算素养的相关文献、情感态度价值观理论. 试题选项采用利克特五级量表的方式进行设计. 下面我们选取其中一道题进行详细的分析.

(   )10. 当你出现运算错误时是否重视并进行错因剖析?

A. 是   B. 基本是   C. 一般   D. 基本不是   E. 不是

这道题是对学生数学运算素养态度的考查, 考查学生在运算错误时有没有对错误原因进行分析. 问题的五个选项说明学生五种不同程度的做法. 选择是, 说明学生的学习态度非常端正. 选择基本是, 说明大部分时候都是这样做, 态度基本是端正的. 其他的以此类推. 在 15 个题目当中, 选择是或非常同意的, 说明学生在对待数学运算素养的学习当中是表现最积极的. 因此, 根据利克特量表, 规定选 A 得 5 分, 选 B 得 4 分, 选 C 得 3 分, 选 D 得 2 分, 选 E 得 1 分, 如果所有题目都得 5 分, 总分就为 75 分, 分数越高, 说明该学生在数学运算素养的情感态度价值观中表现情况越好, 反之, 说明表现情况越差.

表 6-6　数学运算素养测试卷各测试题属性表

题号	具体知识点	过程	情境	试题来源
1(1)	集合	形成	科学	高考题改编
1(2)		形成		
2(1)	平面向量及其应用	使用	个人	课程标准案例 32
2(2)		使用		
2(3)		解释		
3(1)	基本不等式	形成	社会	自编
3(2)		使用		
4	直线与圆锥曲线	解释	科学	基于学生核心素养的数学学科能力研究
5(1)	运用方程解决实际问题	形成	社会	课程标准解读案例
5(2)		使用		
5(3)		使用		
6(1)	解三角形	形成	科学	2019 高考题 (全国一卷) 理
6(2)		使用		
7(1)	数列	形成	职业	PISA 试题
7(2)		使用		
7(3)		解释		

(三) 测试卷的难度与区分度[①]

经典测量理论中的难度和区分度是鉴定试题有效性的重要指标, 从而对于测验质量具有深远的影响. 这是作为测试题筛选以及修改试题的主要依据. 下面将通过计算这两项指标来判定每一试题的有效性.

(1) 难度. 难度是指所出测试卷试题的难易程度, 往往都是用答对率和得分率两个指标来判定的, 两者数值越高表示越容易, 所以难度实际上是容易度, 一般用 P 来表示.

客观性试题采用二分法计分, 答对的人数越多说明试题越容易, 难度以通过率来表示:

---

① 马云鹏, 孔凡哲, 张春莉. 数学教育测量与评价 [M]. 北京: 北京师范大学出版社, 2009.

$$P_{客观} = \frac{R}{N} \times 100\%$$

式子中, $P_{客观}$ 指的是该题目的正确率, 即难度, R 指的是回答正确人数, N 指的是参与答题的总人数.

主观试题一般采用得分率来计算题目难易程度, 即

$$P_{主观} = \frac{\bar{X}}{W} \times 100\%$$

式子中, $P_{主观}$ 指的是得分率, $\bar{X}$ 指的是参与答题人的平均得分, W 指的是这道题的总分值.

(2) 区分度. 区分度是指对不同测试者的区分程度, 使用 D 来指代测试的区分度. 如果测试结果是水平高的学生得高分, 水平低的学生得低分, 说明试题有较高的区分度, 它能用以说明一个试题的有效性. 本节使用求差法检验一道题的区分度, 把所有学生的得分由高到低排列, 前 27% 为高分区, 后 27% 为低分区, 用 D 代表区分度, 则有

$$D = \frac{H - L}{n(X_H - X_L)}$$

式子中, H 指的是高分区得分总和, L 指的是低分区的得分总和, n 指的是高分区 (低分区) 的测试人员个数, X_H 和 X_L 分别指最高分和最低分.

经施测, 我们得到问卷对学生数学运算素养的测评数据, 分别对 16 道小题的难度和区分度计算, 得到结果如表 6-7 所示.

表 6-7 测试题的难度与区分度

题号	难度	区分度	题号	难度	区分度
1(1)	0.65	0.79	5(2)	0.69	0.69
1(2)	0.66	0.74	5(3)	0.69	0.56
2(1)	0.64	0.69	6(1)	0.68	0.69
2(2)	0.64	0.74	6(2)	0.69	0.67
2(3)	0.37	0.86	7(1)	0.92	0.28
3(1)	0.71	0.68	7(2)	0.68	0.71
3(2)	0.67	0.73	7(3)	0.66	0.66
4	0.45	0.88	整体平均	0.66	0.69
5(1)	0.69	0.68			

(四) 测试卷与调查问卷的信度与效度[①]

测试卷除了需要控制好难度和区分度, 还需要检验信度与效度, 信度和效度是用来检测测试卷的可靠性和有效性的重要指标.

1. 测试卷和调查问卷的信度分析

信度是用来检测测试卷的稳定性和一致性的指标, 数值越小说明越能反映被测试者真实水平, 本节使用克龙巴赫 (Cronbach) 的 α 系数来测量信度, 其公式如下:

$$\alpha = \frac{m}{m-1}\left(1 - \frac{\sum\limits_{i=1}^{m} s_i^2}{s^2}\right)$$

式子中, m 是指测试题个数, i 指每道题的编号, 则 s_i^2 指的是第 i 个测试题得分的方差, s^2 指的是所有测试题总分的方差.

α 系数值介于 0 与 1 之间, α 值愈大, 表示信度愈高. 实际应用中, α 系数低于 0.35 属于低信度, 应拒绝使用; α 系数在 0.5 以上, 可认为考试可靠; α 系数在 0.8 以上, 可认为考试的信度比较好. 由表 6-8 可知, 本研究测试卷信度为 0.619, 说明测试卷的信度较好.

表 6-8   测试卷的 Cronbach α 系数

	Cronbach α 系数	基于标准化的 Cronbach α 系数	项数
测试卷	0.619	0.631	16
调查问卷	0.874	0.873	15
整体	0.839	0.868	31

2. 测试卷和调查问卷的效度分析

测试卷在笔者实习期间就开始编制, 为了保证研究工具具有良好效度, 笔者也和几位教育硕士进行讨论, 听取他们对于问卷各个试题的看法、是否适用于数学运算素养测量的看法、题目的难易程度的看法. 他们都表示, 试题所属的内容、过程、情境归类合理, 能够用于学生的数学运算素养的各个维度的测量. 在测试卷完成修改之后. 由笔者实习学校的四位一线教师进行审阅, 他们也肯定了选题的代表性, 试题归类合理.

本研究同时也对结构效度进行分析, 这里依靠 SPSS22.0 软件对测试卷进行了分析, 用 KMO 和 Bartlett 的检验得到 KMO 为 0.584, 用 KMO 表示效度, 大

① 马云鹏, 孔凡哲, 张春莉. 数学教育测量与评价 [M]. 北京: 北京师范大学出版社, 2009.

于 0.55, 且测试的显著性 0.000<0.005, 排除虚无的假设. 说明测试卷是适合做降维因子分析的, 并且能够反映它想要测量的东西的程度 (表 6-9).

从表 6-9 中所得数据可以得到 KMO 大于 0.55, 并且显著性为 0.000, 说明试卷的效度良好. 为了测试效度的详细, 将对各小题进行解释变量统计, 如表 6-10 所示.

表 6-9　KMO 和 Bartlett 的检验

KMO 取样适切性量数		.584
Bartlett 的球形度检验	上次读取的卡方	225.087
	自由度	120
	显著性	.000

表 6-10　各小题解释变量统计

组件	初始特征值			提取载荷平方和			旋转载荷平方和		
	总计	方差百分比/%	累计百分比/%	总计	方差百分比/%	累计百分比/%	总计	方差百分比/%	累计百分比/%
1	2.603	16.267	16.267	2.603	16.267	16.267	1.754	10.966	10.966
2	1.511	9.445	25.712	1.511	9.445	25.712	1.633	10.207	21.172
3	1.355	8.471	34.183	1.355	8.471	34.183	1.442	9.013	30.185
4	1.286	8.037	42.224	1.286	8.037	42.221	1.425	8.906	39.091
5	1.126	7.040	49.261	1.126	7.040	49.261	1.288	8.051	47.142
6	1.058	6.611	55.872	1.058	6.611	55.872	1.256	7.851	54.993
7	1.032	6.453	62.325	1.032	6.453	62.325	1.173	7.331	62.325
8	.924	5.775	68.100						
9	.825	5.159	73.100						
10	.792	4.949	78.208						
11	.759	4.745	82.953						
12	.684	4.274	87.227						
13	.653	4.084	91.310						
14	.553	3.458	94.769						
15	.435	2.721	97.490						
16	.402	2.510	100.000						

提取方法: 主成分分析.

根据表 6-10 所示, 由主成分分析法我们知道, 将表中抽取 7 个公因子数, 这 7 个公因子数方差百分比为 62.325%, 大于 60%, 这说明是可以进一步解释的.

综上所述, 我们可以知道, 通过利用统计软件 SPSS22.0 对试卷的效度和信度的分析, 表明测试题的设计比较可靠, 难度也比较合理. 因此, 不需要再对测试卷的题目改编.

6.3.3　研究对象

本研究选取了江西省南昌市某重点高中高二年级学生, 选择高二学生主要结合了目前高中数学教学内容安排的实际情况, 测试卷里主要涉及了高中数学教材的选修和必修内容. 高二学生上学期已经结束了相关内容的学习. 笔者选取了 3 个班级作为测评对象, 班级是不同类型的班级, 总共是发放了 142 份测试卷和调查问卷, 待学生测试完毕之后将试卷全部收回. 通过对调查问卷和测试卷的检查发现, 其中有 9 份测试卷和调查问卷存在未填写完整等问题, 将其视为无效卷. 最终收到测试卷和调查问卷均为 133 份, 有效率达到 93.7%, 图 6-8 是学生样本分布图.

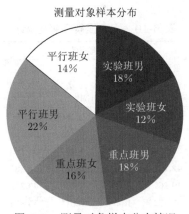

图 6-8　　测量对象样本分布情况

测量对象来自实验班、重点班、平行班三个层次的班级, 实验班 40 人, 重点班 45 人, 平行班 48 人, 参加测试的学生总人数为 133 人. 由于参与测试的班级人数大于或等于 40 人, 无论是男生还是女生都占了一定的比例, 因此, 这些选取的测量对象是能够作为测量研究的样本. 具体人数如表 6-11 所示.

表 6-11　　各班人数情况

班级	人数
实验班	40
重点班	45
平行班	48
合计	133

6.3.4　数据的收集与处理

本研究通过对高中生数学运算素养测试卷和调查问卷进行数据收集, 收集完全之后, 再对样本的数据进行统计分析. 在测评之前, 笔者就与所测年级的数学组长以及其他的数学教师进行交流探讨, 说明这次测试的具体要求以及测试的目的. 由各班的任课教师发放试卷, 并且严格进行监考, 按规定的时间交卷. 按照平时月考的规定, 让学生能够正常地考试, 发挥正常的水平, 这样, 可以得到比较真实可靠的数据.

在得到了可靠数据之后, 将每个学生的测试卷和调查问卷的数据录到 EXCEL 表格中, 录好并仔细检查之后, 再用 SPSS22.0 统计软件对于数据进行处理, 将得到的数据处理之后再进行分析.

6.4　高中生数学运算分析素养的测评结果分析

6.4.1　高中生数学运算素养整体分析

(一) 测试卷与调查问卷的得分分析

本研究所用测试卷共编制了 7 道大题, 16 道小题, 总分 100 分. 我们按照制定的评分标准批改试卷后得到每小题的分数, 并将每小题的分数检验完毕之后输入到 EXCEL 表格当中, 通过计算, 得到数学运算素养测试卷的总分. 为了对数学运算素养测试卷总分进行分析, 将通过 SPSS22.0 进行科学分析并得到数据, 最后得到总分的频率分布直方图和正态分布曲线图以及测试卷总分离散分布图如图 6-9、图 6-10 所示.

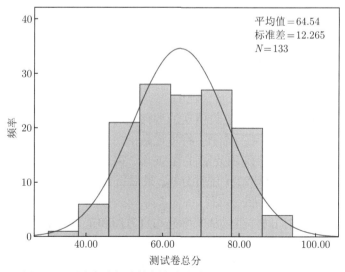

图 6-9　测试卷总得分的频率分布直方图和正态分布曲线图

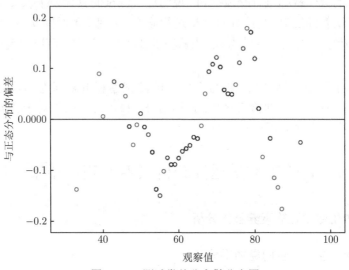

图 6-10　测试卷总分离散分布图

　　从图 6-9 中的频率分布直方图可以很直观地看到高二年级样本学生的总体得分的具体情况, 从中我们可以得到很多信息. 频率越高, 说明所占的人数就越多, 因此, 根据矩形的高度, 可以看出, 样本总体的得分很大一部分是在 [40, 90) 之间. 其中, 处在两端 [40, 45) 和 [80, 90) 这两个分数段的人是比较少的, 位于 [60, 70) 和 [70, 80) 这两个分数段的人数会多一些. 从中我们也可以得到, 样本量最多的是在 [60, 68) 这一区间上. 在这一图中还刻画了测试卷总得分的正态分布曲线图, 从正态分布曲线图我们也可得到较多信息, 其中被测学生的测试卷总分形成了比较合理的正态分布, 通过测试卷总分离散分布图可以看出, 样本总分与正态分布偏差在 [−0.2, 0.2], 大部分样本总分与正态的偏差为 0, 其他少数可以忽略不计. 也可说明学生测试总分形成了比较合理的正态分布, 说明在关于高中生数学运算素养测试卷中, 我们编制的测试题是合理的.

　　关于数学运算素养情感态度价值观的测评是通过高中生数学运算素养调查问卷的形式. 为了能更好地进行测评, 将每道题的每个选项都给不同的分数, 总共编制 15 道题, 每道题五个选项分别 1 至 5 分, 调查问卷的满分为 75 分. 同样, 调查问卷总得分利用 SPSS22.0 进行分析, 最后得到调查问卷的总分频率分布如图 6-11 所示, 呈现正态分布.

　　从图 6-11 中, 我们同样可以从频率分布直方图和正态分布曲线图中看出样本量总体得分的分布情况. 从频率分布直方图中, 我们可以看到, 样本总体得分大部分落在 [25, 75), 其中在 [50, 60) 这一区间的频率最高, 因此, 这一区间的被测人数是最多的. 从生成的调查问卷正态分布曲线可以说明, 笔者所抽取的学生样本关于调查问卷的总得分已经形成了比较合理的正态分布, 说明笔者设计关于数学运算素养调查问卷试题是合理的.

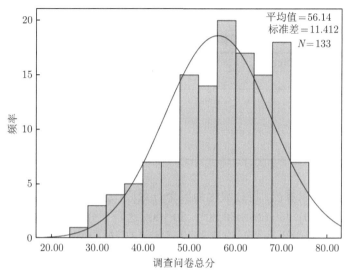

图 6-11　调查问卷总得分的频率分布直方图和正态分布曲线图

在上述图中, 对于数学运算素养测试卷和调查问卷做了整体的分析, 但是具体的测试情况不能全部反映出来, 为了更加详细地了解学生在测试卷和调查问卷的得分情况, 笔者进一步算出了平均数、标准差、中位数等具体统计量.

按照这些测量指标, 笔者可以对于学生的数学运算素养水平做一个初步剖析, 我们将借助统计软件 SPSS22.0 进行统计分析, 整理数据如表 6-12 所示.

表 6-12　测试卷总得分的各项统计数据

	均值	中位数	众数	标准差	最高分	最低分	全距
测试卷	64.54	64	71	12.265	92	33	59
调查问卷	56.14	58	56	11.41	74	25	49
整体	120.68	122	112	20.27	163	75	88

如表 6-12 所示, 测试卷的平均数为 64.54 分, 试卷满分为 100 分, 按照一般测试卷标准属于刚刚及格水平, 说明高中生在与数学运算素养有关的内容的掌握、问题解决的过程中表现一般. 调查问卷满分 75 分, 平均数为 56.14 分, 化为百分制为 74.85 分, 说明高中生在数学运算素养的情感态度价值观的表现属于良好水平. 测试卷的最低分 33 分, 最高分 92 分, 全距为 59; 调查问卷最高分 74

分, 最低分为 25 分, 全距为 49 分. 说明不同学生的数学运算素养水平相差较大, 为了进一步了解学生运算素养的测评情况, 将学生的数学运算素养测试卷和调查问卷的分数进行分段处理, 并将调查问卷换成百分制处理, 具体的情况如表 6-13 所示.

表 6-13　数学运算素养测评总得分的各分数段分布情况

分数段	测试卷		调查问卷		整体	
(百分制)	频数	百分比	频数	百分比	频数	百分比
[0,40)	3	2.3%	3	2.3%	0	0%
[40,60)	50	37.5%	20	15.0%	30	22.6%
[60,80)	65	48.9%	59	44.4%	81	60.9%
[80,100]	15	11.3%	51	38.3%	22	16.5%

从表 6-13 可以看出, 将分数化为四个分数段, 这是大部分考试分析常化的分数段, 分别是 [0,40), [40,60), [60,80), [80,100] 这四个分数段. 通过频数和百分比能够更进一步了解学生数学运算素养的测试情况, 使得笔者能更加全面、更加系统地进行分析. 在测试卷的频数和百分比表明, 分数小于 60 的有 53 人, 占样本人数的 39.8%, 处于不及格水平. 大于等于 60 分的学生有 80 人, 占样本人数的 60.2%, 其中大于等于 80 分的人数有 15 人, 占样本人数的 11.3%, 处于优秀水平. 说明高中生数学运算素养的测试关于内容的掌握、问题解决的过程以及情境化问题的处理有 11.3% 达到优秀的水平.

从调查问卷的频数和百分数看出, 其中有 3 人处于 [0,40) 低分数段内, 其中在 [40,60) 内的人数有 20 人, 占总人数的 15.0%. 若以 60 分作为合格标准, 说明不合格的人数占总人数的 17.3%, 合格人数占 82.7%, 其中有 38.3% 的学生不少于 80 分, 说明这部分学生数学运算素养情感态度价值观表现突出.

从测试卷和调查问卷组成的总体得分我们可以得到, 其中不及格的人数为 30 人, 占总人数的 22.6%, 合格人数占总人数的 77.4%, 其中优秀的人数有 22 人, 占总人数的 16.5%. 这使得我们对高中生数学运算素养的总体情况有一个初步的了解. 关于其他更为深入的问题, 我们需要进一步的研究. 例如, 高中生的数学运算素养是否与性别、班级等因素有关? 或者是学生在数学运算素养的内容、过程和情感态度价值观各个维度的表现如何等一系列问题有关? 等等.

(二) 相关性分析

1. 测试卷总得分与调查问卷总得分的相关性分析

将样本的测试卷总分与调查问卷总分两组数据进行 Pearson 相关分析, 将分析结果整理如表 6-14 所示.

表 6-14　测试卷总得分与调查问卷总得分的相关性分析

		测试卷	调查问卷
测试卷	Pearson 相关性	1	0.465**
	显著性 (双侧)	0.000	0.000
	N	133	133
调查问卷	Pearson 相关性	0.465**	1
	显著性 (双侧)	0.000	0.000
	N	133	133

** 在置信度 (双侧) 为 0.01 时, 相关性是显著的.

从表 6-14 可知, 测试卷总分和调查问卷总分在 0.01 水平上显著相关, 相关系数为 0.465, 属于中度相关. 由此可以得出, 在数学运算素养的内容掌握、情景化问题处理和问题解决的过程中表现越好, 就对数学运算情感、态度和数学运算的价值观有更高的认可. 相反地, 如果对于数学运算更喜欢、态度端正以及对数学运算价值观有更高认可, 那么数学运算素养测试卷的表现也会更好.

2. 测评得分与性别的相关性分析

将样本的测试卷总分、调查问卷总分和性别进行 Pearson 相关分析, 将分析结果整理如表 6-15 所示.

表 6-15　测评得分与性别的相关性分析

		性别
测试卷	Pearson 相关性	0.039
	显著性 (双侧)	0.656
	N	133
调查问卷	Pearson 相关性	0.082
	显著性 (双侧)	0.035
	N	133
整体总分	Pearson 相关性	0.070
	显著性 (双侧)	0.426

从表 6-15 可以看出, 对数学运算素养测试卷、调查问卷以及整体得分和性别进行 Pearson 相关性分析, 得到 Pearson 相关性分别是 0.039, 0.082, 0.070; 显著性 (双侧) 分别是 0.656, 0.035, 0.426. 从中我们可以得到, 学生在测试卷、调查问卷以及整体得分关于数学运算素养和性别并无显著相关性. 这也进一步说明学生在数学运算这一部分内容的掌握与性别无关, 情景化问题以及学生在解决问题过程中的表现也与性别没有关系, 也可以得出学生数学运算素养情感态度和价值观的表现也与性别无关. 总体来说, 性别与数学运算素养是无相关性的.

3. 测评得分与班级层次类型的相关性分析

将样本的测试卷总得分、调查问卷总得分和班级进行 Pearson 相关分析, 将分析结果整理如表 6-16 所示.

表 6-16　测评得分与班级的相关性分析

		班级
测试卷	Pearson 相关性	0.750**
	显著性 (双侧)	0.000
	N	133
调查问卷	Pearson 相关性	0.349**
	显著性 (双侧)	0.000
	N	133
整体总分	Pearson 相关性	0.650**
	显著性 (双侧)	0.000

** 在置信度 (双侧) 为 0.01 时, 相关性是显著.

从表 6-16 可知, 学生的数学运算素养测试卷总得分和调查问卷总得分、整体总分与其所在班级类型显著相关, 均在置信度 (双侧) 为 0.01 水平上显著相关. 学生数学运算素养测试卷与班级类型的相关系数为 0.750, 达到高度相关. 说明学生数学运算素养有关的内容的掌握、情景化问题处理以及学生在解决问题过程中的表现与其所在的班级是高度相关的, 如果学生所在的班级类型越好的话, 基本可以得到学生的数学运算的素养越好. 学生数学运算素养调查问卷与班级类型相关系数为 0.349, 属于低度相关, 表明学生数学运算素养情感态度价值观的表现与班级类型有关. 整体总分与班级类型相关系数为 0.650, 属于中度相关.

(三) 差异性分析

为了更深入地了解高二学生的数学运算素养水平的状况, 我们分别对性别和班级类别这两个条件下学生的数学运算素养水平的差异性进行进一步的分析.

在对学生进行数学运算水平差异性探索之前, 考虑到样本是比较杂乱的, 因此, 我们要先将所有的样本分类, 考虑到影响数学运算素养水平的几个因素, 因此按照性别、班级类型层次来进行分类, 再运用 EXCEL 软件分别计算测试卷、调查问卷以及整体得分, 按性别、班级类型层次分类下所测的平均值以及标准差进行分析, 如表 6-17 所示.

通过观察表 6-17 可知, 不管是从性别还是从班级类型上来看, 测试卷和调查问卷的男女的平均分、标准差有一定的差别, 但是从数据上看, 差别都不算太大. 因此, 为了进一步研究测试卷、调查问卷以及整体与性别和班级之间是否存在显著差异, 接下来将采用单因素方差来进行分析, 具体的数据如表 6-18 和表 6-19 所示.

表 6-17   不同类型的学生数学运算素养测评得分的基本情况

类型		测试卷		调查问卷		整体	
		平均值	标准差	平均值	标准差	平均值	标准差
性别	男	64.95	12.41	56.94	11.80	121.88	20.29
	女	63.98	12.15	55.05	11.87	119.4	20.30
班级类型	实验班	75.45	7.86	61.33	8.75	136.78	15.36
	重点班	67.11	9.00	56.44	8.99	123.56	14.37
	平行班	53.04	7.26	51.54	13.48	104.58	16.47

表 6-18   男女学生数学运算素养测评得分的单因素方差分析

		平方和	df	标准差	F	显著性
测试卷	组间	30.248	1	30.248	.200	.656
	组内	19826.774	131	151.349		
	总计	19857.023	132			
调查问卷	组间	114.771	1	114.771	.881	.350
	组内	17075.515	131	130.347		
	总计	17190.286	132			
整体	组间	262.860	1	262.860	.638	.426
	组内	53949.877	131	411.831		
	总计	54212.737	132			

从表 6-18 男女学生数学运算素养测评的单因素方差分析中我们可以得到, 关于测试卷、调查问卷以及整体的显著性分别是 0.656, 0.350, 0.426. 这也就说明, 以内容为载体的测试卷、以情感态度价值观的表现为主的调查问卷以及数学运算素养的整体水平和不同性别的学生是没有显著差异, 即无显著差异. 在测试卷和调查问卷中, 男生的平均值略高于女生的平均值, 但是差异并不显著.

表 6-19   不同类型班级学生数学运算素养测评得分的单因素方差分析

		平方和	df	标准差	F	显著性
测试卷	组间	11404.761	2	5702.381	87.705	.000
	组内	8452.261	130	65.017		
	总计	19857.023	132			
调查问卷	组间	2094.483	2	1047.241	9.018	.000
	组内	15095.803	130	116.122		
	总计	17190.286	132			
整体	组间	23170.984	2	11585.492	48.519	.000
	组内	31041.753	130	238.783		
	总计	54212.737	132			

从表 6-19 不同类型班级学生数学运算素养测评的单因素方差分析中我们可以得到, 关于测试卷、调查问卷以及整体的显著性分别是 0.000, 0.000, 0.000. 这也就说明, 以内容为载体的测试卷、以情感态度价值观的表现为主的调查问卷以及数学运算素养的整体水平和不同类型班级的学生是有显著差异的. 从测试卷平均分中我们可以得到, 实验班为 75.45 分, 重点班 67.11 分, 平行班 53.04 分, 三种不同类型班级分数依次下降. 调查问卷也是如此. 因此, 在以内容为主的测试卷、以情感态度价值观的表现为主的调查问卷中以及数学运算素养的整体水平, 实验班的学生是表现更为突出、水平最高、表现最好的. 而重点班表现会稍微薄弱一些, 排在第二位, 而平行班较重点班以及实验班两个班会更弱, 排在最后一位.

6.4.2　高中生数学运算素养各测评维度结果分析

(一) 高中生数学运算素养测评内容维度结果分析

从表 6-20 数据可以得到, 以内容维度这个二级指标来看, 得分率最高的是数列, 达到了 72.27%, 集合、基本不等式、运用方程解决实际问题、解三角形这几个单元均达到了 65% 以上, 而得分率最低的是直线与圆锥曲线这一单元, 得分率为 45%, 这之间存在着比较大的差异, 为什么会造成如此大的差异, 本研究将根据测试卷中的试题来进行较为详细的分析.

表 6-20　内容维度各二级指标答题得分情况

内容单元	总分	平均分	得分率	满分率	零分率
集合	4	2.62	65.5%	45.86%	15.78%
平面向量及其应用	17	9.30	54.7%	19.80%	13.03%
基本不等式	14	9.64	68.86%	29.70%	3.76%
直线与圆锥曲线	10	4.5	45%	12.78%	21.05%
运用方程解决实际问题	24	16.59	69.13%	24.06%	2.506%
解三角形	16	11.05	69.06%	23.68%	3.76%
数列	15	10.84	72.27%	29.70%	1.88%

1. 集合

思维的逻辑起点是概念, 数学概念也是数学运算的基础. 集合是高中数学第一章的内容, 得分率为 65.5%, 说明大部分学生掌握了有关内容, 零分率为 15.78%, 说明有少部分学生对于集合的概念还是模糊不清. 为考查学生对于概念的掌握情况, 笔者改编了测试题的第 1 题, 如下:

$A = \{1, 2, 3, k\}, B = \{4, 7, a^4, a^2 + 3a\}, a \in N_+, k \in N_+, x \in A, y \in B, f : x \to y = 3x + 1$ 是从集合 A 到集合 B 的一个函数, 则 a, k 分别是多少?

这道题考查的是集合与函数的概念. 我们知道, 集合中的元素具有确定性、互异性和无序性, 而函数概念要求像的唯一性, 这就决定了 $3k+1=16$ 是解决本题的关键所在, 由此可以让学生对函数概念有一个深入的理解, 并提高了运算的有效性, 形成了运算能力.

在第一小问求 a 的值, 由于考查的难度系数不大, 难度较低, 属于单点结构水平, 这一小题的平均分为 1.3 分, 大部分学生在这一小题中都能到 1 分到 2 分, 达到了单点结构水平, 但还是有 15% 的学生在这小题中没有得分, 对于题目没有理解, 以至于不知道如何下笔.

第二小问求 k 的值, 是在求出第一问 a 的值的基础上则可求出. 属于单点结构水平, 当 a 的值求出为 2 时, 则马上可以求出 $a^4=16$, 则根据题意可以得出 $3k+1=16$, 马上可以得到 $k=5$, 最主要的是要将集合与函数的概念弄清楚, 并且要注意 a,k 都是属于正整数这个条件.

2. 平面向量及其应用

平面向量及其应用这道题目选择自《普通高中数学课程标准 (2017 年版 2020 年修订)》之案例 32 过河问题, 主要是考查以平面向量的运算为知识载体, 解决个人实际问题. 进而了解学生是否拥有理解运算对象、运用运算法则、探索运算思路、设计运算程序、实施运算过程等一系列数学思维活动. 由于学生之间的思维存在差异, 对于题目的理解还是不尽相同.

对于 2(1) 我们首先要知道游船航行速度是静水速度和水流速度之和, 然后会按比例画出示意图判断航行方向. 如果学生能够用向量加法的平行四边形法则画出示意图, 并给出合理的解释, 说明学生达到了单点结构水平.

如果学生把航行速度即速度之和表示为 v, 可以计算航行速度向量 v 和水流速度 v_2 之间的夹角进行判断, 由 $\cos\langle v,v_2\rangle = \dfrac{v\cdot v_2}{|v|\cdot|v_2|} = \dfrac{v_1\cdot v_2 + v_2\cdot v_2}{|v|\cdot|v_2|} = \dfrac{-4}{|v|\cdot|v_2|} < 0$, 来判断游船到达位置在 A' 的左侧. 说明学生不仅能理解向量的加法, 还能够根据题意, 运用向量数量积运算求解向量之间的夹角, 那么可以认为高中生数学运算素养达到多点结构水平.

根据这道题的答题情况, 零分率达到了 13.03%, 说明有少部分学生对于这道题完全没有理解, 而有些学生有较好的运算思维, 但对于知识的掌握不够扎实, 因此仍然不能很好地解决问题, 如某学生给出如下的解答 (图 6-12):

对于 2(2) 将 "游艇能到达 A' 处" 抽象为游船的实际航向与河岸垂直, 即游船的静水速度与水流速度的合速度方向与 $\overrightarrow{AA'}$ 相同, 将合速度运算与平面向量的加法运算联系起来, 并能画出合成示意图, 说明学生可以达到单点结构水平.

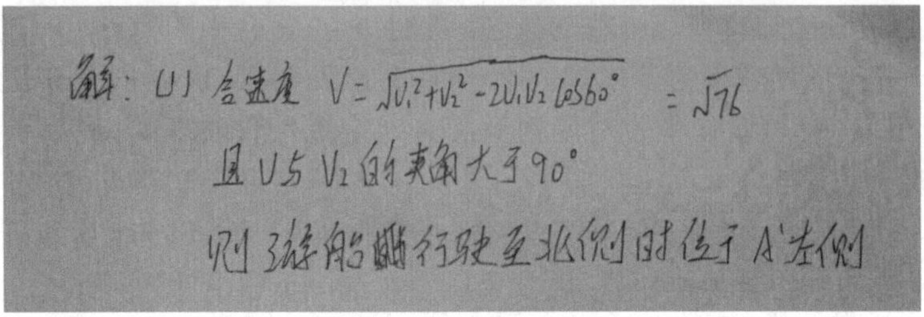

图 6-12   测试卷第 2(1) 题学生解答示例

通过解三角形求得 $\cos\theta$ 的值为 $-\dfrac{2}{5}$；通过 $|v| = |v_1|\sin\theta = 2\sqrt{21}$，得到航行时间 $\dfrac{1}{2\sqrt{21}}$h. 说明学生能够将题目中提供的数据信息与几何图形有机联系，并且能够明晰运算途径、得到运算结果，那么说明学生达到数学运算素养多点结构水平.

进一步地，如果学生能够通过直角三角形计算出 $\cos\theta = -\dfrac{2}{5}$，由勾股定理，通过 $(10t)^2 - (4t)^2 = 1$ 解得 $t = \dfrac{1}{2\sqrt{21}}$h. 说明学生能够根据勾股定理建立方程求解，可以认为学生达到数学运算素养的本质关联结构水平，如某学生给出了如下的解答 (图 6-13)：

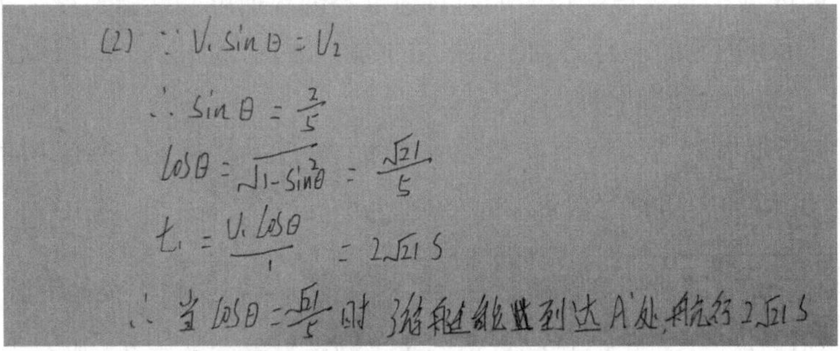

图 6-13   测试卷第 2(2) 题学生解答示例

对于 2(3)，学生如能画出向量加法的示意图，然后利用向量数量积运算求得 $|tv|^2 = t^2 (v_1 + v_2)^2 = t^2 (10^2 + 2 \times 10 \times \cos 120° + 4^2) = 76t^2$. 在 $\text{Rt}\triangle AA'C$ 中，因为 $t|v_1|\cos 30° = 1$，从而 $t = \dfrac{1}{5\sqrt{3}}$，所以 $AB = \dfrac{2\sqrt{57}}{15}$km. 如果学生能够完成这个过程，说明学生能综合运用向量的加法、数乘、数量积运算和勾股定理，恰到好处地设计运算程序、完成问题求解，可以说明学生在数学运算素养达到关联结

构水平. 如某学生给出如下的解答 (图 6-14):

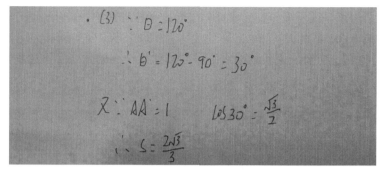

图 6-14　测试卷第 2(3) 题学生解答示例

3. 基本不等式

掌握基本不等式 $\sqrt{ab} \leqslant \dfrac{a+b}{2}\,(a,b \geqslant 0)$，结合具体实例，能用基本不等式解决简单的最大值和最小值. 让学生理解运算的对象, 选择运算方法, 求得运算结果, 对于学生的运算能力也是重要的一个考查点.

基本不等式的得分率为 68.86%，满分率为 29.7%，零分率为 3.76%，在这道题中, 大部分学生能够达到多点结构水平, 理解基本不等式的概念和特征, 能够根据题意正确建立方程, 求得正确结果.

少数学生达到单点结构水平, 能够将基本不等式公式列出, 但是不明白等式成立的条件, 将最小总费用求出, 但是 x 的值却不知道如何求解.

4. 直线与圆锥曲线

"直线与圆锥曲线的综合问题"是一节习题课. 在对解析几何内容进行考查时, 运算能力是一个很重要的考查点. 解析几何是在平面直角坐标系下, 用代数的方法来研究图形的几何性质的一门科学. 这类问题一般涉及的变量比较多, 运算量非常大, 教师在教学时往往会告诉学生按步骤去解题, 可以让学生清楚地知道解题思维与路径. 但由于很多学生没有真正理解几何本质和方法, 只是机械地套用公式, 从而经常陷入更为繁琐的讨论或繁杂的运算, 导致虽然能列出方程但却无法完成问题的求解而最后放弃这样的局面.

直线与圆锥曲线这道题的平均分为 4.5 分, 得分率为 45%，满分率为 12.78%，而零分率达到了 21.05%，比满分率高了 8.27%，这是唯一一道题的零分率比满分率更高的题目. 这道题运算量较大, 属于关联结构水平.

在这道题目中, 小部分学生忽略了直线与曲线相交这一隐藏的条件, 对于题目的问题无法下手, 还是处于前结构水平. 大部分学生将直线和曲线的方程联立, 并且能够消去 y 得到关于 x 的一元二次方程, 并能利用韦达定理. 但是他们不能根据所给定的条件 $\angle OMP = \angle OPN$ 得出 $k_{MP} = -k_{NP}$, 这部分学生达到多点结构水平. 只有 12.78% 的学生通过 $\angle OMP = \angle OPN$ 这个已知条件运用消元的方法, 最后设点联立, 转化为方程, 求出点 P 的坐标, 说明这个方程点 P 是存在的, 达到了关联结构水平. 如某学生给出的正确解答过程如图 6-15 所示.

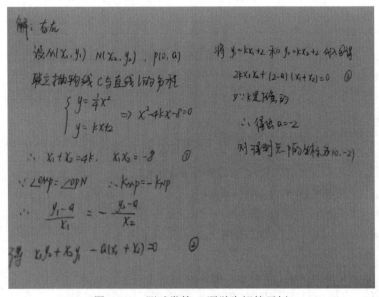

图 6-15　测试卷第 4 题学生解答示例

5. 运用方程解决实际问题

第 5 道题选自《普通高中数学课程标准 (2017 年版 2020 年修订) 解读》的"传令兵问题", 考查的重点是运用方程来解决实际问题. 这对于学生的考查也是相当重要的, 让学生从实际问题中体会到数学运算素养.

运用方程来解决实际问题的平均分为 16.59 分, 得分率为 69.13%, 满分率为 24.06%, 零分率为 2.506%. 此题难度系数相对较大, 为关联结构水平. 学生对于实际问题比较迷茫, 不知从何下手, 结果没有得分, 处于前结构水平.

学生通过画图理解题意, 能够将时间用已知队伍长度和速度表示出来. 但是对于传令兵行走路程却无法表示出来, 达到了单点结构水平. 能够将路程求解出来, 达到了多点结构水平.

在第 (2) 小题中, 学生在理解了第 (1) 小题的基础上, 大部分学生能够将第 (2) 小题用时间关系, 将传令兵的路程求出, 达到了多点结构水平.

在第 (3) 小题里, 根据第 (2) 小题, 在相同时间内, 传令兵行走的路程是队伍行走路程的 $1+\sqrt{2}$ 倍, 所以传令兵行进的速度 $V = \left(1+\sqrt{2}\right)v$. 由于 $\left(1+\sqrt{2}\right)v > v$, 所以传令兵的行进速度快. 根据第 (2) 小题求出传令兵速度, 再和队伍速度比较, 马上可以得到哪个速度快, 达到了关联结构水平.

6. 解三角形

在解三角形这一章, 推导正弦定理、余弦定理是比较关键的问题. 通常我们会利用之前学过的三角函数以及向量的知识来研究任何一个三角形的三条边和三个角之间存在的关系, 进而来推导. 推导正弦定理、余弦定理不仅仅可以让学生了解任意三角形边角之间的关系, 而且还能够让学生去解决实际生活所遇到的几何计算等一系列问题. 因此, 这一章不但可以加深学生对于公式的理解, 还可以培养和提升学生的数学运算素养. 因此, 笔者选取了 2019 年的全国卷 (理科) 第一道大题.

测试结果为, 得分率为 69.06%, 满分率为 23.68%, 零分率为 3.76%, 此题难度系数不大, 属于多点结构水平. 零分率为 3.76%, 说明这部分学生对于正弦定理、余弦定理公式记忆混乱, 以至于没有得分, 处于前结构水平. 而有些学生能根据题目所给的条件, 利用正弦定理, 将角化为边, 再通过余弦定理求出角 A, 处于单点结构水平.

第 (2) 小题是在第 (1) 小题的基础上进一步求解问题, 要求学生除了对正弦定理和余弦定理能熟练运用, 还要求学生要掌握三角函数的恒等变形. 这对高中数学解三角形内容的学习提出了更高的要求, 属于多点结构水平. 通过对学生答题的情况分析, 这一小题的平均分为 6.88 分. 说明大部分学生能根据所给条件将边化为角的关系, 并且能计算出 $\cos\left(C+60°\right) = -\dfrac{\sqrt{2}}{2}$, 且能够计算出 $\sin\left(C+60°\right) = \dfrac{\sqrt{2}}{2}$, 但是对于 $\sin C$ 的计算, 有部分学生却无从下笔, 处于单点结构水平. 只有少数学生想到利用 $\sin C = \sin\left(C+60°-60°\right)$, 最后可以将 $\sin C$ 算出, 达到多点结构水平.

7. 数列

在数列的学习中, 通过生活和数学中的实例, 了解数列的概念和表示方法, 了解到数列是一种特殊的函数. 本题选自 PISA 测评, 考查学生对于图形的读取并推断出图形的规律; 通过图形的规律, 找出两个数列相等时 n 的值; 比较两个数列, 判断哪个数列会增长得比较快. 本题的平均分是 10.84 分, 得分率为 72.27%, 满分率为 29.7%, 零分率为 1.88%. 此题难度系数不大, 为多点结构水平. 第 (1)

小题的平均分为 2.77 分, 说明大部分学生能通过图形的读取, 找出图形的规律, 达到单点结构水平.

第 (2) 小题是在第 (1) 小题的基础上, 要解决这个问题, 只要两个数列相等, 求出这个相应的 n 值, 通过解方程, 即可以得出 n 值是 0 或者 8, 根据实际情况, n 不会等于 0, 则可得到 8, 可以达到多点结构水平.

对于第 (3) 小题, 平均分是 3.98 分, 相对于前面两小题, 得分率明显下降了, 小部分学生对于这道题没有想法, 没有填写, 处于单点结构水平. 大部分学生对于这道题能够利用做差法进行分类讨论, 将实际问题转化为数学语言求出最后结果. 也有学生通过解一元二次不等式, 求出最后结果, 达到了多点结构水平.

(二) 高中生数学运算素养测评过程维度结果分析

高中生数学运算素养在过程维度主要有 3 个二级指标, 分别是 "形成数学、使用数学和解释数学". 这 3 个二级指标其中之一会对应到数学运算素养测试卷中的每一个小题. 所以, 根据过程维度指标, 测试卷将会按照这 3 个二级指标进行分类, 然后再统计各个过程维度指标的得分, 最后将这些得分进行初步的分析, 同时再对学生的表现进行具体的剖析.

将数学运算素养测试问卷的每道题依照过程属性分别计算学生的总分、平均分、得分率和标准差四组数据, 整理如表 6-21 所示.

表 6-21   过程维度各二级指标得分情况

维度	二级指标	总分	平均分	得分率	标准差
过程维度	形成数学	25	17.97	71.88%	3.51
	使用数学	53	35.83	67.60%	7.60
	解释数学	22	10.74	48.82%	4.63

从表 6-21 可以得到, 形成数学作为过程维度中得分率最高的, 得分占比达到 71.88%, 说明学生能够很好地将实际问题化为数学问题. 在形成数学中, 标准差是最小的, 为 3.51, 说明学生在形成数学这个过程中, 学生的学习比较稳定, 相差不大. 学生在使用数学的得分率为 67.60%, 得分率最低的是解释数学, 为 48.82%, 相对于形成数学和使用数学得分率来说是比较低的, 说明学生无法将学习的数学知识和结论很好地回馈到现实情境中, 对于数学概念和数学解答的外延和限制条件理解掌握存在某些误区. 为了更加透彻地了解学生在各个过程中得分率产生的原因和数学过程的具体表现, 我们将再结合学生测试卷的答题情况, 对学生的数学运算素养测评结果进行深入的分析.

1. 形成数学

在测试卷中,考查形成数学的是 1(1), 1(2), 3(1), 5(1), 6(1), 7(1) 这几个试题. 在第 1 题集合与函数的这道题中,学生需要理解集合、函数的概念,才能将集合中的元素求解出来,进而求出这个集合,本题的得分率为 65.5%,说明大部分学生掌握了有关内容. 在 3(1) 中,大部分学生能够掌握基本不等式的公式,并能够将其运用到解决最小值问题中,但有少部分学生对于基本不等式的等号成立条件不理解,因此有一小题没有做完. 在 6(1) 中,学生能理解正弦定理和余弦定理,并且求出相应的角度.

上述说明,学生在形成数学的过程中表现较好.

2. 使用数学

在测试卷中,考查使用数学过程的是 2(1), 2(2), 3(2), 5(2), 5(3), 6(2), 7(2) 这几道试题. 最为显著的是第 3 和 6 题,在第 3 题中学生要掌握基本不等式并理解等号成立的条件. 在第 6 题中,学生需要灵活运用正弦定理和余弦定理,求出相应的角度和边长,只有对相关概念、公式等达到掌握程度,才能够通过运算得到结果. 在第 2 题中,学生掌握向量加法的法则、向量数量积以及解三角形相关概念,就能解决此题,但从第 2 题答题的整体情况来看,学生对于平面向量知识点掌握不到位,导致了答题分数较低.

从使用数学过程答题情况可以看出,学生基本具备使用数学知识解决相应数学问题的能力,导致答题分数较低的原因可能是与数学运算有关的知识掌握仍不扎实.

3. 解释数学

考查解释数学过程的是 2(3), 4, 7(3) 这几道试题. 在 2(3) 中,学生的平均分只有 2.26 分,说明学生对于运算结果做出数学解释的人数很少. 在 7(3) 中,学生能够通过计算得到哪种树会增加得比较快,但没有对此方法进行说明.

学生在解释数学过程的得分率是最低的,为 48.82%,并结合上述测试题说明,大部分学生没有达到合理解释数学的要求,需要加强这方面的训练和培养.

(三) 高中生数学运算素养测评情境维度结果分析

本研究高中生数学运算素养的测试题是在结合 PISA 测评的情境的分类基础上设计的,PISA 测评会将试题的情境分为个人的、职业的、社会的或是科学的,并且每种情境测试题至少会有一个,最多的会有三个.

由表 6-22 可知,得分率最高的是科学二级指标,高达 72.27%,接下来是职业二级指标,得分率是 69.03%,说明学生能够很好地理解这两个情境,能够从这两种环境中抽象出数学问题,并且进行解释. 对于职业情境维度,虽然学生与职业没有直接的接触, 但得分率仍比较高, 可能的原因是学生在生活或者考试中, 这类情境的问题接触较多, 并且该测试题较为简单, 因此得分较高. 学生在个人情境得分率最低, 为 54.71%, 但是学生在平时的生活中对于个人情境应该是最为熟悉的, 可能的原因很大程度上是因为测试题较难, 影响了学生的在此情境的得分.

表 6-22　　情境维度各二级指标答题得分情况

维度	二级指标	总分	平均分	得分率	标准差
情境维度	个人	17	9.30	54.71%	3.47
	职业	38	26.23	69.03%	5.84
	社会	30	18.17	60.57%	5.64
	科学	15	10.84	72.27%	2.74

结合测试题和学生的具体表现, 学生在职业和科学情境得分最好, 个人和社会得分较低. 笔者认为, 高二学生虽然对这四种情境不能充分理解, 但是由于日常生活有所接触, 因此对这四种情境还是有初步的认识的.

(四) 高中生数学运算素养测评情感态度价值观维度结果分析

本研究将高中生数学运算素养的调查问卷用来测评情感态度价值观的表现. 对于情感态度价值观, 我们先做一个总体的分析, 每一个指标下设计 5 个题, 总得分表示学生在这一指标的得分, 通过对数据进行分析, 我们得到学生在情感、态度、价值观三个指标下的得分如表 6-23 所示.

表 6-23　　情感态度价值观各二级指标题得分情况

维度	二级指标	总分	平均分	得分率	标准差
情感态度价值观	情感	25	18.58	74.32%	4.11
	态度	25	18.80	75.20%	4.30
	价值观	25	18.76	75.04%	4.25

根据表 6-23 可知, 情感、态度以及价值观的平均分分别为 18.58, 18.80, 18.76, 得分率均超过 60%, 说明大部分高中生对于数学运算素养的情感态度价值观以及数学运算的内容有较好的情感体验, 态度良好, 并且认识到数学运算的重要性.

从以上的得分率和标准差来看, 情感、态度以及价值观三个二级指标都相差不大. 得分率都达到了 70% 以上, 得分率最高的是态度这一指标, 说明学生在做题目时, 都对于运算充满自信心, 而且三个二级指标的标准差也基本相当.

为了能更加透彻地了解学生在三个二级指标下的具体情况, 我们将对数学运算素养中关于情感态度价值观维度三个二级指标的测评结果作进一步分析.

1. 情感

在高中生数学运算素养情感调查问卷中情感指标得分主要是 1~5 题, 测试学生对于数学运算的兴趣, 动机、信心的具体情况如何, 以及学生是否喜欢数学这门学科, 对于数学运算内容是否喜欢等一系列问题进行研究. 通过调查问卷的得分情况, 运用 SPSS22.0 统计软件对数据进行分析, 得到了各小题的平均分和各小题各项得分所占的百分比如表 6-24 所示.

表 6-24   数学运算素养调查问卷情感指标得分情况

试题编号	平均分	非常同意	比较同意	不确定	比较不同意	完全不同意
1	3.80	42.9%	20.3%	20.3%	6.8%	9.8%
2	3.70	30.1%	33.8%	18.8%	10.5%	6.8%
3	3.68	37.6%	21.8%	24.1%	4.5%	12.0%
4	3.86	36.8%	33.1%	15.8%	7.5%	6.8%
5	3.54	32.2%	23.3%	22.6%	9.8%	12.0%

从表 6-24 的数据分析, 我们可以得到, 学生关于数学运算素养调查问卷情感指标每题的得分有所不同. 在第 1 题和第 4 题的得分较高, 分别是 3.80 分和 3.86 分, 在 "非常同意" 这一项中分别占 42.9% 和 36.8%, "比较同意" 也达到 20.3% 和 33.1%, 这说明学生对数学这门学科还是比较感兴趣的, 当出现数学运算较难问题时, 不怕困难, 有耐心地去解决运算问题, 而不是退缩, 将问题遗留.

2. 态度

高中生数学运算素养调查问卷态度指标是 6~10 题, 测试学生在运算过程当中, 对于数学运算的态度, 是否具有独立思考、充满好奇心的精神, 能否在解题之后进行检验等. 通过调查问卷的得分情况, 运用 SPSS22.0 统计软件对数据进行分析, 得到了各题的平均分和各题各项得分所占的百分比如表 6-25 所示.

表 6-25   数学运算素养调查问卷态度指标得分情况

试题编号	平均分	非常同意	比较同意	不确定	比较不同意	完全不同意
6	3.87	42.1%	24.8%	15.8%	12.8%	4.5%
7	3.90	42.1%	21.1%	25.6%	6.8%	4.5%
8	3.66	35.3%	26.3%	18.8%	8.3%	11.3%
9	3.62	35.1%	25.0%	18.7%	8.4%	12.8%
10	3.76	34.6%	28.6%	20.3%	11.3%	5.3%

由表 6-25 中的数据分析可以看出, 第 6 题和第 7 题两题的分数较高, 分别是 3.87 分和 3.90 分, 两题 "非常同意或比较同意" 的分别占 66.9% 和 63.2%, 说明大部分学生在运算时都会动笔解题, 而不是靠心算解决问题, 并且字迹规范认真, 只有 4.5% 的学生在解题时, 不认真对待. 平均分最低的是第 9 题, 为 3.62 分, 有 12.8% 的学生在解完题之后是不检查的, 这是 "完全不同意" 这个选项中占比例最高的, 说明学生在解完题之后进行检验这一部分需要加强.

3. 价值观

高中生数学运算素养调查问卷价值指标是 11~15 题, 测试学生在运算过程中, 对于数学运算的应用和文化价值、创新能力. 通过调查问卷的得分情况, 运用 SPSS22.0 统计软件对数据进行分析, 得到了各小题的平均分和各小题各项得分所占百分比如表 6-26 所示.

表 6-26　数学运算素养调查问卷价值观指标得分情况

试题编号	平均分	非常同意	比较同意	不确定	比较不同意	完全不同意
11	3.78	36.8%	27.8%	18.8%	9.8%	6.8%
12	3.83	35.3%	30.8%	21.1%	6.8%	6.1%
13	3.75	39.1%	26.3%	15%	9.8%	9.8%
14	3.67	36.1%	21.8%	24.1%	8.9%	9.1%
15	3.73	34.6%	27.8%	21.1%	9.0%	7.5%

由表 6-26 数据可以看出, 11~15 题的平均分在 3.67 到 3.83 之间, 最高平均分和最低平均分相差不多, 最高平均分为 3.83 分, 最低平均分为 3.67 分, 说明学生在该指标的表现都比较均衡. 大部分学生都认为, 数学运算素养不仅有助于数学学习, 而且对其他领域的学习也有很大帮助. 研究表明, 数学运算素养甚至对程序化分析思维方法的习得以及数学思维能力和创新能力的培养, 都有着重要的教育价值和现实意义.

6.5　高中生数学运算素养测评研究结论与建议

6.5.1　高中数学运算素养测评研究结论

通过前面对江西省南昌市某校高二年级学生数学运算素养的测量与评价分析, 我们得到以下的结论:

(1) 整体性分析. 高中生数学运算素养整体分析表明, 从内容、过程、情境和情感态度价值观这四个维度的整体表现, 学生在数学运算素养测试卷中, 将分数化为百分制, 平均分为 64.54 分, 按照一般测试卷标准属于刚刚及格水平, 说明高中生在数学运算素养有关内容的掌握上、问题解决的过程中表现一般. 问卷调查测试结果化为百分制为 74.85 分, 这说明高中生在数学运算素养的情感态度属于良好水平.

(2) 相关性分析. 通过 Pearson 相关分析, 测试卷总体得分与调查问卷总得分在 0.01 水平上显著相关, 相关系数为 0.465, 属于中度相关, 说明学生在数学运算素养的内容掌握、情境化问题处理和问题解决过程中表现越好, 就对数学运算情感、态度和数学运算的价值观有更高的认可. 学生的数学运算素养测试卷得分和调查问卷得分以及整体得分与性别并无显著相关性. 学生的数学运算素养测试卷总得分和调查问卷总得分、整体总分与其所在班级类型显著相关, 均在置信度 (双侧) 为 0.01 水平上显著相关. 学生在数学运算素养测试卷与班级类型的相关系数为 0.750, 达到高度相关.

(3) 差异性分析. 通过单因素方差分析, 不同性别的学生数学运算素养的整体水平、以内容为载体的测试卷得分、情感态度价值观无显著差异. 不同班级的学生数学运算素养的整体水平、以内容为载体的测试卷得分、情感态度价值观的表现有显著差异. 从测试卷平均分得到, 实验班为 75.45 分, 重点班为 67.11 分, 平行班 53.04 分, 分数依次下降. 调查问卷也是如此. 因此, 实验班学生表现最好, 重点班排名第二, 最后是平行班.

(4) 高中生数学运算素养内容维度测评结果分析表明. 学生在内容维度的二级指标下的得分率存在较大的差异, 得分率最高的是数列, 达到了 72.27%, 集合、基本不等式、运用方程解决实际问题、解三角形这几个单元达到了 65% 以上, 而得分率最低的是直线与圆锥曲线这一单元, 得分率为 45%.

(5) 高中生数学运算过程维度测评结果分析表明. 形成数学的得分率为 71.88%, 是三个过程中得分率最高的, 表明学生能够很好地将现实中的问题化为数学问题, 在这个环节中, 标准差是最小的, 为 3.51, 说明学生在形成数学这个过程中, 学生的学习比较稳定, 相差不大. 得分率最低的是解释数学, 得分率为 48.82%, 说明学生无法将学习的数学知识和结论很好地回馈到现实情境中, 对于数学概念和数学解答的外延和限制条件存在某些误区.

(6) 高中生数学运算素养测评情境维度结果分析表明, 得分率最高的是科学二级指标, 高达 72.27%, 接下来是职业二级指标, 得分率为 69.03%, 说明学生能够很好地理解这两种情境, 并能从这两种情境中抽象出数学问题, 并进行解释. 个人和社会两种情境得分率分别为 54.71% 和 60.57%, 得分较低.

(7) 高中生数学运算素养情感态度价值观维度测试结果分析指出, 学生在情感、态度以及价值观得分率超过 60%, 说明大部分高中生数学运算素养的情感态度价值观水平表现较好, 对于数学运算内容有较好的情感体验, 认识到数学运算素养的重要性. 其中学生在态度试题得分率高于情感和价值观的得分, 说明绝大多数学生平时对于数学运算态度端正并且认真对待. 数学运算相关内容学习在良好思维品质的形成过程中的价值认同还有提升空间.

6.5.2   高中生数学运算素养培养建议

通过以上对数学运算素养测评得出的结论, 我们可以看出, 整体而言高中生在数学运算素养的表现仍存在一些不足, 很多方面仍有待提高. 本研究基于测评结果并结合已有研究, 对高中生数学运算素养的培养提出以下建议, 并以此探究促进学生数学运算素养水平提高的有效路径.

(一) 对学生的建议

(1) 重视对问题情境的理解. 数学问题归根结底来源于社会生产生活实践的需要, 数学运算的对象往往也是从现实问题情境中抽象出来的, 因而对现实情境与问题的理解就成为理解数学运算对象的前提, 而理解运算对象是理解运算法则和确定运算思路的基础.

(2) 重视领悟数学运算法则. "运算法则是运算的依据, 是推理的基础, 也是运算结果具有唯一性的保障", 因此, 在数学的学习过程中, 对运算法则的理解和领悟至关重要. 如 "二项式定理" 的构造性证明, 就涉及对 "二项式展开式的概念、乘法对加法的分配律、乘法的交换律、合并同类项, 以及同类项系数规律的探究(这又与组合计数原理相联系)" 等数学概念与法则的理解与把握.

(3) 善于总结运算思路和运算方法. 运算思路与方法的总结, 是数学学习的一个非常重要的习惯, 只有善于总结, 才能更好地提高自己. 比如, 在三角函数单元的学习中, 就要特别注意总结三角函数有关公式及其本质, 以及研究三角函数的方法, 注意从分析角的结构特征入手, 选择合适的三角公式进行三角恒等变换. 又如对有关三角函数性质的讨论, 更要注意将所研究的问题向基本函数模型转化(这里又包含化归与转化的思想), 最后, 利用基本函数进行适当的平移 (包括左右方向的平移和上下方向的平移)、伸缩变换 (包括两个坐标轴方向上的伸缩) 等, 从而得出所研究的问题的性质.

(二) 对教师的建议

关于数学运算素养的培养, 《普通高中数学课程标准 (2017 年版 2020 年修订) 解读》中指出如下路径: 创设问题情境, 明晰运算对象; 将有关问题转化为运算问题并解决问题; 帮助学生学会 "合理运用法则, 确定运算思路"; "看" 出结果, "看" 出思路.

我们认为, 教师在平时的教学中, 还需特别注意: (1) 精心选择教学内容, 合理安排教学环节; (2) 加强良好运算习惯和学习方法的培养; (3) 激发学生对数学学习的兴趣等.

总之, 数学运算素养的培养, 非朝夕之功, 应贯穿于数学教育的始终.

参 考 文 献

[1] 朱立明. 基于深化课程改革的数学核心素养体系构建 [J]. 中国教育学刊, 2016, (5): 76-80.

[2] 曹一鸣, 冯启磊, 陈鹏举, 等. 基于学生核心素养的数学学科能力研究 [M]. 北京: 北京师范大学出版社, 2017: 182.

[3] OECD. PISA 2012 Assessment [EB/OL]. http://www.oecd.org/pisa/.

[4] 张亚静. 数学素养: 学生的一种重要素质——基于数学文化价值的思考 [J]. 中国教育学刊, 2016, (1): 65-67.

[5] 康世刚. 数学素养生成的教学研究 [D]. 重庆: 西南大学, 2009.

[6] 胡典顺. 数学素养研究综述 [J]. 教程 · 教材 · 教法, 2010, (12): 50-54.

[7] 桂德怀, 徐斌艳. 数学素养内涵之探析 [J]. 数学教育学报, 2008, (5): 22-24.

[8] 何小亚. 学生 "数学素养" 指标的理论分析 [J]. 数学教育学报, 2015, (1): 13-20.

[9] 章建跃. 高中数学教材落实核心素养的几点思考 [J]. 课程 · 教材 · 教法, 2016, (7): 44-49.

[10] 郑毓信. 数学教育视角下的 "核心素养"[J]. 数学教育学报, 2016, (3): 1-5.

[11] 喻平. 数学学科核心素养要素析取的实证研究 [J]. 数学教育学报, 2016, (6): 1-6.

[12] 刘祖希. 我国数学核心素养研究进展——从数学素养到数学核心词再到数学核心素养 [J]. 中小学教材教学, 2016, (7): 35-40.

[13] 孙志刚. 数学教学: 从双基到学科核心素养 [J]. 甘肃教育, 2015, (20): 17.

[14] 顿继安. 基于核心素养的数学教学: 基础、挑战与对策 [J]. 中小学教材教学, 2015, (9): 44-47.

[15] 邵朝友, 周文叶, 崔允漷. 基于核心素养的课程标准研制: 国际经验与启示 [J]. 全球教育展望, 2015, (8): 14-22, 30.

[16] 桂德怀. 中学生代数素养内涵与评价研究 [D]. 上海: 华东师范大学, 2011.

[17] 中华人民共和国教育部. 普通高中数学课程标准 (2017 年版)[M]. 北京: 人民教育出版社, 2018.

[18] 章建跃. 高中阶段的数学运算素养该强调什么 [J]. 中小学数学版 (高中版), 2016, (6): 66.

[19] 石明荣. "核心素养" 中 "数学运算" 素养的内涵与实践研究 [J]. 中学数学, 2017, (5): 26-27.

[20] 张夏雨. 从 PME 视角看数学运算素养及其培养 [J]. 教育研究与评论 (中学教育教学), 2017, (2): 25-29.

[21] 黄小宁. 造成学生运算能力差的心理因素 [J]. 天水师范学院学报, 2000, 20(S1): 70-72.

[22] 过家福, 王华民. 探索培养学生数学运算素养的几个途径 [J]. 中学数学月刊, 2017, (12): 36-40.

[23] 陈玉娟. 例谈高中数学核心素养的培养——从课堂教学中数学运算的维度 [J]. 数学通报, 2016, 55(8): 34-54.

[24] 董林伟, 喻平. 基于学业水平质量监测的初中生数学核心素养发展状况调查 [J]. 数学教育学报, 2017, 26(1): 7-13.

[25] 文嫡. 高二学生数学运算素养水平的测评研究——以湖北省某示范性中学为例 [D]. 上海: 华东师范大学, 2018.

[26] 李佳, 高凌飚, 曹琦明. SOLO 水平层次与 PISA 的评估等级水平比较研究 [J]. 课程 · 教材 · 教法, 2011, 31(4): 91-96, 45.

[27] 黄友初. 数学素养的内涵、测评与发展研究 [M]. 北京: 科学出版社, 2016.

[28] Biggs J B, Collis K F. Evaluating the Quality of Learning—The SOLO Taxonomy [M]. New York: Academic Press, 1982.

[29] Brabrand C, Dahl B. Using the SOLO taxonomy to analyze competence progression of university science curricula [J]. High Education, 2009, 58: 531-549.

[30] 马云鹏, 孔凡哲, 张春莉. 数学教育测量与评价 [M]. 北京: 北京师范大学出版社, 2009.

附录 6-1　高中生数学运算素养测试卷

1. $A = \{1, 2, 3, k\}$, $B = \{4, 7, a^4, a^2 + 3a\}$, $a \in N_+$, $k \in N_+$, $x \in A$, $y \in B$, f: $x \to y = 3x + 1$ 是从集合 A 到集合 B 的一个函数, 则 a, k 分别是多少?

2. 长江某地南北两岸平行. 如图所示, 江面宽度 $d = 1\text{km}$, 一艘游艇从南岸码头 A 出发航行到北岸. 假设游艇在静水中的航行速度 v_1 的大小为 $|v_1| = 10\text{km/h}$, 水流速度 v_2 的大小为 $|v_2| = 4\text{km/h}$, 设 v_1 和 v_2 的夹角为 θ $(0 < \theta < 180°)$, 北岸的点 A' 在 A 的正北方向, 回答下面的问题:

(1) 当 $\theta = 120°$ 时, 判断游艇航行到达北岸的位置在 A' 的左侧还是在右侧, 请说明理由.

(2) 当 $\cos\theta$ 多大时, 游艇能到达 A' 处? 需要航行多长时间?

(3) 当 $\theta = 120°$ 时, 游艇航行到北岸的实际航程是多少?

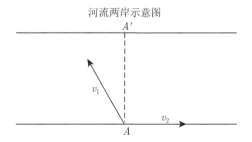

河流两岸示意图

3. 某公司一年购买某种货物 400 吨, 每次都购买 x 吨, 运费为 4 万元/次, 一年的总存储费用为 $4x$ 万元. 要使一年的总运费和存储费用之和最小, 则 $x =$ ＿＿＿＿＿＿ 吨, 最小的总费用为 ＿＿＿＿＿＿ 万元 (写出你的解答过程).

4. 在直角坐标系 xOy 中, 曲线 $C: y = \dfrac{x^2}{4}$ 与直线 $l: y = kx + 2$ 交于点 M, N 两点. 问: y 轴上是否存在点 P, 使得 k 变动时, 总有 $\angle OMP = \angle OPN$? 若存在, 求出点 P 的坐标; 若不存在, 请说明理由.

5. 有一支队伍长 L, 以速度 v 匀速前进. 排尾的传令兵因传达命令赶赴排头, 到这排头后立即返回, 且往返速度不变.

(1) 如果传令兵行进的速度为整个队伍行进速度的 2 倍, 求传令兵回到排尾所行走的路程.

(2) 如果传令兵回到排尾时, 全队正好前进了 L, 求传令兵所行走的路程.

(3) 在 (1) 和 (2) 中, 哪个传令兵的行进速度更快些?

6. $\triangle ABC$ 的内角 A, B, C 的对边分别为 a, b, c, 设 $(\sin B - \sin C)^2 = \sin^2 A - \sin B \sin C$.

(1) 求 A.

(2) 若 $\sqrt{2}a + b = 2c$, 求 $\sin C$.

7. 农夫将苹果树种在正方形的果园, 为了保护苹果树不怕风吹, 他在苹果树的周围种针叶树. 在下图里, 你可以看到农夫所种植苹果树的列数 (n) 和苹果树的数量及针叶树数量的规律:

```
                                                    X X X X X X X X
                          X X X X X      X A   A   A   A X
            X X X X X      X A   A A X      X               X
X X X      X A   A X      X             X      X A   A   A   A X
X A X      X       X      X A   A A X      X               X
X X X      X A   A X      X             X      X A   A   A   A X
            X X X X X      X A   A A X      X               X
                          X X X X X      X A   A   A   A X
                                                    X X X X X X X X
n=1          n=2                n=3              n=4
```

(1) 完成下列表格

n	苹果树数	针叶树数
1	1	8
2	4	
3		
4		
5		

(2) 你可以用以下 2 个公式计算上面提到的苹果树数量及针叶树数量的规律, 苹果树数量 $= n^2$, 针叶树的数量 $= 8n$, n 代表苹果树的数列, 当 n 为某一个数值时, 苹果树的数量会等于针叶树的数量, 找出 n 值, 并写出你的计算方法.

(3) 若农夫想要种更多列, 做一个更大的果园, 当农夫将果园扩大时, 哪一种树的数量会增加得比较快? 是苹果树还是针叶树? 解释你的想法.

附录 6-2　高中生数学运算素养调查问卷

亲爱的同学:

你好!

为了研究高中生数学运算素养现状,我们特邀你参加这次问卷调查. 本调查研究问卷仅作数学教育教学研究之用,我们会对你的回答绝对保密和尊重. 请相信你的每一个回答都对我们的研究非常重要,希望你能认真如实作答. 真诚感谢你的合作!

一、基本信息

性别: □ 男　□ 女

(　　)1. 你是否喜欢的是数学?

A. 很不喜欢　　　　　　　　B. 不太喜欢　　　　　　　C. 不确定

D. 比较喜欢　　　　　　　　E. 很喜欢

(　　)2. 你认为自己的运算能力如何?

A. 很不好　　　　　　　　　B. 不好　　　　　　　　　C. 不确定

D. 好　　　　　　　　　　　E. 很好

(　　)3. 在数学考试中你是否经常由于紧张、急躁等原因产生运算错误?

A. 很经常　　　　　　　　　B. 经常　　　　　　　　　C. 一般

D. 不太经常　　　　　　　　E. 不会出现

(　　)4. 遇到复杂运算,你是否勇敢, 不怕麻烦,不会逃避, 有耐心?

A. 是　　　　　　　　　　　B. 基本是　　　　　　　　C. 一般

D. 基本不是　　　　　　　　E. 不是

(　　)5. 你在解题中是重视思路和方法, 不会轻视具体的运算过程, 看会做还是会接着做下去?

A. 是　　　　　　　　　　　B. 基本是　　　　　　　　C. 一般

D. 基本不是　　　　　　　　E. 不是

(　　)6. 你是常因为心算太多而动笔太少,思维跳跃太大产生运算错误?

A. 是　　　　　　　　　　　B. 基本是　　　　　　　　C. 一般

D. 基本不是　　　　　　　　E. 不是

(　　)7. 你是否书写整齐、规范、认真,草稿纸字迹清晰?

A. 是　　　　　　　　　　　B. 基本是　　　　　　　　C. 一般

D. 基本不是　　　　　　　　E. 不是

(　　　)8. 平时在数学运算中你不会借助于计算器或搜题软件?

A. 是　　　　　　　　　　B. 基本是　　　　　　　　C. 一般

D. 基本不是　　　　　　　　E. 不是

(　　　)9. 你在解题完成后是否经常进行检查?

A. 不是　　　　　　　　　B. 基本是　　　　　　　　C. 一般

D. 基本是　　　　　　　　E. 是

(　　　)10. 当你出现运算错误时是否重视并进行错因剖析?

A. 是　　　　　　　　　　B. 基本是　　　　　　　　C. 一般

D. 基本不是　　　　　　　　E. 不是

(　　　)11. 你认为运算能力强, 运算素养高的话是否可以培养你程序化分析的习惯?

A. 是　　　　　　　　　　B. 基本是　　　　　　　　C. 一般

D. 基本不是　　　　　　　　E. 不是

(　　　)12. 你认为数学运算素养水平越高, 是否可以使得其他学科 (物理、化学等) 的学习或各领域的运用有所帮助?

A. 是　　　　　　　　　　B. 基本是　　　　　　　　C. 一般

D. 基本不是　　　　　　　　E. 不是

(　　　)13. 你认为数学运算素养对数学的学习有很大的帮助吗?

A. 是　　　　　　　　　　B. 基本是　　　　　　　　C. 一般

D. 基本不是　　　　　　　　E. 不是

(　　　)14. 随着科学技术的飞速发展, 在当今这样一个信息化、数字化的时代, 数学运算素养可以培养我们的数学思维能力和创新能力.

A. 是　　　　　　　　　　B. 基本是　　　　　　　　C. 一般

D. 基本不是　　　　　　　　E. 不是

(　　　)15. 你认为提高数学运算素养对今后科技和社会的发展有重要意义吗?

A. 很重要　　　　　　　　B. 重要　　　　　　　　C. 一般

D. 不重要　　　　　　　　E. 无意义

第 7 章　数据分析素养的测量与评价

　　根据《普通高中数学课程标准 (2017 年版 2020 年修订)》与 PISA 数学素养测评体系, 确定了将内容、过程、情境和情感态度价值观作为数据分析素养测评的四个维度, 并基于 SOLO 分类理论制定了内容维度水平划分标准, 建立起了高中生数据分析素养测评体系, 并在此基础上编制了高中生数据分析素养测试卷与调查问卷, 测评与研究结果表明: (1) 高中生数据分析素养测评的整体得分平均处于及格水平, 以内容、过程、情境为基础的测试卷得分低于及格水平; (2) 高中生在数据分析有关的内容、情境、过程中的表现与情感态度价值观之间具有显著相关性, 不同性别的学生的数据分析素养并无显著差异, 不同班级类型、日常数学成绩所处分数段的学生的数据分析素养具有显著差异; (3) 内容维度, 大部分学生在获取数据的基本途径与概念、统计图表、用样本估计总体、成对数据的统计相关性四个单元的表现达到了多点结构水平, 对抽样内容的掌握停留在单点结构水平, 约为三分之一的学生在一元线性回归模型单元的表现达到了多点结构水平, 绝大部分学生在 2×2 列联表单元的表现达到了多点结构水平; (4) 学生在形成数学过程的表现较好, 在使用数学和解释数学过程的表现相对较差, 在社会的和科学的情境中表现较好, 在个人的和职业的情境中表现相对较差; (5) 大部分学生都具有良好的数据分析素养情感、态度和价值观水平, 非常肯定数据分析在实际生活、科学、技术、医疗和工程等方面的价值.

　　基于以上测评与研究结果, 我们建议: (1) 教材编写上以培养学生的数据分析素养作为教材编写的核心目标, 与时俱进地增加一些大数据分析案例引起学生兴趣; (2) 考试命题以学生的数据分析素养水平作为统计模块考查的目标, 命制一定量的开放性试题; (3) 教师自身加强对课程标准中数据分析素养理论的学习, 加强对大数据分析等统计专业知识的掌握; (4) 教师教学过程中以培养高中生数据分析素养作为统计内容教学的核心目标, 加强学生对数据分析有关概念和方法的理解, 以实际情境为背景展开数据分析有关内容的教学, 通过开展统计活动让学生亲历数据分析的全过程, 结合信息技术提高学生数据分析素养.

7.1　数据分析素养研究概述

　　核心素养是当前教育领域研究的焦点, 由经济合作与发展组织 (OECD) 于 1997 年最先提出, 描述的是所有社会成员都应具备的共同素养中那些最关键、必要且居于核心地位的素养. 2014 年 3 月, 中华人民共和国教育部印发了《关于全面深化课程改革落实立德树人根本任务的意见》, 将学生发展核心素养体系的研究作为立德树人工程的首要环节, 并提出把核心素养体系作为研究学业质量标准、修订课程方案和课程标准的依据, 这是我国第一次在国家课程改革的重要文件中明确使用核心素养一词, 意味着党和国家把学生核心素养的培养问题放到了一个新的高度上[①].

数据分析作为《普通高中数学课程标准 (2017 年版)》提出的六大数学核心素养之一, 它不但与当前 "概率与统计" 作为数学课程内容主题之一的教学现状相契合, 也体现了数学核心素养要素的时代性特征, 符合培养适应个人终身发展和社会发展需要的必备品格和关键能力的核心素养要求. 因此, 数据分析素养的研究也受到各方的关注.

7.1.1　数据分析素养的内涵与构成要素研究

数据分析一词在国内的提出并不是在数学核心素养提出之后, 因此, 厘清数据分析素养内涵发展很有必要. 国外的数学核心素养研究中较少使用 "数据分析" 一词, 因此, 国外的与数据分析素养有关的研究综述主要关注数学核心素养研究中和统计与概率有关的方面、统计思维的描述方面.

(一) 国内有关数据分析素养的内涵与构成要素研究

《义务教育数学课程标准 (2011 年版)》指出: "数据分析观念包括: 了解在现实生活中有许多问题应当先做调查研究, 收集数据, 通过分析做出判断, 体会数据中蕴涵着信息; 了解对于同样的数据可以有多种分析的方法, 需要根据问题的背景选择合适的方法; 通过数据分析体验随机性, 一方面对于同样的事情每次收集到的数据可能不同, 另一方面只要有足够的数据就能从中发现规律. 数据分析是统计的核心."[②]

《普通高中数学课程标准 (2017 年版)》从内涵、学科价值、主要表现和育人价值等四个方面, 对数据分析素养作出了精辟概括, 指出: [③]

数据分析是指针对研究对象获取数据, 运用数学方法对数据进行整理、分析和推断, 形成关于研究对象知识的素养. 数据分析过程主要包括: 收集数据、整理数据、提取信息、构建模型、进行推断、获得结论. (内涵)

数据分析是研究随机现象的重要数学技术, 是大数据时代数学应用的主要方法, 也是 "互联网 +" 相关领域的主要数学方法, 数据分析已经深入到科学、技术、工程和现代社会生活的各个方面. (学科价值)

---

① 林崇德. 21 世纪学生发展核心素养研究 [M]. 北京: 北京师范大学出版社, 2016.
② 中华人民共和国教育部. 义务教育数学课程标准 (2011 年版)[M]. 北京: 北京师范大学出版社, 2012.
③ 中华人民共和国教育部. 普通高中数学课程标准 (2017 年版)[M]. 北京: 人民教育出版社, 2018.

数据分析主要表现为: 收集和整理数据、理解和处理数据、获得和解释结论、概括和形成知识. (主要表现)

通过高中数学课程的学习, 学生能提升获取有价值信息并进行定量分析的意识和能力; 适应数字化学习的需要, 增强基于数据表达现实问题的意识, 形成通过数据认识事物的思维品质, 积累依托数据探索事物本质、关联和规律的活动经验. (育人价值)

董莉、张号、张宁[①]认为数据分析观念是学生在有关数据的统计活动中所建立起来的对数据分析的某种领悟, 是关于数据分析内涵、思想方法及其应用价值的综合性认识.

陈惠勇提出 "统计思维与观念 + 技术 + 方法 = 随机思想方法 = 统计与概率核心素养" 这一素养框架, 关注到数学核心素养概念中的 "思维品质" 和 "关键能力" 两个方面, 认为对《普通高中数学课程标准 (2017 年版)》中数据分析素养的理解不但要强调技术与方法, 更应突出强调随机性思维品质.[②]

总的来说, 义务教育阶段所提的数据分析观念更加强调对数据和数据分析方法的认识, 强调对随机性的认识. 而高中数学课程标准提出的 "数据分析素养" 不但蕴含了 "数据分析观念" 的内涵, 而且在素养形成的过程中对技术方法的掌握、观念与思维的形成等方面有更高的要求. 国内学者对数据分析素养的理解和研究与课程标准的提法具有共同之处, 使得我们对数据分析素养的内涵有了更为全面的认识.

(二) 国外有关数据分析素养的内涵与构成要素研究

国外与数据分析素养相对应的表述是 "统计思维""统计素养". 关于统计思维、统计素养的内涵有如下一些表述. Moore 把 "变化" 作为统计思想的核心要素, 指出统计过程中变化无处不在. 需要关于过程的数据, 先是查看数据, 在考虑变化的情况下设计数据产生, 变化的定量化, 解释变化, 设法求得个体和测量的随机可变性的背后的系统效果. Mooney 和 Jone 将统计思维刻画为 4 个维度: 描述数据、整理和概括数据、表示数据、分析和解释数据, 提出这几个方面侧重了数据处理过程. Wild 和 Pfannkuch 提出统计思维的 5 个重要因素: 认识到需要数据、数据分析、考虑变异、一套独特的模型、将统计与实际情境相联系[③].

上述理论说明, 国内外学者对数据分析素养内涵与构成要素的研究都强调了以下三个方面, 即通过数据的收集和数据的分析提取信息、通过数据体会随机性、利用数据解决问题.

① 董莉, 张号, 张宁. 义务教育阶段学生数据分析观念的评价框架建构 [J]. 数学教育学报, 2014, 23(2): 45-48.

② 陈惠勇. 统计与概率教育研究 [M]. 北京: 科学出版社, 2018.

③ Wild C J, Pfannkuch M. Statistical thinking in empirical enquiry[J]. International Statistical Review, 1999, 67(3): 233-248.

7.1.2   数据分析素养的测量与评价研究

数据分析素养的测量与评价的核心在于测评指标体系的建立和水平的划分, 目前专门针对数据分析素养测评设计的框架较少, 但是有两方面的测评研究能为我们建立这一测评框架提供借鉴, 一方面是数学素养或数学核心素养测评框架中与数据分析或统计概率相关的部分, 另一方面是数据分析观念、统计素养、统计思维的测评框架.

(一) 我国有关数据分析素养测评的研究

1. 数学核心素养测评框架中与数据分析相关的部分

《普通高中数学课程标准 (2017 年版)》对六大核心素养进行了三个水平层次的划分, 分别对应于高中数学必修课程结束后高中学业水平考试学生应该达到的水平、选择性必修课程结束后应该达到的高考水平、选修课程学习后应该达到的高校自主招生水平. 以此为定位的水平划分不宜直接作为平时教学过程中的核心素养测评, 需要进一步的细化, 但是进行数据分析素养的水平划分理应以课标为指导.

董林伟、喻平[①]把数学核心素养划分为三级指标用以测量初中生数学核心素养发展状况, 数据分析作为其中一个一级指标, 再进行具体表现与表现水平的划分, 从具体表现的指标来看, 它和《义务教育数学课程标准 (2011 年版)》提出的 "数据分析观念" 的内涵划分较为一致, 而与《普通高中数学课程标准 (2017 年版)》提出的数据分析素养有一定差别, 并且是针对初中生的测评框架, 但是初高中内容具有一定的内在联系, 其细致的水平划分能够给本研究提供参照.

2. 数据分析观念、统计思维、统计素养的测量与评价框架

董莉、张号、张宁基于 SOLO 分类理论建立了义务教育阶段学生数据分析观念的评价框架, 将数据分析观念分为 "对数据的意识和感悟、对数据分析方法的意识和感悟、对现实现象随机性的意识和感悟" 三个维度, 每个维度下以 SOLO 水平划分为依据分为三个层次. 对于每一维度每一水平, 都进行了具体的水平描述, 由此来测量学生的数据分析观念.

蒋秋[②]进行了小学生统计素养的测评研究, 从情感态度与统计知识技能两个方面进行测评, 依据课程标准和 SOLO 分类法制定了测试的双向细目表. 数据分析素养的测评离不开具体的学习内容, 情感态度是发展数学核心素养的必要条件, 这两个部分作为数据分析素养测评的指标具有合理性.

---

① 董林伟, 喻平. 基于学业水平质量监测的初中生数学核心素养发展状况调查 [J]. 数学教育学报, 2017, 26(1): 7-13.

② 蒋秋. 小学生统计素养测评研究 [D]. 重庆: 西南大学, 2015.

此外, 陈庆来、董薇薇、张宁、陈平、康凯和杨佳慧几位硕士研究生进行了数据分析观念水平的实证研究, 蒲秀琴、胡敏、王艳林几位硕士研究生进行了统计思维水平的实证研究, 采用的框架都是基于 SOLO 分类理论、Reading 或 Mooney和 Greer 的统计思维框架, 针对研究的年级不同进行了部分指标和水平描述的调整, 此处不再一一赘述.

3. 数据分析素养测量与评价框架

胡敬涵[①]硕士进行了高中生数据分析素养现状的调查研究, 将数据分析素养划分为收集数据、整理数据、描述数据、做出推断四个维度, 结合四个维度下的具体内容编制测试题进行测评. 根据 SOLO 分类理论, 对解答题制定水平标准, 旨在具体了解学生数据分析素养的发展水平. 调查结果显示, 高中生的数据分析素养普遍不高, 仅到达了多元结构水平, 学生仅能解决机械的计算问题, 尚未意识到数据分析的重要性.

高丽波[②]硕士结合随机抽样、利用样本估计总体、相关性分析和 2×2 列联分析四部分内容进行高中生数据分析素养的测评. 在水平划分上, 该作者认为《普通高中数学课程标准 (2017 年版)》的水平划分可操作性并不强, 因此在此基础上进行了水平划分调整, 测试只针对高考水平的考生, 删去了包含针对不同专业方向的选修内容的第三水平, 将原先的第一水平与第二水平重新划分调整为三个水平, 增强了可操作性. 在这一水平标准下的调查结果显示, 高中生数据分析素养水平现状整理良好, 符合课程标准的要求, 但开放性试题的作答情况表现不佳.

以上两篇硕士论文的撰写完成于《普通高中数学课程标准 (2017 年版)》出版之后, 建立在新课程标准界定的数据分析素养内涵的基础上, 与本研究的主题相同. 两篇论文都对数据分析素养水平的测评建立了有针对性的具体的水平划分标准, 但是测评维度与二级指标的建立仅根据了统计的不同内容, 并未结合课程标准中提到的情境背景、学生的情感态度价值观表现.

(二) 国外有关数据分析素养测评的研究

数据的不确定性是数据分析的基础, 因此, PISA 测评中关于 "不确定性和数据" 的测评框架能够给本研究中测评框架的建立提供理论支撑. PISA 2005 中 "不确定性" 领域的六层次要求表中对于某一水平的描述相对前面提及的水平划分较为具体, PISA 框架作为国际大规模测评研究框架也具有较强的代表性、权威性, 可作为本研究的又一理论基础. 但是, 此水平要求表包含了统计与概率 (而课程标准中提出的数据分析素养相关的内容主要是统计), 并且, 面向的是初中学生, 因此, 此水平划分仍需结合我国课程改革与教学实际进行调整.

---

① 胡敬涵. 高中生数据分析素养现状的调查研究 [D]. 哈尔滨: 哈尔滨师范大学, 2018.
② 高丽波. 高中生数据分析素养水平现状的调查研究 [D]. 石家庄: 河北师范大学, 2018.

　　Mooney 和 Jone 将统计思维刻画为描述数据、整理和概括数据、表示数据、分析和解释数据四个维度, 也按照 SOLO 分类理论将每一维度对应划分为四个水平, 这四个水平分别是: 主观水平、过渡水平、数量水平和分析水平[①].

　　根据以上国内外与数据分析素养测评相关的测评指标体系与水平划分的分析, 本研究认为具有借鉴意义的是《普通高中数学课程标准 (2017 年版)》中的水平划分和 PISA 测评中的指标体系与水平划分, 课程标准作为我国教育指导性文件代表了当前数学教育教学研究的国内导向, PISA 作为最具影响力的国际数学素养测评项目代表了国际导向, 但是, 评价框架需要符合课程改革下高中生学习内容要求的实际情况, 符合课程标准中数据分析素养的具体要求, 任何一个框架都应该根据本书研究需要进行调整. 综述发现, 对于指标体系建立后的水平划分, 大部分的测评框架的水平划分都基于 SOLO 理论, 事实上, 李佳、高凌飚、曹琦明的研究也证明 PISA 与 SOLO 的水平划分思想具有一致性, 并且, SOLO 更能够清晰表明学生能力的可视性, 具有更广的应用性[②], 因此 SOLO 理论将作为本研究测评体系建立中水平划分的重要理论基础, SOLO 理论中最为核心的内容是其中的水平特征表[③④], 具体见附录 7-1.

7.1.3　数据分析核心素养培养的研究

　　张爱平、马敏在进行了基于质量监测的初中生数据分析发展状况调查研究后提出以下数据分析素养培养建议[⑤]: 关注统计学习过程与关注学习结果相结合; 关注统计图表认识与关注数学运算相结合; 关注统计知识的意义理解与应用相结合; 注重独立思考与合作学习相结合.

　　阳志长结合教学与教材的研究提出以下培养策略[⑥]: 充分利用教材探究等活动, 激发学生的数据分析情感; 充分运用教材典型性案例, 培养学生的数据分析意识; 尽量选用教材拓展性栏目, 训练学生的数据分析能力; 充分调用现代教育技术, 培养学生的大数据思维和素养.

　　此外, 还有部分国内学者从教学理论与实践的角度提出数据分析素养的培养策略, 为本研究进行测评之后提出培养建议提供参考.

---

　　① Jones G A. A framework for characterizing children's statistical thinking [J]. Mathematical Thinking and Learning, 2000, 2(4): 50.

　　② 李佳, 高凌飚, 曹琦明. SOLO 水平层次与 PISA 的评估等级水平比较研究 [J]. 课程·教材·教法, 2011, 31(4): 91-96, 45.

　　③ Biggs J B, Collis K F. Evaluating the Quality of Learning——The SOLO Taxonomy [M]. New York: Academic Press, 1982.

　　④ Brabrand C, Dahl B. Using the SOLO taxonomy to analyze competence progression of university science curricula [J]. High Education, 2009, 58: 531-549.

　　⑤ 张爱平, 马敏. 基于质量监测的初中学生数据分析发展状况的调查研究 [J]. 数学教育学报, 2017, 26(1): 28-31.

　　⑥ 阳志长. 充分运用教材资源, 致力培养数据分析核心素养 [J]. 中国数学教育, 2017, (6): 19-22.

7.2 高中生数据分析素养测评体系的构建

随着数学课程改革的深入推进, 特别是《普通高中数学课程标准 (2017 年版)》颁布以来, 数学核心素养的测评已成为当前研究的热点与难点, 但专门针对高中生数学核心素养之一的数据分析素养的测评研究较少. 因此, 本研究在分析比较国内外测评体系研究成果的基础上, 基于《普通高中数学课程标准 (2017 年版)》中关于数据分析素养的质量描述与水平划分和 SOLO 分类理论中的水平划分特征表, 并将《普通高中数学课程标准 (2017 年版)》与国际上数学素养测评最具代表性的 PISA 测评理论相结合, 构建符合我国数学课程改革实践的高中生数据分析素养的测评指标体系, 即本测评体系的构建, 基于以下三项研究成果, 使其更加适用于高中阶段学生的数据分析素养的测评: 一是《普通高中数学课程标准 (2017 年版)》中的评价建议与水平划分; 二是最具国际影响力的 PISA 测评指标体系与水平划分标准; 三是 SOLO 分类理论中的水平划分特征表.

7.2.1 高中生数据分析素养测评指标体系建立的依据

(一)《普通高中数学课程标准 (2017 年版)》评价建议

数学课程标准的评价建议中指出: "评价要关注学生数学知识技能的掌握, 还要关注学生的学习态度, 更要关注学生数学核心素养水平的达成."

数学知识和技能是数学核心素养的载体. 数学核心素养水平的阐释涉及情境与问题、知识与技能、思维与表达、交流与反思, 因此, 在设计教学评价工具时, 应着重结合问题情境. 良好的学习态度是学生形成和发展数学核心素养的必要条件, 也是最终形成科学精神的必要条件, 在日常评价中应把学生的学习态度作为教学评价的重要目标[①]. 因此, 根据对数据分析素养的测评必然地应该关注内容维度、情境维度、情感态度价值观维度.

基于上述评价建议, 《普通高中数学课程标准 (2017 年版)》提供了 36 个具体的案例帮助研究者们和一线教师更好地理解课程标准的要求, 理解数学核心素养与内容、教学、评价、考试命题的关系, 更好地指导教学评价与命题. 在这些具体的案例中, 有三个案例与数据分析素养有关, 可作为试题应用于数据分析素养的测评, 或为试题的设计提供参考.

为了更好地阐释《普通高中数学课程标准 (2017 年版)》从内容维度、情境维度对数据分析素养进行考查, 下面对其中的一个样例 (案例 35, p169-171) 进行分析.

【案例】: 估计考生总数

---

① 中华人民共和国教育部. 普通高中数学课程标准 (2017 年版 2020 修订)[M]. 北京: 人民教育出版社, 2020.

【目的】分别说明数学建模素养和数据分析素养水平一、水平二的表现, 体会评价的满意原则和加分原则.

【情境】某大学美术系平面设计专业的报考人数连创新高, 报名刚结束, 某考生想知道这次报考该大学美术系平面设计专业的人数. 这所大学美术系平面设计专业考生的考号按 0001, 0002, ⋯ 顺序编排. 该考生随机地了解了 50 个考生的考号, 具体如下:

```
0400  0904  0747  0090  0636  0714  0017  0432  0403  0276
0986  0804  0697  0419  0735  0278  0358  0434  0946  0123
0647  0349  0105  0186  0079  0434  0960  0543  0495  0974
0219  0380  0397  0283  0504  0140  0518  0966  0559  0910
0658  0442  0694  0065  0757  0702  0498  0156  0225  0327
```

请你给出一种方法, 帮助该考生, 根据这 50 个随机抽取的考号, 估计这一年报考该大学美术系平面设计专业的考生总数.

针对案例 "估计考生总数" 进行分析, 问题与报考某专业的学生人数有关, 具有现实情境背景, 体现了数学素养测评所包含的情境维度, 但是这一情境并不是学生非常熟悉的. 此外, 这是一个开放性较强的问题, 解决这一问题可能应用到用样本空间的数字特征来估计总体的数字特征或性质, 这是统计建模问题中的基本思想和基本方法, 能够展现数据分析素养水平. 应用用样本估计总体的思想, 采取了一些合理的办法来解决本问题, 可以达到水平一的要求. 例如, 用给出数据的最大值来估计考生总数; 用数据中的 "最大值＋最小值" 来估计考生总数; 用数据中的一部分数据的信息来估计考生的总数等等. 学生如果能够理解数据分析的思想, 回答问题和表达到位, 可以认为达到数据分析素养水平二的要求.

案例充分体现了数据分析素养测评与具体学习内容及情境的关系, 数据分析素养的测评最终还是将以试题测试的形式进行, 通过对相关知识与技能的测试结果来体现数据分析素养水平; 与数据分析有关的问题都产生于一定的情境之中, 情境多种多样, 不同学生在不同的情境下知识与技能的应用和发挥存在差异进而产生不同的测试结果, 因此也可体现数据分析素养水平.

此外, 上述案例中的问题是开放性问题, 答案并不唯一, 也体现了课程标准所说的评价要关注数学核心素养的有效达成. 开放性问题的解答不仅可以体现学生知识技能的掌握情况, 也可以考查学生对问题情境的理解、学生的思维表达能力, 这都是数学核心素养所涵盖的方面, 是数据分析素养测评问题设计需予以借鉴的.

(二) 国际学生评估项目 (PISA)

PISA 从内容、过程和情境三个维度进行数学素养的测评, 这三个维度作为一级指标与具体分类共同形成一个数学素养测评的理论框架, 可用下述理论框架结

构图直观表示 (图 7-1).

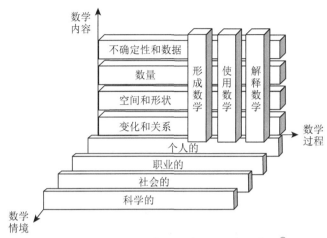

图 7-1 PISA 2012 数学素养理论框架结构图[①]

由图 7-1 可知, 内容维度包括不确定性和数据、数量、空间和形状以及变化和关系四个部分, 本研究进行的是数据分析素养测评研究, 这四部分内容中的 "不确定性和数据" 这个部分与数据分析素养相关. 过程维度包括解决问题中形成数学、使用数学和解释数学三个过程. 情境维度包括个人、职业、社会、科学四个与学生现在和未来相关的四个真实情境. 为了直观地说明 PISA 试题如何从内容维度、过程维度、情境维度 3 个方面对学生数学素养进行考查, 下面将对 PISA 2012 样题中一个内容为 "不确定性和数据" 的样例进行详细的分析.

【PISA 2012 样例】PM00E 播放器故障[②]

伊雷克公司生产两种电子设备: 影片播放器和音乐播放器. 每天完成生产后, 公司都会对产品进行检测, 对出现了故障的播放器移除并修复.

下表是平均每天制造两种播放器的数量以及故障率.

产品类型	播放器每天平均产量	播放器每天平均故障率
影片播放器	2000	5%
音乐播放器	6000	3%

问题 1: 播放器故障率.

下面三叙述正确吗? 对每个叙述, 圈选 "是" 或 "否".

① 黄友初. 数学素养的内涵、测评与发展研究 [M]. 北京: 科学出版社, 2016.
② 凯·斯泰西, 罗斯·特纳. 数学素养的测评——走进 PISA 测试 [M]. 曹一鸣, 等译. 北京: 教育科学出版社, 2017.

叙述	这个叙述是否正确?
(1) 每天生产的播放器有三分之一是影片播放器.	是/否
(2) 在生产的任何一批数量为 100 的影片播放器中, 都刚好有 5 个是故障的.	是/否
(3) 从每天生产的音乐播放器中随机选取一个进行检测, 故障的概率是 0.03.	是/否

问题 1 意图:

题目描述: 解读包含不确定的统计信息

数学内容领域: 不确定性与资料分析

情境: 职业的

数学过程: 形成数学

问题 1 要求学生能够阅读理解统计表格的信息, 属于封闭性的判断题, 正确答案为 "否、否、是", 内容、过程、情境三个维度下的具体类别比较清晰. 从内容上看, 此题需要对数据进行分析, 属于不确定性与数据的范畴; 从情境上看, 属于学生未来可能接触的职业情境; 从数学过程上看, 需要学生能够用不同的方式表征问题, 结合数学概念予以组织并能做出合理判断, 形成数学的成分大于使用数学.

问题 2: 播放器故障率.

有一位检测员提出以下看法: "平均来说, 每天送修的影片播放器应该比音乐播放器多."

判断检测员的看法是否正确. 提出一个数学论点来支持你的答案.

问题 2 意图:

题目描述: 解读包含不确定性的统计信息

数学内容领域: 不确定性与资料分析

情境: 职业的

数学历程: 解释数学

问题 2 要求学生能够进一步解读统计表格的信息, 属于封闭性判断加开放性分析的问题. 从内容上看, 此题依然是对数据进行分析得到结论, 属于不确定性与数据的范畴, 还是在职业情境中. 从数学过程上看, 需要学生能够对结论做出合理的解释, 属于解释数学的过程.

问题 3: 播放器故障率.

创尼斯公司也生产这两种播放器. 在每天生产结束后, 创尼斯公司也会对产品进行检测, 对故障产品移除并修复. 下表是这两个公司有关数据的比较.

公司	影片播放器每天平均产量	播放器每天平均故障率
伊雷克公司	2000	5%
创尼斯公司	7000	4%

公司	音乐播放器每天平均产量	播放器每天平均故障率
伊雷克公司	6000	3%
创尼斯公司	1000	2%

从整体上看, 哪一家公司播放器故障率较低? 利用上表的数据进行分析, 写出计算过程.

问题 3 意图:

题目描述: 解释包含不确定性的统计信息

数学内容领域: 不确定性与资料分析

情境: 职业的

数学历程: 使用数学

问题 3 增加了需要学生解读统计表格的信息, 也是一个封闭性判断加开放性分析的问题. 从内容上看, 此题需要理解数据并正确应用数据进行计算得到结论, 属于不确定性与数据的范畴, 还是在职业情境中. 从数学过程上看, 需要学生能够运用数学概念、事实、程序和思维来解决公式化的数学问题, 属于使用数学的过程.

根据此样例, PISA 试题的编制是在内容、过程、情境三个维度构成的理论框架结构的指导下完成的, 体现了数学素养测评不同于一般的知识技能测评的全面性. 此外, 封闭性问题与开放性问题相结合, 互为补充, 能够更准确地测评学生的数据分析素养水平. PISA 样题中不确定性与数据内容维度下的部分问题可以直接用于本研究进行数据分析素养测评, 此外, 其他试题的设计一样要以建立的包含多个维度的测评框架为指导.

最终, 笔者将 PISA 测评中的数学素养测评的内容、情境、过程三个维度加上情感态度价值观维度作为本研究中数据分析核心素养测量与评价的一级指标. 以统计相关内容为载体, 结合具体情境、数学过程编制一部分试题, 从对数据分析素养的情感态度价值观的角度编制一部分试题, 两部分结合用以测评高中生的数据分析素养水平.

7.2.2 高中生数据分析素养测评各个维度的刻画

(一) 高中生数据分析素养内容维度的刻画

《普通高中数学课程标准 (2017 年版 2020 年修订)》在提出包含数据分析在内的六大数学核心素养的同时, 对高中数学课程内容进行了规定与说明, 本研究高中生的数据分析素养测评在内容维度上考查的知识点主要以此为依据.

课程标准将课程内容分为必修课程、选择性必修课程和选修课程, 其中必修课程与选择性必修课程是高考的内容要求, 是所有高中生应该掌握的, 因此是内容维度测评需要关注的. 此外, 本研究聚焦数据分析素养, 而与数据分析相关的模块主要是统计, 因此, 数据分析素养内容维度测评范围以《普通高中数学课程标准 (2017 年版 2020 年修订)》必修课程与选择性必修课程中的统计板块的内容要求为标准. 笔者对上述与数据分析素养相关的统计知识点进行归纳整理, 整理结果以表格的形式呈现, 详见附录 7-2.

必修课程和选择性必修课程中的统计内容包含了获取数据的基本途径与概念、抽样、统计图表、用样本估计总体、成对数据的统计相关性、一元线性回归模型、2×2 列联表 7 个单元内容, 要测评数据分析核心素养不能只通过一两个内容的测评来进行, 应该涵盖以上课程标准所要求的各个单元内容的掌握, 以此作为试题测试范围.

(二) 高中生数据分析素养过程维度的刻画

数学问题的解决需要通过一系列的过程, 将实际问题转化为数学问题进而应用数学知识进行求解, 数学问题的解不一定是实际问题的解, 因此要进一步由数学问题的解得到实际问题的解, 最终解决这个实际问题, 这也是一个数学建模的过程. 测量与评价学生的数据分析素养达到何种水平要看其在数学问题解决过程中的表现, 因此过程维度的考查非常重要. PISA 数学素养测评中提到的形成数学、使用数学和解释数学是解决问题过程中进行数学活动的三个过程, 与上述问题解决过程相对应, 因此可直接将其作为内容维度的三个二级指标, 三个过程的具体表现如下:

(1) 形成数学, 即解题者需要识别相关的数学问题情境, 指的是学生能认识和明确使用数学的动机, 能为某种情境下的问题提供合理的数学结构.

(2) 使用数学, 即应用数学概念、事实、步骤和推理以便在数学世界抽象客体中获得数学结果的过程.

(3) 解释数学, 即诠释、应用以及评鉴数学结果, 学生将数学解答、结果或者结论回馈到现实情境中, 在现实情境中进行合理的说明.

在对高中生进行数据分析素养的测评时, 测评其在数学问题解决的三个过程中的表现, 有助于更全面细致地了解其数据分析素养水平. 测评过程中, 针对每个数学过程都设计一定量的测试问题, 学生在解决涉及不同数学过程的问题中的表现可能存在差异, 有的过程表现较好, 有的过程表现相对较差, 这样全面的测评结果也可为提出数据分析素养培养建议提供实证研究结果方面的依据.

(三) 高中生数据分析素养情境维度的刻画

数据分析过程中收集获取数据往往是在实际的情境中去收集获取的, 选择如何整理数据、提取何种信息以及构建怎样的数学模型要依据实际问题的需要, 进行推断、获得结论更应该结合实际情境, 情境维度在数据分析素养测评中是必须考量的一大因素.

《普通高中数学课程标准 (2017 年版 2020 年修订)》的数学核心素养水平划

分中将情境分为现实情境、数学情境、科学情境, 每种情境可以分为熟悉的、关联的、综合的三种情境, 对于这一情境分类, 课程标准并未给出具体的解释, 因此无法直接应用于本测评研究情境维度的刻画. PISA 测评框架与试题编制的一个主要特点就是强调情境的重要性, 研究学生能否将数学内容应用于不同的现实生活情境. 本研究认为 PISA 的情境分类更具有可操作性, 关注学生的现在与未来, 因此将借鉴其进行数据分析素养情境维度的刻画.

(1) 个人的情境. 指学生在生活中可能面临的情境, 也包括学生本人、同龄人及家庭成员, 例如购物、游戏、运动和旅游等等.

(2) 职业的情境. 对学生来说指的是他们未来可能面对的工作环境, 例如建筑测量、调度和库存、采购和成本计算.

(3) 社会的情境. 聚焦于学生所在的社会生活环境, 包括公共交通、公共政策、人口统计、广告、国家经济等问题.

(4) 科学的情境. 指的是数学在自然世界和科学技术方面的应用, 例如气象、生态、医学、遗传学以及数学本身.

本研究将针对以上四个情境各设置一定量的问题, 研究高中生在不同情境下的数据分析素养表现情况.

(四) 高中生数据分析素养情感态度价值观维度的刻画

《普通高中数学课程标准 (实验稿)》中的课程目标要求包括知识与技能、过程与方法、情感态度价值观三个方面, 情感态度价值观在原先课程标准的课程目标中就已占据重要地位.《普通高中数学课程标准 (2017 年版 2020 年修订)》提出良好的学习态度是学生形成和发展数学核心素养的必要条件, 因此, 高中生在数据分析的情感态度价值观方面发展如何, 也体现其数据分析素养的表现水平, 应作为数据分析素养测评的一个维度.

情感是指人们对客观事物是否符合个人需要而产生的态度和体验, 与数学学习有关的情感主要体现在学习兴趣与热情、动机、信心、审美意识等方面. 联系到数据分析素养, 具体表现为喜欢数学、喜欢数据分析有关内容、认为数据分析很重要、自信能学好数据分析模块和欣赏与数据分析有关内容当中的数学美等等.

态度是指人们对于某一事物的评价和行为倾向, 是一种具有相对稳定内在结构的心理倾向. 态度不仅指学习态度、学习责任, 也包括人生态度、科学精神和科学态度. 联系到数据分析素养, 具体表现为在数据分析有关内容的学习中的态度, 例如是否认真、努力、愉快地学习这部分内容; 对数据分析有关内容的学习是否充满好奇心、独立思考和锲而不舍的钻研精神. 众多的研究结果表明, 学生的数学学习态度与体现出数学学习效果显著相关.

价值观是指人们处理价值问题的根本观点, 价值观强调个人价值与社会价值、科学价值与人文价值、人类价值与自然价值等多方面的统一. 郑毓信教授指出数学教育应当体现数学价值, 价值观问题落实到数学科学上, 更多的是对数学价值的认识与对思维价值的认识. 联系到数据分析素养, 具体表现为认识体会到数据分析有关内容的科学价值、应用价值和文化价值, 具有批判性思维和数学的理性精神.

　　根据以上分析, 高中生数据分析素养的情感态度价值观维度作为一个测评的一级指标, 包含了对数据分析的情感、态度、价值观这三个二级指标. 在对高中生进行数据分析素养的测评时, 分这三个方面测评其在情感态度价值观方面的表现, 针对情感、态度、价值观都设计一定量的测试问题. 学生在这三个方面的表现可能存在差异, 这样分类细致的测评能真正了解到学生在数据分析素养情感态度价值观维度的具体发展状况, 为教学提供参考.

7.2.3　高中生数据分析素养测评的指标体系

　　根据上述高中生数据分析素养测评指标体系建立的理论基础与各个测评维度的刻画, 本研究建立的高中生数据分析素养测评指标体系包含四个一级指标, 每个一级指标下分多个二级指标, 具体的指标体系如表 7-1 所示.

表 7-1　高中生数据分析素养测评的指标体系

一级指标	二级指标
内容	获取数据的基本途径与概念
	抽样
	统计图表
	用样本估计总体
	成对数据的统计相关性
	一元线性回归模型
	2×2 列联表
过程	形成数学
	使用数学
	解释数学
情境	个人的情境
	职业的情境
	社会的情境
	科学的情境
情感态度价值观	情感
	态度
	价值观

7.2.4　高中生数据分析素养水平划分

　　数据分析素养的水平划分是本研究的重点与难点, 前面提到《普通高中数学课程标准 (2017 年版 2020 年修订)》三水平划分不具有可直接操作性, 高考学生所需要达到的数据分析素养水平一、水平二的划分涉及统计内容的部分可作为参考但还需要进一步的细化. 文献综述中呈现的 PISA 测评中的 "不确定性与数据" 维度的六水平划分较为细致, 但是在内容上与我国高中数学课程标准所规定的内容有较大差异, 也不能直接应用. SOLO 理论更能够清晰表明学生能力的可视性, 具有更广的应用性, 但水平特征表描述未针对具体内容, 因此本研究将在 SOLO 理论中的水平特征表的基础上结合具体的高中数学必修课程和选择性必修课程统计内容制定新的数据分析素养水平划分标准.

具体来说, 就是针对前面提到的高中数学必修课程和选择性必修课程的 7 个单元内容分别进行四个水平的划分, 水平划分如表 7-2 所示.

表 7-2　高中生数据分析素养测评体系的水平划分

内容	水平	具体表现
获取数据的基本途径与概念	前结构水平	① 不明白获取数据的概念; ② 不知道有哪些获取数据的基本途径.
	单点结构水平	① 理解在研究某一问题中需要获取数据, 知道存在哪些获取数据的基本途径; ② 能指出数据的总体、样本、样本量, 理解收集的数据是具有一定的随机性的.
	多点结构水平	① 能够根据研究目的、研究对象的随机特性和拟探讨事物的内在规律来确定收集什么数据; ② 明确某一具体问题收集数据的方式, 对收集到的数据的精确度和可信度有一定的认识.
抽样	前结构水平	① 不明白抽样的概念, 不能区分不同的抽样方法; ② 不知道有哪些常用的抽样方法及这些抽样方法的特点.
	单点结构水平	① 理解随机抽样、分层抽样、系统抽样的含义与特点, 抽样方法的共同点, 理解样本所应具有的代表性, 能够指出某一问题应用的抽样方式, 但不能写出具体的抽样方案; ② 能正确计算随机抽样的均值与方差, 但是不知道分层抽样中均值与各分层样本量的关系, 不会计算分层抽样的均值与方差.
	多点结构水平	① 明确每种抽样方法的操作要点和流程, 能写出简单的抽样设计方案; ② 能够正确使用分层抽样的样本量比例分配方法, 计算各分层样本量, 能够计算分层抽样的样本均值和方差.
	关联结构水平	① 能够在实际情境中, 根据实际问题特点选择合适的抽样方法; ② 能够设计提出具体的抽样方案解决问题, 包括提高抽样代表性的说明、抽样步骤.
统计图表	前结构水平	① 不知道各统计图表的概念与特征, 对于给出的统计图表不能判断其类型; ② 不能准确阅读扇形图、折线图、条形图、频数直方图所提供的基本信息.
	单点结构水平	① 理解各统计图表的概念与特征, 能够指出应用的统计图表, 绘制简单的统计图表, 但不能合理选择或说明理由; ② 能够描述扇形图、折线图、条形图、频数统计图所提供的基本信息, 并根据信息进行一些基本统计量的计算; ③ 能够指出频率直方图, 描述频率、众数等基本信息, 但是不能进行中位数的计算.

内容	水平	具体表现
统计图表	多点结构水平	① 能够选择恰当的统计图表描述数据, 体会到合理使用统计图表的重要性; ② 能够根据频率直方图用准确方法计算中位数, 但不能准确说明理由.
	关联结构水平	① 能够根据频率直方图用准确方法计算中位数, 并准确说明理由; ② 能够联系多个统计图表进行问题分析, 对统计图表提供的信息进行整合, 做出统计推断, 并能对结论进行合理的解释.
用样本估计总体	前结构水平	① 不知道用样本估计总体这一统计思想; ② 不会用样本估计总体的特征.
	单点结构水平	① 对用样本估计总体的思想有一定的认识, 能够在题目中指出这种思想的应用; ② 能够指出总体、样本、样本量, 能够用给定样本估计总体的平均数、众数、中位数这些集中趋势参数, 极差、方差、标准差等离散程度参数.
	多点结构水平	① 能应用样本估计总体的思想设计方案, 但不全面; ② 能够用样本的频率估计总体的频率, 能够应用样本的频率分布表和直方图估计总体的分布情况.
	关联结构水平	① 能够应用样本估计总体的思想设计方案, 全面且设计的方案在样本估计总体方面具有较高的准确性; ② 了解总体的取值规律, 结合其他统计知识给出一些推断性结论, 并能对结论进行合理的解释.
成对数据的统计相关性	前结构水平	① 不明白两组数据相关性的含义; ② 不能根据散点图判断数据间的相关关系.
	单点结构水平	① 了解成对数据相关性的含义; ② 能够根据提供的样本数据绘制散点图, 根据散点图的分布情况判断两组数据的相关关系.
	多点结构水平	了解相关系数的统计含义, 能够根据相关系数比较多组成对数据的相关性.
	关联结构水平	① 了解样本相关系数与标准化数据向量夹角的关系; ② 能够结合其他知识点, 用不同的估算方法描述两个变量间的线性相关关系.
一元线性回归模型	前结构水平	① 不知道一元线性回归模型、回归直线、回归系数、回归方程等概念; ② 不知道一元线性回归模型应用于解决何种统计问题.
	单点结构水平	① 了解一元线性回归模型的含义, 回归直线、回归系数、回归方程等概念; ② 能够判断某一问题情境下是否可用一元线性回归模型进行统计分析, 但不知道最小二乘法, 不会计算回归系数和求回归方程.
	多点结构水平	① 理解最小二乘法原理, 能够利用最小二乘法计算出回归系数, 得到回归方程; ② 不理解回归方程的意义, 不能运用回归方程进行模型预测.
	关联结构水平	理解一元线性回归模型的原理, 熟悉一元线性回归模型解决实际问题的步骤, 针对实际问题, 能运用求得的回归方程进行模型预测.
2×2 列联表	前结构水平	① 不知道 2×2 列联表的统计意义; ② 不知道 2×2 列联表应用于解决何种统计问题.
	单点结构水平	① 了解 2×2 列联表的基本思想, 但不全面准确; ② 能识别应用 2×2 列联表的统计问题, 但不能应用 2×2 列联分析方法.

续表

内容	水平	具体表现
2×2 列联表	多点结构水平	① 理解 2×2 列联表的基本思想, 熟悉 2×2 列联分析的方法步骤; ② 针对实际问题, 能够应用给定公式进行 2×2 列联分析, 但不能根据 2×2 列联分析观测值进行统计推断和结果解释.
	关联结构水平	① 理解 2×2 列联表与反证法的关系; ② 在实际问题中, 能够根据 2×2 列联分析结果给出一些推断性结论, 对结果进行合理的解释.

根据对统计内容的分析, "获取数据的基本途径与概念" 这一单元内容的最高水平层次为多点结构水平, 其他内容均进行了前结构水平、单点结构水平、多点结构水平和关联结构水平的具体表现描述. 拓展抽象水平是 SOLO 理论水平特征表中的最高水平, 是指学生可以超越给定资料进行新的推理或应用更为抽象的方法解决问题, 是一种综合能力的表现. 本研究认为具体到一个单元内容的水平考查不能体现出这一层次, 并且学生只有在学习了《普通高中数学课程标准 (2017 年版 2020 年修订)》所规定的选修课程后才有可能达到这一水平, 因此不对各部分统计内容进行拓展抽象水平的描述, 也就是说本研究结合统计内容将数据分析素养划分为了四个层次.

7.3 研究的设计与过程

7.3.1 研究思路与方法

(一) 研究思路

本研究的主题是高中生数据分析素养的测量与评价, 因此, 首先, 进行理论研究, 理解数学核心素养的内涵, 明确什么是数据分析素养, 在分析现有理论基础上建立高中生数据分析素养测评体系; 其次, 进行实证研究, 基于测评体系编制测评问卷, 通过对问卷调查结果的分析了解当前高中生数据分析素养的现状; 最后, 在上述理论研究与实证研究的基础上提出高中生数据分析素养的培养建议. 具体的研究思路如图 7-2 所示.

(二) 研究方法

根据上述研究思路, 本研究采用的研究方法包括文献法、问卷调查法和统计分析法, 以下是各个研究方法的说明与应用简介.

1. 文献法

文献研究方法就是对文献进行查阅、分析、整理、寻找事物本质属性的一种研究方法. 本研究通过阅读与核心素养、PISA 测评相关的书籍, 检索中国知网、万方等数据库以及网络如百度等来收集资料. 通过文献法分析国内外数学核心素养、数据分析素养的相关研究, 理解数学核心素养、数据分析素养的内涵并确定高中生数据分析素养测评的指标体系.

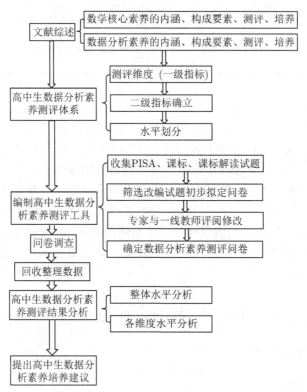

图 7-2　高中生数据分析素养测评研究思路

2. 问卷调查法

问卷调查法是通过设计有针对性的测试题来测评教育现象, 收集数据进行有关研究的一种方法. 根据一定法则, 以调查问卷为工具对研究对象进行测试并对测试结果进行定性与定量的分析. 本研究借鉴课程标准、PISA 测评、SOLO 分类等理论体系中的测试工具, 筛选改编部分测试题目并根据教学内容自编部分测试题目, 编制调查问卷对高中生数据分析素养现状进行调查与分析.

3. 统计分析法

统计分析法是利用统计理论与工具对数据进行整理、描述、分析, 以便对事物进行解释的方法, 是定量研究的基础. 本研究利用测试工具对学生样本进行测试后回收数据, 接下来对收集的样本数据进行编码, 再使用 SPSS21.0 对所得数据进行求平均数、方差、中位数、相关系数等描述性统计分析和推断性统计分析, 最后得出高中生数据分析素养测量与评价研究的结论.

7.3.2 研究工具

本研究所需的主要研究工具是以前面建立的高中生数据分析素养测评体系为理论指导编制形成的测试卷, 测试卷的编制需要考虑到涵盖数据分析素养的各个维度各个二级指标的试题, 试题比例分布合理, 考虑到控制试题量以能够进行实际的施测. 根据对《普通高中数学课程标准 (2017 年版)》和 PISA 2012 测评中样题的研究, 在测试题设计时一个数据分析素养测评的试题可以以某一块具体的统计内容为载体, 置于合理多样化的情境之中, 检测出学生在数学问题解决的其中一个或多个过程中的表现, 这样设计的测试题可实现对数据分析素养的内容、过程和情境三个维度的测评, 但是, 关于情感态度价值观的试题测试只能单独设计, 专门应用于对高中生数据分析素养的情感态度价值观的考查. 因此, 本研究分别编制高中生数据分析素养测试卷和调查问卷 (附录 7-3 和附录 7-4), 测试卷以具体统计内容为载体, 设计试题进行数据分析素养的内容、过程和情境三个维度的测评, 调查问卷以量表的形式呈现, 进行数据分析素养情感态度价值观的现状调查.

(一) 高中生数据分析素养测试卷的编制

数据分析素养的内涵, 能体现高中生数据分析素养的主要内容是高中数学的统计部分, 因此我们筛选、改编和自编了以这部分内容为载体的测试题用于考查学生在数据分析素养的内容、过程、情境维度的现状, 最终确定的 7 个测试题的具体属性如表 7-3 所示.

表 7-3 数据分析素养测试卷中各试题属性表

题号	内容单元	过程	情境	试题来源
1(1)	获取数据	形成	社会	自编
1(2)		形成		
2(1)	统计图表	解释	社会	PISA 试题
2(2)		使用		
2(3)		形成		
3(1)	抽样	形成	个人	课程标准案例 13 改编
3(2)		解释		
3(3)		使用		
3(4)		使用		
4(1)	统计图表	使用	科学	高考题改编
4(2)	用样本估计总体	使用、解释		
4(3)	统计图表	使用		
5	2×2 列联分析	使用、解释	科学	课程标准解读案例
6	用样本估计总体	形成、使用、解释	个人	课程标准案例 35
7(1)	相关分析	形成	职业	课程标准解读案例改编
7(2)		解释		
7(3)	回归分析	使用		

根据表 7-3, 从三个测评维度来看, 测试题涵盖了统计部分的各个单元, 数学问题解决的三个过程和 PISA 中所提到的四种情境对应都有一定量的试题, 达到了对三个维度下各个二级指标的全面覆盖. 测试题大部分来自于 PISA 测评样题、高考题、课程标准与课程标准解读中的原始案例或经过部分改编, 试题来源可靠、设计合理. 总的来说, 使用这 7 个试题测量高中生数据分析素养在内容、过程和情境方面的表现, 考虑到了测试卷应具有的全面性、合理性、多样性.

本研究以 SOLO 分类理论为基础结合各单元内容进行了详细的水平划分与描述, 测试题的每一小题都对应考查某一单元内容中的一个或几个具体的知识点, 因此, 可确定测试题中每一个小题对应的最高水平, 根据问题的具体内容、类型和考查的最高水平可合理给定正确回答每个小题可得的分数. 将每一小题对应的知识点、类型、考查的最高水平与得分整理如表 7-4 所示.

表 7-4　数据分析素养各测试题对应知识点、类型、最高水平与得分

题号	具体知识点	最高水平	题型	满分
1(1)	获取数据的途径	单点结构水平	开放性	3
1(2)	根据问题背景确定需获取数据的类型	多点结构水平	开放性	4
2(1)	理解条形统计图所提供的基本信息	单点结构水平	封闭性	3
2(2)	理解条形图信息并进行合理的估算	多点结构水平	封闭性	4
2(3)	选择恰当的统计图表描述数据	多点结构水平	封闭性	4
3(1)	指出某一问题情境中所应用的抽样方式	单点结构水平	封闭性	3
3(2)	分层抽样的样本均值的含义	多点结构水平	开放性	4
3(3)	分层抽样样本均值与样本方差的计算	多点结构水平	封闭性	4
3(4)	选择恰当的抽样方法解决问题, 写出抽样方法实施步骤要点	关联结构水平	开放性	5
4(1)	理解频率分布直方图的频率与组距	单点结构水平	封闭性	3
4(2)	根据频率分布直方图计算某一样本的频率, 用样本估计总体得到频数	多点结构水平	封闭性	4
4(3)	根据频率分布直方图计算中位数	多点结构水平	封闭性	5
5	在给出公式的情况下进行 2×2 列联分析, 进行结果解释	关联结构水平	封闭性	7
6	应用样本估计总体的思想设计方案, 估计总体数量, 进行合理的解释	关联结构水平	开放性	8
7(1)	根据散点图的分布情况判断两组数据的相关关系	单点结构水平	开放性	4
7(2)	在给出公式的情况下计算相关系数并对计算结果进行解释	多点结构水平	封闭性	4
7(3)	建立求解回归方程, 运用求得的回归方程进行模型预测	关联结构水平	封闭性	6
总分				75

将表 7-3 和表 7-4 的内容结合进行分析, 从过程维度来看, 形成、应用、解释过程的测试题分数所占百分比为 26.7%, 52%, 21.3%, 这与 PISA 测评中 25%, 50%, 25% 非常接近. 从情境维度来看, 职业情境的测试题分数所占百分比为 18.7%, 社会情境 24%, 个人情境 32%, 科学情境 25.3%, 职业情境是学生未来可能接触到的, 所以这部分测试题分数相对少, 个人情境是与学生当前生活相关的, 所以这部分测试题分数相对多, 总体分布合理. 此外, 单点结构、多点结构、关联结构水平的测试题分数所占百分比为 20%, 44%, 36%, 这符合高中阶段学生应该达到的认知发展水平, 高中生日常学习中所需解决的多点结构水平和关联结构水平的问题较多, 单点结构水平的问题较少. 开放性测试题分数所占百分比为 36%, 封闭性测试题分数所占百分比为 64%, 两种类型的试题相结合更能体现测试卷是对学生数据分析素养的测量与评价而不仅仅是对学生知识点掌握情况的测量与评价. 总的来说, 各维度测试题分数所占的百分比分布合理, 能达到全面有效地测量与评价高中生数据分析素养内容、过程、情境维度的表现水平的目的.

(二) 数据分析素养调查问卷的编制

情感态度价值观维度不与上述三个维度相结合设计试题, 单独设置问题, 形成一份数据分析素养调查问卷, 情感、态度、价值观三个二级指标每个设置 5 个题, 一共 15 题. 试题来自于一些专门研究数学情感态度价值观和研究数学素养测评的文献中的测评问卷, 结合情感态度价值观的有关理论和数据分析素养的具体内容进行了改编. 调查问卷中情感态度价值观测试题选项采用利克特五级量表的方式呈现, 进行定量与定性分析.

例如, 情感态度价值观测试题的第 4 题:

你相信自己能够学好统计这部分内容, 在数据收集、整理、描述、分析的学习方面有所收获.

A. 非常同意 B. 比较同意 C. 不确定 D. 比较不同意 E. 完全不同意

这道题测量的是学生的情感表现, 具体来说是对于学好以数据分析为核心的统计内容的信心, 问题五个选项代表了对这句话认同与否的 5 个程度, 选择非常同意表示信心很强, 选择比较同意信心相对弱些, 以此类推. 情感态度价值观测评的 15 个小题的表述都是积极正面的, 选择 "A. 非常同意" 表示情感态度价值观最积极, 反之选择 "E. 完全不同意" 最消极, 因此根据利克特五级量表的评价方式, 可规定选 A 得 5 分, 选 B 得 4 分, 选 C 得 3 分, 选 D 得 2 分, 选 E 得 1 分, 所有问题满分为 75 分, 得分越高说明学生在数据分析素养情感态度价值观维度的表现情况越好.

最后, 测评高中生数据分析素养情感态度价值观的调查问卷与以内容为载体测评高中生数据分析素养内容、过程、情境维度表现的测试题组成的测试卷共同构成高中生数据分析素养测评研究工具, 测试卷与调查问卷总分为 150 分, 测试时间为 60 分钟.

(三) 测试卷的难度与区分度

本研究根据测评维度合理设置测试卷的试题, 做到了各项指标的全面覆盖、形式多样和分布合理, 但是, 每一个试题是否能有效地测量学生的数据分析素养还需要通过经典测量理论中常用的一些指标的计算结果来定量说明. 难度和区分度是鉴定一个试题有效性的两个重要指标, 它的计算结果与学生的答题情况紧密相关, 下面先通过计算这两项指标来定量判断测试卷中每一个试题的有效性.

1. 难度

难度就是指试题的难易程度, 用试题的答对与答错的比率或得分率来表示, 数值越大说明试题越容易.

客观性试题的难度用答对率来表示

$$P_{客观} = \frac{R}{N} \times 100\%$$

其中, $P_{客观}$ 表示某一道客观题的答对率, 也就是难度, R 表示答对这道客观题的人数, N 表示参与测试的总人数.

针对主观性试题, 被试学生的答题情况可能介于全部答对和答错之间, 采用的是多级评分方法而非二分法计分, 因此不能用答对率表示难度. 主观题的难度用得分率来表示

$$P_{主观} = \frac{\bar{X}}{W} \times 100\%$$

其中, $P_{主观}$ 表示某一道主观题的得分率也就是主观题的难度, $\bar{X}$ 表示所有参与测试的学生此题得分的平均值, W 表示该题的满分.

2. 区分度

区分度是指试题对不同考生的知识、能力水平的鉴别程度, 反映了试题区分能力的高低. 本研究用得分求差法来计算一个试题的区分度, 将所有被试学生按此试题得分的高低排列, 取得分高低排序后在前 27% 为高分组, 后 27% 为低分组, 用 D 表示区分度, 则

$$D = \frac{H - L}{n(X_H - X_L)}$$

其中, H 表示高分组的得分总和, L 表示低分组的得分总和, n 表示高分组 (低分组) 人数, X_H 和 X_L 分别表示该试题的最高得分和最低得分.

根据学生的答题情况, 应用上述难度和区分度的计算方法对高中生数据分析素养测试卷中的 7 个大题共 17 个小题进行难度和区分度的计算, 17 个小题的难度与区分度计算结果如表 7-5 所示.

表 7-5 测试题的难度与区分度

题号	难度	区分度	题号	难度	区分度
1(1)	0.66	0.49	4(1)	0.91	0.25
1(2)	0.76	0.50	4(2)	0.80	0.38
2(1)	0.94	0.04	4(3)	0.49	0.50
2(2)	0.97	0.07	5	0.79	0.34
2(3)	0.97	0.04	6	0.16	0.50
3(1)	0.52	0.30	7(1)	0.51	0.61
3(2)	0.22	0.27	7(2)	0.48	0.70
3(3)	0.23	0.31	7(3)	0.33	0.66
3(4)	0.29	0.32	整体平均	0.55	0.55

本研究测试卷中以具体统计内容为载体并与数据分析素养过程、情境维度有关的测试题的难度系数大部分在 0.2~0.8, 整体平均难度为 0.55, 与高考的要求一致, 整体上难度控制合理. 第 2 题的 3 个小题选自于 PISA 2012 样题, 考查学生的基本读图分析能力、图表合理选择能力, 这是掌握好初中数学统计内容的学生能够解决的问题, 是掌握高中数学统计内容的必要基础, 此题应用于基础知识掌握情况的考查, 因此试题难度较低. 第 6 题选自于课程标准案例, 考查学生用样本估计总体的实际应用, 试题非常新颖, 大部分学生只适应高考题型而对此题无从下手, 因此试题难度很高.

除第 2 题外, 测试卷中上述试题的区分度都不低于 0.25, 区分能力较好, 整体区分度达到 0.55, 符合经典测量理论对区分度的要求, 说明测试卷的区分度整体较好. 第 7 题虽然在课程标准解读的案例的基础上进行了改编, 但是区分度达到了 0.6 以上, 区分能力极强, 说明试题改编较为合理. 第 2 题过于容易, 高分组的学生和低分组的学生都能够答对, 区分能力较差. 第 2 题难度和区分度的数据共同说明此题不能很好地用于衡量高中生数据分析素养, 只能作为分析学生统计图表内容掌握水平的一个参考, 说明几乎全部的学生达到了某一水平, 体现高中生数据分析素养的统计图表内容的掌握水平主要分析第 4 题第 (1), (3) 两个小题的有关数据.

(四) 测试卷与调查问卷的信度与效度

除难度与区分度之外, 信度与效度也常用来说明研究工具的可靠性和有效性, 并且能够对测试卷和调查问卷都进行信效度分析.

1. 信度

信度用以衡量测试卷测试结果的稳定性和一致性, 测试卷和调查问卷的信度越大, 测量的标准误越小, 测试分数越能反映被试学生的真实水平. 本研究用克龙巴赫 (Cronbach) α 系数描述测试卷和调查问卷的信度, α 系数计算公式为

$$\alpha = \frac{m}{m-1}\left(1 - \frac{\sum\limits_{i=1}^{m} s_i^2}{s^2}\right)$$

其中, m 表示的是测试题的个数, 本研究中 m 的值为 17, 用 i 表示测试题的编号, 则 s_i^2 表示第 i 个试题得分的方差, s^2 表示所有测试题总分的方差.

由于测试卷中不同小题的得分不同, 用标准化的 α 系数表示测试卷的信度更为合理. 分别计算测试卷和调查问卷的标准化的 α 系数, 结果如表 7-6 所示.

表 7-6　测试卷的 Cronbach α 系数

	Cronbach α 系数	基于标准化的 Cronbach α 系数	项数
测试卷	0.692	0.651	17
调查问卷	0.860	0.861	15
整体	0.709	0.747	32

由表 7-6 可知, 本研究中测试卷的试题信度为 0.651, 调查问卷测试题的信度为 0.861, 整体信度为 0.747. 根据马云鹏等在《数学教育测量与评价》一书中的观点, 信度在 0.5 以上可认为测试可靠, 信度在 0.8 以上说明测试信度比较好. 因此, 本研究中数据分析素养测评的整套测试卷信度符合标准, 并且调查问卷测试题信度比较好, 可以作为高中生数据分析素养测评的工具.

2. 效度

效度是测验有效性或准确性的指标, 本研究根据实际情况主要用内容效度来刻画测试题的效度. 内容效度衡量的是测试卷的题目对所要测量的内容是否具有代表性, 具体也就是说测试卷中的 7 个大题共 17 个小题与其对应的内容、过程、情境三个维度的划分是否准确以及是否适用于测量学生的数据分析素养, 调查问卷的 15 个测试题是否能够全面测量高中生在与数据分析有关的情感、态度、价值观三个方面的表现, 用这 32 个小题进行测试其测试结果是否能够反映学生的数据分析素养水平.

为了保证测试卷的效度, 笔者在编制好上述数据分析素养测试卷之后将其给熟悉高中数学核心素养或高中数学教育领域的 8 位教育工作者进行了审阅, 听取

他们对于问卷各个试题的所属的内容、过程、情境类别的看法, 对试题是否适用测量数据分析素养的看法, 对学生答题情况的预测. 审阅专家认为从课程标准、课程标准解读、高考卷中选取的试题对测量数据分析素养具有较高的代表性, 试题所属的内容、过程、情境归类合理, 能够用于学生的数据分析素养的各个维度的测量. 3 位高中数学一线教师也肯定了测试卷中试题选取的代表性, 试题归类的合理性, 并且一致认为测试卷中用以测量学生 "获取数据的基本途径与概念" 这一内容掌握情况的第 1 大题和考查 "用样本估计总体" 的实际应用的第 6 大题具有较强的开放性, 与学生日常考试中所接触到的题目类型有很大的差异, 大多数学生可能会一时无从下手, 产生了一定的争议. 但是, 考虑到问卷测量的是学生的数据分析素养, 这和传统的考试的目标有所不同, 一定量的开放性较强和较为贴近实际的问题确实更能测量学生的数据分析素养, 将这两个题目的措辞进行了修改后留用.

经过几位教育硕士的共同讨论, 将测试卷和调查问卷中所有试题的语句进行了反复斟酌修改, 将所有测试题进行了严格演算, 确认无误. 最后, 所有专家共同认为本研究工具适用于测量高中生的数据分析素养现状, 试题归类合理, 能够反映学生在内容、过程、情境、情感态度价值观各个维度的实际情况, 保证了研究工具具有良好的效度.

7.3.3 研究对象

本研究以高三年级学生为研究对象测量高中生数据分析素养, 结合了目前高中数学教学内容安排的实际情况. 测试卷中涉及现行高中数学教材中的必修与选修内容, 笔者所在省份大部分学校一般安排学生在高一下学期后半段或高二上学期前半段学习必修部分统计内容, 高二下学期结束时才能学习完选修部分统计内容. 若要全面地测量高中生数据分析素养的现状, 只能在他们学完相关课程之后, 由于本研究的施测时间是在 9 月份, 因此选择高三年级学生比较合理, 能够达到测量学生在学习完统计相关内容之后的数据分析素养水平的目的.

笔者选取了江西省赣州市赣县区某重点中学不同层次的三个班级学生作为测评对象, 发放了 156 份测试卷和调查问卷, 测试完成后全部回收, 其中有效测试卷和调查问卷 149 份, 有效率为 95.5%, 有 7 份由于调查问卷部分试题未填写、个人基本信息不明等原因判定无效. 根据回收的有效测试卷和调查问卷中的学生信息, 学生样本分布情况如图 7-3 所示.

测量对象来自于该校实验 1 班、实验 2 班、重点班三个层次的班级, 属于实验 1 班层次的这个班级有学生 45 人, 高二下学期期末考试平均分为 79.3 分, 属于实验 2 班层次的这个班级有学生 46 人, 高二下学期期末考试平均分为 66.7 分, 属于重点班层次的这个班级有学生 58 人, 高二下学期期末考试平均分为 59.6 分,三个班级人数均达到 40 人以上, 男生人数和女生人数均占一定比例, 能够作为本测量研究的样本.

图 7-3   测量对象样本分布情况

7.3.4   数据的收集与处理

本研究利用上述高中生数据分析素养测试卷和调查问卷进行数据的收集, 回收问卷整理样本数据. 测评前笔者与学生所在学校的数学教师进行了沟通, 说明了测试的研究目的与测试过程要求, 由学生所在班级的任课数学教师给学生发放问卷, 转述测试要求并严格监考, 让学生在日常章节测试的氛围中完成测试卷和调查问卷, 正常发挥, 得到较为真实可靠的数据. 回收测试卷和调查问卷之后, 笔者对数据进行了如下处理:

第一步, 测试卷和调查问卷筛选与编码. 检查学生的性别、日常考试成绩等个人信息填写情况和大致答题情况, 剔除无效测试卷和调查问卷, 筛选出有效测试卷和调查问卷. 将有效测试卷和调查问卷按班级、性别分类整理, 实验 1 班、实验 2 班、重点班三个层次的班级分别编码为 A, B, C, 每个班的测试卷和调查问卷按顺序进行两位数字的编号, 例如 "03" 表示某班的第 3 份测试卷和调查问卷. 根据编码方式, 每一位学生的测试卷和调查问卷可用三个字符表示, 例如 A01~A45 表示实验 1 班层次的这个班级的 45 名学生的测试卷.

第二步, 学生基本信息编码. 学生的基本信息包括性别与平时数学成绩, 为了数据处理的方便, 用数字 1 代表男生, 数字 2 代表女生. 学生的平时数学成绩分为 "60 分以下""60 分 ~90 分""90 分 ~120 分""120 分以上" 四个等级, 分别用 1, 2, 3, 4 编码表示.

第三步, 调查问卷试题答题情况编码. 情感态度价值观 15 个测试题按测试卷中的顺序编号为 Q01, Q02, ⋯, Q15, 测试题采用利克特量表形式定性评价, 每道测试题要求在非常同意、比较同意、不确定、比较不同意、完全不同意 5 个选项中选择一个, 这 5 个选项对应编码为 5, 4, 3, 2, 1.

第四步, 测试卷试题的批改评分与编码. 笔者对于测试卷中每一道测试题都给出了相应的参考答案和评分标准, 根据评分标准对测试卷进行批改判分. 此外, 根据研究分析的需要, 对于选择题, 对学生所选择的选项进行编码, 选择 A, B, C, D 四个选项用 1, 2, 3, 4 编码表示, 了解学生的答题分布情况; 对于部分开放性试题, 对学生选择的解题方法进行编码标记, 为接下来进行数据的分析做好充足的准备.

第五步, 借助统计软件进行数据整理与分析. 根据上述编码方式将每个学生样本的测试卷和调查问卷数据录入建立好的 EXCEL 表格中, 用统计软件 SPSS21.0 进行数据处理与分析.

7.4 高中生数据分析素养的测评结果分析

7.4.1 高中生数据分析素养整体分析

(一) 测试卷与调查问卷的得分分析

高中生数据分析素养测试卷是针对数据分析素养的内容、过程和情境三个维度表现的测评, 共编制了 7 个大题 17 个小题, 满分为 75 分. 笔者按照制定的评分标准逐题批改试卷后得到各样本各小题的得分, 将得分录入 EXCEL 表格后计算得到各样本的测试卷总得分. 利用 SPSS21.0 对测试卷总得分进行分析, 得到测试卷总得分的频率分布直方图与正态分布曲线如图 7-4 所示.

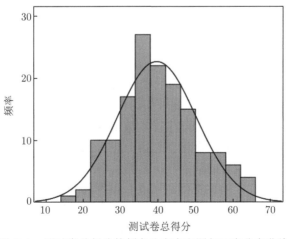

图 7-4　测试卷总得分的频率分布直方图与正态分布曲线

上述测试卷总得分的频率分布直方图呈现了学生样本的总得分分布情况, 样本总得分大部分落在区间 [20, 60) 中, 位于中间的 [30, 40) 和 [40, 50) 两个分数段的样本量多, 其中分数在 [34, 38) 这一区间的样本量最多, 位于两端的 [20, 30) 和 [50, 60) 两个分数段的样本量较少. 根据生成的测试卷总得分正态分布曲线, 学生样本的测试卷总得分呈现出较合理的正态分布, 在信效度的基础上说明高中生数据分析素养测试卷试题设计合理.

高中生数据分析素养调查问卷用于数据分析素养情感态度价值观维度的测评, 共编制了 15 小题, 不同的选项赋予了不同的得分, 问卷满分为 75 分. 类似地, 利用 SPSS21.0 对调查问卷总得分进行分析, 得到调查问卷总得分的频率分布直方图与正态分布曲线如图 7-5 所示.

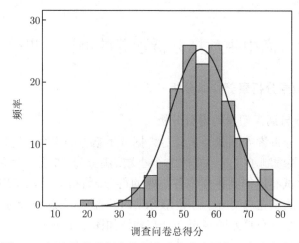

图 7-5   调查问卷总得分的频率分布直方图与正态分布曲线

根据调查问卷总得分的频率分布直方图, 被抽取的学生样本的调查问卷总得分大部分落在区间 [40, 70) 中, 位于 [50, 60) 分数段的样本量多. 根据生成的调查问卷总得分正态分布曲线, 学生样本的调查问卷总得分也呈现出较合理的正态分布, 同样说明高中生数据分析素养调查问卷试题设计合理.

为了更全面地了解被抽取的学生样本数据分析素养测试卷和调查问卷的总得分情况, 进一步对测试卷和调查问卷总得分进行描述性统计分析, 根据得到的这些数据来初步分析学生现有的数据分析素养水平.

借助 SPSS21.0 统计软件得到测试卷和调查问卷总得分的各项统计数据, 数据整理后如表 7-7 所示.

根据表 7-7 中第二行数据, 在试卷满分为 75 分的前提下被抽取的学生样本的测试卷平均分为 39.67 分, 转化成百分制为 52.89 分, 低于总分数的 60%, 按照一般测试卷的标准属于不及格水平, 说明高中生在与数据分析素养有关的内容的掌握上、情境化问题的处理上和问题解决的过程中的表现并未达标. 观察第三行数据, 调查问卷平均分为 55.58 分, 转化为百分制为 74.11 分, 高于总分数的 70%, 高于测试卷总得分的平均值, 说明高中生在数据分析素养的情感态度价值观维度上表现良好. 表格第四行数据是将每个学生样本的测试卷得分与调查问卷得分相加表示学生的数据分析素养测评整体得分, 整体满分为 150 分. 数据分析结果表明, 学生样本的整体得分平均分为 95.25 分, 相当于一般测试的及格水平. 若从内容、过程、情境和情感态度价值观四个维度综合的角度, 通过测评整体得分来衡量学生的数据分析素养水平, 学生的数据分析素养达到了及格水平.

表 7-7　测试卷总得分的各项统计数据

	均值	中位数	众数	标准差	最高分	最低分	全距
测试卷	39.67	39	42	10.491	65	15	50
调查问卷	55.58	56	48	9.372	75	19	56
整体	95.25	96	84	14.563	135	64	71

测试卷最高分为 65 分, 最低分为 15 分, 全距为 50, 调查问卷最高分为 75 分, 最低分为 19 分, 全距为 56, 说明不同学生的数据分析素养水平差距较大. 因此, 分别对测试卷、调查问卷以及整体的各个分数段的样本数量进行统计, 计算百分比, 进一步分析学生的数据分析素养水平, 统计结果如表 7-8 所示.

表 7-8　数据分析素养测评总得分的各分数段分布情况

分数段 (百分制)	测试卷		调查问卷		整体	
	频数	百分比	频数	百分比	频数	百分比
[0, 40)	23	15.4%	1	0.7%	0	0%
[40, 60)	83	55.7%	12	8%	56	37.6%
[60, 80)	37	24.8%	86	57.7%	85	57.0%
[80, 100]	6	4.0%	50	33.6%	8	5.4%

表 7-8 中的四个分数段是大部分考试的分数段划分情况, 在样本均值的基础上可通过这四个分数段的样本频数和百分比来对学生的测试情况进行更为细致的分析. 测试卷的各分数段频数与百分比数据表明, 有 15.4% 的学生测试卷得分处于低分段, 超过一半的学生的得分在 [40, 60), 不属于低分但处于不及格分数段. 若以大于或等于满分的 60% 作为合格标准, 仅有 28.8% 的学生测试卷分数合格, 在与数据分析素养有关的内容的掌握上、情境化问题的处理上和问题解决的过程中达到合格水平, 其中 4% 的学生达到优秀水平.

调查问卷的各分数段频数与百分比数据表明, 仅有一名学生的调查问卷得分处于低分段, 在数据分析素养情感态度价值观维度的表现非常差. 若同样以大于或等于满分的 60% 作为合格标准, 91.3% 的学生测试卷分数合格, 在数据分析素养情感态度价值观维度的表现达到合格水平, 其中 33.6% 的学生达到优秀水平, 说明这部分学生在数据分析素养情感态度价值观方面表现优秀.

若以测试卷与调查问卷组成的整体得分表示高中生数据分析素养的测评得分, 则有 62.4% 的学生数据分析素养达到合格水平, 其中 5.4% 的学生的数据分析素养表现优秀. 上述图表数据都是通过分析总得分数据来衡量高中生的数据分析素养现状, 是一个初步的高中生数据分析素养现状分析. 关于学生的数据分析素养是否与学生性别、班级类型、日常考试成绩等因素有关, 不同性别、班级类型、日常考试成绩等的学生的数据分析素养是否存在差异, 学生在数据分析素养的内容、过程、情境和情感态度价值观的各个维度和下属的各个二级指标的表现水平如何, 这些问题都需进行更深入的分析.

(二) 相关性分析

根据获得的所有样本的测评得分数据, 高中生数据分析素养测试卷得分分布与调查问卷得分分布情况有所不同, 因此, 有必要分析测试卷得分与调查问卷得分之间的关系. 高中生数据分析素养测评总分的平均值仅处于及格水平, 测试卷平均得分不及格, 说明高中生数据分析素养表现并不突出, 因此, 有必要分析测试卷得分和调查问卷得分与学生的一些个人基本情况之间的关系. 通过高中生数据分析素养调查问卷获得了学生的性别、班级层次、日常数学成绩, 为了了解学生测评得分与这些因素是否具有相关性, 笔者结合相关数据利用 SPSS21.0 进行相关性分析.

1. 测试卷总得分与调查问卷总得分的相关性分析

运用样本的测试卷总得分和对应的调查问卷总得分这两组数据进行 Pearson 相关分析, 分析结果如表 7-9 所示.

表 7-9   测试卷总得分与调查问卷总得分的相关性分析

		测试卷	调查问卷
测试卷	Pearson 相关性	1	0.216*
	显著性 (双侧)	0	0.035
	N	149	149
调查问卷	Pearson 相关性	0.216*	1
	显著性 (双侧)	0.035	0
	N	149	149

* 在 0.05 水平 (双侧) 上显著相关.

由表 7-9 可知, 能反映学生数据分析素养有关内容掌握情况的测试卷总得分和体现学生对数据分析的情感、态度、价值观的调查问卷总得分在 0.05 水平上显著相关, 相关系数为 0.216, 属于低度相关. 也就是说在与数据分析素养有关的内容的掌握上、情境化问题的处理上和问题解决的过程中表现越好的学生, 一定程度上更喜欢与数据分析有关的内容、拥有更良好的态度和对数据分析的价值有更高的认可.

2. 测评得分与性别的相关性分析

将样本的测试卷总得分、调查问卷总得分、测试整体得分和性别进行 Pearson 相关分析, 将部分分析结果整理如表 7-10 所示.

表 7-10 测评得分与性别的相关性分析

		性别
测试卷	Pearson 相关性	0.008
	显著性 (双侧)	0.468
调查问卷	Pearson 相关性	0.196*
	显著性 (双侧)	0.028
整体	Pearson 相关性	0.113
	显著性 (双侧)	0.136

* 在 0.05 水平 (双侧) 上显著相关.

由表 7-10 可知, 学生的数据分析素养测试卷得分和整体得分与性别并无显著相关性, 也就是说相关性分析并未体现出与学生数据分析素养有关的内容的掌握上、情境化问题的处理上和问题解决的过程中的表现与性别有关, 也不能说学生的数据分析素养与性别有关. 但是, 调查数据得分与性别在 0.05 水平上显著相关, 相关系数为 0.196, 说明学生在情感态度价值观维度的表现与性别具有低度相关性.

3. 测评得分与班级层次类型的相关性分析

将样本的测试卷总得分、调查问卷总得分、测试整体得分和班级层次类型进行 Pearson 相关分析, 将部分分析结果整理如表 7-11 所示.

表 7-11 测评得分与班级层次类型的相关性分析

		班级层次类型
测试卷	Pearson 相关性	0.488**
	显著性 (双侧)	0.000
调查问卷	Pearson 相关性	0.081
	显著性 (双侧)	0.325
整体	Pearson 相关性	0.404**
	显著性 (双侧)	0.000

** 在 0.01 水平 (双侧) 上显著相关.

由表 7-11 可知, 学生的数据分析素养调查问卷得分与所在班级层次类型并无显著相关性, 相关性分析并未表明学生在数据分析素养的情感态度价值观维度的表现与班级层次类型相关. 但是, 学生的数据分析素养测试卷得分和整体得分与班级层次类型在 0.01 水平上显著相关, 且相关系数达到 0.4 以上, 属于中度相关. 也就是说学生在数据分析素养有关的内容的掌握上、情境化问题的处理上和问题解决的过程中的表现与所在班级层次类型有关, 所处班级层次类型越好的学生很大程度上数据分析素养整体越好.

4. 测评得分与日常数学成绩的相关性分析

将样本的测试卷总得分、调查问卷总得分、测试整体得分和日常数学成绩进行 Pearson 相关分析, 将部分分析结果整理如表 7-12 所示.

表 7-12　测评得分与日常数学成绩的相关性分析

		日常数学成绩
测试卷	Pearson 相关性	0.357**
	显著性 (双侧)	0.000
调查问卷	Pearson 相关性	0.134
	显著性 (双侧)	0.104
整体	Pearson 相关性	0.343**
	显著性 (双侧)	0.000

** 在 0.01 水平 (双侧) 上显著相关.

由表 7-12 可知, 学生的数据分析素养调查问卷得分与日常数学成绩并无显著相关性, 但是, 学生的数据分析素养测试卷得分和整体得分与日常数学成绩在 0.01 水平上显著相关, 且相关系数达到 0.3 以上, 属于中度相关. 也就是说学生在数据分析素养有关的内容的掌握上、情境化问题的处理上和问题解决的过程中的表现和数据分析素养的整体表现与日常数学成绩有关, 日常数学成绩越好的学生很大程度上对数据分析有关内容的掌握情况越好, 数据分析素养整体越好.

(三) 差异性分析

根据相关性分析的结果, 高中生数据分析素养测试得分与学生性别、班级层次类型和日常数学成绩之间均存在一定的相关关系, 因此, 不同性别、班级层次类型和日常数学成绩的学生的数据分析素养可能存在一定差异. 为了了解不同性别、班级层次类型和日常数学成绩的学生的数据分析素养是否存在差异, 若存在差异, 则差异的大小如何, 笔者结合有关数据利用 SPSS21.0 进行数据分类对比和单因素方差分析.

将所有样本分别按照性别、班级层次类型和日常数学成绩进行分类, 分别计算该分类下样本的测评得分均值和标准差, 通过均值和标准差的观察对比, 初步分析不同类别的学生的数据分析素养是否存在差异. 数据分析结果整理后如表 7-13 所示.

表 7-13 不同类型的学生数据分析素养测评得分的基本情况

	类型	测试卷		调查问卷		整体	
		平均值	标准差	平均值	标准差	平均值	标准差
性别	男	39.77	10.609	54.43	10.219	94.20	15.324
	女	39.50	10.385	57.48	7.469	96.96	13.154
班级类型	实验 1	46.91	9.709	57.62	10.223	104.53	14.009
	实验 2	39.17	9.161	53.61	10.408	92.78	13.313
	重点班	34.45	8.798	55.55	7.413	90	12.581
日常数学成绩	60 分以下	33.47	8.136	51.94	6.560	85.41	10.583
	60 分 ~ 90 分	40.11	9.921	55.70	13.692	96.99	12.145
	90 分 ~ 120 分	45.00	11.253	56.87	8.112	100.70	19.457

通过表 7-13 观察不同类型的学生的测试卷得分、调查问卷得分和整体得分的平均值和标准差发现, 从数值上看, 不同性别、班级层次类型和日常数学成绩的学生的数据分析素养测评得分存在一定差异. 但是部分数值相差较小, 因此需要通过单因素方差分析来判断是否具有显著差异, 数据整理后如表 7-14 所示.

表 7-14 不同类型的学生数据分析素养测评得分的单因素方差分析

			平方和	df	标准差	F	显著性
性别	测试卷	组间	2.628	1	2.628	0.024	0.878
		组内	16286.258	147	110.791		
		总数	16288.886	148			
	调查问卷	组间	325.585	1	325.585	3.776	0.054
		组内	12674.778	147	86.223		
		总数	13000.362	148			
	整体	组间	269.712	1	269.712	1.274	0.261
		组内	31120.100	147	211.701		
		总数	31389.812	148			
班级层次类型	测试卷	组间	3952.288	2	1976.144	23.387	0.000
		组内	12336.598	146	84.497		
		总数	16288.886	148			
	调查问卷	组间	366.483	2	183.242	2.118	0.124
		组内	12633.879	146	86.533		
		总数	13000.362	148			
	整体	组间	5756.786	2	2878.393	16.395	0.000
		组内	25633.026	146	175.569		
		总数	31389.812	148			
日常数学成绩	测试卷	组间	2100.067	2	1050.033	10.805	0.000
		组内	14188.819	146	97.184		
		总数	16288.886	148			
	调查问卷	组间	570.578	2	285.289	3.351	0.038
		组内	12429.784	146	85.136		
		总数	13000.362	148			
	整体	组间	4254.805	2	2127.402	11.446	0.000
		组内	27135.007	146	185.856		
		总数	31389.812	148			

　　结合不同类型的学生的测试卷得分、调查问卷得分、整体得分的平均值与标准差以及单因素方差分析的结果, 能够得到以下几个结论.

　　第一, 不同性别的学生的数据分析素养的整体水平、以内容为载体的测试题的得分、情感态度价值观的表现并无显著差异. 虽然平均值比较发现女生的调查问卷得分和整体得分略高于男生, 但是这种差异并不显著.

　　第二, 不同班级类型的学生的数据分析素养的整体水平、以内容为载体的测试题的得分具有显著差异, 情感态度价值观方面无显著差异. 实验 1 班、实验 2 班、重点班的学生的测试卷平均分分别为 46.91, 39.17, 34.45, 测评整体平均分分别为 104.53, 92.78, 90, 三种类型班级的这两项得分与原先了解的他们的期末考试数学成绩平均分一样依次递减. 因此, 实验 1 层次类型班级的学生在数据分析素养有关的内容的掌握上、情境化问题的处理上和问题解决的过程中的表现水平和数据分析素养水平最高, 重点班层次类型班级的最低, 实验 2 层次类型的班级处于中间.

　　第三, 日常数学成绩所处分数段不同的学生的数据分析素养的整体水平、以内容为载体的测试题的得分、情感态度价值观方面均具有显著差异. 日常数学成绩的三个分数段中, 处于 90 ~ 120 分这个分数段的学生在数据分析素养有关的内容的掌握上、情境化问题的处理上和问题解决的过程中的表现水平、情感态度价值观表现水平和数据分析素养水平最高.

7.4.2　高中生数据分析素养各测评维度结果分析

　　高中生数据分析素养的整体分析仅是从测试卷总得分、调查问卷总得分和整体得分来衡量学生的数据分析素养水平, 分析了数据分析素养与性别等影响因素的关系、不同类型学生的数据分析素养差异, 但并没有深入到高中生数据分析素养的各个维度各个二级指标进行分析. 因此, 为了了解高中生在数据分析素养内容、过程、情境和情感态度价值观四个维度的具体表现, 利用测试卷和调查问卷中学生的答题情况进行各测评维度的结果分析.

(一) 高中生数据分析素养测评内容维度结果分析

　　高中生数据分析素养测试卷以具体的统计内容为载体, 测量了学生在内容维度的 7 个二级指标也就是 7 个单元统计内容的表现. 本研究先通过数据整理分析得到学生在各个统计单元内容的得分情况, 进行各个单元内容掌握情况的初步分析, 再研究各个单元下各小题的具体答题情况, 结合数学教育教学的有关理论对学生答题的得分率、出现的答案类型等进行合理的解释归因.

　　根据数据分析素养测试卷各测试题内容属性, 分别计算学生在每一单元内容中的答题得分率, 计算结果整理如表 7-15 所示.

　　观察表 7-15 中的数据, 学生在内容维度的各个二级指标下的答题得分率存在较大的差异, 必修课程内容中关于获取数据的基本途径与概念这个单元的测试题学生的得分率最高, 选择性必修课程中关于 2×2 列联表这个单元的测试题学生的得分率最高, 两个单元得分率都超过了 70%, 满分率超过了 50%, 说明大部分学生都很好地掌握了这两个单元的内容. 抽样、用样本估计总体、一元线性回归模型这三个单元内容学生的得分率都在 40% 以下, 造成此结果的原因需要结合试题进行具体的分析.

表 7-15　内容维度各二级指标答题得分情况

课程	单元内容	总分	平均分	得分率	满分率	零分率
	获取数据的基本途径与概念	7	5.02	71.71%	58.40%	16.80%
必修课程	抽样	16	4.45	27.81%	3.40%	4.70%
	统计图表	8	3.46	43.25%	28.20%	34.20%
	用样本估计总体	12	4.67	38.92%	12.10%	13.40%
	成对数据的统计相关性	8	3.96	49.50%	12.10%	15.40%
选择性必修课程	一元线性回归模型	6	1.98	33.00%	28.20%	61.10%
	2×2 列联表	7	5.52	78.86%	53.70%	5.40%

1. 获取数据的基本途径与概念

收集数据是数据分析过程的第一步, 是进行数据分析的基础, 根据被试学生所在省份的现行教材安排, 获取数据的基本途径与概念这部分内容在初中阶段学生就应该已经接触过, 得分率为 71.71% 说明大部分学生都掌握了有关内容, 这是符合实际教学背景的. 为考查学生在获取数据的基本途径与概念这一单元的掌握情况, 笔者编制了测试卷的第 1 题.

假设你是一个体育类公众号平台的编辑, 2018 年亚运会期间, 你想结合有关数据写一篇文章预测乒乓球男子单打决赛我国选手樊振东和林高远谁更有可能夺冠. 请思考下列问题:

(1) 你将选择何种途径收集数据?

(2) 为了提高预测的准确性, 你认为需要收集哪些方面的数据?

获取数据的基本途径与概念这一单元要求学生知道获取数据的途径, 因此设置第 (1) 小题要求学生根据 "预测乒乓球男子单打决赛我国选手樊振东和林高远谁更有可能夺冠" 这一问题背景选择收集数据的途径. 问题的问法比较直接, 67.1% 的学生理解题意正确作答, 提出通过网络、问卷调查和观看以往视频资料等收集数据, 对于这个单元内容的掌握到达了单点结构水平. 此外, 笔者在测试卷批阅中发现很多未正确作答的学生在 "何种途径" 几个字下划线重点标注, 测试完成后与学生任课老师沟通交流了解到部分学生并不理解 "获取数据的基本途径" 这个问法, 知道可以通过网络、社会调查等收集数据但是没有意识到此处是要回答这些内容, 并且很多学生指出这道题和他们平时考试所做的试题很不一样. 这一现象说明, 部分学生对 "获取数据的途径" 这一基本数学用语感觉陌生导致无法正确作答, 因此在日常的概念教学中应该注意准确使用数学用语, 强调学生在概念理解掌握方面的准确性.

第 1 题的第 (2) 小题是第 (1) 小题的延伸, 要回答这个问题要求学生能够根据研究目的、研究对象的随机特性和拟探讨事物的内在规律来确定收集什么数据, 是对于经过了高中统计内容学习的学生提出的更高要求, 属于这一单元的一个多点结构水平的问题. 分析学生的答题情况发现, 75.8% 的学生准确理解题意合理作答, 提出收集两位选手以往比赛的胜负数据、社会公众对于这场比赛的看法等数据, 正确率高于第 (1) 小题.

综合学生在获取数据的基本途径与概念的两个问题的答题情况得出结论, 大部分学生对该单元内容的掌握达到了课标的要求, 到达了本研究的水平划分中要求的多点结构水平, 但是, 学习过程中需要加强对基本数学用语的重视和理解, 要能够适应一些开放性的需要文字叙述作答的问题.

2. 抽样

抽样是统计过程中收集数据的一种方式, 完成高中必修课程统计模块内容的学习的学生需要掌握三种常见的抽样方法. 本研究测试卷中结合课程标准的一个案例对抽样这一单元进行了重点的考查, 在一个实际情境背景下循序渐进地设置了四个小题, 通过答题情况分析学生达到了本研究的水平划分的哪一水平.

为考查学生在抽样这一单元的掌握情况, 笔者在课程标准案例 13 的基础上改编形成了测试卷的第 3 题.

某中学高中学生有 500 人, 其中男生 320 人, 女生 180 人. 已经从所有学生中抽取了一些样本, 其中男生组样本的平均身高为 173.5cm, 女生组样本平均身高为 163.8cm, 男生组样本方差为 17, 女生组样本方差为 30.03. 请回答以下问题:

(1) 你认为本题采用的抽样方法是 (　　)

A. 简单随机抽样　　　B. 分层随机抽样　　　C. 系统抽样

(2) 根据以上信息, 能够计算出所有数据的样本均值吗? 为什么?

(3) 假设从所有学生中抽取了 50 个样本, 其中男生 32 人, 女生 18 人. 所有样本身高的均值及方差是 (　　)

A. 168.65; 23.52　B. 170.02; 43.24　C. 168.65; 43.24　D. 170.02; 23.52

(4) 假设这个中学一共有 10 个班, 从中抽取男生 32 人, 请选择你认为合理的抽样方法并写出抽样过程.

第 3 题的第 (1) 小题是笔者改编题目过程中新增的一个问题, 要求学生选择出问题背景中所采用的抽样方法, 难度较低, 属于单点结构水平的问题. 问题背景中提供了总人数、男生人数、女生人数, 抽样后分别给出了男生样本、女生样本的身高平均值与方差, 由此可推测采用的抽样方法为分层随机抽样. 数据分析结果显示, 51.7% 的学生正确作答, 说明这部分学生能够理解简单随机抽样、分层抽样、系统抽样的含义与特点, 指出某一问题应用的抽样方式, 对于抽样这一单元内容的掌握到达了单点结构水平.

学生在初中阶段已经对简单随机抽样有所了解, 高中阶段主要以分层抽样和系统抽样的学习为主, 分层抽样当中要求能够正确使用分层抽样的样本量比例分配方法, 计算各分层样本量, 能够计算分层抽样的样本均值和方差, 再运用样本估计总体. 第 3 题的第 (2), (3) 两个小题考查上述内容, 是课程标准案例 13 的原题, 充分体现了课标对于与数据分析素养有关的这一部分内容的要求.

第 (2) 小题中指的信息包括学生总人数、男生总人数、女生总人数、男生样本、女生样本的身高平均值与方差, 根据分层抽样样本均值的定义, 样本均值与其他量的关系式为

$$样本均值 = \frac{总样本和}{总样本量} = \frac{男生样本和 + 女生样本和}{男生样本量 + 女生样本量}$$

$$= \frac{男生样本量 \times 男生样本均值 + 女生样本量 \times 女生样本均值}{男生样本量 + 女生样本量}$$

根据关系式, 问题背景中缺少了抽取的男生样本量和女生样本量这一信息, 因此不能计算所有数据的样本均值, 考查了学生对分层抽样中均值与各分层样本量的关系的掌握, 难度在第 (1) 小题的基础上有所提升, 属于一个多点结构水平的问题. 分析学生的作答情况, 52.3% 的学生认为能够计算样本均值, 38.3% 认为不能计算样本均值但无法给出正确的解释, 仅有 9.4% 的学生认为不能计算样本均值并且提出缺少了抽取的男女生样本量这一数据, 给出的解答如图 7-6 和图 7-7 所示.

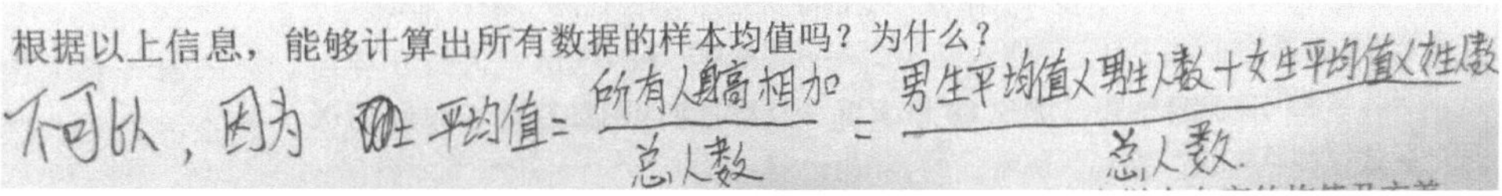

图 7-6 测试卷第 3(2) 题学生解答示例一

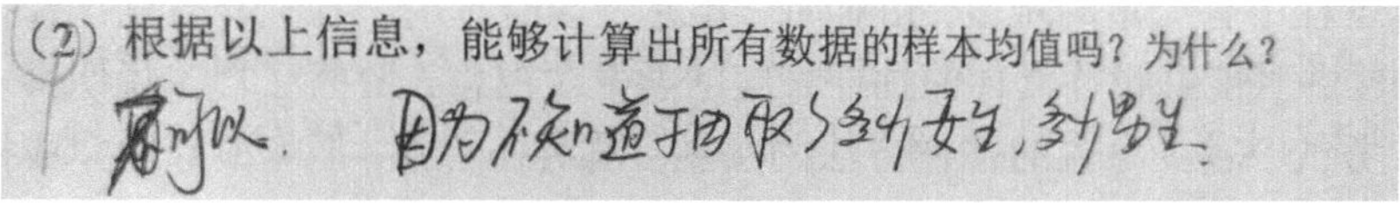

图 7-7 测试卷第 3(2) 题学生解答示例二

第 (3) 小题在第 (2) 小题的基础上给出了抽取的男女生样本量, 要求学生计算所有数据的样本均值和方差, 是第 (2) 小题的进一步延伸. 考虑到数据较大, 在

有限的施测时间内学生准确计算方面的困难, 该小题以选择题的形式出现, 换句话说, 如果学生能够理解分层样本量与样本均值和方差的关系, 因为各分层样本量不同不能将样本均值和方差的计算理解为简单的各层样本均值 (方差) 相加再除以层数, 通过简单计算一定能够选择出正确的计算结果. 试题批阅结果显示, 仅有 17.4% 的学生选择了正确选项.

这两个小题的答题情况共同说明, 仅有少部分学生在抽样这一单元内容的理解上达到了多点结构水平, 绝大部分学生不知道分层抽样中样本均值与各分层样本量的关系, 不会计算分层抽样中所有样本的均值与方差.

课程标准中针对抽样这一部分还要求学生能够在实际情境中, 根据实际问题特点选择合适的抽样方法, 设计恰当的抽样方法解决问题, 因此, 笔者增设了第 (4) 小题. 笔者认为, 就具体的问题而言, 选择哪种抽样方法没有绝对的对错之分, 但是有合理与不合理、合理与相对更合理之分, 这个问题中选择三种抽样方法的学生都占有一定比例, 分布如图 7-8 所示.

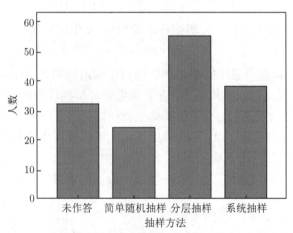

图 7-8　测试卷第 3(4) 题学生选择的抽样方法分布情况

选择简单随机抽样的人数占比 16.1%, 这种抽样方法理论上能够用于本题中样本的抽取, 但是根据简单随机抽样的步骤需制作 320 个签条用于样本抽取在实际操作过程中有一定的难度, 相对而言不是最为合理的一种抽样方法. 选择简单随机抽样并且能够设计具体的抽样方案的学生仅占总人数的 2.7%, 说明很多学生对日常考试中较少考查的抽样方法的实施步骤并不熟悉, 不能很好地完成抽样方案设计实施的过程.

选择分层抽样的学生人数最多, 占比 36.9%, 这与问题中提到该年级有 10 个班有一定联系, 学生自然提出按班级分层随机抽取样本, 这是相对易于实施的合理的抽样方法. 但是, 关于抽样过程的设计很多学生出现如图 7-9 所示错误.

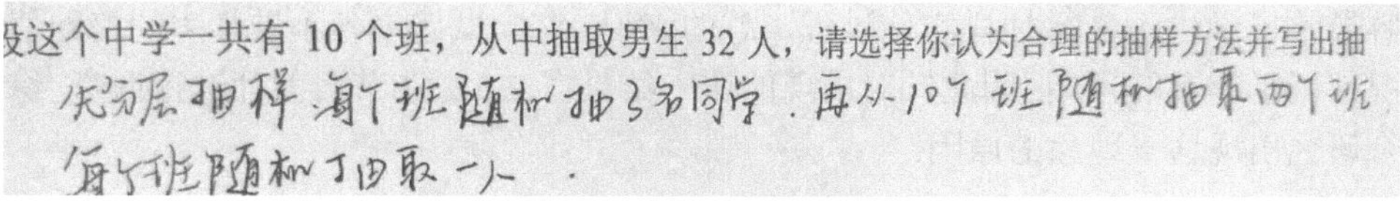

设这个中学一共有 10 个班, 从中抽取男生 32 人, 请选择你认为合理的抽样方法并写出抽

先分层抽样,每个班随机抽3名同学,再从10个班随机抽取两个班
每个班随机抽取一个.

图 7-9　测试卷第 3(4) 题学生解答示例一

学生忽略了分层抽样当中抽取的各层样本量应按比例分配的问题, 这是分层抽样过程设计中的关键, 题目并未给出各班级的男生人数, 分层抽样过程中不能认为所有班级的男生人数都是相同的, 再次暴露了学生在分层抽样的理解中存在的问题. 意识到上述问题提出结合各层人数进行分层抽样的学生占总人数的 7.4%, 大部分学生不能很好地完成分层抽样方案设计实施的过程.

选择系统抽样的学生人数占比 25.5%, 在各班级男生人数未知且总人数较多的前提下, 系统抽样是笔者认为最合理的一种抽样方法. 系统抽样作为高中阶段学生新接触的一种抽样方法, 学生对其的熟悉程度相对前两种较低, 抽样实施的过程中要注意的细节较多, 步骤复杂, 大部分选择这一抽样方法的学生并没有给出抽样过程, 仅有 6.0% 的学生如图 7-10 所示给出了系统抽样实施的关键步骤.

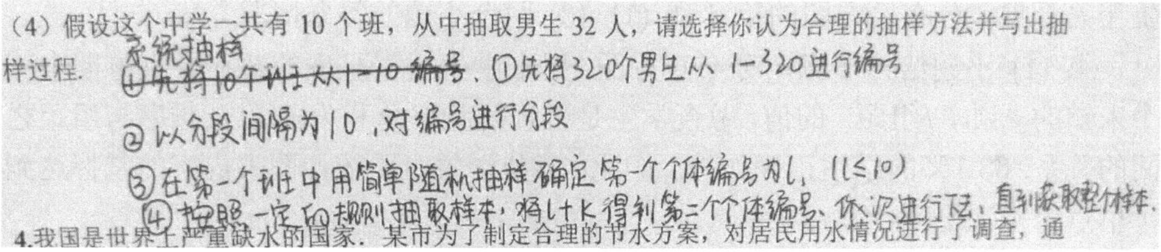

(4) 假设这个中学一共有 10 个班, 从中抽取男生 32 人, 请选择你认为合理的抽样方法并写出抽样过程. *系统抽样*
①先将10个班从1-10编号. ①先将320个男生从 1-320进行编号
②以分段间隔为10, 对编号进行分段
③在第一个班中用简单随机抽样确定第一个个体编号为l, (1≤l≤10)
④按照一定的规则抽取样本, 将l+k 得到第二个个体编号, 依次进行, 直到取到整个样本

4. 我国是世界上严重缺水的国家. 某市为了制定合理的节水方案, 对居民用水情况进行了调查, 通

图 7-10　测试卷第 3(4) 题学生解答示例二

以上四个小题对抽样这一单元进行考查的结果说明以下几个问题:

第一, 大部分学生对抽样内容的掌握停留在单点结构水平, 仅有少部分学生达到了本研究水平划分中所要求的关联结构水平. 第二, 大部分学生没有完全理解分层抽样中样本均值和方差与各分层样本量的关系, 不会计算分层抽样的样本均值和样本方差. 课程标准当中明确地提出了该课程内容要求并提供了本题案例, 因此, 重视该内容的课堂教学和加强相应的课后训练是非常必要的. 第三, 大部分学生不能根据问题的特点来设计恰当的抽样方法, 不能较为完整地写出抽样实施过程.

事实上, 学习数学要求学生将实际问题转化为数学问题并予以求解, 而不仅仅是数学问题中的计算, 因此若考虑到抽样在实际生活中的应用, 是否能够选出合理的抽样方法并写出抽样设计过程尤为重要. 北师大版教材中结合具体实例重点突出了抽样过程的教学, 笔者认为是在日常考试和高考当中未重视考查这一内容导致了学生不熟悉抽样实施过程. 总的来说, 这一试题中各小题学生的答题情况都低于笔者的预期, 因此针对出现的这一结果在 7.5.2 小节对教师进行调查, 综合研究出现这一现象的原因.

3. 统计图表

运用统计图表描述数据是数据分析过程中的关键一步, 该内容贯穿学生统计内容学习的整个过程, 体现学生的数据分析素养. 小学阶段学生就已经初步了解了条形图、扇形图和折线图以及三种图表的特点, 对于一些简单的实际问题应该选择哪种统计图描述数据. 初中阶段学生在此基础上学习了频率分布表和直方图, 理解频数、频率和组距, 能够绘制直方图并且读取直方图当中的一些信息. 高中阶段统计图表学习的重点在于频率分布直方图, 要求能够根据直方图进行样本频率、中位数的计算, 进行统计推断.

本研究的测试卷中的第 2 题来自于 PISA 测评, 考查了条形图信息的读取、理解条形图信息并进行合理的估算和选择恰当的统计图表描述数据, 学生在三个小题的正确率都达到了 95% 左右, 说明学生对这些知识点的掌握情况较好. 落实到高中生数据分析素养内容维度这一指标的表现水平的评价, 更值得研究的是学生在关于频率分布直方图的第 4 题 (1), (3) 两个小题的答题情况.

第 (1) 小题给出了频率分布直方图, 要求学生根据呈现的数据求直方图中一个未知的 "频率/组距" 的值, 考查学生是否理解频率总和为 1 以及频率与组距之间的关系, 63.1% 的学生正确作答, 说明大部分学生对于统计图表内容的掌握达到了单点结构水平.

第 (3) 小题要求学生根据频率分布直方图计算中位数, 这在实际教学过程中是一个难点, 学生的作答情况分布如图 7-11 所示.

频率分布直方图中的中位数是使得左右面积均为 0.5 处的线与横轴交点的横坐标, 设中位数出现在第 p 组, M 为频率分布直方图中第 $p-1$ 组横坐标右端点的值, N 为前 $p-1$ 组的面积和, R 为第 p 组矩形的高, 则中位数 x 的计算公式可表示为

$$x = M + \frac{0.5 - N}{R}$$

按照上述计算方法, 该题的正确答案是 2.04, 有 31.5% 的学生正确作答, 学生给出的正确解答过程如图 7-12 所示.

此外, 学生出现的第一种错误答案是 2.25, 占比 15.4%, 给出这一答案的学生知道中位数是将所有样本数据从小到大排列后处于中间位置的那个数, 本题中中位数落在了区间 [2, 2.5), 因此学生直接将区间端点相加除以 2, 没有理解到中位

数落在该区间内却不一定是在区间的中间位置, 必须结合该区间左侧几个区间的频率之和 (面积和) 进行计算, 错误解答如图 7-13 所示.

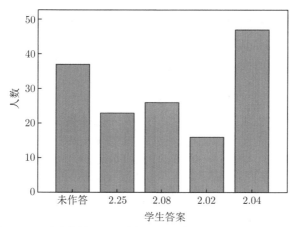

图 7-11 测试卷第 4(3) 题中位数计算中学生的答案分布情况

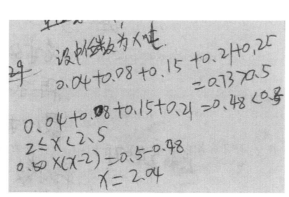

图 7-12 测试卷第 4(3) 题学生解答示例一

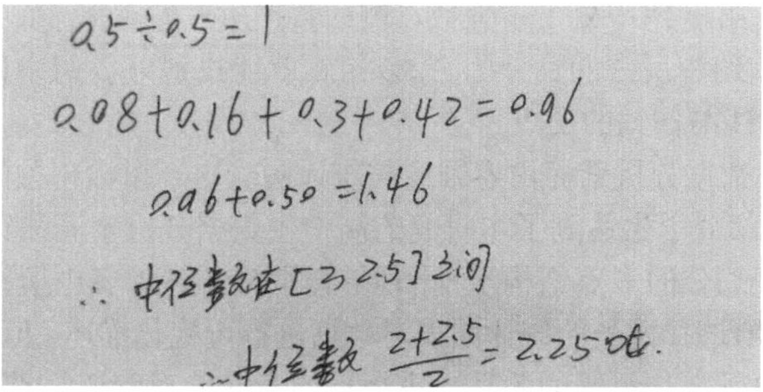

图 7-13 测试卷第 4(3) 题学生解答示例二

　　在测试卷批阅过程中, 2.02 与 2.08 这两种错误答案与正确答案比较接近, 分别有 17.4% 和 10.7% 的学生给出这两种答案. 分析发现, 出现这两种答案的学生知道中位数的计算先是确定中位数落在的区间, 然后找到使得左右两边频率均为 0.5 处的线与横轴的交点, 但是不知道频率分布直方图中小矩形的面积的意义, 对频率与组距的关系的认识有误, 不知道如何利用频率与组距的关系确定使得左右两边频率均为 0.5 处的线与横轴的交点, 给出的解答如图 7-14 和图 7-15 所示.

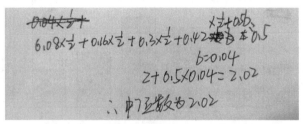

图 7-14　测试卷第 4(3) 题学生解答示例三

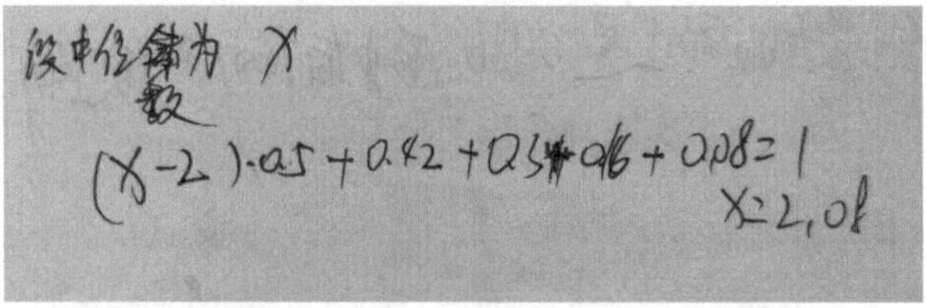

图 7-15　测试卷第 4(3) 题学生解答示例四

　　笔者认为, 用 P 表示第 p 组的频率, K 表示组距, 上述计算公式改为

$$x = M + \frac{0.5 - N}{P} \cdot K$$

　　学生可能更能够理解这一中位数计算公式, 0.5 减去前 $p - 1$ 组的频率之和 (面积和) 表示在第 p 组中处于中位数左侧的数据所占的频率, 除以第 p 组的频率 P 表示其在第 p 组中所占的百分比, 乘以组距就能找到第 p 组中使得左右两边频率均为 0.5 处的线与横轴的交点.

　　根据学生在数据分析素养内容维度与统计图表这一指标相关的测试题中的表现可以说明, 大部分学生达到了本研究的高中生数据分析素养测评内容维度统计图表指标下水平划分的多点结构水平, 能够读取出统计图表中所提供的信息并进行统计推断, 能够选择恰当的统计图表对数据进行可视化描述. 但是, 学生对于频率分布直方图中频率与组距的关系、小矩形的意义的理解还需重点巩固, 大部分学生未完全理解中位数的计算方法.

4. 用样本估计总体

用样本估计总体是统计的基本思想方法, 大部分的数据分析都建立在收集的样本数据的基础上, 通过样本数据的特征估计总体特征, 因此, 在内容维度的 7 个指标的测试题中与用样本估计总体的有关测试题的表现最能体现学生的数据分析素养水平.

第 4 题的第 (2) 小题是一个用样本频率估计总体频率计算出总体中符合条件的人数的试题, 84.6% 的学生正确作答, 说明绝大部分学生达到了本研究用样本估计总体指标下水平划分的多点结构水平, 达到了课程标准中结合实例用样本估计总体的集中趋势参数的内容要求.

第 6 题是统计教育教学研究中的一个经典案例, 考查学生充分结合所学数据分析知识用样本数据分布估计总体的能力, 试题难度系数为 0.16, 有较大难度. 此题难在不但考查学生对用样本估计总体这一统计基本思想的理解, 而且考查学生将实际问题转化为数学问题求出数学问题的解, 进而结合实际得到实际问题的解这一数学问题解决的全过程. 试题的开放性较强, 与日常考试当中出现的题目类型差别很大, 大部分学生无从下手, 与测试开始之前笔者与一线教师的分析预测结果相同.

数据统计结果表明, 77.2% 的学生在此题没有得到任何分数, 仅有 16.8% 的学生得分过半, 说明给出了一定的用样本考号估计总体人数的方法, 其中 12.8% 的学生在该题获得满分, 说明这部分学生达到了本研究用样本估计总体指标下水平划分的关联结构水平.

尽管大部分学生在此题未表现出对用样本估计总体的基本思想的综合应用能力, 但是动手解决该题的学生给出了多种求解方法, 有些方法还不同于课程标准给出的两种解答, 但却运用了用样本估计总体的思想, 方法合理值得在本研究中分析呈现.

学生使用的方法一 (图 7-16):

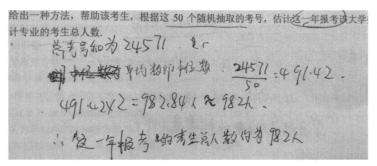

图 7-16　测试卷第 6 题学生解答示例一

　　这是课程标准案例分析中给出的一种方法, 运用该方法的学生能够理解用样本的平均数估计总体的平均数, 由于数据是从 0001 开始的, 因此样本的平均数与总人数的一半相接近, 通过所有样本数据之和除以样本量计算出平均数, 平均数 ×2 得到总人数的估计, 体现了用用样本估计总体的思想.

　　学生使用的方法二 (图 7-17):

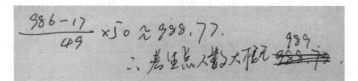

图 7-17　测试卷第 6 题学生解答示例二

　　这种方法与课程标准案例分析中给出的另一种方法相类似, 设总人数为 N, 学生认为 50 个数从小到大排列后把区间 $[17, N]$ 分成 50 个已知的小区间, 运用区间长度的平均值来估计总人数. 这种方法也应用了用样本估计总体的思想, 并且相对来说较为新颖, 在回收的 149 份测试卷中仅有一份应用了这种方法, 体现了该学生对用样本估计总体有着较为深刻的认识.

　　学生使用的方法三 (图 7-18):

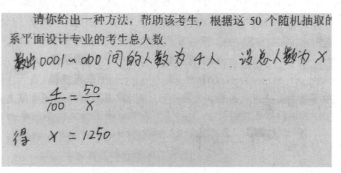

图 7-18　测试卷第 6 题学生解答示例三

　　这种估计方法的误差较大, 但是也体现了学生对用样本估计总体这一统计思想的运用. 选择该方法的学生占有一定比例, 运用这种方法的学生认识到抽取到的样本是随机分布的, 有 4 个样本分布在 $[0, 100)$ 这个区间长度为 100 的区间内, 50 个样本分布在 $[0, N]$ 这个区间长度为 N 的区间内, 两种情况下样本量与区间长度的比值应该比较相近.

　　总的来说, 大部分学生在高中生数据分析素养内容维度用样本估计总体这一指标的表现达到了多点结构水平, 只是少部分学生达到了关联结构水平. 学生能够结合实例用样本估计总体的集中趋势参数, 完成常规考试中一些直接应用的计算型试题, 但是不能自行将此类实际问题转化为数学问题设计方案估计总体的取值规律, 不能很好地应对考查数学素养的开放型试题. 因此, 在日常教学中对于用样本估计总体的思想的渗透还需通过实际问题的训练予以强化, 可增加一些开放型应用题的教学尝试.

5. 成对数据的统计相关性和一元线性回归模型

数据分析过程中, 收集数据和整理数据之后可提取出部分信息, 要进行推断、获得结论通常要通过构建统计模型来实现. 成对数据的相关性在数据分析领域应用广泛, 关于两组数据是否具有相关性的分析结果还影响着很多统计模型的建立. 一元线性回归模型是高中阶段学生需要掌握的一种重要统计分析模型, 是建立在具有相关关系的两个变量的基础上进行统计分析的一种重要方法, 成对数据的统计相关性分析对模型建立至关重要, 通过建立的回归模型还能够进行一些统计预测. 因此, 本研究引用了《普通高中数学课程标准 (2017 年版 2020 年修订) 解读》中一个数据分析素养水平二的问题案例, 用于考查学生在数据分析素养内容维度成对数据的统计相关性和一元线性回归模型两个指标的表现.

案例研究的主题是身高与臂展的关系, 背景与问题如下:

某服装企业采用服装个性化设计为客户提供服务, 即将客户提供的身材的基本数据用于服装设计. 该企业为了设计使用的数据更精准, 随机抽取了 27 名男子的身高和臂展数据, 已通过表格的形式给出.

试问如何利用这组数据为设计服装提供参考?

这是一个实际问题, 在此处第一步学生应该要能将其转化为数学中的统计问题, 但笔者认为, 这个问题的设问较为宽泛, 大部分学生可能无法判定应该转化为怎样的统计问题, 应用哪些统计知识技能予以解决, 直接将此题设问方式呈现给学生很难达到考查学生在成对数据的统计相关性和一元线性回归模型两个方面的情况. 因此, 结合问题背景与成对数据的统计相关性和一元线性回归模型的课程标准内容要求, 笔者对问题进行了改编, 尽可能使得学生在这两个方面的表现可视化.

按照人的生理特征, 一般来说一个人的身高与臂展有密切关系, 课标解读指出此题要研究的统计问题就是: 是否可以用身高预测臂展? 根据这一核心统计问题, 笔者在此案例背景下改编设计了测试卷第 7 题, 包含了考查内容由浅入深的如下三个小题:

(1) 根据散点图, 判断臂展 y 与身高 x 是否具有相关性, 请说明理由.

(2) 结合提供的数据, 通过计算相关系数来证明你在问题 (1) 中的判断.

(3) 建立臂展 y 与身高 x 的回归方程, 预测身高为 175cm 的男性客户的臂展.

　　根据给出的身高与臂展的数据, 首先, 应该考虑的是绘制统计图表对数据进行可视化分析, 成对数据的统计相关性单元也要求学生能够根据提供的样本数据绘制散点图, 根据散点图的分布情况判断两组数据的相关关系. 考虑到样本数据较多影响实际施测的可行性, 第 (1) 小题的设计为给出学生样本数据散点图, 重点考查学生能否根据散点图判断两组数据的相关关系. 其次, 散点图所看到的特征需要通过计算相关系数予以证实, 因此在第 (1) 小题的基础上自然合理地设计第 (2) 小题考查学生相关系数的计算和对相关系数意义的理解. 最后, 在身高与臂展数据具有相关性分析结果的基础上才能选择建立一元线性回归方程进行预测, 因此设置了第 (3) 小题, 考查学生回归方程的建立和利用方程进行数据预测. 笔者认为, 这样由浅入深、循序渐进地设计问题, 能到达考查学生所学知识点的掌握情况和学生对回归分析的基本思想的理解及其实际应用的目的, 符合数据分析素养的测评的目标.

　　第 7 题的第 (1) 小题是一个单点结构水平的问题, 83.9% 的学生都根据散点图判断两组具有相关性, 其中 51.0% 的学生能够正确说明判断理由. 该部分学生能够指出, 散点图的点分布在一条直线的附近并且做出相近的直线, 身高与臂展正相关, 身高较高的人臂展一般也较长. 部分学生的描述不准确, 缺乏数学用语规范性, 例如, 点散布在从左下角到右上角的区域内, 因为散点图上的点比较集中, 等等.

　　第 7 题的第 (2) 小题是一个多点结构水平的问题, 55% 的学生能够利用给出的参考数据和公式计算相关系数, 并且 51% 的学生根据相关系数为 0.75 这一结果说明第 (1) 小题的判断正确, 身高与臂展正相关. 两个小题的优秀解题过程如图 7-19 所示.

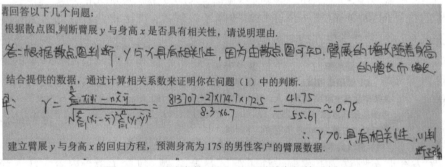

图 7-19　测试卷第 7(1), (2) 题学生解答示例

　　因此, 结合测试卷的这两个小题数据说明, 一半左右学生在数据分析素养内容维度成对数据的统计相关性指标下达到了水平划分标准中的多点结构水平, 但是教学过程中教师应注意提高对学生应用规范数学用语进行准确的数学结果解释

方面的要求.

第 7 题的第 (3) 小题考查学生一元线性回归模型的应用, 这部分内容现阶段处于高中数学选修系列教材中, 具有一定的难度, 能建立方程做出预测的学生应已达到数据分析素养内容维度一元线性回归模型指标下水平划分标准中的多点结构水平.

分析结果显示, 34.3% 的学生能够了解模型参数的统计意义, 了解最小二乘原理, 掌握一元线性回归模型参数的最小二乘估计方法, 计算出了模型参数与回归方程. 其中, 28.9% 的学生理解题意根据得到的回归方程预测了身高为 175cm 的男性的臂展数据为 172.68cm. 该项数据表明, 约为三分之一的学生在数据分析素养内容维度一元线性回归模型该项指标下达到了多点结构水平.

6. 2×2 列联表

2×2 列联表实质上是两个分类变量的频数表, 运用 2×2 列联表的方法能够解决一些独立性检验的简单实际问题. 运用该方法的过程中先根据实际问题提供的数据设计填写好 2×2 列联表, 然后利用给定公式计算随机变量 K^2 的观测值 k, 最后将观测值 k 与统计学家研究确定的各犯错误概率的临界值 k_0 进行对比, 判断在犯错误的概率不超过多少的前提下认为两个分类变量有关系或者在多大程度上能说明两个分类变量有关.

测试的第 5 题在给出了 2×2 列联表、随机变量 K^2 的计算公式和各犯错误概率的临界值 k_0 的前提下要求学生根据这组数据分析吸烟与患支气管炎病是否无关. 这是课程标准解读中一个数据分析素养水平二要求的案例, 通过这个案例可以判断学生是否达到数据分析素养水平二的要求和达到本研究中数据分析素养内容维度 2×2 列联表指标水平划分标准下的何种水平.

测评结果表明, 83.2% 的学生能够理解 2×2 列联表并将其中的数据对应到随机变量 K^2 的计算公式准确地计算出随机变量 K^2 的观测值, 但是其中有 5.4% 的学生未联系临界值表对计算结果做出数学解释, 17.4% 的学生判断出吸烟与患支气管炎病有关但没有说明犯错误的概率或多大程度上可能有关, 数学解释不够完整. 根据本研究中数据分析素养内容维度 2×2 列联表指标水平划分标准, 可以说明绝大部分学生在该指标上达到了多点结构水平, 一半左右学生达到了关联结构水平.

(二) 高中生数据分析素养测评过程维度结果分析

高中生数据分析素养过程维度包含形成数学、使用数学和解释数学 3 个二级指标, 数据分析素养测试卷的每一小题都对应着其中的一个或几个过程. 因此, 把所有测试题按照过程维度的指标进行分类就能统计得到学生在各过程维度指标下的得分情况, 进行各个过程表现的初步分析, 再结合学生的具体解答和理论对学生的表现进行具体分析.

　　根据高中生数据分析素养测试卷各题的过程属性, 分别计算学生在与每一数学过程有关测试题中的答题平均分、得分率、标准差等数据, 计算结果整理如表 7-16 所示.

表 7-16　过程维度各二级指标答题得分情况

维度	二级指标	总分	平均分	得分率	标准差
	形成数学	20	12.91	64.55%	4.143
过程维度	使用数学	39	19.03	48.79%	6.095
	解释数学	16	5.73	48.31%	3.013

　　根据表 7-16 的数据, 学生在形成数学过程的得分率为 64.55%, 是三个数学过程中得分率最高的, 说明学生能够明确处于真实情境中问题的数学面貌及其重要变量, 能够很好地将实际问题转化为数学问题来进一步思考. 学生在使用数学过程的得分率相对较低, 说明学生可能在部分数学知识的应用上存在问题. 学生在解释数学过程的得分率最低, 说明学生可能有时无法将获得的数学结论回馈到现实情境中进行合理的说明, 对数学概念和数学解答的外延和限制条件理解掌握存在误区. 为了了解学生在各数学过程得分率差异产生的原因和各数学过程的具体表现, 结合测试卷测试题答题情况, 从数学过程的维度对学生的数据分析素养测评结果进行分析.

　　1. 形成数学

　　本研究测试卷中属于考查学生在形成数学过程的表现的主要是 1, 2(3), 3(1), 6, 7(1) 几个试题, 这些试题处于真实的情境背景中, 需要学生明确问题中隐含的数学结构, 将真实情境中的问题与数学概念、事实以及程序相对应.

　　测试卷中第 2 题的第 (3) 小题, 真实情境是 "铁甲威龙乐团想通过统计图表了解他们的光盘销量趋势", 转化为数学问题就要将这一情境对应到统计图表的具体特征结构, 大部分学生联想到销量趋势与折线统计图中的折线走势情况相对应, 就能迅速地做出判断. 测试卷中第 3 题的第 (1) 小题大部分学生能对应判断出真实情境中使用的抽样方法, 也是分析问题情境的特征后对应到分层抽样样本分层抽取的特点, 这是两个学生在形成数学过程中表现较好的例子.

　　此外, 测试卷中第 6 题也涉及形成数学的过程, 但是大部分学生没有认识到这个真实情境中的数学问题是根据提供的样本数据的分布特征估计总体人数, 使得该题的最终得分情况较差. 在测试开始之前, 笔者曾针对试题设计方面的问题向一线教师请教, 有教师指出可将此题的设问修改得更为明确些, 例如增加一些诸如 "从样本的集中趋势参数的角度入手""从样本数据的分布特征入手" 一类的提示, 提高学生的答题率, 正如笔者对于第 7 题中设问做出的修改, 显然第 7 题学生的答题情况相对较好.

上述情况对比说明, 虽然对比另外两个过程学生在形成数学过程中的表现较好, 但是学生能否将真实情境中的问题抽象成数学问题, 对应到数学概念结构, 与试题的设问的开放程度有关. 因此, 在日常考试中需要让学生适用一些有一定开放性的问题, 提高形成数学的能力.

2. 使用数学

考查学生使用数学过程的试题题干具有较明显的数学概念、符号和公式化特征, 较为典型的是测试卷中的第 4, 5 两题. 第 4 题的 3 个小题分别是频率/组距的计算、用频率估计人数的计算和中位数的计算, 第 5 题的 2×2 列联表和随机变量 K^2 的公式体现了是对随机变量观测值的计算的考查. 学生只要理解并掌握了相关的数学概念、公式、计算方法就能顺利求解问题, 因此学生在这两个试题的答题表现非常乐观. 反之, 第 3 题的第 (3) 小题非常明确地要求学生能够利用分层样本数据进行分层抽样中平均值与方差的计算, 但是从此题第 (2) 问的答题情况就能看出学生对此知识点的掌握存在问题, 导致答题情况较差.

根据上述测试情况, 笔者认为大部分学生具备应用数学知识解决数学问题的能力, 但是学生对于与数据分析素养有关的统计内容部分知识点的理解与掌握需要增强.

3. 解释数学

应用数学知识解决数学问题得到的是数学问题的解而不一定是实际问题的解, 因此要求将数学解答、结果或者结论回馈到现实情境中并进行合理的说明.

测试卷中的第 5, 6, 7(2) 题都涉及对数学问题的解的解释, 前面已经提到, 第 5 题判断吸烟与患支气管炎是否无关过程中绝大部分学生都能够完成计算出随机变量 K^2 的观测值这一应用数学的过程, 但是其中有 5.4% 的学生未对计算结果做出数学解释, 17.4% 的学生数学解释不够完整. 第 7 题第 (2) 小题要求通过相关系数来证明问题 (1) 中的判断, 大部分学生能够计算相关系数, 但是对于计算结果的解释却存在诸多问题. 例如, 有学生写出 "相关系数 $r \approx 0.75 < 1$, 因此臂展 y 与身高 x 具有相关性" 此类错误解释. 第 6 题虽然学生运用用样本估计总体的思想设计了方法估计报考总人数, 但是都没有对方法进行说明, 评估数学解答在真实情境中的合理性.

学生在解释数学过程的得分率是三个过程中最低和在上述测试题中的表现共同说明, 大部分学生没有达到合理正确的解释数学的要求. 学生在数据分析素养过程维度解释数学指标下的表现还需要通过强化对数学概念、数学解答的外延和限制条件的理解来提升.

(三) 高中生数据分析素养测评情境维度结果分析

高中生数据分析素养所有测试题都具有现实情境背景, 借鉴 PISA 测评理论中对情境的分类, 测试卷试题属性表中已经把这些试题的情境确定为个人的、社会的、职业的或科学的, 每种情境的测试题都有 1~2 个. 在每一测试题中, 形成数学和解释数学的过程体现了学生能否理解情境将真实情境中的问题转化为数学问题和联系情境将数学问题的解转化为真实情境问题的解. 因此, 分别把学生在各类情境试题中的形成数学和解释数学的得分相加, 用以表示学生在各情境维度指标下的得分情况, 进行各个情境下表现的初步分析.

根据数据分析素养测试卷各测试题的情境属性, 分别计算学生在每一情境类别试题的答题平均分、得分率、标准差等, 计算结果整理如表 7-17 所示.

表 7-17　过程维度各二级指标答题得分情况

维度	二级指标	总分	平均分	得分率	标准差
情境维度	个人的	11	2.96	26.91%	2.455
	职业的	8	3.96	49.50%	2.547
	社会的	7	5.02	71.71%	2.652
	科学的	7	5.36	76.57%	1.970

表 7-17 数据显示, 学生在属于社会的和科学的情境的试题中的得分率均在 70% 以上, 说明学生能够较好地理解这两种情境, 从中抽象出数学问题并进行合理的解释. 学生在职业的情境的试题中的得分率相对较低, 这和职业的情境属于学生未来可能接触到的, 因此学生相对陌生的现实相吻合. 值得注意的是, 学生在个人的情境中的得分率最低, 笔者认为, 这并不能说明对个人的情境的问题的处理能力最差, 因为个人的情境应该是学生最熟悉的最易理解的情境. 出现表 7-17 中的结果与试题考查的知识点、试题的难度有关, 个人情境的两个试题考查的知识点难度较大, 具有不同于日常考试试题的开放性, 影响了学生在此情境中的表现.

结合学生在每一试题与情境相关的过程中的表现, 笔者认为, 处于高三阶段的学生对数据分析素养测评情境维度下个人的、职业的、社会的和科学的情境具有一定的理解能力, 就本测试结果而言, 学生在社会的和科学的情境中表现较好, 在个人的和职业的情境中表现相对较差.

(四) 高中生数据分析素养测评情感态度价值观维度结果分析

高中生数据分析素养调查问卷专门用以测评学生在数据分析素养情感态度价值观维度的表现, 先从整体上研究, 以每一指标下 5 个题的总得分表示学生这一指标的得分, 整理得到学生在情感、态度和价值观三个指标下的得分数据如表 7-18 所示.

表 7-18 情感态度价值观维度各二级指标答题得分情况

维度	二级指标	总分	平均分	得分率	标准差
	情感	25	16.90	67.60%	3.777
情感态度价值观	态度	25	17.59	70.36%	4.460
	价值观	25	21.09	84.36%	3.169

根据整理得到表 7-18 的数据, 学生在情感、态度和价值观方面的平均分均在 15 分以上, 得分率超过 60%, 说明大部分学生都具有良好的数据分析素养情感态度价值观水平, 对数据分析有关内容有较好的情感体验, 良好的态度予以对待, 认识到了数据分析的重要价值.

对比分析表明, 价值观试题的平均分最高, 超过了总分的 80%, 达到优秀水平, 说明学生非常肯定数据分析 (或统计) 有关内容的科学、应用和文化价值, 具有批判性思维, 崇尚数学的理性精神. 学生在数据分析的情感和态度测评上的平均分相对价值观低一些, 在总分的 70% 左右, 标准差也相对较大, 说明学生在数据分析有关内容的学习中的兴趣与热情、动机、信心、审美意识等相对价值观水平较低, 对待数据分析或统计有关内容的态度没有价值观那么强烈, 并且不同学生在数据分析情感态度方面的差异相对较大.

为了了解学生在数据分析情感、态度和价值观三个二级指标下的具体表现, 结合高中生数据分析素养调查问卷答题情况, 对每一指标下学生的数据分析素养情感态度价值观测评结果进行分析.

1. 情感

高中生数据分析素养调查问卷 1~5 题测评学生的数据分析情感表现, 研究学生在数据分析有关的学习兴趣与热情、动机、信心、审美意识等方面的具体情况如何, 是否喜欢数学、喜欢数据分析 (或统计) 内容、认为数据分析很重要、自信能学好数据分析模块和欣赏与数据分析有关内容当中的数学美等等. 利用 SPSS21.0 对测评结果进行分析, 得到各题的平均分和选择各选项的学生比例如表 7-19 所示.

表 7-19 数据分析素养情感态度价值观维度情感指标有关试题的答题情况

试题编号	平均分	非常同意	比较同意	不确定	比较不同意	完全不同意
1	3.67	20.1%	48.3%	16.8%	8.1%	6.7%
2	2.96	11.4%	24.8%	24.2%	27.5%	12.1%
3	3.26	18.8%	27.5%	25.5%	16.8%	11.4%
4	3.88	28.9%	43.0%	19.5%	4.7%	4.0%
5	3.13	14.8%	30.9%	20.1%	21.5%	12.8%

根据表 7-19 的数据, 学生在数据分析素养情感态度价值观维度情感指标下各小题的得分有一定差异, 1, 4 两个题平均分较高, 选择非常同意或比较同意的学生

比例达到 70% 左右, 说明大部分学生比较喜欢数学, 相信自己能够学好与数据分析有关的统计内容. 事实上, 虽然各题均为情感指标的测评, 但测评具体内容也有所不同, 因此接下来结合各题内容进行具体分析.

问题 1: 在所有的学科中, 你最喜欢的是数学.

问题 2: 在高中数学的各个模块内容中, 你最感兴趣的是以数据分析为核心的统计模块.

问题 3: 你喜欢高中数学的统计模块, 不是因为它在考试中更容易获得分数.

结合问题 1 和问题 2 的答题情况, 喜欢数学的学生比例远高于对统计模块最感兴趣的学生比例, 说明对很多喜欢数学的学生而言, 他们对高中数学其他模块的兴趣高于数据分析有关内容的兴趣, 学生对以数据分析为核心的统计模块的兴趣需要在日常教学中积极培养.

在大数据背景下, 近年来课程改革中以数据分析为核心的统计内容的教学得到了比以往更多的重视, 中小学课程标准中新增了部分统计内容, 与此同时高考数学试卷中也增加了统计内容的考查比例. 大量现实数据表明, 相较于数列、解析几何、函数与导数应用等模块而言, 学生认为统计模块内容的学习与测试题相对简单一些, 因此在考试中较易得分. 结合问题 2 和问题 3 的答题情况, 约有四分之一的学生不确定自己喜欢统计模块的原因是不是这部分在考试中容易得分, 约有四分之一的学生比较肯定或非常肯定自己喜欢统计模块与其在考试中容易得分有关, 说明回归内容本身让学生真正从情感上对数据分析有关内容感兴趣还需要在教学中予以重视.

问题 4: 你相信自己能够学好统计这部分内容, 在数据收集、整理、描述、分析的学习方面有所收获.

根据问题 4 的答题情况, 仅有 8.7% 的学生对自己能够学好统计内容, 在数据分析过程中表现没有信心, 说明绝大部分学生肯定自己对数据分析有关内容的学习能力, 值得鼓励.

问题 5: 你认为由数据绘制成的统计图表, 数据分析中用的公式符号都是很美的.

运用于描述数据的统计图表形式种类多样, 能够从不同的角度反映数据蕴含的信息, 数学公式符号各有作用, 都能体现数学之美. 问题 5 答题情况表明, 有 21.5% 的比较不同意和 12.8% 完全不同意这些与数据分析有关的内容是具有数学美的, 该题平均分也不高.

高中生数据分析素养情感态度价值观维度情感指标测评结果表明, 近一半的学生在数据分析有关内容的学生总具有良好的情感体验, 平均而言学生对数据分析的情感处于中等水平, 学生对数据分析有关内容的兴趣和审美意识需要提升.

2. 态度

高中生数据分析素养调查问卷 6~10 题测评学生与数据分析有关的态度, 研究学生是否认真、努力、愉快地学习有关内容, 对数据分析有关内容的学习是否充满好奇心、独立思考和锲而不舍的钻研精神, 是否能够大胆质疑提出见解. 利用 SPSS21.0 对测评结果进行分析, 得到各题的平均分和选择各选项的学生比例如表 7-20 所示.

表 7-20 数据分析素养情感态度价值观维度态度指标有关试题的答题情况

试题编号	平均分	非常同意	比较同意	不确定	比较不同意	完全不同意
6	3.36	15.4%	34.2%	27.5%	16.8%	6.0%
7	3.61	23.0%	35.1%	25.7%	12.8%	3.4%
8	3.70	25.5%	37.6%	20.8%	13.4%	2.7%
9	3.49	23.6%	31.1%	23.6%	14.2%	7.4%
10	3.47	21.5%	32.9%	24.8%	12.8%	8.1%

根据表 7-20 的数据, 学生在数据分析素养情感态度价值观维度态度指标下各题的答题情况差异较小, 平均分在 3.36~3.70, 不同试题的同一选项的选择比例极差绝大部分不超过 10%, 说明学生在该指标的表现比较均衡. 各题测评具体内容有所不同, 因此结合各题内容进行具体分析.

问题 6: 在上与数据分析有关的课之前, 你会主动提前预习这节课的内容.

问题 7: 学习与数据分析有关的内容时, 你总能专心致志.

问题 8: 你非常乐意并且能够认真完成学习统计内容后的数学作业.

问题 6~8 测量的重点是学生在数据分析有关内容的学习中的学习态度, 包括学生上课前、上课中和上课后三个环节. 对比而言, 在上课和课后完成作业时的态度较好的学生比较多, 积极进行课前预习的学生相对少, 一半左右学生在学习数据分析有关内容时没有良好的课前预习习惯.

问题 9: 你对大数据分析获得结论非常好奇, 喜欢独立思考这一类的问题.

问题 10: 在学习与数据分析有关的内容时, 你感觉到自己是积极快乐、富有成就感的.

问题 9 调查学生对数据分析有关内容的学习是否具有充满好奇心、独立思考的精神, 超过一半的学生具有这种科学精神. 问题 10 调查学生持有态度的积极性, 约有 20% 的学生未体验到快乐和成就感.

高中生数据分析素养情感态度价值观维度态度指标测评结果表明, 近六成学生以积极的态度面对数据分析有关内容的课堂学习和课后巩固, 但仅有一半学生积极进行课前预习准备工作, 教学过程中应注意让尽可能多的学生体验到数据分析有关内容学习的快乐和成就感.

3. 价值观

高中生数据分析素养调查问卷 11~15 题测评学生与数据分析有关的价值观, 研究学生是否认识体会到与数据分析有关内容的科学、应用和文化价值, 批判性思维、数学的理性精神. 利用 SPSS21.0 对测评结果进行分析, 得到各题的平均分和选择各选项的学生比例如表 7-21 所示.

表 7-21　数据分析素养情感态度价值观维度价值观指标有关试题的答题情况

试题编号	平均分	非常同意	比较同意	不确定	比较不同意	完全不同意
11	3.98	31.5%	45.0%	16.1%	4.7%	2.7%
12	4.48	61.1%	28.2%	9.4%	0.7%	0.7%
13	3.88	30.9%	38.3%	22.1%	5.4%	3.4%
14	4.24	47.0%	35.6%	14.1%	1.3%	2.0%
15	4.50	62.4%	27.5%	8.7%	0.7%	0.7%

根据表 7-21 的数据, 学生在数据分析素养情感态度价值观维度价值观指标下各题的平均分都高于情感、态度指标下各题的平均分, 平均分最高达到了 4.5 分, 最低也有 3.88 分, 再次说明学生对数据分析价值的认同程度较高. 第 12 和 15 题均只有约 10% 的学生没有对题干内容表示肯定, 各题学生的选项分布情况存在一定差异, 因此也结合各题内容进行具体分析.

问题 11: 你认为统计这个模块在数学中是非常重要的, 因为它有助于解决现实中的一些问题.

问题 12: 你认为我们处于一个大数据时代, 数据分析与我们的生活紧密相关, 影响着我们的生活.

问题 14: 你知道数据分析是 "互联网 +" 相关领域的主要数学方法, 可以应用于科学、技术、医疗、工程等各个方面.

问题 15: 数据分析推动科学技术的发展, 科学技术的发展也帮助我们更好地进行数据分析.

数据分析素养的价值体现在实际生活的应用中, 体现在科学技术等领域的应用中, 上述四个题联系学生自身对实际生活和科学技术发展的感悟调查其对数据分析有关价值的认识. 调查结果表明, 绝大部分学生非常肯定数据分析在实际生活、科学、技术、医疗和工程等方面的价值, 认为数据分析推动科学技术的发展, 科学技术的发展也帮助我们更好地进行数据分析.

问题 13: 你认为学习统计内容, 经历数据分析的全过程能够让你形成通过数据认识事物的思维品质.

问题 13 调查学生是否认同数据分析有关内容的学习对良好思维品质的形成的价值, 有三成学生未表示认同, 比学生对数据分析在实际生活和科学技术当中的价值的认同程度低出许多. 笔者认为, 学习统计内容并经历数据分析的全过程能够让学生认识到用数据说话, 以数据分析为统计的核心, 具体表现为形成通过收集获取真实信息来具体客观地认识事物、从不同角度对数据进行整理描述来多方面认识事物、建立模型分析数据深刻认识事物属性的统计思维品质. 因此, 在日常的教学中还需提高学生对思维的认识, 统计思维的培养至关重要.

7.5 高中生数据分析素养测评研究结论与建议

7.5.1 高中生数据分析素养测评研究结论

结合前面的测评数据分析, 本研究主要得到以下结论.

(1) 整体得分分析结果表明, 若从内容、过程、情境和情感态度价值观四个维度综合的角度, 通过高中生数据分析素养测评整体得分来衡量学生的数据分析素养水平, 学生的数据分析素养平均处于及格水平. 在高中生数据分析素养测试卷的测评中, 学生的平均分转化成百分制为 52.89 分, 说明高中生在与数据分析素养有关的内容的掌握上、情境化问题的处理上和问题解决的过程中的表现低于及格水平. 在高中生数据分析调查问卷的测评中, 学生的平均分转化成百分制为 74.11 分, 说明高中生在数据分析素养的情感态度价值观维度上表现良好.

(2) 相关性分析结果表明, 高中生数据分析素养测试卷得分与调查问卷得分之间具有显著相关性, 说明在与数据分析素养有关的内容的掌握上、情境化问题的处理上和问题解决的过程中表现越好的学生, 一定程度上更喜欢与数据分析有关的内容、拥有更良好的态度和对数据分析的价值有更高的认可. 高中生数据分析素养整体得分和测试卷得分与性别无显著相关性, 而调查问卷得分与性别具有显著相关性, 说明学生在与数据分析素养有关的内容的掌握上、情境化问题的处理上和问题解决的过程中的表现与性别无关, 但是学生在数据分析素养情感态度价值观维度的表现与性别具有低度相关性. 高中生数据分析素养整体得分和测试卷得分与学生所在班级类型、日常数学成绩具有显著相关性且为中度相关, 调查问卷得分与班级类型、日常数学成绩无显著相关性, 说明所处班级层次类型或日常数学成绩越好的学生, 数据分析素养整体水平越高, 在数据分析素养有关的内容的掌握上、情境化问题的处理上和问题解决的过程中的表现越好, 但不一定具有更好的情感态度价值观.

(3) 差异性分析结果表明, 不同性别的学生的数据分析素养的整体水平、以内容为载体的测试题的得分、情感态度价值观的表现并无显著差异. 不同班级类型的学生的数据分析素养的整体水平、以内容为载体的测试题的得分具有显著差异, 情感态度价值观方面无显著差异. 日常数学成绩处于不同分数段的学生的数据分析素养的整体水平、以内容为载体的测试题的得分、情感态度价值观方面均具有显著差异, 日常数学成绩处于越高分数段的学生上述三项得分越高.

(4) 高中生数据分析素养内容维度测评结果分析表明, 学生在内容维度的各个二级指标下的答题得分率存在较大的差异, 获取数据的基本途径与概念、2×2 列联表这两个单元得分率较高, 抽样、用样本估计总体、一元线性回归模型这三个单元内容学生的得分率较低. 结合本研究水平划分标准, 大部分学生在获取数据的基本途径与概念、统计图表、用样本估计总体、成对数据的统计相关性四个单元的表现达到了多点结构水平. 统计图表中, 学生对于频率分布直方图中频率与组距的关系、小矩形的意义的理解还需重点巩固, 大部分学生未完全理解中位数的计算方法. 大部分学生对抽样内容的掌握停留在单点结构水平, 主要原因是学生没有完全理解分层抽样中样本均值和方差与各分层样本量的关系, 不会计算分层抽样的样本均值和样本方差, 不能根据实际问题的特点设计恰当的抽样方法解决问题, 不能较为完整地写出抽样实施过程. 约为三分之一的学生在一元线性回归模型单元的表现达到了多点结构水平, 绝大部分学生在 2×2 列联表单元的表现达到了多点结构水平, 一半左右学生达到了关联结构水平. 此外, 学生需要加强对基本数学用语的重视和理解, 要能够适应一些开放性的需要文字叙述作答的问题, 应用规范数学用语进行准确的数学结果解释方面的能力需要加强.

(5) 高中生数据分析素养过程维度测评结果分析表明, 对比三个数学过程来看, 大部分学生在形成数学过程的表现较好, 在使用数学和解释数学过程的表现相对较差. 大部分学生具备应用数学知识解决数学问题的能力, 但是学生对于与数据分析素养有关的部分知识点的理解与掌握需要增强. 大部分学生没有达到合理正确的解释数学的要求, 需要强化对数学概念、数学解答的外延和限制条件的理解. 此外, 学生在形成数学过程的表现与试题的设问的开放程度有关, 因此, 在日常考试中需要让学生适用一些有一定开放性的问题, 提高形成数学的能力.

(6) 高中生数据分析素养情境维度测评结果分析表明, 学生对个人的、职业的、社会的和科学的情境具有一定的理解能力, 就本测试结果而言, 学生在社会的和科学的情境中表现较好, 在个人的和职业的情境中表现相对较差.

(7) 高中生数据分析素养情感态度价值观维度测评结果分析表明, 大部分学生都具有良好的数据分析素养情感、态度和价值观水平, 其中, 价值观试题的得分明显高于情感与态度的得分, 绝大部分学生非常肯定数据分析在实际生活、科学、技术、医疗和工程等方面的价值. 学生对数据分析有关内容的兴趣和审美意识、学生学习数据分析有关内容的课前准备、学习中的快乐和成就感、数据分析有关内容的学习在良好思维品质的形成过程中的价值的认同还有提升的空间.

7.5.2　高中生数据分析素养培养建议

根据高中生数据分析素养测评得到的结论, 学生的数据分析素养还有待提升, 因此, 本研究在结合测评中发现的问题的基础上提出高中生数据分析素养培养建议. 教材内容的编写、考试命题、教师自身的专业素质和教师的教学都与学生数据分析素养的培养存在联系, 因此分别从这四个方面提出培养建议.

(一) 对教材编写的建议

1. 以培养学生的数据分析素养作为教材编写的核心目标

现行的高中数学教材虽然有多个版本但均是依据《普通高中数学课程标准 (实验版)》编制, 基本内容相同只是呈现方式略有差异, 本次测评研究选取的对象所在地区使用的是北师大版高中数学教材也是如此. 《普通高中数学课程标准 (实验版)》中并没有提出数学核心素养, 因此现行教材的编写自然也没有以培养学生的数学核心素养为核心目标.

《普通高中数学课程标准 (2017 年版 2020 年修订)》提出数学学科核心素养是数学课程目标的集中体现, 数学教材编写以课程标准为指导, 是实现数学教学目标、发展学生数学学科核心素养重要的教学资源, 因此, 理应以培养学生的数学核心素养作为教材编写的核心目标. 具体到数据分析素养, 也就是统计模块内容的教材编写要以培养学生的数据分析素养作为教材编写的核心目标. 为说明以培养学生的数据分析素养作为教材编写的核心目标的重要性, 接下来结合测评结果来予以说明.

根据本研究的测评结果, 学生在内容维度中用样本估计总体这个指标下的两个试题的答题情况有很大差异, 与用样本频率分布直方图估计总体有关的试题 4(2) 绝大部分学生都能够正确作答, 而直接给出样本数据主要应该以样本的数字特征估计总体的试题 6 绝大部分学生无从下手. 因此, 笔者分析北师大版高中数学必修 3 第一章《统计》第 5 节用样本估计总体的教材内容.

分析发现, 这部分内容非常侧重频率分布直方图的教学, 第一课时 "估计总体的分布" 就是讲解通过频率分布直方图中体现的样本分布情况来估计总体分布, 因此通过教学大部分学生能处理与这一部分相关的问题. 第二课时 "估计总体的数字特征" 讲解用样本的平均数和标准差来估计总体的平均数与标准差, 侧重于学会计算和理解计算结果, 而需要学生自己对原始样本数据进行处理, 通过理解用样本估计总体的思想来设计方法解决的问题仅以 "小资料" 的形式呈现, 在教学中不免被教师和学生忽视.

从图 7-20 中可以看出, 这个小资料中研究的问题与测试卷中选自《普通高中数学课程标准 (2017 年版 2020 年修订)》案例的第 6 题研究的问题相同, 课程标准研制专家认为这个案例能够体现学生数据分析核心素养水平. 因此, 以课程标准为指导的教材编写应该重视这部分内容, 提醒教师在使用教材进行课程教学时注重利用这部分内容培养学生的数据分析素养. 如果这部分内容在教材中凸显出了重要的地位, 教师在课堂上让学生发散思维, 运用用样本估计总体思想采取多种方法解决该问题, 学生就能将学到的这部分知识用于解决测试卷中的第 6 题, 数据分析素养测评结果会更加理想. 教材第 38 页的小资料如图 7-20 所示.

　　"二战"期间, 盟军非常想知道德军总共制造了多少辆坦克. 德国人在制造坦克时是墨守成规的, 他们把坦克从 1 开始进行了连续编号. 在战争进行过程中, 盟军缴获了一些德军坦克, 并记录了它们的生产编号. 怎样利用这些缴获坦克的编号来估计德军坦克的总数呢?

　　这里, 我们假设总体参数是未知的德军坦克总数 N, 而缴获坦克的编号则是样本, 如果假定缴获的坦克代表了所有坦克的一个随机样本, 问题就转化成如何通过样本来估计总体参数 N 了. 我们可以先求出被缴获坦克编号的算术平均数 $\bar{x}$ (样本平均数), 用它作为总体平均数 $a = \dfrac{1+2+\cdots+N}{N} = \dfrac{N+1}{2}$ 的估计. 这样, 用样本平均数 $\bar{x}$ 的 2 倍减 1 即可得到德军坦克总数 N 的估计值了 (当然, 这样得到的估计值可能小于记录中的最大编号, 在这种情况下可以进行适当的变形以得到更好的估计值).

　　这种方法及其各种变形的确用于"二战"之中. 从战后发现的德军记录来看, 盟军的估计值非常接近德军所生产的坦克的真实值, 由此我们也不难看出统计方法在现实中应用的广泛性和有效性.

图 7-20　教材中用样本估计总体单元的小资料

2. 与时俱进地增加一些大数据分析案例引起学生兴趣

　　数据分析素养是具有时代性特征的素养, 它作为六大核心素养之一在课程标准中被提出的重要原因之一就是当今我们处在大数据时代, 大数据分析案例随处可见. 学习数据分析有关内容和培养数据分析素养就是跟随时代脚步要求学生能够解决一些大数据问题, 因此教材中应该与时俱进地增加一些大数据分析案例引起学生对于此类问题的兴趣.

　　北师大版高中数学教材相对其他版本教材而言是比较注重通过案例、情境、阅读材料等内容展开教学的, 统计内容的编写更是融入了大量的数据分析案例, 具备了一定的通过数据分析案例培养学生数据分析素养的基础. 但是, 一方面, 教材编写至今已超过十年, 部分案例与当前学生所处的时代背景相去甚远, 学生很难通过这类案例真正体会到数据分析的应用, 培养数据分析素养; 另一方面, 这些案例大部分不是现在所说的大数据分析案例, 没有展现数据分析过程的全貌, 无法激起学生研究数据分析有关内容的兴趣. 因此, 统计内容教材在情境导入、例题设计、习题设计、阅读材料、课题研究中引用的案例应该做到与时俱进, 在传递知识技能、思想方法的同时通过更生动的大数据分析案例引起学生兴趣.

(二) 对考试命题的建议

1. 以学生的数据分析素养水平作为统计模块考查的目标

　　日常考试的目的主要在于考查学生是否掌握所学课程内容, 是否达到了教学目标的要求, 让教师在了解学生情况的基础上进行更合理的教学安排, 让学生明确自己的优点与不足, 有针对地制定学习计划. 高考作为选拔性考试其目的还在于选拔出在数学学习方面相对优秀的人才. 但是, 无论是何种考试都应该以课程标准为指导, 依据学业质量标准和课程内容, 注重对学生数学学科核心素养的考查, 处理好核心素养与知识技能的关系, 积极引导教学. 考查围绕数学内容, 统计内容作为高中数学重要内容之一, 命制相关试题时也应该注重对数据分析素养的考查, 处理好它与统计知识和统计方法的关系.

本研究的测评结果显示, 学生在直接考查统计的具体知识点或运用数据分析方法进行计算的试题中的表现明显比一些需要经过数学理解的更体现数学素养的试题中的表现更好, 与高考题型类似的试题中的表现明显比从课程标准或课程标准解读中挑选的考查数据分析素养水平的试题中的表现更好. 因此, 笔者认为, 目前的考试命题相对而言更侧重知识点和数据分析方法的考查, 在新的课程理念下的教学需要我们进一步平衡好数学学科核心素养与知识技能的关系, 以学生的数据分析素养水平作为统计模块考查的目标才能提高教学中对数据分析素养的重视程度, 实现将数学学科核心素养的有效达成作为教学目标的要求.

2. 命制一定量的开放性试题考查学生的数据分析素养

测评结果表明, 学生在开放性试题中的答题情况明显劣于封闭性试题的答题情况, 习惯了以往考试中的常规题型的学生在面对开放性试题时无从下手或者答非所问. 虽然目前的考试中也已经有了一定量的应用问题, 问法中体现了一定的开放性, 但是大部分情况下方法和答案依然是固定的.

笔者认为, 开放性试题给了学生更大的发挥空间, 体现了对学生的思维过程、实践能力和创新意识的考查, 更能体现学生的数据分析素养水平. 因此, 命制一定量的开放性试题考查学生的数据分析素养, 符合高中数学课程以学生发展为本, 落实立德树人根本任务, 培育科学精神和创新意识, 提升数学学科核心素养的基本理念, 有助于数据分析素养的培养.

(三) 对教师自身的建议

1. 加强对课程标准中数据分析素养理论的学习

学生数学知识技能的掌握离不开教师的悉心教授、积极引导, 学生数学核心素养的达成自然也需要依靠教师在教学过程中有意识地培养, 而教师要培养学生的某一数学核心素养必然建立在自身对相关理论深刻理解的基础之上. 课程标准指出, 数学教师有良好的数学教育理论素养, 应认真研读课程标准, 理解和把握高中数学课程的目标.

在测评前与测评对象的数学教师的交流过程中发现, 学校部分一线数学教师对《普通高中数学课程标准 (2017 年版 2020 年修订)》提出的数学学科核心素养了解较少, 测评的三个班级的任课教师都仅是听说过 "数学核心素养" 这一名词,不能准确地说出六大核心素养. 因此说明, 部分教师还没有达到当前新课程标准对教师提出的更高的要求, 教师需在课堂教学之余加强对课程标准中数据分析素养理论的学习, 才能在教学中落实对学生数据分析素养的培养.

2. 加强对大数据分析等统计专业知识的掌握

大数据分析是当前研究讨论的热点, 数据分析素养也是在这一背景下提出的, 因此笔者建议跟随时代脚步在教材中增加一些大数据分析的案例丰富知识背景和增强学生兴趣. 但是, 受各种实际因素的影响, 课本能呈现的案例是有限的, 呈现形式也受到一定的限制, 如若教师能够有针对性地收集一些大数据分析的案例穿插在课堂教学中定能够达到更好的教学效果, 让学生感受到数据分析的魅力.

此外, 统计模块很多内容都是近年课程改革以来高中数学的新增内容, 内容难度相对其他模块较低, 涉及的数据分析方法较少, 可能不能满足一些对大数据分析和统计专业知识感兴趣的优异的学生的知识需求. 当这部分学生的探究兴趣和积极性被调动起来时, 他们可能会希望教师能够在课外给予一些超出于课本范围的统计专业知识的指导, 帮助他们提升数据分析素养. 因此, 从这两个方面来说教师加强对大数据分析等统计专业知识的掌握是必要的, 有助于学生数据分析素养的培养.

(四) 对教师教学的建议

1. 以培养高中生数据分析素养作为统计内容教学的核心目标

数学学科核心素养的培养最终都要落实在日常教学中, 前面提到的教材中统计内容的编写以培养学生的数据分析素养作为核心目标以及与时俱进地增加一些大数据案例也是为了帮助教师更好地展开教学活动. 课堂教学是实现数学教学目标、发展学生数学学科核心素养的主要途径, 因此, 理应以培养学生的数学核心素养作为课堂教学的核心目标, 具体到数据分析素养, 也就是统计模块内容的教学要以培养学生的数据分析素养为核心目标.

以培养高中生数据分析素养作为统计内容教学的核心目标而不是单纯地以教会知识点和解题为目标, 数据分析素养的指导下不仅仅是要求培养出的学生掌握根据已有数据去求平均数、中位数、方差、标准差, 套用公式计算相关系数、回归系数、2×2 列联分析随机变量的观测值等, 更是要求通过教学过程中有意识地培养学生能够真正领会统计思维方法, 面对数据分析具有定量分析的意识和能力, 达到一定的数据分析素养水平标准.

2. 加强学生对数据分析有关概念和方法的理解

本研究测评结果表明, 学生对于数据分析有关概念不理解, 对于数据分析的一些方法只是会套用公式计算而不能很好地理解其原理, 以至于不能对运用这种方法得到的计算结果进行基于现实背景的合理的解释. 例如, 不理解什么是获取数据的基本途径、分层抽样中各层样本均值与方差和总体的均值与方差的关系、随机变量的观测值与犯错误概率的关系、相关系数与相关性的关系. 因此, 数据分析的培养需要加强学生对数据分析有关概念和方法的理解, 这是数据分析素养达成的基础, 在真正理解概念和方法的基础上予以应用才能解决有关问题, 提高数据分析素养水平.

3. 以实际情境为背景展开数据分析有关内容的教学

用于数据分析过程的数据不同于一般的数量, 除了数值本身大小之外还蕴含着实际情境中的信息, 例如, 一个数 110 可能代表的是身高、体重或者成绩、价格等, 结合实际情境才能帮助我们更好地理解数据中蕴含的信息, 选择合适的方法整理数据、分析数据最终得到结论. 因此, 数据分析有关内容的教学应该以实际情境为背景展开, 基于数据表达现实问题, 形成通过数据认识事物的思维品质, 才能学以致用, 培养数据分析素养.

此外, 当前统计内容的教学学生接触到的大多是教材中的和习题中的情境, 与实际生活存在一定的差距, 不能让学生深刻地体会到数学来源于生活, 学习的统计知识能够迁移到生活中帮助解决实际问题. 因此, 教师在教学过程中若能提供一些更为真实的背景, 例如调查问卷中第 1 题收集数据和第 6 题 "估计考生人数" 的问题背景就是非常贴近学生生活的并且能够引起学生兴趣, 有助于数据分析素养的培养.

4. 通过开展统计活动让学生亲历数据分析的全过程

数据分析过程包括收集数据、整理数据、提取信息、构建模型、进行推断和获得结论, 对于数据分析的各个过程的学习通常都是分节进行的, 每一节侧重于某一个或几个知识点或方法, 单独设置相关问题进行考查, 较少地围绕一个问题让学生经历数据分析的全过程. 学生在数据分析各个过程的表现情况可能是不均衡的, 对于真实情境中的问题可能无法系统地进行各个过程的分析最终得到结论.

因此, 教学过程中可以以课题学习的形式, 找一个真实的案例开展统计活动, 给学生创造机会让他们从头到尾地参与到统计活动中去. 通过小组合作科学合理地收集真实数据, 利用所学方法整理数据提取信息, 构建模型分析数据, 用样本的数据特征估计总体的数据特征得到结论, 亲历数据分析的全过程后撰写一份数据分析结果报告, 再在全班进行成果汇报. 亲历数据分析的全过程, 能够使得学生的数据分析能力有很大的提升, 培养学生的数据分析素养.

5. 结合信息技术提高学生数据分析素养

在进行了数据分析的相关知识点和方法的教学之后, 通常教师会安排一定量的习题让学生巩固所学, 但是综合考虑到学生完成习题的计算难度、所需时间等现实条件, 习题中都是一些涉及的数据量较少、数值较小甚至核算好了的数据, 这类数据和学生在现在和未来实际生活中面临的要分析的数据有很大差别, 而在实际生活中整理数据、分析数据基本都要依靠信息技术进行.

在大数据时代, 培养学生的数据分析素养也应该包括在数据分析教学时教会学生运用信息技术手段处理分析数据, 它能够帮助学生节约时间, 快速而准确地得到结果, 将更多的时间运用于理解数据分析概念、方法与原理, 结合现实背景对结果进行解释. 目前, 比较常用的数据分析软件主要有 EXCEL, SPSS, GeoGebra 等, 这些软件操作相对简单, 例如 EXCEL, 应用最为广泛, 很多学生可能也已经有了一定的接触, SPSS 能够直接得到描述统计量、相关系数、显著性结果等等, 在教学中使用这些软件学生也比较感兴趣, 也能够帮助学生掌握更多的技能. 因此, 结合信息技术展开数据分析有关内容的教学, 是提高学生数据分析素养的重要途径.

参 考 文 献

[1] 林崇德. 21 世纪学生发展核心素养研究 [M]. 北京: 北京师范大学出版社, 2016.

[2] 中华人民共和国教育部. 普通高中数学课程标准 (2017 年版)[M]. 北京: 人民教育出版社, 2018.

[3] 孔凡哲, 史宁中. 中国学生发展的数学核心素养概念界定及养成途径 [J]. 教育科学研究, 2017, (6): 5-11.

[4] 马云鹏. 关于数学核心素养的几个问题 [J]. 课程·教材·教法, 2015, 35(9): 36-39.

[5] 凯·斯泰西, 罗斯·特纳. 数学素养的测评——走进 PISA 测试 [M]. 曹一鸣, 等译. 北京: 教育科学出版社, 2017.

[6] 陈蓓. 国外数学素养研究及其启示 [J]. 外国中小学教育, 2016, (4): 17-23, 16.

[7] 史宁中. 高中数学核心素养的培养、评价与教学实施 [J]. 中小学教材教学, 2017, (5): 4-9.

[8] 马云鹏. 数学核心素养及其特征分析 [J]. 小学教学 (数学版), 2017, (1): 8-11.

[9] 何小亚. 学生 "数学素养" 指标的理论分析 [J]. 数学教育学报, 2015, 24(1): 13-20.

[10] 喻平. 数学学科核心素养要素析取的实证研究 [J]. 数学教育学报, 2016, 25(6): 1-6.

[11] 陆璟. 21 世纪学生发展核心素养研究 PISA 测评的理论与实践 [M]. 上海: 华东师范大学出版社, 2013.

[12] 常磊, 鲍建生. 情境视角下的数学核心素养 [J]. 数学教育学报, 2017, 26(2): 24-28.

[13] 喻平. 数学核心素养评价的一个框架 [J]. 数学教育学报, 2017, 26(2): 19-23, 59.

[14] 朱先东, 吴增生. 核心素养视角下对数学测评的研究——以 2017 年浙江省中考试题为例 [J]. 数学教育学报, 2017, 26(5): 36-43.

[15] 董林伟, 喻平. 基于学业水平质量监测的初中生数学核心素养发展状况调查 [J]. 数学教育学报, 2017, 26(1): 7-13.

[16] 黄友初. 数学素养的内涵、测评与发展研究 [M]. 北京: 科学出版社, 2016.

[17] 项惠敏. 基于数学素养的初中数学教学研究——以 PISA 框架为参照 [D]. 上海: 华东师范大学, 2016.

[18] 林青. PISA 教育理念下我国初中生数学素养测评的研究 [D]. 长沙: 湖南师范大学, 2015.

[19] 孙彬博. 民族地区九年级学生数学素养现状调查研究——以甘肃省为例 [D]. 兰州: 西北师范大学, 2015.

[20] 李健美. 巍山县彝族八年级学生数学素养现状的调查研究 [D]. 昆明: 云南师范大学, 2015.

[21] 王鼎. 国际大规模数学测评研究 [D]. 上海: 上海师范大学, 2016.

[22] 孔凡哲, 史宁中. 中国学生发展的数学核心素养概念界定及养成途径 [J]. 教育科学研究, 2017, (6): 5-11.

[23] 吴立宝, 王光明. 数学特征视角下的核心素养层次分析 [J]. 现代基础教育研究, 2017, 27(3): 11-16.

[24] 章建跃. 数学核心素养如何落实在课堂 [J]. 中小学数学 (高中版), 2016, (3): 66.

[25] 喻平. 从 PME 视角看数学核心素养及其培养 [J]. 教育研究与评论 (中学教育教学), 2017, (2): 8-12.

[26] 中华人民共和国教育部. 全日制义务教育数学课程标准 (修订稿)[M]. 北京: 人民教育出版社, 2011.

[27] 童莉, 张号, 张宁. 义务教育阶段学生数据分析观念的评价框架建构 [J]. 数学教育学报, 2014, 23(2): 45-48.

[28] 陈惠勇. 统计与概率教育研究 [M]. 北京: 科学出版社, 2018.

[29] Mooney E S. A framework for characterizing middle school students' statistical thinking [J]. Mathematical Thinking and Learning, 2002, (1): 23-63.

[30] Jones G A, Thornton C A, Langrall C W, et al. A framework for characterizing children's statistical thinking [J]. Mathematical Thinking and Learning, 2000, 2(4): 269-307.

[31] 蒋秋. 小学生统计素养测评研究 [D]. 重庆: 西南大学, 2015.

[32] 胡敬涵. 高中生数据分析素养现状的调查研究 [D]. 哈尔滨: 哈尔滨师范大学, 2018.

[33] 高丽波. 高中生数据分析素养水平现状的调查研究 [D]. 石家庄: 河北师范大学, 2018.

[34] 李佳, 高凌飚, 曹琦明. SOLO 水平层次与 PISA 的评估等级水平比较研究 [J]. 课程·教材·教法, 2011, 31(4): 91-96, 45.

[35] Biggs J B, Collis K F. Evaluating the Quality of Learning—The SOLO Taxonomy [M]. New York: Academic Press, 1982.

[36] Brabrand C, Dahl B. Using the SOLO taxonomy to analyze competence progression of university science curricula [J]. High Education, 2009, 58: 531-549.

[37] 张爱平, 马敏. 基于质量监测的初中学生数据分析发展状况的调查研究 [J]. 数学教育学报, 2017, 26(1): 28-31.

[38] 阳志长. 充分运用教材资源, 致力培养数据分析核心素养 [J]. 中国数学教育, 2017, (6): 19-22.

[39] 马云鹏, 孔凡哲, 张春莉. 数学教育测量与评价 [M]. 北京: 北京师范大学出版社, 2009.

附录 7-1 SOLO 分类理论中的水平特征表

层次	水平特征
前结构水平	1. 不明白题目所指; 2. 学生没有任何的理解, 但可能将无关信息或者非重要信息堆集在一起; 3. 可能已获得零散的信息碎片, 但它们是无组织无结构的, 且与实际内容没有必然联系, 或者与所指主题或问题无关.
单点结构水平	1. 能够使用一个相关的或一个可用的信息; 2. 能够概括一个信息的一个方面; 3. 没有使用所有可用的数据而提前结束解答.
多点结构水平	1. 能同时处理几个方面的信息, 但这些信息是相互独立且互不联系; 2. 能够依据各个方面进行独立的总结; 3. 能够注意到一致性, 但是对不同方面也会得到不一致的答案; 4. 能够在试验设计中明白其一, 而不能指出其二.
关联结构水平	1. 能够理解几方面信息之间的关系以及这些零散的信息如何组织形成一个整体, 能够把数据作为一个整体来考虑其连贯结构和意义; 2. 能够使用所有可用的信息并将其联系起来; 3. 能够通过总结文中可用的数据推断出一般的结论; 4. 能够得出数据的一致性, 但并不能超越这些数据, 在此之外提取结论; 5. 能够利用简单的定量算法.
拓展抽象水平	1. 能够利用所有可用的数据, 并能够将其联系起来, 而且将其用来测试由数据得来的合理的抽象结构; 2. 可以超越所给信息, 推断结构, 能够进行从具体到一般的逻辑推理; 3. 能够归纳作出假设; 4. 能够利用各种方法在开放的结论中使用组合的推理结果; 5. 能够采用新的和更抽象的功能来拓展知识结构; 6. 寻求一些控制可能变化的方法, 以及这些变化之间的相互作用; 7. 可以注意到来自不同观念的结构, 把观念迁移到新领域.

附录 7-2 高中必修课程与选择性必修课程统计板块知识点

课程	单元内容	具体内容标准
必修课程	获取数据的基本途径与概念	① 知道获取数据的基本途径. ② 了解总体、样本、样本量的概念, 了解数据的随机性.
	抽样	① 简单随机抽样 通过实例, 了解简单随机抽样的含义及其解决问题的过程, 掌握两种简单随机抽样方法: 抽签法和随机数法. 会计算样本均值和样本方差, 了解样本与总体的关系. ② 分层随机抽样 通过实例, 了解分层随机抽样的特点和适用范围, 了解分层随机抽样的必要性, 掌握各层样本量比例分配的方法. 结合具体实例, 掌握分层随机抽样的样本均值和样本方差. ③ 抽样方法的选择 在简单的实际情境中, 能够根据实际问题的特点, 设计恰当的抽样方法解决问题.
	统计图表	能够根据实际问题的特点, 选择恰当的统计图表对数据进行可视化描述, 体会合理使用统计图表的重要性.
	用样本估计总体	① 结合实例, 能用样本估计总体的集中程度参数 (平均数、中位数、众数), 理解集中程度参数的统计含义. ② 结合实例, 能用样本估计总体的离散程度参数 (标准差、方差、极差), 理解离散程度参数的统计含义. ③ 结合实例, 能用样本估计总体的取值规律. ④ 结合实例, 能用样本估计百分位数, 理解百分位数的含义.
选择性必修课程	成对数据的统计相关性	① 结合实例, 了解样本相关系数的统计含义, 了解样本相关系数与标准化数据向量夹角的关系. ② 结合实例, 会通过相关系数比较多组成对数据的相关性.
	一元线性回归模型	① 结合具体实例, 了解一元线性回归模型的含义, 了解模型参数的统计意义, 了解最小二乘原理, 掌握一元线性回归模型参数的最小二乘估计方法, 会使用相关的统计软件. ② 针对实际问题, 会用一元线性回归模型进行预测.
	2×2 列联表	① 通过实例, 理解 2×2 列联表的统计意义. ② 通过实例, 了解 2×2 列联表独立性检验及其应用.

附录 7-3 高中生数据分析素养测试卷

1. 假设你是一个体育类公众号平台的编辑, 2018 年亚运会期间, 你想结合有关数据写一篇文章预测乒乓球男子单打决赛我国选手樊振东和林高远谁更有可能夺冠. 请思考下列问题:

(1) 你将选择何种途径收集数据?

(2) 为了提高预测的准确性, 你认为需要收集哪些方面的数据?

2. 一月份, 银河乐团和动力袋鼠乐团发行了新光盘. 二月份, 小甜心乐团和铁甲威龙乐团也发行了新光盘. 下图显示这些乐团由一月至六月的光盘销售量.

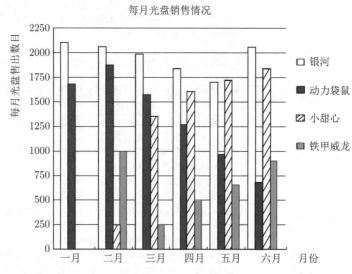

(1) 在哪一个月份, 小甜心乐团的光盘销售量首次超过动力袋鼠乐团? (　　)

A. 没有任何月份　　　　　　　　　　B. 三月

C. 四月　　　　　　　　　　　　　　D. 五月

(2) 动力袋鼠乐团的经理感到担心, 因为他们二月份到六月份的光盘销售量下降. 如果这个下降趋势持续, 他们七月份的销售量估计是多少? (　　)

A. 70 张　　　　　　　　　　　　　B. 370 张

C. 670 张　　　　　　　　　　　　　D. 1340 张

(3) 如果铁甲威龙乐团想通过统计图表了解他们的光盘销量趋势, 最合适的统计图表是? (　　)

A. 扇形图　　　　　　　　　　　　　B. 条形图

C. 频数直方图　　　　　　　　　　　D. 折线图

3. 某中学高中学生有 500 人, 其中男生 320 人, 女生 180 人. 已经从所有学生中抽取了一些样本, 其中男生组样本的平均身高为 173.5cm, 女生组样本平均身高为 163.8cm, 男生组样本方差为 17, 女生组样本方差为 30.03. 请回答以下问题:

(1) 你认为本题采用的抽样方法是 (　　)

A. 简单随机抽样　　　　B. 分层随机抽样　　　　C. 系统抽样

(2) 根据以上信息, 能够计算出所有数据的样本均值吗? 为什么?

(3) 假设从所有学生中抽取了 50 个样本, 其中男生 32 人, 女生 18 人. 所有样本身高的均值及方差是 (　　)

A. 168.65; 23.52　B. 170.02; 43.24　C. 168.65; 43.24　D. 170.02; 23.52

(4) 假设这个中学一共有 10 个班, 从中抽取男生 32 人, 请选择你认为合理的抽样方法并写出抽样过程.

4. 我国是世界上严重缺水的国家. 某市为了制定合理的节水方案, 对居民用水情况进行了调查, 通过抽样, 获得了某年 100 位居民每人的月均用水量 (单位: 吨). 将数据按照 [0, 0.5), [0.5, 1), · · · , [4, 4.5] 分成 9 组, 制成了如下图所示的频率分布直方图.

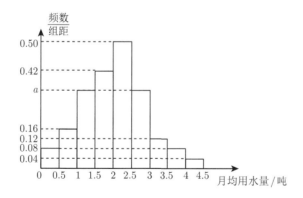

(1) 求直方图中 a 的值;

(2) 设该市有 30 万居民, 估计全市居民中月均用水量不低于 3 吨的人数, 并说明理由;

(3) 估计居民月均用水量的中位数.

5. 某医院为了研究患支气管炎病是否与吸烟有关. 该医院从一大批在年龄、

生活条件和工作环境方面基本相同的男性中随机选取 60 位支气管炎患者和 40 位没患支气管炎者, 调查他们是否吸烟, 以此进行对照实验, 得到下表所示的数据.

患病	吸烟	不吸烟	合计
患支气管炎	39	21	60
没患支气管炎	15	25	40
合计	54	46	100

附:

$$K^2 = \frac{n(ad-bc)^2}{(a+b)(c+d)(a+c)(b+d)}$$

试根据这组数据分析吸烟与患支气管炎病是否无关?

$P(K^2 \geqslant K)$	0.050	0.010	0.001
K	3.841	6.635	10.828

6. 某大学美术系平面设计专业的报考人数连创新高, 报名刚结束, 某考生想知道这次报考该大学美术系平面设计专业的人数. 这所大学美术系平面设计专业考生的考号按 0001, 0002, ⋯ 顺序编排. 该考生随机地了解到了 50 个考生的考号, 具体如下:

0400 0904 0747 0090 0636 0714 0017 0432 0403 0276
0986 0804 0697 0419 0735 0278 0358 0434 0946 0123
0647 0349 0105 0186 0079 0434 0960 0543 0495 0974
0219 0380 0397 0283 0504 0140 0518 0966 0559 0910
0658 0442 0694 0065 0757 0702 0498 0156 0225 0327

请你给出一种方法, 帮助该考生, 根据这 50 个随机抽取的考号, 估计这一年报考该大学美术系平面设计专业的考生总人数.

7. 某服装企业采用服装个性化设计为客户提供服务, 即由客户提供身材的基本数据用于个人服装设计. 该企业为了设计所用的数据更准确, 随机地抽取了 27 位男子的身高和臂展数据, 如下表所示.

(单位: cm)

身高 x	176	171	165	178	169	172	176	168	173
臂展 y	169	162	164	170	172	170	181	161	174
身高 x	171	180	191	179	162	164	180	170	172
臂展 y	164	182	188	182	153	160	168	180	170
身高 x	172	174	187	178	181	180	182	173	173
臂展 y	170	177	175	173	183	178	180	176	175

根据上表提供的信息, 绘制臂展 y 与身高 x 的散点图如下所示.

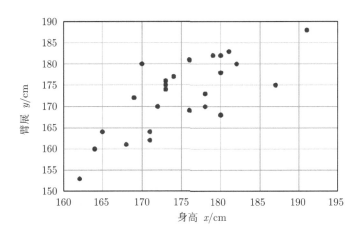

参考数据:

$$\bar{x} = 174.7, \quad \bar{y} = 172.5, \quad \sum_{i=1}^{27} x_i y_i = 813707$$

$$\sqrt{\sum_{i=1}^{27} (x_i - \bar{x})^2} = 6.7, \quad \sqrt{\sum_{i=1}^{27} (y_i - \bar{y})^2} = 8.3$$

参考公式: 相关系数

$$r = \frac{\sum\limits_{i=1}^{n} (x_i - \bar{x})(y_i - \bar{y})}{\sqrt{\sum\limits_{i=1}^{n} (x_i - \bar{x})^2 \sum\limits_{i=1}^{n} (y_i - \bar{y})^2}} = \frac{\sum\limits_{i=1}^{n} x_i y_i - n\bar{x}\bar{y}}{\sqrt{\sum\limits_{i=1}^{n} (x_i - \bar{x})^2 \sum\limits_{i=1}^{n} (y_i - \bar{y})^2}}$$

回归方程 $y = \hat{a} + \hat{b}x$ 的斜率和截距的估计公式分别为

$$\hat{b} = \frac{\sum\limits_{i=1}^{n} (x_i - \bar{x})(y_i - \bar{y})}{\sum\limits_{i=1}^{n} (x_i - \bar{x})^2}, \quad \hat{a} = \bar{y} - \hat{b}\bar{x}$$

请回答以下几个问题:

(1) 根据散点图, 判断臂展 y 与身高 x 是否具有相关性, 请说明理由.

(2) 结合提供的数据, 通过计算相关系数来证明你在问题 (1) 中的判断.

(3) 建立臂展 y 与身高 x 的回归方程, 预测身高为 175cm 的男性客户的臂展数据.

附录 7-4 高中生数据分析素养调查问卷

亲爱的同学:

你好! 为了研究高中生数据分析素养现状, 我们特邀你参加这次问卷调查. 本调查研究问卷仅作数学教育教学研究之用, 我们会对你的回答绝对保密和尊重. 请相信你的每一个回答都对我们的研究非常重要, 希望你能认真如实作答. 真诚感谢你的合作!

一、基本信息

性别: □ 男 □ 女

平时数学成绩: □ 120 分 ~ 150 分 □ 90 分 ~ 120 分

□ 60 分 ~ 90 分 □ 60 分以下

二、数据分析情感态度价值观 (请将选项填在每道题前的括号中, 选项没有对错之分, 根据你的真实想法选择即可)

( ) 1. 在所有的学科中, 你最喜欢的是数学.

A. 非常同意 B. 比较同意 C. 不确定 D. 比较不同意 E. 完全不同意

( ) 2. 在高中数学的各个模块内容中, 你最感兴趣的是以数据分析为核心的统计模块.

A. 非常同意 B. 比较同意 C. 不确定 D. 比较不同意 E. 完全不同意

( ) 3. 你喜欢高中数学的统计模块, 不是因为它在考试中更容易获得分数.

A. 非常同意 B. 比较同意 C. 不确定 D. 比较不同意 E. 完全不同意

( ) 4. 你相信自己能够学好统计这部分内容, 在数据收集、整理、描述、分析的学习方面有所收获.

A. 非常同意 B. 比较同意 C. 不确定 D. 比较不同意 E. 完全不同意

( ) 5. 你认为由数据绘制成的统计图表, 数据分析中用的公式符号都是很美的.

A. 非常同意 B. 比较同意 C. 不确定 D. 比较不同意 E. 完全不同意

( ) 6. 在上与数据分析有关的课之前, 你会主动提前预习这节课的内容.

A. 非常同意 B. 比较同意 C. 不确定 D. 比较不同意 E. 完全不同意

( ) 7. 学习与数据分析有关的内容时, 你总能专心致志.

A. 非常同意 B. 比较同意 C. 不确定 D. 比较不同意 E. 完全不同意

( ) 8. 你非常乐意并且能够认真完成学习统计内容后的数学作业.

A. 非常同意　B. 比较同意　C. 不确定　D. 比较不同意　E. 完全不同意

（　　　）9. 你对大数据分析获得结论非常好奇, 喜欢独立思考这一类的问题.

A. 非常同意　B. 比较同意　C. 不确定　D. 比较不同意　E. 完全不同意

（　　　）10. 在学习与数据分析有关的内容时, 你感觉到自己是积极快乐、富有成就感的.

A. 非常同意　B. 比较同意　C. 不确定　D. 比较不同意　E. 完全不同意

（　　　）11. 你认为统计这个模块在数学中是非常重要的, 因为它有助于解决现实中的一些问题.

A. 非常同意　B. 比较同意　C. 不确定　D. 比较不同意　E. 完全不同意

（　　　）12. 你认为我们处于一个大数据时代, 数据分析与我们的生活紧密相关, 影响着我们的生活.

A. 非常同意　B. 比较同意　C. 不确定　D. 比较不同意　E. 完全不同意

（　　　）13. 你认为学习统计内容, 经历数据分析的全过程能够让你形成通过数据认识事物的思维品质.

A. 非常同意　B. 比较同意　C. 不确定　D. 比较不同意　E. 完全不同意

（　　　）14. 你知道数据分析是 "互联网 +" 相关领域的主要数学方法, 可以应用于科学、技术、医疗、工程等各个方面.

A. 非常同意　B. 比较同意　C. 不确定　D. 比较不同意　E. 完全不同意

（　　　）15. 数据分析推动科学技术的发展, 科学技术的发展也帮助我们更好地进行数据分析.

A. 非常同意　B. 比较同意　C. 不确定　D. 比较不同意　E. 完全不同意

第二篇　数学核心素养水平的
实现路径探究

　　随着数学课程改革的深入推进, 以提升学生数学学科核心素养为导向的教学理念, 已成为数学教育界的基本共识. 《普通高中数学课程标准 (2017 年版 2020 年修订)》将 "通过高中数学课程的学习, 学生能获得进一步学习以及未来发展所必需的数学基础知识、基本技能、基本思想、基本活动经验 (简称 "四基"); 提高从数学角度发现和提出问题的能力、分析和解决问题的能力 (简称 "四能")" 作为高中数学的课程目标. 我们的研究认为: 数学教学的本质是数学思维活动的教学, 因而, 数学教学中突出的问题是如何揭示数学的思维过程 (数学的基础知识、基本技能蕴含其中), 使得学生在数学的思维活动过程中领悟数学的思想和方法 (基本思想的落实), 积累数学的活动经验 (基本活动经验的落实), 从而使得学生的数学思维与实践能力得以培养 (培养 "四能"), 数学学科核心素养得以有效提升. 数学教学方式与方法的选择与运用, 必须围绕着如何揭示数学思想方法这个核心 (数学思维与观念——强调数学本质), 力求思维过程的充分展开, 并在这一思维过程中揭示数学的本质 (数学的基本思想和基本活动经验), 培养学生创造性的数学思维与实践能力 (思维品质与关键能力——落实数学核心素养). 这应该是我们必须遵循的数学教育的基本原则.

　　本篇结合数学教学实践, 探究如何落实 "四基", 培养 "四能", 最终达到 "三会" 之境界, 从而在真正意义上落实数学核心素养.

第 8 章　数学抽象素养的路径与案例

数学抽象是数学科学形成的基础, 掌握抽象方法、培养抽象的理性思维和洞察问题本质的眼光不仅是数学学习的有力工具, 也是数学教育中极为重要的价值目标. 我们的调查研究表明[1]: 学生在抽象能力方面存在的不足, 归根结底是学生对数学对象的把握不准确, 数学思维没有得到充分的锻炼. 教师在教学中对知识发现、发展过程的铺垫不够, 往往容易忽略教学中的情境阶段和思考引导, 不利于学生对知识的理解和对方法的掌握. 从而导致 "四基" 中的 "基本思想" 和 "基本活动经验" 落实的缺失, 以及 "四能" 目标中的 "发现和提出问题能力" 培养的不足. 因此, 教师在数学教学实践中应当厘清知识的来龙去脉和知识间的逻辑, 把握好已学知识和新知识的关系, 创设适宜的情境, 用合理的问题引发学生思考; 让学生经历完整的抽象过程, 掌握抽象的方法, 体会其中的思想. **把握数学本质, 启发思考, 改进教学** 是课程标准提出的基本理念之一.

本章遵循史宁中教授提出的数学抽象的三个层次说, 构建并凝练出 "目光长远立意高, 点滴细微入课堂, 积微成著促素养" 这一落实数学抽象素养的培养路径, 并以椭圆概念的抽象为例, 探寻数学抽象素养的培养路径及其相应的教学设计与实施, 促进数学抽象素养在教学中的落实.

8.1　数学抽象素养培养路径的构建

"真正的知识是源于人的感性的经验, 是通过直观和抽象得到的"[2]. 直观和抽象并不是对立面, 而是一对相辅相成的关系. 直观是凭借专业直觉对事物作出直接判断的能力, 包括从条件预测结果以及由结果探究成因的能力. 就教育而言, 培养这种直观判断的能力是促进学生创新能力的一种途径. 这种能力依赖于专业知识, 依赖于经验的积累、浓缩和升华, 而这一切的基础是 "抽象". 同样地, 抽象并不是从天而降, 是基于现实的、直观的事物, 由感性认识到理性认识的升华. 在教学中, 我们应当遵循这一规律, 创设现实的情境, 经历抽象的过程, 展示人们如何通过直觉经验、借助归纳猜想发现结论、通过演绎推理验证结论. 让学生在习得知识的同时, 培养发现问题、洞察新知的数学眼光, 掌握获取知识的方法. 正如康德在他的巨著《纯粹理性批判》中所指出: "人类的一切知识都是从直观开始, 从那

---

① 陈金玲 (导师: 陈惠勇). 数学抽象素养的培养路径和教学设计研究 [D]. 南昌: 江西师范大学, 2021.
② 史宁中. 数学思想概论 (第 1 辑): 数量与数量关系的抽象 [M]. 长春: 东北师范大学出版社, 2008: 1-3.

里进到概念, 而以理念结束." 因此, 以教学形态出现的数学抽象, 应当遵循数学抽象的一般规律, 从学生的现实开始, 逐步过渡到数学的高级抽象①.

史宁中教授在其《数学思想概论: 数量与数量关系的抽象》一书中提出数学抽象的三个阶段, 对应着 "抓住本质、给出一般、建立模式" 三个过程, 揭示了数学抽象鲜明的层次性. 本研究基于史宁中教授提出的数学抽象的三个阶段, 构建数学抽象素养的培养路径框架, 如图 8-1 所示.

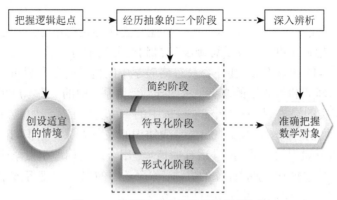

图 8-1　数学抽象素养培养路径框架图

8.2　数学抽象素养培养路径案例——椭圆概念的抽象

8.2.1　把握逻辑起点, 创设适宜情境

一个好的情境是引导学生进入课堂的第一步, 情境过于简单赘余并不能引发学生思考, 而会使学生感到厌烦; 太过繁杂生僻又让人望而却步, 不能引人入胜. 因此, 情境的创设要把握知识的历史顺序, 结合学生已有的认知储备, 将学生置于知识发生的起点, 通过教师适当的引导, 不断地进行思考和发现.

例如在椭圆及其标准方程一课的教学中, 课本上 (大部分教师实际的教学亦如此) 的处理方式是: 由两个定点和一根定长的绳子画出椭圆, 进而归纳得到椭圆的轨迹定义, 进一步整理得到椭圆的标准方程. 这种呈现方式非常简洁, 对于教师来说易于操作. 但对于学生来说或许是满腹疑虑: 椭圆的画法是怎么来的? 椭圆为什么要这样定义呢? 或许教材在后面的材料阅读中给出了答案, 但是, 正如弗莱登塔尔所指出的, 这样把结果作为出发点, 去把其他东西推导出来的叙述方法是思维过程的颠倒, 这种颠倒掩盖了知识发现过程中的创造性思维过程, 这样的教学教的是现成的数学, 是一个死的体系, 学生很难有自己发现和创造的体验②. 弗莱登

① 张胜利, 孔凡哲. 数学抽象在数学教学中的应用 [J]. 教育探索, 2012, (1): 68-69.

② 弗莱登塔尔. 作为教育任务的数学 [M]. 陈昌平, 唐瑞芬, 译. 上海: 上海教育出版社, 1999.

塔尔反复强调, 学习数学的唯一正确方法是 "再创造", 也就是在教师的引导下, 由学生本人去经历知识发现和创造的过程. 这也就意味着教师要把握教学内容的逻辑起点, 明白知识的历史发展顺序. 就椭圆这堂课而言, 我们应当从生活中的椭圆形象入手, 让学生经历知识发生发展的过程, 重构椭圆概念发生发展的历史.

首先基于生活常识, 学生可以清楚地认识到以下现象:

将一个球放在地面, 当一束平行光线垂直照射时, 球在地面上投影的轮廓是圆, 此时球与地面相切, 切点是圆心, 圆上的点到切点的距离相等 (图 8-2).

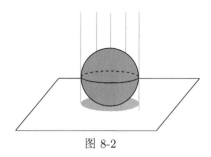

图 8-2

接下来改变光线的方向, 让光线倾斜照射过来.

问题 1: 如果光线沿着倾斜方向照射过来, 球在地面上投影的轮廓是什么形状 (图 8-3)?

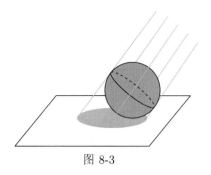

图 8-3

对于这个问题, 学生能回答出椭圆是不意外的, 在信息传递快、教育起步早的当今社会, 学生的认知储备已大大丰富. 学生在生活中接触过许多椭球形的物品, 见到过许多椭圆, 至少对其形状是不陌生的.

问题 2: 此时切点的位置如何? 椭圆上的点到切点的距离有何规律?

以上操作可以用几何画板进行模拟, 可以利用射影变换做出光线的变化和影子的移动. 或者可以选择课堂互动的形式, 利用手电筒照射桌面上的球体来实现.

这样的情境导入方式自然而富有意义, 不会有作图引入椭圆的突兀, 而是自然地将学生引入到椭圆概念本质的发现和探究中去.

8.2.2　简约化——引导学生把握事物本质, 抓住主要矛盾

简约阶段是数学抽象的重要阶段, 是发现知识的阶段. 数学的研究对象大多数来源于现实世界, 源于人的感性经验. 而简约阶段就是从感性认识中获得事物本质特征的过程, 是用数学的眼光观察现实世界、用数学的思维思考现实世界的表现. 因而这一阶段对于学生数学抽象素养的培养是极为重要的. 在教学中, 教师应当引导学生养成将问题简单化、一般化的习惯, 抓住问题的本质. 比如, 在一个现实情境中, 通过对学生提问: 已知条件是什么? 未知量是什么? 我们要寻求什么? 以及给予适当的启发, 让学生对问题形成清晰的认识, 抛去繁杂的现实背景, 从中看到各个量之间的关系. 通过长期的引导与实践, 学生在课堂上学到的不仅是知识, 还有对问题的分析能力, 在活动中积累经验, 提高数学抽象素养.

回到椭圆概念教学的例子. 为了更好地进行探究, 我们可以将与球相切的平行光束看作圆柱面, 那么椭圆就可以看作是圆柱面与平面相交所得的截线 (圆锥曲线名称的由来), 如图 8-4 所示.

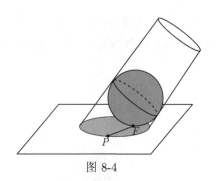

图 8-4

通过思考, 学生容易找到切点 F 是球与地面的交点, 此时发现它不是中心点, 并且产生疑问: 那它还有类似于圆的几何性质吗? 曲线上的点 P 到切点 F 的距离 (切线长) 又有怎样的规律呢? 此时, 教师需要及时抓住学生的求知心理, 帮助并引导学生进行深入的探究活动.

教师可以用几何画板控制 P 点转动一周, 并度量线段 PF 的长度.

问题 1: 线段 PF 的长度变化有什么规律?

目前看不出规律, 教师可以接着进行引导: 椭圆是我们不了解的图形, 一般我们会把研究对象尽可能放在熟悉的情形中进行研究.

问题 2: 图 8-4 中有哪些你熟悉的图形? 可以把线段 PF 转换到你熟悉的图形上去研究吗?

预设回答: 我们熟悉圆柱面、球面. 球面不合适, 但是怎么转换到圆柱面上呢?

如果学生仍百思不得其解, 教师可以做出提示:

问题 3: 过球外一点可以作多少条球切线? 这些球的切线长之间有怎样的关系?

此时学生把注意力放在寻找这样一个点, 我们称其为点 Q: 它在圆柱面上, 直线 PQ 与球相切. 也就是说, 点 Q 是过 P 点的光线 PQ 与球的切点. 如图 8-5 所示, 我们就找到了与线段 PF 等长的线段 PQ.

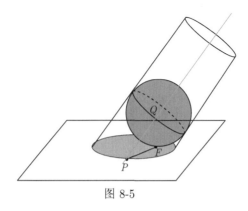

图 8-5

为方便下一步研究, 可以将该模型竖直放置 (图 8-6).

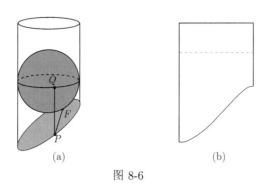

(a)　　　　　　　　　　(b)

图 8-6

问题 4: 根据以往的经验, 对于圆柱面上的平行线, 我们通常会怎样处理?

立体问题平面化是我们在处理柱面、锥面问题时常用的策略, 此时学生容易想到将圆柱面进行展开. 教师可以用几何画板进行展示, 也可以准备实物教具进行演示. 得到平面展开图后, 由于其对称性, 我们只需要对一边进行研究. 首先分发事先准备好的道具, 如图 8-6(b) 所示, 每个小组拿到两张不同颜色的展开图纸片 (纸片中标出 Q 点所在的过球心的大圆), 小组间进行研究 (可以进行拼凑、描

动点 P、画出光线 PQ 等), 看是否能发现一些有价值的特征或者关系, 并在活动结束后分享.

给出两张纸片是为了让学生自发地产生拼接的行为, 动手操作并仔细观察, 从中得到关键的结论. 在展示过程中认真倾听学生的发现, 引导学生进一步思考和选择. 学生可能会给出如下结果:

方案一: 用曲边进行拼接, 得到一个矩形, 此时线段的长度之和为定值.

方案二: 用直边进行拼接, 得到一个曲边四边形, 此时线段长度之和也为定值.

方案三: 用直边进行拼接, 得到完整的展开图, 此时未发现线段长度关系.

如图 8-7 所示.

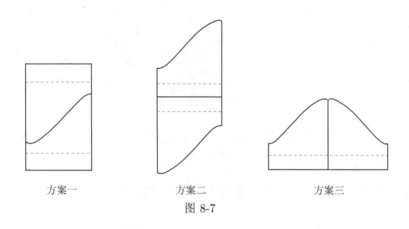

方案一　　　　　　　　方案二　　　　　　　　方案三

图 8-7

针对各种可能发生的情境, 给予学生一起讨论、发表意见的机会, 让学生共同从中选取一个方案. 其中方案一的选择基本上是毫无疑义的, 在得到这样一个方案和结论的基础上, 再引导学生回到立体模型中.

第一步: 拼接, 就是在圆柱面下方补上一个对称的圆柱面 (图 8-8).

第二步: 验证学生的结论, 度量上下两段线段之和, 在几何画板中让 P 点运动一周, 发现线段之和确实不变.

此时, 利用对称性易知, 圆柱面的下方也应有一个球与截面相切 (于点 F_2), 动点 P 到这个切点 F_2 的距离等于 P 点到 H 点的距离. 我们将模型补齐, 重新对两个切点进行命名, 如图 8-8(b) 所示, 得到了圆柱内的丹德林双球模型.

至此, 学生已经抓住了椭圆的本质特征, 即 $|PF_1| + |PF_2| = |QH|$, QH 的长度是定值 (为什么? 启发学生思考, 并确认该结论), 最后抽象概括并得出椭圆的几何本质:

椭圆是平面上到两个定点的距离之和为定值的点的轨迹.

问题 5: 此时的定值是任意的正数吗?

预设回答: $|PF_1| + |PF_2|$ 至少要比 $|F_1F_2|$ 大. 因为在三角形中, 两边之和要大于第三边.

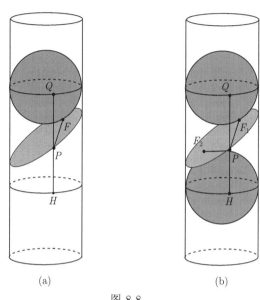

(a)　　　　　(b)

图 8-8

《普通高中数学课程标准 (2017 年版)》将 "提高从数学角度发现和提出问题的能力、分析和解决问题的能力" 作为数学课程的重要目标之一, 因而以问题驱动为导向的教学方式应运而生, 其本质在于通过从数学角度发现、提出、分析和解决问题的过程, 落实 "四基", 培养 "四能", 最终达到 "三会" 之境界, 从而在真正意义上落实数学核心素养. 本案例设计正是通过以上五个问题, 激发学生思考的同时, 为学生提供方向和启发. 通过丹德林双球模型进行椭圆定义的学习会比较深刻, 这一过程需要学生思维活动高度集中, 而此时教师提出的问题是对学生思维目标的指引和警醒, 教师用逻辑连贯的问题串来提醒学生要探求的是什么, 条件是什么, 接下来怎么做. 在此过程中, 教师的角色是为学生 "再创造" 椭圆定义提供帮助和启示, 让学生获得发现和创造知识的体验.

8.2.3 符号化——引导学生自主地产生寻求更一般化表达的心理需求

符号化是数学科学得以形成的基础, 是现实问题数学化的桥梁, 使得建立的数学对象具有高度的概括性, 结果具有广泛的应用性. 在数学抽象的过程中, 符号化是关键的一步, 是从具象转化为抽象, 对所发现的知识进行合理表达的过程. 此时抽去了事物的具体背景, 代表的是一大类别的问题或情形, 现实问题实现数学化. 强调符号化这一阶段有利于学生掌握抽象的方法, 培养学生良好的表达和思维习惯, 在学习中达到事半功倍的效果.

　　在教学中, 符号化并不是简单地、刻板地用符号直接替换各个量, 教师应当用恰当的实例, 不断地引导学生去发现和讨论, 体会到目前表达方式的局限性, 激发学生寻求更加精确合理的表达方式的心理需求. 例如在高中函数概念的学习中, 如果简单地抛出 "对应说" 定义的函数概念, 那么学生对于 f 就会满腹疑惑, 感觉像是从天上掉下来的奇怪符号. 对此, 教师应当给出相当充足的例子, 使得学生体会到函数关系的多样性以及具体解析式的局限性, 自发地想要寻求更一般的表达.

　　回到椭圆的例子, 当学生得出椭圆的概念后, 应引导学生进一步归纳概括, 用数学的语言进行合理的表达. 在前面所经历的探究活动中, 都是在空间上来讨论椭圆的, 而椭圆是一个平面图形, 现在我们回到平面上来进行探究, 如图 8-9 所示.

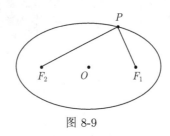

图 8-9

　　此处可以用几何画板追踪 P 点的运动轨迹, 让学生更加直观地感受到椭圆是平面上到两定点的距离之和为定值的点的轨迹. 同时, 为了给出更加一般化的表达, 我们可以问学生: 该如何对椭圆这一类曲线进行表达呢? 此时, 图 8-9 中没有了 QH, 那么 $|PF_1| + |PF_2|$ 等于定值该如何表达呢? 这样学生就自然会想到用字母来表示定值. 同时, 基于 $|PF_1| + |PF_2|$ 和 $|F_1F_2|$ 的关系, 可以先用字母将 $|F_1F_2|$ 表示出来. 由于 F_1, F_2 与中心点 O 的距离相等, 可以令 $|OF_1| = |OF_2| = c$, 则 $|F_1F_2| = 2c$, 相应地令 $|PF_1| + |PF_2| = 2a$. 此时椭圆可以表示为: $\{P||PF_1| + |PF_2| = 2a, 2a > |F_1F_2|\}$, 这样就脱离了立体模型的研究背景, 将椭圆的几何本质清晰地刻画出来了.

8.2.4　形式化——归纳整理, 得到数学对象

　　在史宁中教授提出的数学抽象三个阶段中, 第三个阶段为普适阶段, 这是针对广泛的抽象来说的, 在数学学科中, 普适阶段可具体地称为形式化阶段. 是指经历了 "从现实问题中发现新的知识, 去掉具体的内容、背景, 用概念、图形、符号进行表达" 的过程后, 通过逻辑推理、归纳概括得到形式化的数学结构, 进而从一般的视角对现实事物有更加清晰的认识.

　　例如在经过上述活动后, 学生掌握了椭圆的定义, 而接下来为了更好地研究椭圆的几何性质, 我们需要引导学生进一步探究椭圆的方程, 也就是用代数化的

方法进行研究. 代数化的第一步是坐标法, 这里我们不急着给出如何建立直角坐标系, 先从椭圆的几何本质本身表现出来的性质进行分析.

首先, 教师可以用几何画板展示点 P、线段 PF_1 和 PF_2 向下翻折的过程, 最后 P 点落在 P' 点上, 如图 8-10(a) 所示, 且 P 是动点, 当 P 在椭圆上运动时, P' 也在相对位置随之运动. 也就是说, P 点和 P' 点是一对对称点, 因而椭圆是一个轴对称图形, 此时的对称轴是定点 F_1, F_2 所在直线. 同理, 将线段 PF_1 和 PF_2 之长度对换 (加法满足交换律), 就可得到椭圆的另一条对称轴——线段 F_1F_2 的中垂线, 如图 8-10(b) 所示. 而两条对称轴的交点必为该曲线的对称中心, 此时, 坐标系的建立已经呼之欲出了.

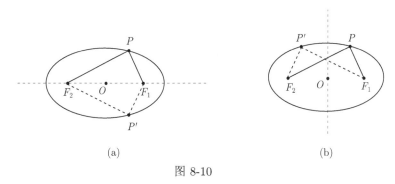

(a)   (b)

图 8-10

椭圆的几何性质与坐标系的选择和建立并无关系, 坐标系的选择只是为了帮助我们更好地用代数方法进行研究. 因而, 我们需要选择使问题最简单的坐标系 (所谓适当的坐标系), 经验告诉我们, 以椭圆两条互相垂直的对称轴作为坐标系 (天然的直角坐标系) 可以使得方程具有最简形式, 即以点 F_1, F_2 所在直线为 x 轴, 以线段 F_1F_2 的中垂线为 y 轴 (图 8-11(a)), 或者以线段 F_1F_2 的中垂线为 x 轴, 以点 F_1, F_2 所在直线为 y 轴 (图 8-11(b)) 都可以 (这里要给予学生充分的讨论和选择权, 最后取一种情形进行探究).

我们以定点在 x 轴上的情形来研究椭圆的方程. 在符号化阶段我们说: 由于 F_1, F_2 与中心点 O 的距离相等, 可以令 $|OF_1| = |OF_2| = c$, 则 $|F_1F_2| = 2c$, 相应地令 $|PF_1| + |PF_2| = 2a$. 自然, 点 F_1, F_2 的坐标为 $(c, 0)$ 和 $(-c, 0)$, 而动点 P 则用 (x, y) 来表示, 研究椭圆的方程就是要研究动点 $P(x, y)$ 坐标之间的关系.

接下来就是引导学生用距离公式将椭圆的几何条件 $|PF_1| + |PF_2| = 2a$ 用代数形式表示为 $\sqrt{(x-c)^2 + y^2} + \sqrt{(x+c)^2 + y^2} = 2a$, 这其实就是椭圆的方程了. 为了更加清晰地观察其特征, 我们需要得到更加简化的形式. 此时, 引导学生进行移项、平方等一系列运算, 整理得到椭圆的方程:

$$\frac{x^2}{a^2} + \frac{y^2}{a^2 - c^2} = 1.$$

　　而定点位于 y 轴的情形可以让学生进行推导, 并比较所得出的两种不同情形的方程之间的区别和联系.

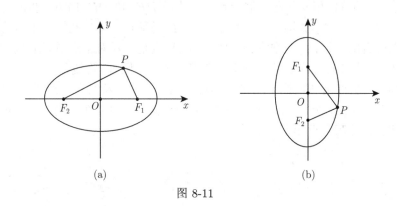

(a)　　　　　　　　　　　　　　　(b)

图 8-11

8.2.5　深入辨析, 准确把握数学对象

　　在得到数学对象后, 对于初学者来说, 相当于奋力攀爬到达了山顶, 但周边或许仍有迷雾缭绕. 此时, 深入辨析就是一个拨云散雾的过程, 把数学对象中容易误解、迷惑、遗漏的地方强调清楚, 促成学生得到一个完整清晰的认识. 例如在得到函数概念后, 引导学生进一步对定义域、对应关系、值域、符号 f 的意义这四个要素进行辨析, 加深学生对函数本质的理解, 而这几个问题相互关联, 是影响学生理解函数概念的主要因素. 在椭圆的学习中, 得到椭圆的定义后, 对于 $|PF_1| + |PF_2| > |F_1F_2|$ 的条件可以进一步分析, 探究当 $|PF_1| + |PF_2| \leqslant |F_1F_2|$ 时动点的轨迹会是怎样的情形. 引导学生发现当 $|PF_1| + |PF_2| = |F_1F_2|$ 时, P 点的轨迹为线段 F_1F_2; 当 $|PF_1| + |PF_2| < |F_1F_2|$ 时, 轨迹不存在; 当 $|F_1F_2| = 0$ 时, P 点的轨迹为圆. 分析清楚这几个问题, 可以帮助学生准确地认识和把握数学对象, 促进知识的内化和体系的建构.

8.2.6　反刍探究过程, 积累活动经验, 体会思想方法

　　在课堂的尾声, 将知识的探究过程进行梳理, 给学生以更加清晰的呈现. 并从回顾的过程中进一步巩固习得的从现实情境中抽象得到数学知识的基本活动经验和思想方法, 促进学生对知识、方法的掌握.

　　回顾以上五个探究过程, 将学生投身于自然、现实的情境中, 置于椭圆概念发生的起点, 引导学生一步步探究、发现椭圆的本质, 并给予合理的、清晰的表达. 为进一步研究其位置关系、几何性质等, 需要用代数化的方法将其置于直角坐标系中进行研究. 在此过程中引导学生对椭圆的对称性进行分析, 自然而然地建立了最佳的坐标系. 这样的教学展现了创造的思维过程, 体现了数学抽象的层次性.

学生在学习的过程中经历了发现知识、表达知识的过程, 体会到几何问题代数化解决, 以及转化等数学思想方法. 数学的学习理应如此, 学生在活动中进行发现和创造, 教师在活动中予以启发和引导.

【小结与反思】

我们一直在思考, 数学教学中落实数学的 "基础知识、基本技能" 相对来说是可见的, 而如何落实数学的基本思想和基本活动经验, 似乎是看不见摸不着的东西. 然而, 遵循弗莱登塔尔的教导: "与其说让学生学习公理体系, 不如说让学生学习公理化; 与其说让学生学习形式体系, 不如说让学生学习形式化. 一句话, 与其说让学生学习数学, 不如说让学生学习数学化."[①]

本案例中关于椭圆的教学设计与实施给我们以深刻的启示——数学的基本思想和基本活动经验的落实是完全可以把握的!

---

① 弗莱登塔尔. 作为教育任务的数学 [M]. 陈昌平, 唐瑞芬, 译. 上海: 上海教育出版社, 1999.

第 9 章 逻辑推理素养的路径与公理化思想的教学

公理化方法具有简明、有序、系统等特点, 它不仅可以用来阐明我们所建立的理论的基础, 更是具体数学研究的工具. 公理化思想方法也是落实数学核心素养 (特别是逻辑推理素养) 的内在需求. 公理化方法的渗透与训练, 是帮助学生理解和掌握数学知识、培养数学逻辑思维和发展数学学科核心素养的重要途径. 因而, 根据高中阶段学生的认知规律, 如何有效地进行公理化思想方法的渗透与训练, 以及公理化思想方法如何在高中数学教学中落地, 就成为数学课程改革的一个重大的理论与实践问题.

本章内容以高中数学立体几何初步的教学为例, 探究几何公理教学和问题解决教学中可遵循的公理化思想方法教学范式[①], 在真正意义上使得公理化思想方法在数学教学实践中落地生根.

9.1 "平面的基本事实"的教学设计与实施

【教材分析】

本节课选自《普通高中课程标准数学教科书: 必修 2》(人教 A 版) 2.1.1 小节《平面》, 本节课主要学习三个基本事实及其应用.《平面》是学生接触公理化思想的开端, 主要内容是刻画线面、面面位置关系的三个基本事实. 本节课的学习是在学生已经充分认识了柱、锥、台、球及简单组合体的结构特征, 并能够用斜二测法画出简单空间图形直观图的前提下展开的.

平面是立体几何体系的初始概念. 教科书上以黑板面、海平面、课桌面等为例, 帮助学生从中抽象和概括出平面, 但对平面只是加以描述而不定义. 这里为我们的课堂展现了一个意义重大的背景: 未被定义的术语的含义是无关紧要的. 我们可以在现实中给这些术语任何含义.

平面的三个基本事实是高中立体几何体系的逻辑起点, 同时也是本节的重点. 学生应在直观的基础上形成三个基本事实, 初步体会欧氏几何公理体系, 为后续的定理推导的学习做好准备. 另外, 本节还应充分展现自然语言、图形语言和符号语言的相互转换.

---

① 洪睿 (导师: 陈惠勇). 公理化方法在高中数学教学中的落地研究 [D]. 南昌: 江西师范大学, 2021.

【教学目标分析】

(1) 通过观察生活中的现象, 引领学生认识并思考构成空间的基本元素 (点、线、面) 以及它们的位置关系.

(2) 依此抽象出三个公理, 使学生了解教材中作为推理依据的公理及其推论, 并对欧氏空间有感性的认识.

(3) 能够用文字语言、图形语言以及符号语言表述公理, 以及点、直线和平面的位置关系.

(4) 能够在本节课的学习过程中, 初步了解公理化方法, 培养公理化思想、符号化思想、整体思想等; 发展逻辑推理、数学抽象等素养; 能够解决一些简单的推理论证及应用问题.

【教学重点和难点分析】

在教学中, 让学生理解并长久记住这三个基本事实的关键, 是知道这三个基本事实的地位作用, 是要在活动中经历组织位置关系体系的逻辑过程, 思考关键的数学问题, 体会公理的独立性、相容性、完备性, 以及公理化方法的特点.

本节的重点: 平面的基本性质以及其自然语言、图形语言及符号语言的描述.

本节的难点: 理解平面三个基本事实的地位与作用; 三个基本事实的掌握与运用; 理解公理与推论之间的关系, 感受公理化思想.

【数学学科核心素养与思想方法】

数学抽象与公理化思想方法; 逻辑推理与整体思想方法; 数学运算与符号化思想方法; 直观想象与集合思想方法.

【学情分析】

从学生的知识储备看, 一方面, 学生在初中已经充分了解了平面几何的知识, 掌握了平面内点和直线的概念和性质, 另一方面学生通过简单几何体的学习, 对几何图形有了初步的认识, 尤其是直观图的知识为学习平面的知识提供了保障. 此时, 学生已有一定的分析和推理能力, 具备了学习点、直线、平面之间的位置关系的能力.

【学法与教学用具】

(1) 学法: 学生渗透交织在教学活动当中, 帮助学生实践实验观察法、探究归纳法和整体构建法, 教学过程中师生共同讨论等, 从而良好且高效地完成本节课的教学目标.

(2) 教学用具: 智慧课堂一体机、课件、直尺、三角板.

【教学过程】

(一) 揭示课题

初中学习平面几何时, 学习过许多公理, 你还能回忆起哪些公理? 在点与线的基础上, 公理与定理构成了平面几何的知识体系. 数学中常从几个基本概念和几组公理出发, 通过逻辑演绎的方法, 把数学的某些知识整理成为一个演绎体系. 公理对于同学们学习理解数学知识十分重要, 今天在我们立体几何教学课堂中, 还要继续学习一些公理, 我们的课本上称为基本事实.

在前面几节的课程中, 我们从现实生活的物体中抽象出简单但非常重要的空间几何体, 从整体观察入手, 研究了它们的结构特征, 学会了用三视图与直观图从细节上与整体上对其加以刻画, 并了解了一些简单几何体的表面积与体积的计算方法, 那么我们如何更为深入地认识与把握这些形态各异、千姿百态的空间几何体呢?

这一节课, 我们进一步认识立体图形的结构特征, 将从构成几何体的基本元素点、直线、平面入手, 从局部到整体地进一步研究空间几何体的相关性质. 点和直线我们在初中已经学习过了, 本次课我们来研究平面.

(二) 研探新知

1. 平面的概念与表示

a) 平面的文字语言描述

问题 1: 我们可以通过生活中的一些物体来感受平面. 比如教室里的桌面、黑板面、墙面、地面, 以及海平面等 (图 9-1), 它们都呈现出来怎样的形象?

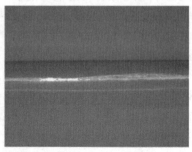

图 9-1　教室中的各种面、海平面

问题 2: 类比直线的学习, 在几何学中应该怎样描述平面?

学生回忆总结出直线的基本特征如: ① 直的; ② 向两边无限延伸; ③ 无粗细. 并进一步回忆直线的表示方法: 几何上用线段表示直线, 但是两边可以无限延长.

进而类比得出平面有三个基本的特征: ① 平的; ② 向四周无限延展; ③ 无薄厚之分.

设计意图: 引导学生进行数学抽象, 将几何中的平面从生活中的具体物体形态中抽象出来. 引导学生类比直线的特征 (学生已有经验), 用语言描述平面的三个特征, 培养学生的数学抽象、直观想象素养. (直线的直刻画了平面的平; 直线的无限延展, 没有长短对应平面的无限延展即无边无界; 直线的没有粗细之分对应平面没有薄厚之分.)

b) 平面的图形与符号语言表示

问题 3: 观察身边的实物, 结合直观图的知识与平面的特点, 你能用图形与符号两种方式表示平面吗?

平面是无限延展的, 没有边界, 我们无法表示出平面的全貌. 直线也是无限延展的, 我们在画直线时会画出直线的一部分表示直线. 我们可以像表示直线一样, 通常用平行四边形来表示一个平面. 观察正方体的直观图, 我们就是用平行四边形来表示正方体的上下底面和左右侧面.

在用符号语言表示平面时, 常用希腊字母 α, β, γ 等, 写在代表平面的平行四边形的一个角上, 如图 9-2 所示. 也可以用代表平面的四边形的四个顶点, 或者相对的两个顶点的大写英文字母作为这个平面的名称. 如平面 α, 也可表示为平面 $ABCD$、平面 AC 或者平面 BD.

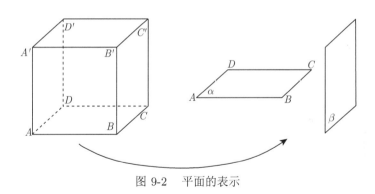

图 9-2　平面的表示

设计意图: 纵观平面概念的生成过程, 我们通过类比直线认识了平面, 学生体会到概念形成过程是自然的, 对概念理解达到概念学习的水平. 同时把直观与抽象, 比较与类比这些思维方法贯穿于教学之中.

问题 4: 如果我们要展现两个平面, 其中一个平面被另一个平面遮挡住, 又该怎么画呢?

设计意图: 引导学生从正方体的直观图, 找到合适的表示平面的图形语言即平行四边形, 使学生建立起前后知识的联系, 对立体几何有整体性的基本架构, 如图 9-3 所示.

以上使用三种方式对平面加以描述, 在立体几何中称它们为三种语言, 即文字语言、图形语言和符号语言, 后续的学习中请同学们体会它们的各自特点, 自如地进行使用.

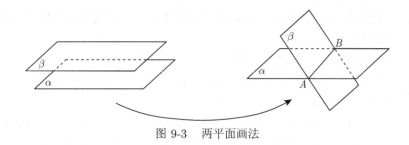

图 9-3　两平面画法

2. 平面的基本性质的探究

在认识了平面, 又学会了怎么表示平面之后, 我们来研究平面的基本性质.

a) 探究基本事实 1

学生活动 1: 请同学们借助于准备的硬纸板和笔, 注意露出笔尖, 同桌同学相互合作, 完成以下实验: 一支笔能否支撑起硬纸板? 两支笔呢? 三支笔呢?

问题 5: 从数学的角度分析, 你能抽象出什么数学问题, 发现什么结论呢?

学生可能会又得到如下问题与结论:

过空间内一个点有无数个平面, 过两点也有无数个, 过三点只有一个. 此时, 教师可根据学生思维的关键点和遗漏之处进行引导和补充, 如抽象出什么几何对象, 三点共线是否能只有一个平面等情况.

生活中的现象 1: 支撑在三脚架上的摄影机 (图 9-4(a));

生活中的现象 2: 有撑脚的自行车稳固地立在地面上, 没有撑脚的自行车一放手就倒下 (图 9-4(b));

......

生活中的种种现象也反映了过不共线三点可以确定一个平面.

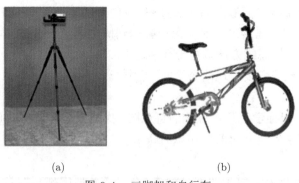

(a)　　　　　　　　　　　　(b)

图 9-4　三脚架和自行车

设计意图: 在动手操作、观察感悟中获取新知. 引导学生归纳总结, 培养学生观察、归纳能力, 使学生感悟数学源于生活, 从现实的实物中抽象出数学对象, 调动学生的学习积极性, 增强学生学习数学的兴趣, 发展学生数学抽象、直观想象等数学核心素养.

在学生理解的基础上, 归纳总结出基本事实 1.

基本事实 1: 经过不在同一条直线上的三点, 有且只有一个平面.

问题 6: 你能用图形语言表示基本事实 1 吗?

图形表示如图 9-5.

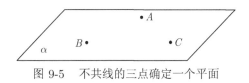

图 9-5 不共线的三点确定一个平面

符号表示: A, B, C 三点不共线 $\Rightarrow$ 有且只有一个平面 α, 使 $A \in \alpha, B \in \alpha, C \in \alpha$.

设计意图: 通过 "文字语言—图形语言—符号语言" 的学习过程, 引导学生进行数学抽象, 用数学的语言表达世界, 体会数学语言的简捷性.

问题 7: 你认为基本事实 1 中哪些字句是不可缺少的? (学生自行讨论, 进一步认识作为公理的基本事实)

(1) "不在同一条直线上" 和 "三点" 几个字. 一条直线上有无数个点, 经过一条直线可作无数个平面, 所以 "不在同一条直线上" 是不可缺少的. 两点可以确定一条直线, 但直观上也是无法确定一个平面的; 而任何不在一条直线上的四点, 不一定有一个平面同时过这四点. (多媒体展示正四面体图形)

(2) 关注 "有且只有一个" 的含义, "有" 是指图形的存在性, "只有一个" 则是指图形的唯一性. "有且只有一个" 必须完整地被表述, "只有一个" 不能代替 "有且只有一个".

因此基本事实 1 可以简述为 "不共线的三点确定一个平面".

问题 8: 要证明两个平面重合, 需要考察平面上所有的点吗?

经过师生讨论, 得出以下结论:

当三个公共点共线时, 两平面可能重合或是相交; 当三个公共点不共线时, 两个平面重合. 从问题 8 可以看出基本事实 1 (公理 1) 是不证自明的.

设计意图: 通过问题 8, 学生很快能够意识到从基本事实 1 出发进行思考, 判定两平面重合, 最简化的判定标准就是一个平面上不共线的三点都在另一个平面上, 培养了学生基于公理推理的思考方式, 也就是公理化方法.

问题 9: 除了 "不共线的三点确定一个平面" 外, 还有没有办法确定平面?

得出以下结论:

(1) 一条直线和直线外一点确定一个平面;

(2) 两条相交直线确定一个平面;

(3) 两条平行直线确定一个平面.

同学们仔细思考这三条结论, 可以发现这三条结论都是可以由基本事实 1(公理 1) 推出的, 我们将它们称为基本事实 1 的推论 (留作家庭作业, 选择其中一条推论, 利用基本事实 1 对其加以证明).

设计意图: 与基本事实 1 不同, 推论是由基本事实 1 经过逻辑推理推导出来的, 并且也是正确的, 引导学生从基本事实 1 出发进行逻辑推理而不是直观想象出来, 在这个环节是非常关键的, 不仅能够提高学生的抽象思维水平, 还能渗透公理化思想, 训练学生从公理出发进行逻辑推理的思维习惯.

练习 1 (小组讨论后课堂随机选人回答)

请问下面的说法正确吗, 为什么?

(1) 圆心和圆上两点可以确定一个平面;

(2) 两个平面若有不同的三个公共点, 则两个平面重合;

(3) 梯形一定是平面图形;

(4) 四条直线顺次首尾相接, 所得图形是平面图形;

(5) 三条平行直线可以确定三个平面.

到现在为止, 我们已经认识了基本事实 1, 了解了基本事实 1 的三个推论, 还做了几个小练习. 那同学们能不能从中体会到基本事实 1 都有哪些作用呢?

首先, 基本事实 1 可以作为确定平面的依据, 三点确定一个平面; 其次, 可以证明两个平面重合, 如果两个平面有三个不共线的公共点, 那么这两个平面是重合的.

b) 探究基本事实 2

学生活动 2: 如果把你的笔看作是一条直线, 把桌面看作一个平面:

(1) 你能使直线上的点都不在平面内吗?

(2) 你能使直线上的一个点在平面内, 而其他点不在平面内吗?

(3) 你能使直线上的两个点在平面内, 而其他点不在平面内吗?

在学生理解的基础上, 抽象归纳出平面的另一个性质, 即基本事实 2.

设计意图: 以学生活动的方式, 观察笔与桌面的位置关系, 将抽象的直线与平面的位置关系直观化, 但回答问题时, 又将笔与桌面抽象化, 体会到基本事实 2 的确定性.

基本事实 2: 如果一条直线上的两点在一个平面内, 那么这条直线在此平面内.(直线在平面内)

问题 10: 如何用图形语言表示这个公理呢?

图形表示如图 9-6 所示.

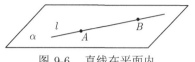

图 9-6 直线在平面内

师生共同探究: 数学符号更加简洁, 如何用符号语言表示呢?

符号表示: 给定点 A, B, 直线 l 和平面 α, 若 $A \in l, B \in l$ 且 $A \in \alpha, B \in \alpha$, 则 $l \subset \alpha$.

设计意图: 线、面都是点的集合, 所以可以借助集合语言表示点、线、面及其关系, 这里能够帮助学生进一步熟悉符号语言, 培养数学的符号化思想, 从数学语言表达的简洁性体会到数学的美, 也为以后符号语言的使用打下坚实的基础.

问题 11: 如果直线 l 上不是所有的点都在平面内, 直线 l 与平面的关系会是怎样的? 如何用符号语言表达呢?

设计意图: 学生可能不能马上反应得到直线 l 与平面的关系, 但能够通过对集合语言的熟悉, 知道 $l \not\subset \alpha$, 而后才能够意识到直线 l 与平面相交或平行. 此处不仅能增强学生对符号语言的理解, 还能让学生熟悉空间中的线面关系.

练习 2 (小组讨论后课堂抢答)

1. 判断下列命题的正误, 说明理由.

(1) 空间一条直线和一个平面的交点可能有几个;

(2) 一条线段在一个平面内, 则此线段延长线上任意一点也在这个平面内;

(3) 点 A 在平面 α 内, 点 B 在平面 α 外, 那么直线 AB 上还有一点 C 在平面 α 内;

(4) 因为 $P \in \alpha, Q \in \alpha$, 所以 $PQ \not\subset \alpha$;

(5) 因为 $AB \not\subset \alpha, C \in AB, D \in AB$, 所以 $CD \not\subset \alpha$.

2. 你能得出直线与平面有什么样的位置关系吗?

直线在平面内, 直线与平面有无数个交点; (公理 2 的推论)

直线与平面相交, 直线与平面有一个交点;

直线与平面相平行, 直线与平面无交点.

问题 12: 基于以上的学习, 大家知道基本事实 2 有什么作用呢?

基本事实 2 能够帮助我们判断直线是否在平面内; 为我们提供了一种判断直线与平面的位置关系的方法; 无限延伸的直线在平面上, 说明平面也是向四周无限延展的. 基本事实 2 用直线的"无限延伸性"来检查平面的"无限延展性".

师生共同体会基本事实 2 在生活中的简单应用. 例如木工常用卷尺来检查工作物的表面是不是平面, 他们将卷尺的直边紧靠所要检查的面上任意滑动, 如果卷尺的直边和面处处密合, 这个面就是平的; 如果卷尺的直边和面有一处不能密合, 这个面就不是平的 (图 9-7).

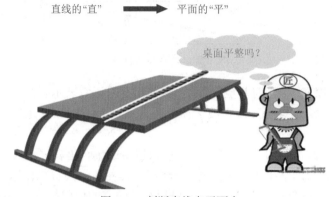

图 9-7　判断直线在平面内

问题 13: 我们在学习了基本事实 1 之后, 又学习了基本事实 2. 大家认为基本事实 1 和基本事实 2 有没有什么内在的逻辑关系呢?

学生面对问题的第一反应会尝试寻找基本事实 1 和基本事实 2 的因果关系, 但无论如何分析, 会发现基本事实 1 是基本事实 2 的不充分不必要条件, 即它们是无法相互推出的. 学生此时意识到基本事实 1 和基本事实 2 的逻辑关系即没有关系, 它们之间是相互独立的.

问题 14: 既然基本事实 1 和基本事实 2 之间是相互独立的, 那么它们之间的关系是否和谐呢? 换句话说, 两个基本事实间会不会自相矛盾呢?

因为基本事实 1 和基本事实 2 都是学生亲身经历并抽象出来的, 学生必然不会怀疑其相容性, 因此要让学生意识到基本事实的相容性, 必须要有所引导. 学生不论是在直观上, 还是用抽象的数学语言, 都无法提出矛盾, 虽无法严格证明, 但亦能使学生体会到公理的相容性.

设计意图: 思考基本事实 1 和基本事实 2 的逻辑关系, 引导学生体会公理的独立性. 启发学生意识到公理的相容性.

c) 探究基本事实 3

学生活动 3: (1) 把三角板的一个角立在桌面上, 三角板所在平面与桌面所在平面是否只有一个公共点? 如果有其他公共点, 它们和这个公共点有什么样的关系呢?

(2) 观察两个长方体两个相交的平面, 你能得出什么结论呢?

在学生理解的基础上, 归纳平面的又一个性质, 即基本事实 3.

基本事实 3: 如果两个不重合的平面有一个公共点, 那么它们有且只有一条过该点的公共直线.

用图形语言表示基本事实 3, 如图 9-8 所示.

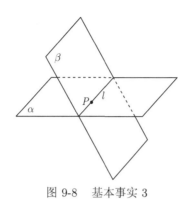

图 9-8　基本事实 3

符号语言表示, 根据图 9-8, 给定点 P 以及平面 α, β, 若点 $P \in \alpha$, 且 $P \in \beta$, 则存在直线 l, 使得 $\alpha \cap \beta = l$, 且 $P \in l$.

问题 15: 两个相交平面会只有一个公共点吗?

问题 16: 现在有两个不重合的平面有一个公共点, 那么一定有一条过该点的公共直线. 那它们还有这条交线以外的公共点吗?

设计意图: 帮助学生辨析基本事实, 强调并帮助学生理解 "有且只有" 的内涵, 让学生认识到数学语言的严谨性.

基本事实 3 进一步描述了平面的性质, 平面是无限延伸的. 对于不重合的两个平面, 只要它们有公共点, 它们就是相交关系, 交集是一条直线.

练习 3 (小组讨论后课堂抢答)

1. 指出下列说法是否正确, 并说明理由:

(1) 平面 α 与平面 β 若有公共点, 就不止一个;

(2) 因为 $AB \not\subset \alpha$, $AB \not\subset \beta$, 所以 $A \in (\alpha \cap \beta)$, 且 $B \in (\alpha \cap \beta)$;

(3) 两个平面的公共点的集合, 可能是一条线的;

(4) 两个相交平面, 存在不在一条直线上的三个公共点.

2. 根据基本事实 3, 你能得出平面与平面有什么样的位置关系吗?

(1) 两个平面重合, 两个平面相交 (于一条直线), 两个平面不相交 (即为两平面平行);

(2) 基本事实 3 的作用有 2 个, 一是作为判定两平面相交的依据; 二是判定点在直线上.

问题 17: 现在我们已经充分认识了平面的三个基本事实, 大家认为基本事实 1~3 之间有没有什么内在的逻辑关系呢?

问题 18: 既然基本事实 1~3 之间是相互独立的, 那么它们之间的关系是否和谐呢? 换句话说, 任意两个基本事实间会不会自相矛盾呢?

设计意图: 再次强调基本事实之间的独立性和相容性, 让学生对基本事实的地位与关系有更为清晰的认知.

接下来我们要将今天学习的三个基本事实应用于数学解题中, 大家在思考问题时, 一定要从我们今天学习的基本事实和它们的推论出发进行推理.

例 1. 求证: 如果两两平行的三条直线都与另一条直线相交, 那么这四条直线共面.

思路分析:

(1) 将题中文字语言转化为符号语言以及图形语言;

(2) 涉及确定一个平面的问题, 可能会用到哪些公理?

解析:

已知: $a//b//c, l \cap a = A, l \cap b = B, l \cap c = C$.

求证: 直线 a, b, c 和 l 共面.

证明:

如图 9-9 所示, 因为 $a//b$, 由基本事实 1 的推论 3, 可知直线 a 与 b 确定一个平面, 设为 α.

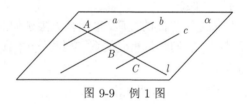

图 9-9 例 1 图

因为 $l \cap a = A, l \cap b = B$, 所以 $A \in a, B \in b$, 则 $A \in \alpha, B \in \alpha$, 又因为 $A \in l, B \in l$, 所以由公理 2 可知 $l \subset \alpha$.

因为 $b//c$, 所以由基本事实 1 的推论 3 可知直线 b 与 c 确定一个平面 β, 同理可知 $l \subset \beta$.

因为平面 α 和平面 β 都包含着直线 b 与 l, 且 $l \cap b = B$, 而由基本事实 1 推论 2 知: 经过两条相交直线, 有且只有一个平面, 所以平面 α 与平面 β 重合, 所以直线 a, b, c 和 l 共面.

例 2. 如图 9-10 所示, $\triangle ABC$ 在平面 α 外, $AB \cap \alpha = P, BC \cap \alpha = Q$, $AC \cap \alpha = R$, 求证 P, Q, R 三点共线.

思路分析:

(1) P, Q, R 三点分别在哪几个平面上?

(2) 证明在两个相交平面上的点共线, 能用到哪些公理?

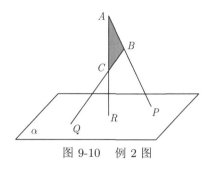

图 9-10   例 2 图

证明:

根据基本事实 1, A, B, C 三点不在同一条直线上, 因此三点共面;

根据基本事实 2, 点 A, B 在平面 ABC 上, $AB \subset$ 平面 ABC,

因为 $P \in AB$, 所以 $P \in$ 平面 ABC,

因为 $AB \cap \alpha = P$, 所以 $P \in \alpha$.

根据基本事实 3, 点 P 在平面 ABC 与平面 α 的交线上.

同理可证, Q, R 也在平面 ABC 与平面 α 的交线上, 所以 P, Q, R 三点共线.

设计意图: 平面三个基本事实的应用, 能够调动学生的思维, 强化从基本事实出发思考问题的思维方式, 并在解答过程中, 不断地使用基本事实以及基本事实的推论进行有效的论证, 培养学生的公理化方法; 同时规范证明过程的表达 (用数学的语言表达世界).

(三) 课堂小结 (师生共同归纳)

(1) 想一想, 本节课是如何得到反映平面基本性质的公理?

(2) 三个基本事实和推论反映了平面的哪些基本性质?

(3) 你能用三种语言描述这三个基本事实及推论吗?

(4) 说说你对基本事实 (公理) 作用的感受.

本节课我们认识了平面以及平面的三个基本事实, 我们还根据基本事实推出了几个可应用的推论. 在之后的学习中, 我们将依据这几个基本事实, 初中所学的平面几何的基本事实, 以及点、线、平面这些基本概念, 去推导出立体几何中新的定理, 这将构成我们几何的公理化体系.

(四) 作业布置

1. 思考并相互交流: 基本事实 1 的三个推论应该怎样证明?

2. 思考: 基于基本事实的推论也是正确的, 为什么不将其作为公理?

3. 如图 9-11 所示, 在正方体 $ABCD\text{-}A'B'C'D'$ 中, E 为 AB 的中点, F 为 AA_1 的中点, 求证:

(1) E, C, D', F 四点共面;

(2) $CE, D'F, DA$ 三线共点.

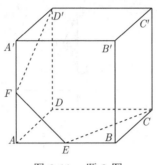

图 9-11　题 3 图

【小结与反思】

经过一节课的学习, 希望学生经历基本事实的形成过程, 认识到探索过程的价值, 感受公理选择的相容性和独立性; 帮助学生理解基本概念和 "基本事实" 作为思维的逻辑起点及其意义, 体会其中蕴涵的公理化思想和方法, 从而得到研究新事物的基本路径.

9.2 "截面问题" 的教学设计与实施

本教学设计基于作者对问题解决教学的指导思想和原则的如下认识: "数学教学的本质是数学思维过程的教学, 在问题解决教学过程中, 深入挖掘数学问题所蕴涵的内容、思想和方法, 深刻地剖析学生在问题解决的思维过程中所暴露的错误及其原因 (学生学习数学的真实思维过程的分析), 让学生从自身的错误中学习, 培养学生养成修正自身错误的习惯和方法, 从而培养学生的自主学习能力和自我发展能力, 优化学生的思维品质和关键能力. 这是培养学生的创造性思维和实践能力, 从而全面提高学生数学素养的一条有效途径."[①]

【截面问题】

利用所学平面的三个基本事实 (公理), 过棱上任意三点作出给定正方体 $ABCD\text{-}A'B'C'D'$ 的截面 (图 9-12).

教学实践中, 当我将此问题提出供大家讨论时, 同学们可能会对问题产生疑惑. 例如, 三点要放在哪里比较合适? 点在顶点上可以吗? 怎样点才能体现题目所要求的任意性? 给定了点之后是不是连起来就是截面了? 等等. 这时我将利用以下几个问题对学生积极引导.

(1) 取的这三点能否确定一个平面? (揭示问题的逻辑起点, 也就是题中未知量的条件)

① 陈惠勇. 深刻剖析错误原因, 培养数学思维能力——兼谈解题教学的指导思想和原则 [J]. 中学数学研究 (江西), 1999, (7): 28-30.

(2) 三点确定平面的条件是什么呢?

答: 只要三点不在一条直线上, 即可以确定一个平面. 运用了基本事实 1.

(3) 题中所表达的 "过任意三点" 是要作出所有可能的情况吗?

教师引导学生回答: 不是, 而是要找到一种或几种典型的情况作出.

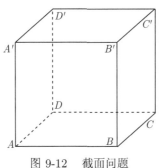

图 9-12　截面问题

在学生思考了问题 (1), (2) 后, 便能够从公理 1 出发作出符合题目条件的三点; 对于问题 (3), 学生能够意识到一般性的问题需要特殊化表示, 但还无法意识到具体是哪几种, 需要教师引导学生进行分析与归纳.

分组讨论, 9 人一组, 每人在正方体上作两组符合公理 1 的三点, 小组归纳出组内成员所作出的点所在的类型, 全班汇总, 教师再度归纳总结 (图 9-13).

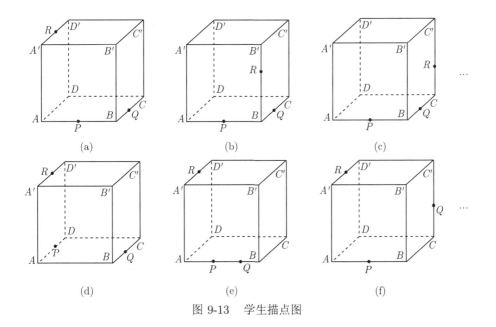

图 9-13　学生描点图

经过比对归纳, 我们可以发现, 除了图 (f) 中的标点没有直接入手的连接点, 其他图示在同一面上都至少有两个点, 可以直接入手. 并且, 为了表现任意性, 尽量让过三点的平面与正方体的每个面都相交. 因此对于正方体表面上的任意三点, 分为两类情况:

类型 1: 其中有两点在同一个面上

为了表现任意性, 尽量让过三点的平面与正方体的每个面都相交. 以图 9-13(a) 为例, 此时 P, Q, R 三点分别在正方体 $ABCD\text{-}A'B'C'D'$ 的棱 AB, BC, $A'D'$ 上 (图 9-14).

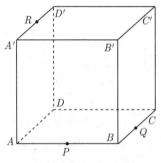

图 9-14　类型 1 示例图

此时, 学生已经能够根据基本事实 1, 判断出过 P, Q, R 三点能够确定一个平面, 但还难以思考出如何作出截面, 因此我们可以提出以下问题对学生进行引导:

(4) 将 P, Q, R 三点依次相连, 是不是就是题目所要求的截面 (图 9-15)?

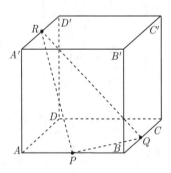

图 9-15　P, Q, R 三点相连

答案必然是不是的, 此时师生可以共同探讨得到作正方体截面问题的本质——过三点所确定的这个平面与给定正方体各个面的交线, 并且可以发现此时 PQ 即为其中 (即截面) 的一条交线.

(5) 既然是交线问题, 那么涉及哪个基本事实呢?

学生马上会在大脑中思考检索到基本事实 3, 如果两个不重合的平面有一个公共点, 那么它们有且只有一条过该点的公共直线.

(6) 虽然我们可以直观地发现 PQ 为其中一条交线, 但是又如何用基本事实 3 严谨地证明呢 (图 9-16)?

根据基本事实 3, 平面 PQR 与底面有公共点 P, 因此平面 PQR 与底面有且只有一条过 P 点的公共直线 l_1, 所以 $P \in l_1$; Q 点同理, 得 $Q \in l_1$.

$$\left.\begin{array}{l} P \in l_1 \\ O \in l_1 \end{array}\right\} \Rightarrow \text{直线} PQ \text{ 为平面} PQR \text{ 与底面的交线 (两点确定一条直线)}$$

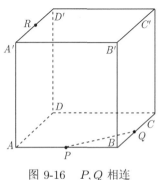

图 9-16　P, Q 相连

(7) 同学们再判断还有哪个面上会有交线? (再次引导学生从公理 3 出发进行思考)

基于基本事实 3, 平面 PQR 与侧面 $AA'D'D$ 有公共点 R, 因此平面 PQR 与侧面 $AA'D'D$ 有且只有一条过 R 点的公共直线 l_2, 所以 $R \in l_2$.

但由于两点确定一条直线 (欧几里得公理 1), 因此必须在平面 $AA'D'D$ 上再找一个点, 用于确定公共直线 l_2.

(8) 梳理一遍已有条件, 回忆学过的直线与平面的描述还有几个公理, 怎样才能在侧面 $AA'D'D$ 上找到这样一个点呢?

同学们根据问题的提示, 会开始梳理目前问题的已知量, 包括底面上的直线 PQ, 点 R 等, 再回忆直线与平面的描述, 直线是可以向两端无限延长的, 平面是向四周无限延展的. 结合起来, 就能发现, 底面上已经有交线 PQ, 并且底面与侧面 $AA'D'D$ 有公共边 AD, 直线 PQ 与直线 AD 在同一平面上, 且 PQ 不平行于 AD, 根据欧几里得第 5 公理 (即平行公理), 直线 PQ 与直线 AD 必定相交于一点. 因此, 延长直线 AD 和 PQ, 交于点 E, 如图 9-17 所示.

$$\left.\begin{array}{l} \text{点} E \in \text{直线} AD \\ \text{直线} AD \in \text{平面} AA'D'D \end{array}\right\} \Rightarrow \text{点} E \in \text{平面} AA'D'D$$

$$\left.\begin{array}{l} 点 E \in 直线 PQ \\ 直线 PQ \in 平面 PQR \end{array}\right\} \Rightarrow 点 E \in 平面 PQR$$

根据基本事实 3, 点 E 也在平面 PQR 与侧面 $AA'D'D$ 的公共直线 l_2 上. 至此, 我们找到了侧面 $AA'D'D$ 与平面 PQR 的两个公共点——点 E 与点 R.

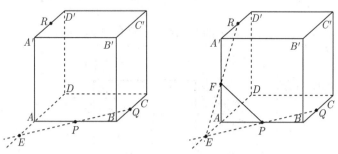

图 9-17　点 E、点 R 以及点 F

连接 ER, 交 AA' 于 F 点, 得到平面 PQR 与侧面 $AA'D'D$ 的交线 RF. 此时, 平面 $ABB'A'$ 与问题初始阶段的底面 $ABCD$ 的情形类似, 连接 EF, 得到平面 PQR 与平面 $ABB'A'$ 的交线 EF.

(9) 其余面上的交线又要怎么做呢? 请在图上画出并描述你的推理过程.

经过前面几个问题的提出与解决, 学生们对平面的三个基本事实 (公理) 的理解与应用已有所了解, 这里再次让学生运用几何的公理化思想方法解决问题, 学生能够自然而然地从公理出发思考问题, 并且思考的速度也会大大增快, 体现了数学的简缩性.

延长 FR 与 DD' 交于点 G, 延长 PQ 与 DC 交于点 H. 根据基本事实 3, 点 G 和点 H 是平面 PQR 与平面 $DCC'D'$ 的公共点, 因此有且只有一条过点 G 与点 H 的公共直线 l_3, 连接 GH, 得到平面 PQR 与平面 $DCC'D'$ 的交线, GH 分别交 $C'D'$ 与 CC' 于点 I 和点 J, 最后, 连接 RI 和 QJ, 得到平面 PQR 与正方体 $ABCD$-$A'B'C'D'$ 的截面图 (图 9-18).

如图 9-18 所示, 点 P, F, R, I, J, Q 六点在 $\triangle EGH$ 的三边上, 六点共面, 且 P, F, R, I, J, Q 分别在正方体 $ABCD$-$A'B'C'D'$ 的表面上, 所以六边形 $PFRIJQ$ 是过 P, Q, R 三点在正方体表面上的截面图.

类型 2: 其中任意两点都不在同一个平面内

如图 9-19 所示, 过正方体 $ABCD$-$A'B'C'D'$ 上的三点 P, Q, R 作截面. 其中, 点 P, Q, R 分别在棱 AB、棱 CC' 以及棱 $A'D'$ 上.

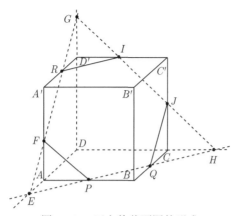

图 9-18　正方体截面图的形成

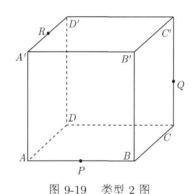

图 9-19　类型 2 图

分析: 问题的关键在于找出平面 PQR 与正方体的任意一条棱的交点, 这一步完成, 问题转化为类型 1, 学生也能迅速地解决 (化归与转化的思想).

(10) 还能直接用类型 1 的作图法解这道题吗?

答: 不能, 延长 PQ, QR, PR 三条直线, 与正方体侧面的交点无法确定.

(11) 那能不能在正方体内找到一个面与平面 PQR 有公共点? 找出其中一个并画出图形.

答: 有很多, 比如平面 $ACC'A'$, 平面 $BDD'B'$ 等 (图 9-20).

根据基本事实 3, 平面 $ACC'A'$ 与平面 PQR 有公共点 Q, 则两平面必有相交于经过 Q 点的一条公共直线. 且根据基本事实 2 的推论, 直线 PR 与平面 $ACC'A'$ 有且仅有一个交点, 问题是该交点如何作出呢?

设想通过 PR 作出一个平面, 利用线面平行的性质定理, 构造一个平面出来, 并且构造的平面与平面 $ACC'A'$ 有且仅有一条经过点 G 的公共直线 (基本事实 3), 而该公共直线必交 PR 于点 G.

(12) 那如何构造这个过 PR 的平面, 才能更加简便地找到该平面与平面 $ACC'A'$ 的公共直线?

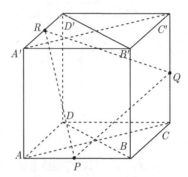

图 9-20　平面 PQR 与平面 $ACC'A'$

设点 G 为直线 PR 与平面 $ACC'A'$ 的交点, 基于基本事实 3, PR 向底面投影形成的平面 PRE 与平面 $ACC'A'$ 有交线 l, 且 $G \in l$, 又有 $G \in PR$, 所以 $PR \cap l = G$. 作法如下 (图 9-21):

(a) 过点 R 作 $RE \perp AD$ 于 E, 连接 PE, PR, 作出平面 PRE;

(b) 连接 AC 交 EP 于点 F;

(c) 过点 F 作 $FG \perp$ 平面 $ABCD$, 交 PR 于 G 点.

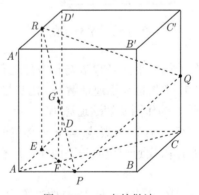

图 9-21　G 点的做法

此时, QG 即为平面 $ACC'A'$ 与平面 PQR 的公共直线, 因此 QG 与正方体的棱 AA' 必交于一点. 如图 9-22, 连接 QG, 并延长交 AA' 于点 H.

(13) 相信同学们能够独立完成后续的作图工作, 完成后共同进行反思与回顾.

(14) 请同学们检查你的解题过程是否规范? 有表达不准确的吗? 是用了类型 1 的方法进行作图吗? 有没有更加简洁的方法呢?

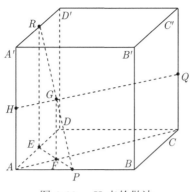

图 9-22　H 点的做法

很多同学在经过类型 1 的思维训练后, 对公理化方法有了一定的初步认识, 于是对于类型 2, 也照葫芦画瓢地不断从公理化思想和方法出发进行推理、作图. 其实类型 2 从线线平行的判定定理出发进行推理, 作图步骤更简洁.

根据直线与直线平行的性质定理: 两个平面平行, 如果另一个平面与这两个平面相交, 那么两条交线平行. 平面 PQR 与平面 $AA'D'D$ 和平面 $BB'C'C$ 同时相交, 且平面 $AA'D'D$// 平面 $BB'C'C$, 那么, 存在一条直线 $l \in$ 平面 $BB'C'C$, $l//RH$, l 即为平面 PQR 与平面 $BB'C'C$ 的交线, 如图 9-23, IQ 为 l, $IQ//RH$.

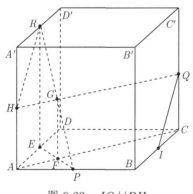

图 9-23　$IQ//RH$

再一次使用直线与直线平行的性质定理, 可以作出 RJ 或是 JQ, 连接各个交点, 六边形 $PHRJQI$ 即为过 P, Q, R 三点的截面, 如图 9-24.

(15) 结合《平面》一课, 通过这道截面问题你受到了哪些启发?

【小结与反思】

数学问题解决教学的根本目的和宗旨就是: 通过问题解决数学, 使学生深刻理解数学的内容, 掌握数学的内容所蕴含的思想方法, 学会从数学的角度发现和提出问题, 学会用数学语言表达问题, 进行交流, 形成用数学的意识. 进一步培养学生学习数学的兴趣, 养成良好的数学学习习惯, 实事求是的科学态度, 勇于探索创新的精神, 并能欣赏数学的文化价值和美学价值, 最终形成并发展为学生主体的创造性数学思维和实践能力. 达成数学课程标准提出的课程目标——落实 "四基", 培养 "四能", 最终达到 "三会" 之境界, 从而在真正意义上落实数学核心素养.

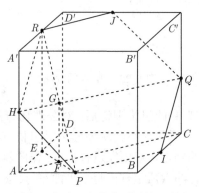

图 9-24　正方体截面图的形成

第 10 章　HPM 视域下的双曲线教学

众所周知, 几何学是研究几何图形的形状、大小与位置关系的科学. 几何学的研究对象, 即点、线、面等基本几何元素, 以及三角形、平行四边形、圆、多面体、旋转体等几何图形都不是现实世界的客观存在, 而是对现实世界中图形及图形关系的抽象, 是人类思维的发明创造. 正是因为几何对象的这种纯粹性, 才有利于排除事物表象的干扰, 深入探究其中蕴含的真理.

解析几何的基本思想是在平面上引进 "坐标" 概念, 并借助这种坐标使得平面上的点和有序实数对 (x, y) 之间建立起一一对应的关系, 通过这种方式可以将平面上的一条曲线与代数方程 $f(x, y) = 0$ 对应起来, 于是几何问题便可以转化为代数问题, 对代数问题的研究反过来启发新的几何结果.

高中解析几何课程是一门以解析几何学的基本内容和思想为背景材料, 用代数方法研究平面几何问题的学科. 课程内容主要包括直线与方程、圆与方程、圆锥曲线与方程等, 要求学生能在平面直角坐标系中, 认识直线、圆与圆锥曲线的几何特征, 建立相应的标准方程, 用代数方法研究它们的几何性质, 体现形与数的结合. 这些内容是初中平面几何学习的继续、内容的扩充、方法的提升, 是初等代数演绎的载体、应用的平台, 是学生升入大学继续学习空间解析几何、线性代数和微积分的基础.

《普通高中数学课程标准 (2017 年版 2020 年修订)》要求学生在学习完相应课程后, 能够掌握平面解析几何解决问题的基本过程; 根据具体问题情境的特点, 建立平面直角坐标系; 根据几何问题和图形的特点, 用代数语言把几何问题转化为代数问题; 根据对几何问题 (图形) 的分析, 探索解决问题的思路; 运用代数方法得到结论; 给出代数结论的几何解释, 解决几何问题. 涉及数学抽象、直观想象、数学运算和逻辑推理等数学核心素养.

10.1　双曲线的历史渊源

圆锥曲线最早是为解决 "倍立方体问题"(即用尺规作图构造一个新立方体, 使其体积为原立方体的两倍) 而发现的. 古希腊时期的数学家希波克拉底 (Hippocrates, 约公元前 470~ 前 410) 将该问题归结为求二次比的问题, 即对于棱长为 a 的立方体, 在 a 和 $2a$ 之间确定 x 和 y, 使得 $a : x = x : y = y : 2a$. 这就相

当于同时解以下三个方程中的两个:

$$
\begin{cases}
x^2 = ay \\
y^2 = 2ax \\
xy = 2a^2
\end{cases}
$$

其中前两个是抛物线方程, 第三个为双曲线方程.

　　柏拉图学派的数学家梅内赫莫斯 (Menaechmus, 约公元前 360 年) 指出, 可以通过这些曲线的交点来确定 x 和 y, 进而解决倍立方体问题. 古希腊人又从平面与圆锥相截的截面上发现了圆锥曲线, 此时圆锥曲线的基本性质是直接从圆锥上得到的. 而后, 阿波罗尼奥斯推广了梅内赫莫斯用平面垂直三种顶角 (锐角、直角、钝角) 的圆锥母线而得到圆锥曲线的方法, 只需要通过改变截面的角度去截同一个圆锥面就可以得到椭圆、抛物线和双曲线这三类曲线: 用平面截对顶圆锥, 从而发现双曲线有两支, 并研究了双曲线的渐近线; 最先发现椭圆、双曲线有焦点; 发现椭圆、双曲线上任一点处的切线性质 (“光学特性”) 等. 阿波罗尼奥斯在前人的基础上创立了相当完美的圆锥曲线理论, 并将这些理论凝结为一部伟大的著作——《圆锥曲线论》.

　　例如在《圆锥曲线论》第 1 卷命题 21, 阿波罗尼奥斯选择圆锥曲线的直径以及直径的一个端点处的切线作为两条参照线, 用以研究圆锥曲线的一个基本性质.

　　如图 10-1, 以直线 AB 为直径, 从椭圆和双曲线上两点 C, E 分别向 AB 作两条线段与直径端点 A, B 处的切线平行 (CD, EF 两条参照线相当于 “坐标轴”), 则两线段的平方比等于直径上两条相应线段乘积之比, 即 $\dfrac{CD^2}{EF^2} = \dfrac{AD \cdot DB}{AF \cdot FB}$.

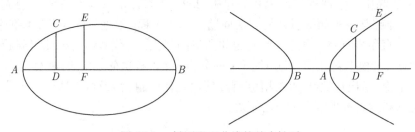

图 10-1　椭圆和双曲线的基本性质

　　阿波罗尼奥斯是在研究双曲线的切线和焦点性质中, 通过 8 个命题的转换才发现了双曲线的焦半径性质——双曲线上任意一点的焦半径之差的绝对值等于长轴.

　　古希腊数学家帕普斯首次发现了圆锥曲线的交点准线性质, 又在卷 VII 中给出了轨迹定义及其证明: 设一动点到一定点的距离与到一定直线的距离之比为常数, 则动点的轨迹是圆锥曲线. 当这个常数等于 1 时, 轨迹为抛物线, 小于 1 时是椭圆, 大于 1 时是双曲线.

17 世纪, 笛卡尔在《几何学》中对圆锥曲线方程的研究导致了人们对圆锥曲线画法的研究, 例如荷兰数学家范舒滕就用一个滑槽装置给出了双曲线的作图方法.

到了 19 世纪, 罗宾逊在 1862 年的《圆锥曲线与解析几何》和戴维斯在 1867 年的《解析几何基础》中都提到了双曲线同一画图装置 (图 10-2), 取一把长度大于 FF' 的尺子, 将其一端固定在焦点 F' 处, 在另一端连接一根绳子, 绳子的长度比尺子短, 长度为 AB. 将绳子两端分别连接在 H, F 点处. 作图时将笔紧贴直尺和细绳. 该作图方法以双曲线的定义为理论依据, 即到两定点的距离之差等于定长 (小于两定点距离), 这与如今教材上给出的拉链作图法基本一致.

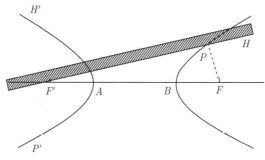

图 10-2 双曲线的一种作图法

1822 年, 比利时数学家丹德林利用对顶圆锥里的两个内切球, 直接在圆锥上作出了双曲线截面的焦点, 利用球的切线长定理导出了双曲线的第一定义, 从而证明了古希腊双曲线截面定义和双曲线第一定义的统一性.

17 世纪, 笛卡尔与费马创建了解析几何学, 沟通了 "数" 与 "形" 之间的桥梁, 使得几何问题得以用代数方法进行理性思考. 法国数学家洛必达 (M. de L' Hospital, 1661~1704) 是第一位将解析几何知识融入圆锥曲线的数学家, 他在《圆锥曲线分析》中利用焦半径公式推导出了双曲线的方程 $y^2 = \dfrac{c^2}{t^2}x^2 - c^2$, 即为现在的标准方程.

10.2 "双曲线及其标准方程" 的设计与实施

《普通高中数学课程标准实验教科书》(选修 2-1, 北师大版)"双曲线及其标准方程" 一节先直接给出双曲线的定义, 再让学生用拉链作图法动手实践画出双曲线的图象. 尽管教材引导学生类比椭圆定义探究双曲线, 但调查表明, 学生对此心存疑惑: 双曲线的第一定义是怎么来的? 为什么定点是两个而不是三个? 为什么椭圆定义中是距离之和而双曲线是距离之差? 这种画法是怎么产生的? 显然, 这些疑惑源于教师在教学中对双曲线知识发生过程的忽视.

因此, 基于笛卡尔与费马创立解析几何的思想路径比较得出的教学启示[①], 以及当前高中解析几何教学现状分析, 运用发生教学法设计了一个典型教学案例, 重点在于借鉴双曲线知识发生发展的历史, 揭示解析几何的思想本质.

(一) 教学目标分析——"四基" 和 "四能"

(1) 基本知识: 掌握双曲线的定义, 并能根据双曲线的定义恰当地选择坐标系, 建立及推导双曲线的标准方程, 利用双曲线的有关知识解决与双曲线有关的简单实际应用问题;

(2) 基本技能: 通过与椭圆的类比对照, 掌握双曲线的标准方程, 理解并掌握椭圆与双曲线之间的区别与联系、培养分析、归纳、推理等能力, 掌握用待定系数法求双曲线标准方程中的 a, b, c, 体会类比和数形结合的思想方法, 提高观察能力和探究分析能力;

(3) 基本思想: 通过对截口曲线为什么是双曲线的探究, 初步培养学生的数学抽象和直观想象等核心素养, 并在探究过程中, 体会和领悟数学的思想方法;

(4) 基本活动经验: 通过画双曲线的几何图形, 让学生感知几何图形的曲线美、简洁美、对称美, 并在教师的指导下进行交流探索, 能用联系的观点认识数学问题, 对数学方法产生新的认识.

(二) 教学重难点

教学重点: 理解和掌握双曲线的定义及其标准方程;

教学难点: 双曲线标准方程的推导.

(三) 教学方法与工具

教学方法: 发生教学法、"启发——探究" 式教学;

教学工具: 多媒体课件、投影仪、几何画板.

(四) 教学过程

a. 创设情境, 引入课题

【复习引入】生活中的椭圆模型: (1) 球在阳光斜射下的影子边界 (图 10-3(a)); (2) 圆柱形水杯倾斜时水面的形状 (图 10-3(b)).

【观察】双曲线模型: (1) 将光源放置在两球中间时两球的影子边界形状 (图 10-4(a)); (2) 将水瓶倾斜角度加大使得水面不能完全覆盖底部时水面的形状 (图 10-4(b)).

---

① 李慧 (导师: 陈惠勇). 基于笛卡尔和费马解析几何思想路径之比较的解析几何教学研究 [D]. 南昌: 江西师范大学, 2021.

(a)   (b)

图 10-3   生活中的椭圆模型

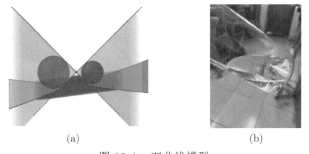

(a)   (b)

图 10-4   双曲线模型

　　早在古希腊时期, 数学家们就发现用一个不过顶点的平面截一圆锥所得到的截口形状为椭圆 (圆为特殊情况)、抛物线或双曲线, 因此将这三种曲线统称为圆锥曲线.

　　双曲线的截面定义: 如图 10-5, 用一个不过锥面顶点的平面斜截 (平面与圆锥

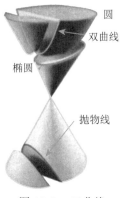

图 10-5   双曲线

的轴所呈角度小于圆锥的二分之一夹角) 一组对顶圆锥, 所得到的截口形状称为双曲线.

b. 归纳探索, 形成概念

【探究】双曲线的几何性质.

由丹德林双球模型 (图 10-6) 可知, 上下两个球不仅与对顶圆锥相切, 还与截面 π 相切于 F_1, F_2 两点, 这两个球称为对顶圆锥的焦球. 过双曲线上任一点 P 作上圆锥的母线与上焦球切于点 Q_1, 延长母线与下焦球切于点 Q_2.

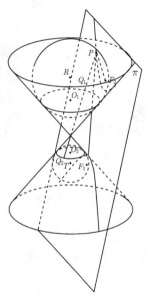

图 10-6　丹德林双球模型

问题: 线段 PF_1 与 PF_2 之间存在怎样的关系?

根据切线长定理, 可知 $|PF_1| = |PQ_2|$, $|PF_2| = |PQ_1|$, 而 $|PQ_2| = |PQ_1| + |Q_1Q_2|$, 所以有 $|PF_1| = |PF_2| + |Q_1Q_2|$, 即 $|PF_1| - |PF_2| = |Q_1Q_2|$ (其中 $|Q_1Q_2|$ 为定值, 且 $|Q_1Q_2| < |F_1F_2|$), 这就是双曲线的焦半径性质. 其中定点 F_1, F_2 称为双曲线的焦点, 两焦点之间的距离称为焦距, 线段 PF_1, PF_2 称为焦半径.

【几何画板展示】当截面角度变化或动点 P 在双曲线上移动时, Q_1Q_2 的长度始终保持不变 (双曲线定义的普适性).

【动手实践】如图 10-7, 取一条拉开的拉链, 在两条边上各选一点分别固定在点 F_1 和 F_2 上, 把笔尖放在拉链开口的咬合处 M, 随着拉链的拉开或者闭拢, 笔尖画出的轨迹是什么? 动点 M 有什么特点?

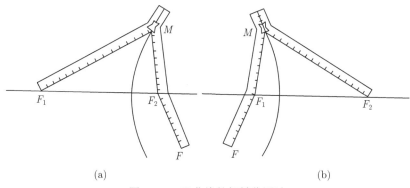

图 10-7　双曲线的机械作图法

【结论】随着拉链的拉开或者闭拢, 动点 M 到两定点 F_1, F_2 的距离之差始终保持不变, 即 $||MF_1| - |MF_2||$ 为定值, 动点 M 形成的轨迹为双曲线. 于是, 概括出如下的定义.

双曲线的第一定义: 平面内到两定点 F_1, F_2 的距离之差的绝对值为常数的点的轨迹叫做双曲线.

【思考】如何推导双曲线的方程?

c. 数形结合, 推导方程

从古希腊人认识圆锥曲线开始, 梅内赫莫斯、欧几里得、阿波罗尼奥斯及帕普斯等数学家对圆锥曲线几何性质的研究已近完备. 直到 17 世纪笛卡尔与费马创立了解析几何, 使得数学家们从代数这一崭新视角对圆锥曲线进行了更为深入的研究.

(1) 笛卡尔: 从轨迹到方程.

如图 10-8, 已知点 G 为直线 AG 上一固定点, 作直线 AB 垂直于 AG, 令 $AG = a$ (a 为常数), KNC 为已知曲线, 与 AB 交于点 K, L 为 AB 上一点, $KL = b$ (b 为常数), 点 C 为 KNC 与直线 GL 的交点. 当曲线 KNC 沿 AB 上下平移 (点 L 也随之在 AB 上移动) 时, 点 C 的轨迹为一新曲线 CE.

为了推导曲线 CE 的方程, 笛卡尔取直线 AB 为坐标轴 (相当于 x 轴), 过曲线上任一点 C 作 $CB \perp AB$, 垂足为 B. 设 $AB = x$, $BC = y$, 曲线 KNC 可表示为 $z = f(y)$, 其中 $KB = z$. 则由三角形的相似性 $\dfrac{BC}{AG} = \dfrac{LB}{LA}$, 得

$$\frac{y}{a} = \frac{f(y) - b}{x + f(y) - b}$$

即曲线 CE 的方程为

$$f(y) = \frac{xy - by + ab}{a - y}$$

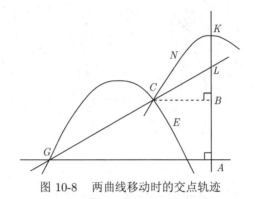

图 10-8　两曲线移动时的交点轨迹

若已知曲线 KNC 为直线, 即 $f(y) = ky$ (k 为常数), 则曲线 CE 的方程为

$$y^2 = \frac{b}{k}y - \frac{1}{k}xy + ay - \frac{1}{k}ab$$

笛卡尔指出 (但未证明), 上述方程表示双曲线.

(2) 费马: 从方程到轨迹.

费马在证明方程 $c + xy = ax + by$ 的轨迹是双曲线时, 利用了双曲线的第三定义, 即双曲线上任意一点到两渐近线的距离乘积是一个定值, 该命题的逆命题依然成立.

如图 10-9 所示, l_1, l_2 为双曲线的渐近线, 设 $l_1 : y = kx$, $l_2 : y = -kx$, 双曲线上动点 P 的坐标为 (x, y), 则 P 点到两渐近线 l_1, l_2 的距离分别为 $d_1 = \dfrac{|kx - y|}{\sqrt{1 + k^2}}$, $d_2 = \dfrac{|kx + y|}{\sqrt{1 + k^2}}$, 由于 $d_1 d_2 = m$ $(m \neq 0)$, 所以有

$$\frac{|kx - y|}{\sqrt{1 + k^2}} \cdot \frac{|kx + y|}{\sqrt{1 + k^2}} = m \quad \Rightarrow \quad \frac{y^2 - k^2 x^2}{1 + k^2} = m$$

整理得

$$\frac{x^2}{\dfrac{m\left(1 + k^2\right)}{k^2}} - \frac{y^2}{m\left(1 + k^2\right)} = \pm 1$$

令 $a^2 = \dfrac{m\left(1 + k^2\right)}{k^2}$, $b^2 = m\left(1 + k^2\right)$, 即可得到双曲线的标准方程.

(3) 双曲线的标准方程.

笛卡尔虽未证明最后的方程所对应的轨迹是双曲线, 但我们仍可遵循其研究的路线图, 由双曲线的第一定义出发推导出其标准方程.

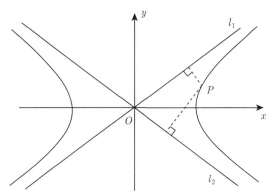

图 10-9 基于第三定义的双曲线方程推导

① 假设双曲线上任一点 P 坐标为 (x, y).

通过观察可知双曲线的对称轴为焦点 F_1, F_2 所在直线以及 F_1F_2 的中垂线 (图 10-10), 两条对称轴的交点即为双曲线的对称中心点, 这是与坐标无关的几何本质. 因此以 F_1F_2 的中点为原点, 两条对称轴为坐标轴建立坐标系来研究双曲线可使问题最简化.

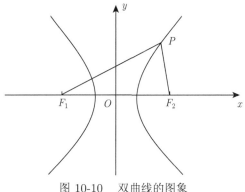

图 10-10 双曲线的图象

② 几何条件代数化.

根据双曲线的定义, 设定点 F_1, F_2 之间的距离为 $2c$, 则有 $F_1(-c, 0)$, $F_2(c, 0)$, 同时, 考虑到双曲线的对称性以及方程的简便性, 将点 P 到 F_1, F_2 的距离之差设为常数 $2a$. 那么, 根据两点间的距离公式, 动点 P 到两定点的距离分别为 $|PF_1| = \sqrt{(x + c)^2 + y^2}$, $|PF_2| = \sqrt{(x - c)^2 + y^2}$.

③ 标准方程的推导.

根据双曲线定义, 有

$$||PF_1| - |PF_2|| = 2a$$

$$\sqrt{(x+c)^2+y^2} - \sqrt{(x-c)^2+y^2} = \pm 2a$$

其实该式已经是双曲线方程 (其中正负号表示的是双曲线的两支), 但根号的存在模糊了双曲线方程的几何特征, 为了接下来研究的简便性, 需要对式子进行化简.

移项后平方

$$\sqrt{(x+c)^2+y^2} = \sqrt{(x-c)^2+y^2} \pm 2a$$

$$(x+c)^2+y^2 = (x-c)^2+y^2 \pm 4a\sqrt{(x-c)^2+y^2} + 4a^2$$

化简可得

$$4cx = 4a^2 \pm 4a\sqrt{(x-c)^2+y^2}$$

将根号移到一边

$$\pm a\sqrt{(x-c)^2+y^2} = cx - a^2$$

先只考虑 $a\sqrt{(x-c)^2+y^2} = cx - a^2$ 的情况, 左右同除以 a

$$\sqrt{(x-c)^2+y^2} = \frac{c}{a}x - a = \frac{c}{a}\left(x - \frac{a^2}{c}\right)$$

从几何意义上看, 根号项 $\sqrt{(x-c)^2+y^2}$ 代表动点到右焦点的距离, a, c 分别代表差值的一半和两定点距离的一半, 可知 $\dfrac{c}{a}$ 是定值, 即

$$\frac{\sqrt{(x-c)^2+y^2}}{x - \dfrac{a^2}{c}} = \frac{c}{a}$$

从几何意义上看, 这个式子表示动点 $M(x,y)$ 到右焦点 $F_2(c,0)$ 的距离与到定直线 $l: x = \dfrac{a^2}{c}$ 的距离之比为常数 $\dfrac{c}{a}$.

费马在《平面与立体轨迹引论》中说道: "如果 $(a^2+b^2):e^2$ 是一个给定的比, 点 I 将在一条双曲线上."

这就是双曲线的第二定义: 平面上一动点到一定点距离及一定直线距离之比为常数的点的轨迹, 其中定直线 $l: x = \dfrac{a^2}{c}$ 称为双曲线相应于右焦点 $F_2(c,0)$ 的准线, 常数 $\dfrac{c}{a}$ 称为双曲线的离心率, 记作 $e(e>1)$.

为了更明显地表现出双曲线的特征, 对方程 $\pm a\sqrt{(x-c)^2 + y^2} = cx - a^2$ 进一步化简可得

$$a^2\left[(x-c)^2 + y^2\right] = c^2 x^2 - 2a^2 cx + a^4$$

$$(c^2 - a^2)x^2 - a^2 y^2 = a^2(c^2 - a^2)$$

$$\frac{x^2}{a^2} - \frac{y^2}{c^2 - a^2} = 1$$

令 $b^2 = c^2 - a^2$, 得到双曲线的标准方程 $\frac{x^2}{a^2} - \frac{y^2}{b^2} = 1$(其中 $c > a > 0, c > b > 0$).

【思考】为什么要引入 $b^2 = c^2 - a^2$?

这不仅是化简的需要, 而且还有几何的实际背景, $2b$ 代表双曲线虚轴的长.

④ 洛必达 "对称设法".

上述化简过程使用的 "两次平方法" 计算量比较大, 形式也相对复杂. 为了让学生更加深入地体会解析几何方法的意义, 可考虑采用洛必达引入参数的 "对称设法".

如图 10-10, 设双曲线上任一点 P 坐标为 (x, y), 焦点 $F_1(-c, 0)$, $F_2(c, 0)$, 取 $F_1 F_2$ 所在直线为 x 轴, 线段 $F_1 F_2$ 的中垂线为 y 轴建立坐标系, 且

$$||PF_1| - |PF_2|| = 2a$$

设 $|PF_1| = z + a$, $|PF_2| = z - a$, 其中 z 为待定参数, 于是有

$$|PF_1|^2 = (z+a)^2 = (x+c)^2 + y^2$$

$$|PF_2|^2 = (z-a)^2 = (x-c)^2 + y^2$$

由 $|PF_1|^2 - |PF_2|^2$ 可得 $4az = 4cx$, 故有 $z = \dfrac{cx}{a}$, 再将 z 代入上式整理可得

$$\left(\frac{c^2}{a^2} - 1\right)x^2 - y^2 = c^2 - a^2$$

令 $b^2 = c^2 - a^2$, 可得到双曲线的标准方程 $\frac{x^2}{a^2} - \frac{y^2}{b^2} = 1$(其中 $c > a > 0, c > b > 0$).

此外, 利用 $|PF_1| = \dfrac{c}{a}x + a$, $|PF_2| = \dfrac{c}{a}x - a$ 可以求出双曲线上任一点到两焦点的距离, 因此称其为焦半径公式.

【思考】如果焦点在 y 轴上, 双曲线的方程是什么?

⑤ 双曲线的 "定型" 与 "定量".

【探究】影响双曲线图象的因素是什么? (几何画板演示, 辅助理解)

椭圆标准方程中存在焦点在 x 轴与焦点在 y 轴两种情况, 类似地, 双曲线也可以根据焦点的位置分为 x 型和 y 型, 但值得注意的是, 椭圆是通过比较分母大小来 "定型", 而双曲线则是根据 x^2 和 y^2 系数的正负来 "定型".

通过对双曲线图象及标准方程的研究分析可知, 影响双曲线形状的主要是离心率 e 的变化, e 越大, 双曲线的开口越张阔, 反之则越扁狭, 即所谓的 "定量". 这两步就是确定双曲线标准方程的关键步骤.

(五) 练习巩固, 适当延展

1. 判断下列各双曲线方程的焦点所在坐标轴, 并求出 a,b,c 的值.

(1) $\dfrac{x^2}{25} - \dfrac{y^2}{16} = 1$; (2) $\dfrac{y^2}{25} - \dfrac{x^2}{16} = 1$; (3) $4x^2 - 9y^2 = 36$; (4) $4x^2 - 9y^2 = -36$.

2. 求满足下列条件的双曲线的标准方程:

(1) $a = 4, b = 3$; (2) 焦点为 $(0,-6)$ 和 $(0,6)$ 且经过点 $(2,-5)$.

3. 已知双曲线方程 $\dfrac{x^2}{2+m} - \dfrac{y^2}{m+1} = 1$, 求 m 的取值范围.

例题的练习与讲解能够引导学生利用双曲线标准方程的概念解决数学问题和发现概念在解决问题中的作用, 练习 1 从 (1) 到 (4) 层层递进, 符合学生的认知规律, 练习 2、练习 3 的设置渗透从特殊到一般的思想, 加深学生对概念的理解, 全面培养了学生的数学运算和逻辑推理的素养.

(六) 归纳小结, 提高认识

由师生共同完成课堂小结, 引导学生积极发言, 交流学习过程中的体会和收获, 并通过填写表格对本节内容进行反思、归纳、总结, 从而达到深化知识理解, 构建知识网络和领悟思想方法的目的 (表 10-1).

表 10-1　双曲线及其标准方程

双曲线定义	$\{M \mid \|MF_1\| - \|MF_2\| = 2a\}$, 其中 $\|F_1F_2\| > 2a$	
图象		
标准方程	$\dfrac{x^2}{a^2} - \dfrac{y^2}{b^2} = 1 (a>0, b>0)$	$\dfrac{y^2}{a^2} - \dfrac{x^2}{b^2} = 1 (a>0, b>0)$
焦点坐标	$F_1(-c,0), F_2(c,0)$	$F_1(0,-c), F_2(0,c)$
a,b,c 的关系	$c^2 = a^2 + b^2 (c>a>0, c>b>0)$	

【拓展】请同学们类比归纳椭圆标准方程和双曲线标准方程的区别和联系.

开放性的小结可以使不同层次的学生参与进来,有的同学对求曲线方程加以理性总结,厘清了双曲线标准方程的由来,抓住了核心概念;有的同学则谈到化简绝对值方程的方法;有的同学谈到整堂课渗透的数学思想方法——数形结合、类比、从特殊到一般等等,互相补充,相得益彰,形成了比较系统的总结,同时培养学生用数学眼光观察世界,用数学的语言表达世界的能力.

【教学设计说明】

1. 教材分析

从教材的编制上来说,北师大版与我国其他版本教材类似,即椭圆—抛物线—双曲线,令平面从不同角度截对顶圆锥引出圆锥曲线的概念,然后通过实践作图引导学生归纳定义,进而推导出其标准方程.

就圆锥曲线这部分内容来看,当前我国普通高中数学课程同时使用的多套教材的编制顺序和思路基本一致. 但在高考升学的压力下,教师在实际课堂教学中常常"无意间"拔高了教学难度,即将教学重点放在大量的综合题讲解和训练上,导致学生陷入了"繁重的计算"和"复杂的技巧训练"之中. 尤其学生本就对双曲线这种非封闭图形感到陌生,再加上双曲线的几何性质又是三种圆锥曲线中最多而且也是最复杂的,因此双曲线的综合运用教学就显得更为困难.

尽管现行的《普通高中数学课程标准 (2017 年版)》降低了对双曲线的难度要求,高考对双曲线的考查也集中在计算和技巧上,因此也让教师的教学重点转向椭圆,从而"轻视"了双曲线概念的教学. 教师基本上都是采用教材上给出的"拉链作图法"直接归纳出双曲线的第一定义,再类比椭圆标准方程的推导,引导学生自己将其双曲线的标准方程求出,但其重点只在于告诉学生"记住方程形式、相关概念以便解题",就好像双曲线只是椭圆的一种"变式",学习双曲线只是为了巩固在椭圆中所学到的解析几何方法.

因此,学生对双曲线的认知全部来源于解题技巧,对知识的生成与发展、区别与联系的认识涉及不深,缺少抽象概括及分析综合能力;学习方法还是停留在简单模仿、反复练习的"应试"层面;加上计算能力的短板约束,"畏难"情绪严重,学习动机严重不足.

2. 教学环节设计

(1) 双曲线的定义.

通过对圆锥曲线历史渊源的考查可以发现,圆锥曲线最初是源于古希腊人利用平面截圆锥所得的截线,如今教材中呈现的椭圆与双曲线的第一定义并不是它们的初始定义——截面定义. 那么问题自然而然就出现了: 截面定义是怎么发现的? 它与第一定义之间存在什么样的联系?

　　遵循发生教学法的理念, 概念的引入应遵循历史发生发展的顺序从最初起源开始. 然而现在的教材编排顺序以及教师的教学顺序都是类比椭圆的定义, 让学生探讨将 "之和" 变为 "之差", 再利用拉链作图法直接画出双曲线从而归纳出双曲线的定义. 这样的概念引入由类比椭圆定义的方式可以直接过渡到双曲线的第一定义, 而且也通过动手操作实践激发了学生探究知识的兴趣, 同时符合新课标的要求, 运用到一定的数学思想方法.

　　但是这种方式不利于学生理解双曲线的几何本质, 例如为什么是类比椭圆而不是类比抛物线的学习方式? 抛物线为什么能与椭圆、双曲线统称为圆锥曲线? 如果遵循数学史的发生顺序设计教学, 这些问题便可迎刃而解了.

　　因此, 本节课的教学设计采用发生教学法, 从生活中的双曲线入手, 重构历史, 借助丹德林双球模型开展学生探究、试验等一系列活动, 让学生经历从截面定义到轨迹定义、标准方程的推导等知识的发生发展过程 (图 10-11).

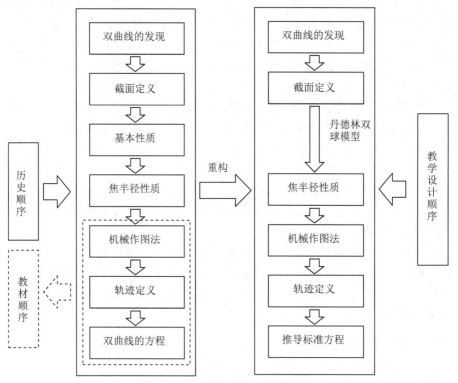

图 10-11　双曲线的历史及其重构

　　首先, 从几个现实生活中的具体情境引入双曲线的概念, 引导学生讨论之后, 教师将上述情境抽象为圆柱或圆锥被平面斜截后的截口形状问题, 由此引入课题,并介绍古希腊人对于双曲线的截面定义. 最初古希腊人发现椭圆、双曲线和抛物线本就是利用同一种方式 "截圆柱或圆锥", 而学生在学习圆锥曲线之前就已经学过立体几何, 具有了一定的空间想象能力, 因此也就具备了从立体图形发现 "立体轨迹" 的能力基础.

其次, 从双曲线的发现到其截面定义的过渡相对容易, 但从截面定义到基本性质、焦半径性质的过渡则相对困难. 由于发生教学法并不意味着要将数学史的全过程完全呈现给学生, 而是提取其中的某些关键阶段融入到教学中. 因此, 利用著名的 "丹德林双球模型" 可以让学生在现有的层次上, 完成从截面定义到焦半径性质、轨迹定义的过渡, 体会知识发展的过程.

(2) 双曲线的方程.

双曲线定义生成之后紧接着便是标准方程的推导, 现今教材基本上都是从第一定义出发, 类比椭圆方程 "建系—设点—列式—化简" 的过程推导双曲线的标准方程. 但在实际教学中, 化简过程形式复杂、计算量大, 很多教师往往省去中间步骤直接得出标准方程, 这样的处理方式不仅阻碍了学生数学运算素养的发展, 更是弱化了学生对圆锥曲线几何本质的理解, 忽视了解析几何方法的意义.

解析几何处理问题的本质就是将几何问题代数化, 即通过建立坐标系将几何问题转化为代数问题去求解, 这是数形转化的绝佳平台. 但在现阶段的高中数学解析几何教学中, 很多教师仅注重传授学生将几何问题转化为代数问题的方法, 很少去引导学生探究代数结果背后的几何意义, 这样的教学导致学生对数学思想方法的理解不到位. 教师应该让学生明白, 用解析几何思想处理研究具体问题, 必须具备两种本领: 一是化数为形, 二是由形逆数. 化数为形是指将代数问题转化为几何结构, 这样兼顾了问题的直观性; 由形逆数是指通过恰当建系将几何结构代数化, 使几何问题更具微观概括性.

本节课在推导双曲线标准方程的过程中, 让学生经历用解析法研究几何曲线的过程, 穿越历史洪流与笛卡尔、费马这两位 "解析几何之父" 产生思想上的共鸣, 感受解析法在解决几何问题时的巨大魅力; 同时在化简过程中体会代数式的几何意义, 从初始方程表示的是动点到两定点间距离之差, 到明晰双曲线的第二定义、准线及离心率含义, 最后得到标准方程这一过程, 让学生从 "数" 与 "形" 之间灵活转化的奥妙中体会数学思想.

3. 数学核心素养的落地与培养路径

数学思想方法是数学逻辑结构中一个特殊的、最重要的要素. 整个数学学科就是建立在这些思想方法基础上, 并按照这些思想方法发展起来的. 因此在数学教学过程中加强渗透数学思想方法的教学是培养学生数学核心素养的关键.

以往的双曲线教学中, 学生按照老师的要求直接模仿椭圆概念得出双曲线的概念、标准方程以及性质, 但是这样学生并不能真正理解双曲线的几何本质. 本节课引入了数学史料帮助学生 "重构" 双曲线的形成历史, 把握双曲线的几何性质, 从高站位角度鼓励学生体验理性思维的魅力, 增强学生对数学文化的认同感, 感悟具体数学知识所蕴含的思想方法, 关注所学数学内容与其他数学知识之间存在的逻辑关系.

同时, 双曲线标准方程的推导基本由学生来完成, 在此过程中教师只是充当引导者的角色, 让学生看到数学建构过程中的 "脚手架", 而不是现成品. 素养的提升需要过程, 需要积累, 需要交流和反思, 需要问题和情境, 这些都强调了 "经历""发现" 的重要性. 因此本节课让学生经历双曲线概念的形成过程, 经历由截面定义、轨迹定义到标准方程等阶段, 从 "做" 中 "学", 这一过程渗透着数形结合思想方法, 蕴含对直观想象和数学抽象素养的培养.

由于传统教学中无法呈现复杂的图形与图形转换的过程, 为了启发学生寻找表象之间的共性和区别, 对零散表象进行分析归类和精加工, 本节课采用几何画板演示, 帮助学生完成构建浅层表象之间的联系, 促使学生借助直观化的深层表象图形理解问题之间的关系. 同时, 借助几何画板动态演示, 让学生能够看到常数 a, b 的不同取值对双曲线图象形状的影响, 展示双曲线退化为线段的垂直平分线和两条射线的变化情况, 让学生认识到三种不同轨迹的内在联系, 从而使学生在 "变" 中知 "不变", 在 "动" 中觅 "定", 体会数学规律中的辩证哲学思想和数学文化思想.

通过上述案例, 笔者认为, 数学核心素养的培养应该寓于平时每一节课的教学过程之中, 寓于教学的每个环节的精心设计. 这种设计既要符合数学的发展规律和内在联系, 还要符合数学的研究规范, 更要符合学生的认知规律和心理倾向, 绝对不能让教师的 "权威" 替代了数学的理性, 数学中的 "规定" 不是那么随意的, 它需要有数学赋予的权利, 也要有现实的合理性, 还要符合数学内部的和谐一致.

第 11 章 信息技术与数学教育

《普通高中数学课程标准 (2017 年版 2020 年修订)》在其课程基本理念之高中数学教学观, 即 "把握数学本质, 启发思考, 改进教学" 的内容阐释中指出: "注重信息技术与数学课程的深度融合, 提高教学的实效性. 不断引导学生感悟数学的科学价值、应用价值、文化价值和审美价值." 可知, 现代信息技术的广泛应用正在对数学课程内容、数学教学方式、数学学习方式等方面产生深刻的影响, 信息技术与数学课程的深度融合, 根本目的是 "把握数学本质". 基于课程标准的这一理念, 本章在 "整合技术的学科教学法知识 (TPACK)" 这一理论框架的基础上, 构建了一个新的立体化的数学教育理论模型——T-TPACK 数学教育理论模型, 意在揭示 "整合技术的学科教学法知识 (TPACK)" 之根本目的在于促进学生数学思维的发展 (Thinking), 这就是新增的 T 的意义所在, 并探究各个因素对数学思维的影响及其发展, 并以 Geogebra 环境下椭圆及其标准方程的可视化教学设计为例, 探究 T-TPACK 数学教育理论模型在教学中的运用与实践.

11.1 T-TPACK 数学教育理论模型的建构①

11.1.1 整合技术的学科教学法知识——TPACK 模型

"整合技术的学科教学法知识" 这一理论框架被称作 TPCK 或者 TPACK 模型 (即 Technological Pedagogical and Content Knowledge 之首字母缩写), 如图 11-1 所示, 并且在舒尔曼的 PCK 知识结构基础上拓展了其定义, 增加了技术支持这一元素. TPACK 的结构框架包含了教师知识的七个成分, 分别是 TK, PK, CK, TCK, TPK, PCK, TPACK, 其含义如下:

(1) TK (Technological Knowledge): 技术知识, 例如使用博客和多样的移动装备等, 在教学中使用的计算机、投影仪、实验器具等, 教学设计中的 PPT, Word 等办公软件, 是教师必备的技术知识.

(2) PK (Pedagogical Knowledge): 一般教学法知识, 一般的教学策略, 包括定理、概念、定义的教学, 以及教案的设计等教学环节的安排, 是教师必须掌握的基本的教学方法.

---

① 谌鸿佳 (导师: 陈惠勇). T-TPACK 数学教育理论模型的建构——教育技术对数学思维的影响与发展研究 [D]. 南昌: 江西师范大学, 2014. (相关实证研究可也参考本文)

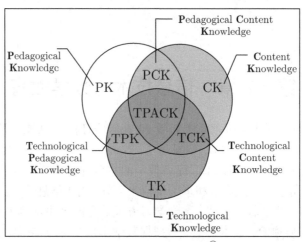

图 11-1 TPACK 模型[①]

(3) CK (Content Knowledge): 学科知识, 各个学科所需的教授给学生的知识, 例如理科教学中的定律、定义、概念、公式、定理等, 学生掌握这些学科知识是教学的主要目标, 同时也是教师必须具备的知识背景.

(4) TCK (Technological Content Knowledge): 整合技术的学科知识. 用技术知识来帮助呈现某一特定的学科知识, 但是这种复合的知识独立于教学法知识, 比如, 在数学课程内容 "函数" 的教学中, 用技术来展示函数的变化趋势这样可以认为是 TCK.

(5) TPK (Technological Pedagogical Knowledge): 整合技术的教学法知识. 各个学科的教学中利用技术来帮助教学的过程, 是技术与教学法知识的结合, 这种整合的教学法知识与其说是针对某一特定学科的教学, 不如说是适用于所有的学科教学法知识, 如利用互联网环境下的课堂讨论教学, 即用电脑支持下的学习环境 (CSCL 教学环境).

(6) PCK (Pedagogical Content Knowledge): 学科教学法知识. 这种知识是为了使学生经历一种完整的教学经过, 从而让他们能够理解和掌握学科的知识.

(7) TPACK (Technological Pedagogical Content Knowledge): 对于 TPACK 的定义尚有争论, 一种是认为 TPACK 是 PCK 的扩充, 就是在舒尔曼的 PCK 理论上加入技术这一元素; 另一种是认为是三种基本元素的交叉结合 (TK,CK,PK), TPACK 是为了强化学生在学习某一学科时帮助学生探寻和学习的现象, 是一种技术与学科知识和教学法知识的融合, 旨在让学生经历某种学习的过程, 更好地

① Angeli C, Valanides N. Epistemological and methodological issues for the conceptualization, development, and assessment of ICT-TPCK: advances in technological pedagogical content knowledge (TPCK). Computers & Education, 2009, 52(1): 154-168.

理解需要掌握的内容. 因此, 对于 TPACK 的理解, 我们更倾向于第二种解释.

在 TPACK 基本结构中, TK,CK,PK 被划分为核心成分, 而 TPK,TCK,PCK 是复合元素, 最后由三个复合元素整合形成 TPACK 概念. 技术知识、学科知识、教学法知识作为教师必备的三种知识, 是教师专业化发展的基础, 在技术环境下衍生出的 TPK, TCK, PCK 知识是技术与知识、技术与教学法整合的结果, 因此三个核心成分并不是孤立的, 而是相互作用下形成的知识结构, 教师的 TPACK 不仅受自身的学科知识影响, 还受到教师的经验、教学环境等因素的影响.

11.1.2 T-TPACK 数学教育理论模型的建构

TPACK 模型的提出, 完善了教师的教学法知识、学科内容知识与技术知识的有效整合. 但已有研究表明, 国内外对于具体的学科教育, 如数学教育而言, TPACK 的相关研究有如下的不足: 一是数学教师是如何来利用技术进行课堂教学的? 二是数学教师的 TPACK 知识结构是如何影响学生的数学知识结构的, 以及如何影响学生的数学思维的发展? 三是技术融入教学中, 会引起学生的学习方式与思维怎样的变化? 这些都是亟待研究和解决的.

众所周知, 数学是思维的科学, 而对数学教学本质而言是数学思维活动的教学, 在信息技术环境下, 教育技术对数学思维有何影响? 哪些因素对数学思维产生影响? 它们是如何影响的? 对数学思维的发展有何作用? 在教学过程中我们如何对这些因素进行有效的控制? 基于课程标准的基本理念和 TPACK 理论模型, 我们提出一种新的数学教育技术模式, 探究信息技术如何对数学思维发生过程产生影响, 如何让抽象的知识形象表征, 特别是如何将抽象的数学知识转化为直观的可视化的教育形态, 从而促进学生数学思维的发展, 提出了 "整合技术的学科教学法知识, 促进数学思维发展" 这一数学教育理论模型, 即 "思维—技术—教学方法—知识内容" (T-TPACK) 模式, 其宗旨是揭示数学本质促进数学思维发展.

所谓 T-TPACK 模式 ("Thinking-Technological Pedagogical and Content Knowledge" 首字母的缩写) 是以数学教师的 TPACK 知识结构为基础, 将学生的数学思维与教师的 TPACK 通过技术手段进行深度融合, 其根本宗旨是利用信息技术手段揭示数学的本质, 促进学生数学思维的发展.

(一) T-TPACK 模型的系统构成及其内涵

T-TPACK 知识框架模式如图 11-2 所示.

在 "T-TPACK" 数学教育理论框架下, 我们突出了数学思维的核心地位, 因为数学是思维的学科, 数学思维是数学活动中的思维, 是人脑和数学对象交互作用并按照一般思维规律认识数学内容的内在理性活动, 它在发展和培养学生数学思维能力的数学教育教学活动中居于首要的和核心的地位.

在以发展数学思维为核心的终极目标下, 教育技术、教学方法、数学知识三元素相互作用, 共同构建 T-TPACK 的三个基, 这三个基础元素相互制约和联系, 又同时对数学思维产生影响. 因此我们同时提出 12 个关系化联系.

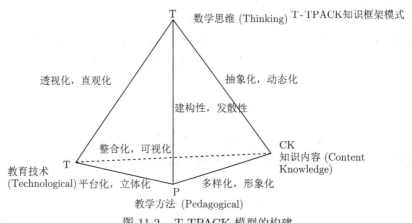

图 11-2　T-TPACK 模型的构建

在这 12 个关系化联系中, 同时又分两种联系: (1) 基础化关系; (2) 发展化关系.

基础化关系中有三组: (1) 整合化, 可视化; (2) 平台化, 立体化; (3) 多样化, 形象化.

整合化, 可视化: 可视化是指教育技术将数学知识的抽象表征转化为形象表征, 特别是几何表征下的代数概念理解, 即**可视化**关系; **整合化**是指将这些几何表征和直观材料整合起来, 帮助学生理解数学的抽象性概念.

平台化, 立体化: **平台化**是指教育技术不应当作为一种辅助性的工具被应用到数学教学中, 这样只能沦为一个次要的地位, 应该建立一种信息技术的平台可以将课程的内容展示在计算机模型上, 同时课程的内容能够借助计算机的可视化达到很好的效果. **立体化**是指教师的教学手段不再是黑板二维平面, 在借助计算机模型的情况下, 编制课件, 帮助学生借助模型理解数学概念, 这样的教学是立体的.

多样化, 形象化: 在前者提到的立体化中, 说明教师可以根据教学的需要, 选取合适的模型和课件, 或者通过类似网络课堂的模式将教学手段尽量多样化, 满足现在不同的学习需要, 即**多样化**. **形象化**是将数学知识转化为形象的图象或者其他的表征形态, 让学生便于理解.

在发展化关系中, 也有三种: (1) 透视化, 直观化; (2) 建构性, 发散性; (3) 抽象化, 动态化.

透视化, 直观化: 在教育技术平台下, 几何教学的**透视化**, 可以将几何图形元素之间的关系全部呈现在学生面前. **直观化**是指学生数学思维能力的培养需要利用教育技术将几何图象转变为计算机模型展现出来, 强调学生自己动手利用材料制作模型, 在这一过程中培养直观化思维.

建构性, 发散性: 建构性是指在教师的帮助下, 根据学生的知识背景, 采取合适的教学策略, 发展新的知识结构 (**建构主义**), 而发散性是指在教学方法中要体现引导学生**发散性**的思考问题, 培养发散思维的能力.

抽象化, 动态化: 将形象的知识形态呈现给学生之后, 需要学生在这基础上概括知识, 培养他们的概括能力, 即**抽象化**的概括. 同时我们要让计算机模型展现一个**动态**的数学变化过程, 让学生体会数学不是静止的学科.

基于上述分析, 与国际上提出的 TPACK 及其衍生出的三种知识内容 (技术教学法知识 TPK, 技术内容知识 TCK, 教学内容知识 PCK) 结构模式相类似, 我们提出**三种数学思维教学发展模式——技术教学与思维发展模式 T-TP, 知识教学与思维发展模式 T-PCK, 知识技术与思维发展模式 T-TCK** (图 11-3):

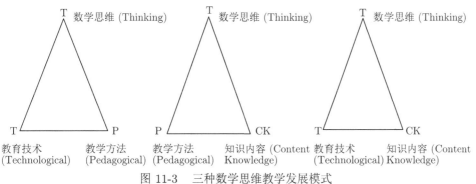

图 11-3　三种数学思维教学发展模式

因此, 我们所构建的 T-TPACK 模型是立体化的, 由点 (思维 T, 技术 T, 方法 P, 知识 K)、线 (十二种关系化联系)、面 (三个思维发展模型) 构成的, 它符合于信息技术环境下对数学教育本质的要求, 也是与课程标准的 "把握数学本质, 启发思考, 改进教学" 的理念高度一致的.

(二) T-TPACK 模型下教师 TPACK 与学生思维水平分析方案

T-TPACK 模型下, 从结构上来划分, 主要分为两个基本结构, 一是数学教师的 TPACK 知识结构, 另一个是学生的思维结构. 以数学教师的 TPACK 的知识结构为基础, 探究学生数学思维是如何受到教师的 TPACK 知识结构影响的, 进而教师利用信息技术来促进学生的数学思维发展. 具体关系如图 11-4 所示.

(1) T-TPACK 下教师 TPACK 知识结构理论分析.

什么才是数学教师的 TPACK 知识结构? 在 T-TPACK 知识结构中, 数学教师的 TPACK 结构对于学生的数学思维有何作用?

图 11-4   教师的 TPACK 知识结构与学生数学思维发展

对于第一个问题, Mishra 和 Koehler 已经绘出了相应的图表来阐述教师的
TPACK 知识结构各组成元素之间的影响, 如图 11-5 所示.

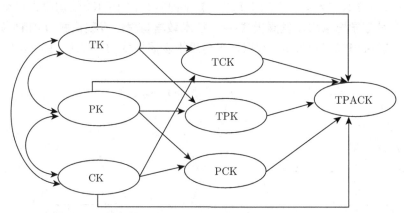

图 11-5   教师的 TPACK 知识结构各组成元素之间的影响

舒尔曼所描述的 PCK 与 TPACK 中的 PK, CK 是截然不同的知识结构, 从
Mishra 和 Koehler 的图表中可以看出, PCK 不能被联想为与 TK,CK,PK 没有关
系的中间产物. 因此 PCK, TCK, TPK 认为是一种内因性的, 直接作用于 TPACK
的中间产物.

对于第二个问题, 我们利用 T-TPACK 模型进行说明, 数学教师主要通过**技
术教学与思维发展模式 T-TP, 知识教学与思维发展模式 T-PCK, 知识技术与
思维发展模式 T-TCK,** 这三种知识结构对学生的数学思维进行影响与发展.

(2) T-TPACK 下学生数学思维水平分析方案.

T-TPACK 下学生数学思维的影响和发展, 主要是依据教师的 TPACK 知识
结构来进行分析, 即教师如何在信息技术环境下来设计课程, 促进学生提高数学
思维水平, 也就是在 "技术教学与思维发展模式 T-TP, 知识教学与思维发展模式
T-PCK, 知识技术与思维发展模式 T-TCK" 三种下, 分别探究对于学生数学思维
(Thinking) 的影响与发展, 主要采用前后对比的实验方式进行分析.

11.2 Geogebra 环境下 "椭圆概念的探究" 的可视化教学设计案例[①]

(一) 内容和内容解析

本节课选自人教 A 版选修 2-1 第二章第二节椭圆, 是在学生学习了椭圆的有关知识, 包括椭圆的定义、椭圆的标准方程以及椭圆的几何性质之后进行的, 其主要内容是利用椭圆的定义探究圆柱面被平面所截, 截口曲线为什么是椭圆.

圆锥曲线是高中数学课程的重要内容, 也是高考数学的热点和难点之一. 椭圆通常是学生系统学习圆锥曲线的开始, 其概念引入和方程推导体现了解析几何的基本思想——坐标的观念以及曲线与方程的思想. 教材中利用了两根钉子、一根绳、一支铅笔给出椭圆的画法, 让学生观察从中抽象出椭圆的定义, 然后推导椭圆的方程, 再在此基础上研究椭圆的几何性质.

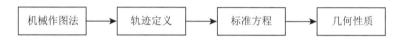

尽管这样的处理方式相当简洁, 且符合知识的逻辑体系, 但是从发生教学法的思想看来, 这样的处理方式存在以下缺陷: 一是没有交代我们为何研究椭圆, 无法激起学生的学习动机; 二是没有建立在学生已有的知识基础上, 引入比较突兀, 学生几乎未能感受到椭圆知识的形成过程.

当一个概念产生的历史顺序与知识本身的逻辑顺序矛盾时, 教材以概念的逻辑顺序为主, 符合知识的编排体系, 为了尊重教材, 在椭圆概念的教学时我们还是采用了课本上的处理方式. 而本节课是基于学生已经学完了椭圆相关知识的基础上, 进行的一堂椭圆定义的拓展课, 在教学时遵循概念的历史发展顺序, 结合现在的知识体系, 重构历史, 在学生已有的知识基础上, 激发学生的学习动机, 促进概念的深刻理解, 符合弗赖登塔尔提出的数学的 "再创造" 思想.

本节学习内容蕴含丰富的数学思想, 如 "将 $|PF_1|$, $|PF_2|$ 转化为另外两条长度之和为定值的线段来分别代替" 等数学思想. 椭圆是一种基本的圆锥曲线, 通常是学习圆锥曲线的开端, 以 "概念定义—标准方程—性质" 的思路展开, 为后继双曲线, 抛物线的学习奠定基础.

(二) 学情分析

(1) 学生的起点能力分析.

学生已有的认知基础是他们日常生活中熟悉的具体椭圆的直观形象和椭圆的

① 黄中 (导师: 陈惠勇). Geogebra 环境下数学可视化教学案例探究——以圆锥曲线与方程为例 [D]. 南昌: 江西师范大学, 2018.

相关知识, 包括椭圆的定义、椭圆的标准方程以及几何性质等基础知识 (学生的数学现实), 这为学生进一步学习数学家丹德林提出的椭圆定义的研究方法等新知识奠定了基础. 学生学习的困难在于如何找到两个定点, 以及解决定长是什么这一问题.

(2) 学习行为分析.

本节课安排在学生学习完椭圆有关知识之后进行, 课堂上学生借助已经学过的椭圆定义, 通过实验感知、模型观察、探究验证, 在一个具体的数学问题情境中验证截口曲线为什么是椭圆, 并在教师的指导下, 通过动手操作、观察分析、相互讨论等活动, 切身感受椭圆知识的形成过程, 并通过找定点, 探定长两大关键步骤, 从数学的角度来验证其正确性, 体会蕴涵在其中的思想方法. 通过历史上椭圆知识的发生发展过程, 使学生进一步加深对椭圆定义的理解.

(三) 教学目标——"四基" 和 "四能"

(1) 基础知识: 了解椭圆的历史背景, 通过观察模拟树干据歪所得的截口曲线, 思考截口曲线为什么是椭圆, 加深学生对椭圆定义的进一步理解;

(2) 基本技能: 掌握椭圆的定义, 了解焦点、焦距的几何意义, 可以根据椭圆的几何定义推导出椭圆标准方程.

(3) 基本思想: 通过对截口曲线为什么是椭圆的探究, 初步培养学生的数学抽象和直观想象等核心素养, 并在探究过程中, 体会和领悟数学的思想方法;

(4) 基本活动经验: 通过对椭圆的发生发展历史的探究, 感受数学家的思想和方法, 在 "再创造" 的过程中, 养成主动探究的习惯和科学精神, 提高学习数学的热情, 提高发现和提出问题的能力, 以及分析和解决的能力. 感受数学文化的魅力, 培养学生对数学的兴趣.

(四) 教学重难点

教学重点: 借助椭圆定义说明为什么截口曲线是椭圆.

教学难点: 如何找到两个定点, 以及探究定长究竟是什么, 体会探究过程中所包含的数学转化思想.

(五) 教学过程分析

运用 PPT 投影展示生活中的椭圆图形, 如图 11-6 所示, 并提出问题.

问题 1: PPT 上显示的几幅图, 大家知道是什么图形吗? 你还能举出生活中类似的例子吗?

预设学生活动: 椭圆, 椭圆镜子、盘子, 篮球在阳光下的投影等.

在古希腊时期, 人们就认识到椭圆这种图形, 那时人们通过用平面去截立体圆锥的倒椭圆, 运用 GGB (Geogebra) 展示这一过程.

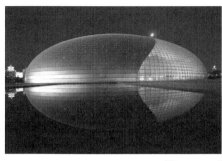 

图 11-6 生活中的椭圆

拖动滑杆 α 展示不同角度截面截圆锥得到的图形, 分别为圆、椭圆、抛物线、双曲线, 人们将这些曲线统称为圆锥曲线 (图 11-7).

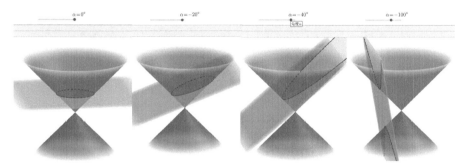

图 11-7 平面截立体圆锥

设计意图: 利用 GGB 软件将古希腊人们认识圆锥曲线的过程可视化, 展示三种曲线的起源, 让学生对本章内容有一个直观的了解和形成完整的知识体系.

问题 2: 历史上的椭圆与我们生活中的椭圆是否一样, 它们之间又有什么联系?

教师向学生展示改良后的丹德林双球模型, 将圆锥内两个半径不相等的双球改成圆柱内两半径相等的双球, 圆柱内放置两个半径与圆柱底面半径相等的球, 一平面与两球相切, 如图 11-8 所示.

设计意图: 根据弗赖登塔尔的再创造原理, 我们不能将历史不加修改地完全复制, 而是重构历史, 让学生在已有的知识基础上, 体会知识发生发展的重要阶段. 因此, 为了减少学生空间认知负荷, 选用改良的丹德林双球模型实现古希腊的截面定义过渡到现在的椭圆第一定义. 将丹德林双球模型的这一历史进行重构和可视化, 让学生去经历这 "再创造" 的数学活动, 激发他们的好奇心, 与同学开展交流与合作, 让学生在实践中发现、理解和创造数学.

问题 3: 平面与圆柱相交, 截面会是什么图形?——探究 1: 找定点

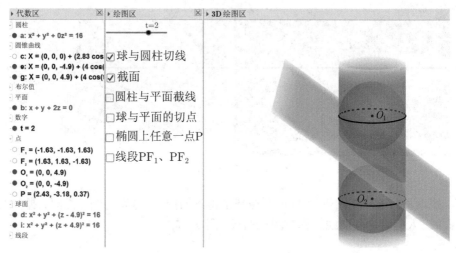

图 11-8　丹德林双球椭圆模型

根据图形, 学生很容易回答截面形状为椭圆, 这时教师单击复选框 (圆柱与平面截线) 将截面形状与球的切点显示出来, 如图 11-9 所示.

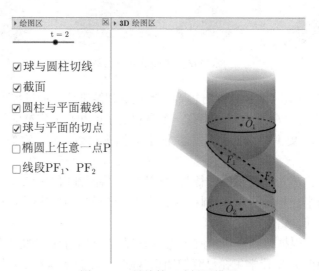

图 11-9　丹德林双球椭圆模型

教师在椭圆截线上任取一点 P, 过点 P 做圆柱的母线交上面的球 O_1 为点 A, 并且连接 PA, 将线段标记为蓝色, 为了清晰可见, 教师可以把截面隐藏起来, 如图 11-10 所示.

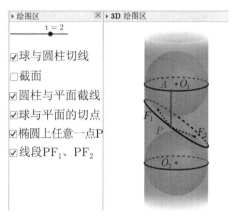

图 11-10 丹德林双球椭圆模型

问题 4: 线段 PA 与线段 PF_1 数量上会满足什么关系?——探究 2: 探定长

学生可能一时观察不出它们的等量关系, 或者有学生猜测它们相等, 这时教师可以适当引导, 过球外一点做球的切线会有多少条? 这些切线之间有什么关系? 并展示球面的切线模型, 如图 11-11 所示.

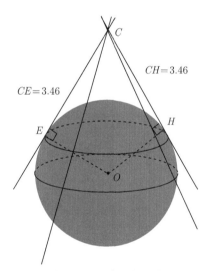

图 11-11 球面的切线

过点 C 作球的切线, 可以发现有无数条切线, E, H 为两个切点, 类比圆的切线定义, 这两条切线长应该相等, 通过 GGB 的距离测量工具发现这些切线的长度确实相等. 由此学生也可以顺利地在丹德林模型中得出, PA 和 PF_1 分别为球的两条切线, 所以它们长度相等. 同理过 P 点做圆柱的母线交下面球于点 B, 连接 PB, 那么 PF_2 与 PB 的长度也相等. 如图 11-12 所示.

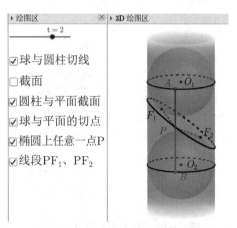

图 11-12　丹德林双球椭圆模型

问题 5: 当点 P 在截线 (椭圆) 上运动时, 这些线段的长度会发生改变吗? 在这些改变中哪些量是不变的?

经过思考, 有些能力好的学生会观察出 AB 之间的距离始终不变, 然后根据球的切线长相等得出点 P 到两个定点的距离 PF_1 与 PF_2 之和不变并且等于 AB 之间的距离, 但大部分学生会持怀疑态度, 这时教师可以启动 P 点的动画, 让学生观察数据的变化, 如图 11-13 所示.

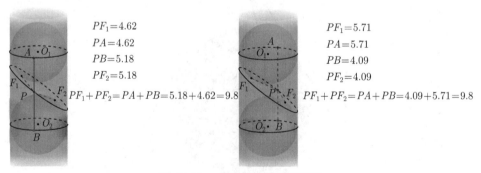

图 11-13　丹德林双球椭圆模型

通过上述动态过程的演示, 学生对椭圆上的点都满足 "到两个切点 F_1, F_2 的距离之和等于一个定值" 这一概念有了一个直观的了解, 这时教师可以引导学生自己概括椭圆的定义, 学生发表自己的看法后由教师归纳: **平面上一动点到两定点之间的距离之和为定值点的轨迹为椭圆, 点 F_1, F_2 为椭圆的两个焦点, 两焦点之间的距离为焦距.**

接着教师为学生展示平面上绘制椭圆的方法.

如图 11-14 所示, 以 F_1 为圆心, 线段 AB 的长度为半径画圆, 取圆上任意一点 C, 连接 CF_1, CF_2, 作线段 CF_2 的垂直平分线交线段 CF_1 与点 P.

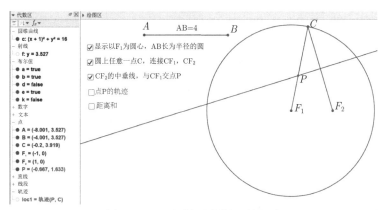

图 11-14　平面上绘制椭圆的方法

问题 6: 当点 C 在圆上运动时, 点 P 的轨迹是什么图形?

根据前面由丹德林双球模型得到的椭圆定义, 学生不难得出, 点 P 的轨迹为椭圆. 教师可以开启点 C 的动画, 追踪点 P 的轨迹, 在这个变化的过程中, 学生也能很好地发现 PF_1 与 PF_2 的距离之和一直不变, 即为常数并等于圆的半径, 如图 11-15 所示.

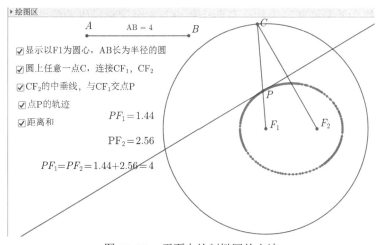

图 11-15　平面上绘制椭圆的方法

设计意图: 通过丹德林双球模型, 让学生对椭圆的定义 (即几何本质) 有一个直观的了解, 为椭圆标准方程的推导以及在平面上绘制椭圆的图形, 提供了一个可视化的方法和途径, 相比较传统教材中直接给出椭圆定义的教学方法, 显得更为自然和直观.

教师利用 GGB 的距离测量工具测量焦点 F_1, F_2 之间的距离, 学生发现焦距小于距离之和, 即 $|F_1F_2| < |PF_1| + |PF_2|$.

问题 7: 为什么 F_1, F_2 之间的距离会小于 PF_1 与 PF_2 的距离之和? 如果等于, 那么点 P 的轨迹会是什么? 如果大于的话, 轨迹又会是什么呢?

通过对这一问题的思考, 学生会发现之前给的椭圆定义会有缺陷的地方, 未强调 F_1, F_2 之间的距离会小于 PF_1 与 PF_2 的距离之和, 如果等于 PF_1 与 PF_2 的距离之和, 轨迹会变成线段 $|F_1F_2|$, 如果大于, 轨迹会不存在. 这时教师给出课本上椭圆的完整定义, 即:

我们把平面内到两个定点 F_1, F_2 的距离之和等于常数 (大于 $|F_1F_2|$) 的点的集合叫做椭圆, 两定点 F_1, F_2 为椭圆的焦点, 其距离为焦距用 $2c$ 表示, 距离之和常数用 $2a$ 表示, 并用符号语言表示为: $\{P \,|\, |PF_1| + |PF_2| = 2a\,(2a > |F_1F_2| = 2c)\}$.

(六) 小结与反思

本节课是在 T-TPACK 数学教育理论模式理念指导下的一节探究课, 注重利用信息技术手段揭示数学的本质, 促进学生数学思维的发展这一理念, 与传统的教学模式相比, 更注重了知识的发生发展过程, 体现了信息技术与数学课程内容的深度融合.

传统椭圆教学课堂通过一段细绳、两个图钉将椭圆画出来, 接着教师给出椭圆的定义, 这样虽然培养了学生的动手能力, 但是学生仍然会有疑惑, 这样画出来的图形为什么就是椭圆? 为什么有两个焦点? 本节课将圆锥曲线的起源介绍给学生, 接着将丹德林双球模型形成椭圆的过程可视化, 在动态的过程中总结出椭圆的定义, 球与平面的切点即为焦点, 这样焦点的出现就不会突兀, 也更容易理解, 接着利用 GGB 呈现平面上动态绘制椭圆的过程, 加深学生对椭圆定义的理解并完善椭圆定义. 通过这样一个 “再创造” 的可视化过程, 学生在这过程中可以像数学家一样去理解数学、做数学, 学生不仅可以获得数学的知识 (基础知识和基本技能), 还能感受到数学的思想方法和观念 (基本思想), 积累基本活动经验, 从而在真正意义上落实 “四基”, 培养 “四能”.

第 12 章 数学核心素养如何落地?——初中数学 "三角形的边" 的设计与实施*

摘要: 随着数学课程改革的深入推进, 数学课程理念经历了从素质到核心素养的深刻变革. 数学教学如何立德树人? 如何落实数学核心素养? 本案例通过对全国青年数学教师优秀课评比一等奖获得者 Z 老师的一节具有创新意义的平面几何课例的分析, 展示了几何学领域的教学设计与实施的过程, 为理解几何学教学的设计与组织、数学教学如何立德树人、数学核心素养如何落地提供了一个范例. 从 Z 老师的教学实践与课后反思中, 表现出 Z 老师对数学学科内容本质的理解、对学情的把握, 进而在创设问题情境、组织深度探究和揭示数学本质等主要教学环节进行了深刻理解与精心安排. 本案例的分析与讨论, 为初中数学 "平面几何" 领域的教学设计提供有价值的思考路径与实施策略.

关键词: 初中数学; 三角形的边; 教学设计; 核心素养落实

Teaching Design and Implementation of "the Edge of Triangle" in Junior School Mathematics

Abstract: With the deepening reform of mathematics curriculum, the concept of mathematics curriculum has undergone profoundly changes from the quality to the core literacy. How does mathematics teaching to implement the moral education and the core literacy of mathematics? By analysis of Z's teaching case, who won the first prize winner of the national excellent young teachers of mathematics class competition, it gives an useful teaching section of innovative design of the teaching of plane geometry. This case shows us that how to design and how to implementation process in the field of the geometry teaching, and how to understand the geometry teaching design and organization. The case provides an example of how does the mathematics teaching implementation moral

---

* 本章选自 "中国专业学位教学案例中心" 案例库之教学案例, 案例作者: 陈惠勇, 张竹华, 陈莉红. 案例名称: 数学核心素养如何落地?——初中数学 "三角形的边" 的设计与实施. 案例编号: 201904510095 (教育部学位与研究生教育发展中心, 全国教育专业学位研究生教育指导委员会, 2019.11.10).

education and the core literacy. Through analysis Z's teaching practice and after-class reflection, it presents Z's understanding of the essence subject content, the grasping of the students' learning, the presenting of problem situation, the deep exploring and the analyzing of content. The analysis and discussion of this case provide valuable thinking path and implementation strategy for teaching design in the fields of "plane geometry" in junior school mathematics.

Key words: Junior school mathematics, the edge of triangle, instructional design, implementation of the core literacy of mathematics.

背 景 信 息

随着数学课程改革的深入推进, 数学课程的基本理念经历了从素质到核心素养的深刻变革. 几何学的教学理念也经历着同样的演变. 《义务教育数学课程标准 (2011 年版)》明确提出了培养 "空间观念和几何直观" 素养的要求. 《普通高中数学课程标准 (2017 年版)》指出: "数学学科核心素养是数学课程目标的集中体现, 是具有数学基本特征的思维品质、关键能力以及情感、态度与价值观的综合体现, 是在数学学习和应用的过程中逐步形成和发展的."①

众所周知, 几何学是研究现实世界中物体的形状、大小与位置关系的数学学科. 人们通常采用直观感知、操作确认、思辨论证、度量计算等方法认识和探索几何图形及其性质. 就初中阶段几何学的教学而言, 其关键能力就是 "空间观念与几何直观".

对于 "空间观念" 和 "几何直观", 义务教育数学课程标准界定如下: "空间观念主要是指根据物体特征抽象出几何图形, 根据几何图形想象出所描述的实际物体; 想象出物体的方位和相互之间的位置关系; 描述图形的运动和变化; 依据语言的描述画出图形等." "几何直观主要是指利用图形描述和分析问题. 借助几何直观可以把复杂的数学问题变得简明、形象, 有助于探索解决问题的思路, 预测结果. 几何直观可以帮助学生直观地理解数学, 在整个数学学习过程中都发挥着重要作用." 这表明义务教育阶段学生几何思维水平发展仍处于直观水平和描述水平阶段.

相应于几何思维水平发展的阶段性, 几何学的教学也是具有阶段性和层次性的. 正因为如此, 《义务教育数学课程标准 (2011 年版)》在课程目标的设定上也遵循着这种阶段性和层次性. 对于义务教育阶段的第一学段 (1~3 年级), 主要是培养学生 "经历从实际物体中抽象出简单几何体和平面图形的过程, 了解一些简

---

① 中华人民共和国教育部. 普通高中数学课程标准 (2017 年版)[M]. 北京: 人民教育出版社, 2018.

单几何体和常见的平面图形; 感受平移、旋转、轴对称现象; 认识物体的相对位置. 掌握初步的测量、识图和画图的技能". 这表现出 "整体地认识几何对象" 的思维水平, 也就是范希尔所说的 "直观水平" 阶段. 第二学段 (4~6 年级) 则要求 "探索一些图形的形状、大小和位置关系, 了解一些几何体和平面图形的基本特征; 体验简单图形的运动过程, 能在方格纸上画出简单图形运动后的图形, 了解确定物体位置的一些基本方法; 掌握测量、识图和画图的基本方法". 而第三学段 (7~9 年级) 则要求学生 "在研究图形性质和运动、确定物体位置等过程中, 进一步发展空间观念; 经历借助图形思考问题的过程, 初步建立几何直观". 这表明第二、三学段已经体现出对学生几何思维水平要求从 "整体认识几何对象" 到 "通过几何性质认识几何对象" 这样一种阶段, 也就是经历由 "直观水平" 到 "描述水平" 的跃迁.

从课程与教学的视角分析, 就几何学的教学而言, 义务教育阶段将学生发展核心素养定位在 "空间观念" 和 "几何直观", 这是适合于学生思维品质和关键能力发展水平的阶段性和层次性的, 也是几何学的教学必须遵循的思维发展的必然规律.

案例 "三角形的边", 选自 Z 老师参加 "第十届初中青年数学教师优秀课展示与培训活动"(2017 年 12 月 9 日, 广西, 桂林) 中的展示课. Z 老师 2008 年 7 月毕业于西南大学数学与应用数学专业, 现为江西省上饶县罗桥中学 (第七中学分校) 数学教师, 教研组组长. 2016 年 7 月起在江西师范大学在职攻读数学教育硕士学位. Z 老师凭借着自己对数学和数学教育的热爱, 努力探索出基于数学核心素养落实、"立德树人"、深受学生喜爱的数学课堂, 在近十年的数学教育实践中, 取得了优异的教学成绩.

本案例以初中数学 "三角形的边" 内容作为主题. 学生在对三角形已有感性认识的基础上, 经历从现实世界中抽象出几何模型的过程, 科学地认识三角形的概念、基本要素及表示方法, 进一步深化理解三角形的组成特征, 加深学生对三角形的认识. 初步体验 "直观感知、操作确认、思辨论证、度量计算等方法认识和探索几何图形及其性质" 这一数学思想和方法. 落实 "空间观念和几何直观" 核心素养, 同时体现 "立德树人" 的育人理念.

案 例 正 文

一、"三角形的边" 教与学分析

对于数学的教与学, Z 老师始终秉承 "三个理解" 的数学教育理念——理解数学、理解教学、理解学生. 因此, 对于《三角形的边》这节课, Z 老师分别从内容和内容解析、目标和目标解析、学情和条件分析、教学过程设计、教学反思五个方面阐述她对本节课的教学设计与实施情况.

(一) 内容和内容解析

本节内容是人教版数学八年级上册第十一章《三角形》第一节第一课时的知识. 主要是进一步严格定义三角形的概念, 进而研究三角形的分类及三边关系, 同时渗透分类讨论和方程等数学思想. 意在让学生在对三角形已有的感性认识的基础上, 经历从现实世界中抽象出几何模型的过程, 科学地认识三角形的概念、基本要素及表示方法, 进一步深化理解三角形的组成特征, 加深学生对三角形的认识. 通过探究三角形三边之间的关系, 体现数学来源于现实又应用于现实的重要思想, 这是对三角形认识的深化. 也是今后继续系统探究三角形全等, 三角形相似及学习三角形与四边形和其他多边形的联系与区别等知识的基础. 通过本节课的教学, 能让学生初步体验数学当中分类讨论和转化的思想; 对提高学生 "从数学角度发现和提出问题的能力、分析和解决问题的能力" 有着重要的教育价值和作用.

这节课的内容既是小学三角形知识的回顾和延伸, 又是后面学习三角形性质的基础, 具有承上启下的作用.

(二) 目标和目标解析

根据新课程理念 "人人都能获得良好的数学教育, 不同的人在数学上得到不同的发展" Z 老师确定如下教学目标:

1. 通过 "摆小棒" 活动, 了解三角形的定义; 借助自制教具, 感受、理解三角形按边分类的情况; 经历从直观到抽象的过程, 掌握三角形的三边关系.

2. 通过小组合作的形式引导学生进一步归纳三角形的三边关系; 通过几何画板软件演示, 培养学生在参与观察、猜想、实验、证明等数学活动中, 发展合情推理和演绎推理能力; 通过小组展示, 培养学生用数学语言的表达能力, 清晰地表达自己的想法; 通过问题解决方法的多样性, 发展创新意识, 体会分类讨论和方程基本思想和思维方式.

3. 通过创设 "草坪被踩出一条小路""行人横穿马路酿悲剧" 两个真实生活情境, 树立学生 "文明、安全" 等意识, 渗透 "立德树人" 的教育理念.

基于对教材的理解, 对学情的认识, 确定本节课的教学重点为: 对三角形概念的理解与辨析, 三角形分类过程中数学思想方法的渗透, 三角形三边关系的探究与归纳.

难点是: 三角形定义中 "首尾顺次相接" 的理解和三角形三边关系的探究及表达.

(三) 学生学情分析

这节课上课的学生是八年级初始阶段, 学生具有如下特点: 第一, 思维严密性欠缺; 第二, 使用规范的数学语言表达欠缺; 第三, 解题中应用分类讨论和方程思想方法比较欠缺等. 同时, 因为是借班上课, Z 老师临时把全班 63 位同学随机分成 8 组, 为课堂探究活动的实施做好准备.

通过学生学情的分析,我们可以发现对本节课来说,有利因素是:从知识角度看,学生已经接触过三角形 (如三角形的内角和、面积等),这为本节课的学习奠定了基础;从认知能力角度看,学生具备了一定的分析问题和解决问题的能力.

不利因素是:从知识角度看,三角形三边关系的应用难度较大,对学习本节课的内容带来了困难;从认知能力角度看,由于年龄、心理特点,初二的学生思维尽管活跃、敏捷,但缺乏冷静、深刻,因而不够严谨,缺乏全面分析问题的能力.这个阶段的学生语言表达不规范,大多只会感性认识,理性表达比较困难,而理解三角形的三边关系是本节课的重点之一.

基于此,本节课设计小组合作"拼小棒"的活动,通过团队合作培养学生清晰表达自己想法的能力.合作和展示环节既直观又形象,从中能够得出"两边之和大于第三边"的结论,但如何熟练灵活地运用这个结论,判断三条线段能否构成三角形是数学严谨性的一个体现,同时考查学生独立思考问题的能力.

"两边之和大于第三边"指的是"任意两边的和"都"大于第三边",而学生的错误就在于以偏概全,只判断其中的一两条.为此,在教学设计中引导学生思考这样的问题:能否不用判断三个不等式就能准确地得出结论,也就是说有没有更简单的判断方法呢?预计很多学生就会发现:只需判断较小两条线段的和与第三条线段的大小关系即可.这样就为此结论的应用提供简单而又准确的判断方法.

这节课通过实践操作的活动设计,帮助学生建立由小学的直观 (感受) 到中学的抽象 (想象) 思维.容易出错的另一知识点是:等腰三角形的"一边"指的是"腰"或"底",学生往往只考虑其中的一种,这种分类讨论的思想在解题中的应用也是学生感到困难的地方,在教学过程例题变式题第 2 小题将解决困惑.

(四) 教学支持条件分析

为了能更好地激发学生的学习兴趣,引发学生的数学思考,Z 老师自制了两套教具一套学具:

教具:六根由竹签和小磁铁,外面用白纸和透明胶布构造而成的不同长度的小棒;六张精心裁剪设计,背面有磁性位置的三角形卡片,搭建起一个非常巧妙的课堂展示平台.

学具:根据江西省教育厅教育装备室下发的学生使用器材,改编成一袋袋裁剪好,度量好的小棒和每组卡纸活动记录表.

(1) 教具:

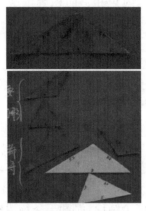 

三角形按边分类 三角形的定义和三边关系

(2) 学具:

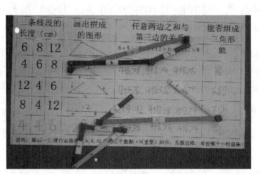

小组合作探究"三角形两边的和大于第三边"并展示

Z 老师还设计了以下几个环节, 将信息技术有机地融入本节课的探究与教学中:

① 使用几何画板软件设计了一道动态抢答题, 帮助学生理解"三条线段长度分别为 4, 8, 12 是组成一条线段"的特殊情况; 并掌握了快速判断三条线段能否构成三角形的方法.

② 实物展示台能把学生课堂生成资源直观真实地展现出来, 师生共同分析、解答, 真正体现教学相长.

③ "立德树人"的育人理念在本节课贯穿始终, 音乐播放器和视频播放器为此提供了有力的支持.

④ 课件使用 PPT (多种动画效果), 在课堂上直观地帮助学生突破重难点, 形成知识.

二、从 "县赛" 到 "国赛"——教学设计的 "蝶变"

Z 老师在总结自己从县赛到国赛的心路历程时, 说出了青年教师成长的共同特征——"台上一分钟, 台下十年功".

从 2016 年 5 月开始, Z 老师参加了上饶县教研室组织的 "同课异构" 初中青年数学教师优质课竞赛活动, 在团队老师们的帮助和共同努力下, 先后经历从县赛、市赛、省赛到国赛四次比赛, 历时近两年. 下面是 Z 老师对整个赛程教学设计不断反思不断改进的思路和心得, 真可谓是 "化蛹成蝶":

(1) 县赛

2016 年 5 月, Z 老师代表学校开始县赛, 当接到课题《三角形的边》时, 经过两天对教材的思考和对学情的分析以及教研组老师们的共同研究, 确定了本节课的教学目标, 以及重点和难点, 有了如下的初步教学设计:

1. 知识与技能: 了解三角形的概念, 理解三角形的分类, 掌握三角形三边关系, 并学会应用它们经历有关的计算、证明; 养成勇于探索, 敢于创新的良好习惯, 善于用数学方法解决问题的能力.

2. 过程与方法: 经历观察、操作、想象、推理、交流等活动, 发展空间观念、推理能力和表达能力. 在三角形三边关系的探究过程中, 学生经历从具体、形象、直观的认识, 到学会用数学的思维方式去观察、分析和表达现实世界.

3. 情感、态度与价值观: 经过创设学生主动参与的情境, 激起学生强烈的好奇心和求知欲望. 学生在积极参与过程中获得成功的喜悦, 培养了勇于探索的精神, 积累做数学的基本活动经验.

重点为: 探究、发现和理解三角形三边关系;

难点为: 三角形三边关系的应用.

2016 年 5 月 27 日, Z 老师以本课例的教学, 荣获 "江西省上饶县初中数学青年教师优秀课比赛" 一等奖.

课后反思: 在教学过程中为了体现重知识的生成过程, 增强课堂学习效果, 主要通过让学生自主学习教材, 完成学案, 提高学习能力. 在学案中第一题设计了三角形的定义的理解, 在教学中请学生上台拼摆老师自创的教具, 通过动手实践真正理解三角形定义. 在第二题设计了三角形的分类, 也是通过课堂上学生观察发现老师自创各种三角形纸板, 再分别取名, 从而把抽象的概念转变成具体的图形. 这里虽然花了不少时间, 但调动了学生的主动性、积极性, 培养了学生的创新思维, 提高了学习能力.

(2) 市赛

在接下来的全市首届初中数学 "立德树人" 优质课比赛中, Z 老师基于县赛后的反思, 对本节课的教学设计思路进行了如下的改进.

改进一: 数学"源于现实, 寓于现实, 高于现实", 数学知识来源于生活实际, 生活本身就是一个巨大的数学课堂. 如果脱离生活现实谈数学, 数学给人感觉往往是枯燥的、抽象的. 因此, 在教学过程中, 注意把知识内容与生活实践结合起来, 不仅能激发起学生的学习积极性, 而且能使学生迫切想知道如何运用所学知识解决问题, 能唤起学生的求知欲. 本着有机渗透"立德树人"精神的原则, 在"三角形两边之和大于第三边"的探究活动后加入了"保护草坪"环节, 不仅巩固了教学重点, 而且让课堂变得更加丰满, 有趣.

改进二: 针对三角形的三边关系中的"两边之差小于第三边"的探究过程提出了一个大胆的设想, Z 老师将课本中运用不等式的性质的探究方法改成了一道习题探究活动.

习题: 已知三角形的三边长为 5,8, x, 且 x 为整数, 求 x 的值?

改进三: 当讨论到"三角形两边之和大于第三边"性质的探究活动的设计时, Z 老师反思上一次教学设计中一个问题——"表格中的数据是否把学生的思路限制了?". 本着数学思想的有效渗透, 培养学生数学思考和分析问题的能力, 再次认真细读了新课标, 依据新课标的要求以及学情分析, 于是将原来的设计中修改为表格中的最后一空白行, 意在培养学生的发散思维与创新精神.

改进后的教学设计, 在 2016 年 5 月 31 日于上饶市玉山一中进行的全市首届初中数学"立德树人"优质课比赛中获一等奖.

Z 老师的体会是, 改进后的教学设计不仅节省了课堂活动探究的时间, 而且学生接受得更快, 难点得到了很好的突破.

(3) 省赛

为了更好地迎接 2016 年 11 月在江西萍乡六中举行的"全省中小学优秀教学课例展示交流活动"比赛, 从市赛结束后就开始不断反思, 不断打磨, 经过团队老师们的共同研讨, 发现了很多不足之处, Z 老师对本节课的教学设计思路又进行了如下的改进.

改进一: 依据新课标要求以及教材的深入分析, 教学目标进行了比较精确的改进, 本着有效教学的理念, 拿掉情境的创设, 直接由学案开始教学.

改进二: 在"三角形两边之和大于第三边"的探究活动后, 不仅创设"草坪被踩出一条小路"情境, 还增加了视频演示"横穿马路酿悲剧"的情境. 运用生活中真实的事件, 更好地进行知识和情感的教育, 以及文明与安全意识教育.

改进三: 将每个环节的设计意图进行了细致的描述, 更加有效地进行课堂的预设和生成.

2016 年 11 月 9 日, 在江西省萍乡六中举行的省赛中, 采用了改进后的教学设计进行赛课, 获得省一等奖第一名的成绩.

(4) 国赛

由于 Z 老师的优异成绩和表现, Z 老师将代表江西省参加 2017 年 12 月 10 日在广西桂林举行 "第十届初中青年数学教师优秀课展示与培训活动". 由于国赛的比赛形式由一节完整的上课改成了说课, 展示与自述时间总共为 30 分钟, 其中自述时间约 5 分钟, 视频展示约 25 分钟. 展示与自述结束后, 由现场评委在大会上进行点评、提问, 组织现场交流与研讨. 这样的形式是一个全新的挑战, 在迎接国赛的一年时间内, Z 老师与教研团队通力合作, 不断打磨, 教学设计不断改进.

改进一: 通过 "摆小棒" 活动, 了解三角形的定义; 借助自制教具, 感受、理解三角形按边分类的情况; 经历从抽象到直观的过程, 掌握三角形的三边关系.

改进二: 通过小组合作的形式引导学生进一步归纳三角形的三边关系.

改进三: 通过几何画板软件演示, 培养学生在参与观察、猜想、实验、证明等数学活动中, 发展合情推理和演绎推理能力.

改进四: 通过小组展示, 培养学生用数学语言的表达能力, 清晰地表达自己的想法.

改进五: 通过问题解决方法的多样性, 发展创新意识, 体会分类讨论和方程基本思想和思维方式.

改进六: 通过创设 "草坪被踩出一条小路""行人横穿马路酿悲剧" 两个真实生活情境, 树立学生 "文明、安全" 等意识, 渗透 "立德树人" 教育理念. 更好地体现了数学教育之 "学生发展为本, 立德树人, 提升素养" 的数学课程基本理念.

经过无数个通宵达旦地思考、探讨、制作, 改进后的教学设计不仅精确了教学目标和重难点, 而且多次进行了视频课教学的修改与改进, 最终有了比较满意的教学设计, 说课课件以及录制了比较满意的教学视频. 最后, Z 老师在 "第十届初中青年数学教师优秀课展示与培训活动" 中, 荣获全国优秀课一等奖的好成绩.

国赛后的教学反思与心得: Z 老师认为在数学概念教学中, 研究对象的获得、数学概念的归纳与概括、相关性质的建立以及结论的总结等过程, 蕴藏着深刻的数学思维教育资源和价值观教育资源. 在数学教学中对数学思维教育资源的深入挖掘体现了数学学科核心素养的落实, 而对价值观教育资源的深入挖掘则是 "立德树人" 教育理念在数学课堂教学中落实的重要体现.

历经从县级教学比赛到代表全省参加全国比赛, Z 老师认为她的内心深处真有 "脱胎换骨, 化蛹成蝶" 之感! Z 老师最深刻的体会是: "教学不仅是一门科学, 更是一门艺术""台上一分钟, 台下十年功".

三、"三角形的边" 教学过程设计思路分析

下面重点说说 Z 老师的教学过程的设计思路, 基于数学概念和思想方法的发生发展过程和学生数学思维过程两个方面的融合, Z 老师从如下四个方面对本节

课的教学过程进行整体设计:

第一: 通过自主学习, 辨析理解概念

虽然学生在小学已经认识三角形, 但是初中对三角形有进一步严格的定义, 围绕三角形的概念以及定义中的关键词, Z 老师设计问题式的学案, 学生用 3 分钟时间完成自主学习. 学生通过从字面理解到上台拼摆小棒并借助实物展示台这样一个探究环节, 经历、体验三角形定义表述的严谨性.

第二: 通过合作展示, 探究三边关系

首先 Z 老师设计的探究活动之一是: 根据三角形定义探究过程得到的猜想 "两条线段之和大于第三条线段才能组成三角形", 借助设计好的小棒和活动记录表等学具进行小组合作探究, 验证猜想, 让学生通过实物展示台进行成果汇报并归纳. 根据数学核心素养中的 "注重发展学生的创新意识", Z 老师设计活动记录表时, 在最后一行留下了空白, 充分发挥学生丰富的想象力, 调动积极性.

最后一组展示 "三条线段长度分别为 4, 8, 12 是组成直线还是线段" 的问题时, 学生争论不止, 当时根据课标 "学生应当有足够的时间和空间经历活动过程" 的理念, 而且 Z 老师坚持课堂应 "多些等待, 不打断学生的思路" 的原则没有马上进行纠正, 而是接下来通过几何画板设计了一个验证环节纠正并解决了学生的疑问.

紧接着 Z 老师又设计了一个探究活动: 借助几何画板设计了一道抢答题, 引导学生思考是否有快速判断 "三条线段能否组成三角形" 的方法并解决 "三条线段长度分别为 4, 8, 12 不能组成三角形, 而是组成一条线段" 的问题.

根据学情, 接下来通过设计一道习题探究活动, 再探三边关系之 "三角形两边之差小于第三边", 让学生体验由特殊到一般的认知规律, 并归纳三角形的三边关系.

第三: 通过三角形按边分类、例题变式以及当堂检测, 有机渗透数学思想

授人以鱼不如授人以渔. 在三角形进行按边分类的探究活动中, 通过自制教具的展示, 让学生经历数学思考, 发展几何直观的理解能力, 培养完整的分类讨论思想.

数学思想方法是数学基础知识、基本技能的本质体现, 是形成数学能力、数学意识的桥梁. 接着通过例题变式第 2 小题的训练培养学生独立思考的能力, 渗透方程和分类讨论思想.

数学思想方法的渗透贯彻始终, 当堂检测中第 2 题的设计由易到难, 层层递进, 学生能更好地领悟数学基本思想.

第四: 通过情境设计, 落实立德树人根本任务

通过创设 "草坪被踩出一条小路" 和 "行人横穿马路酿悲剧" 两个真实生活情境, 学生不仅学会了运用 "三角形的三边关系" 以及 "两点之间、直线段最短" 的性质解释这些现象. 同时, 树立学生 "文明、安全" 的意识, 渗透 "立德树人" 的教育理念.

四、"三角形的边" 的教学实施

基于前面的分析与整体设计, Z 老师将 "三角形的边" 的教学实施分为以下七个环节: 第一, 通过自主学习, 辨析理解概念; 第二, 通过合作展示, 探究三边关系; 第三, 通过习题探究, 再探三边关系; 第四, 通过例题变式, 有机渗透数学思想; 第五, 通过情境设计, 渗透立德树人育人理念; 第六, 通过课堂小结, 提炼归纳知识; 第七, 通过当堂训练, 检测目标达成. 下面重点分析前五个环节.

(一) 通过自主学习, 辨析理解概念

Z 老师认为虽然学生在小学已经认识三角形, 但是初中对三角形有进一步严格的定义, 学生对于三角形的严格定义并不清楚, 理解三角形的定义也有一定困难. 在设计教学方案时, Z 老师对于三角形定义教学非常重视. 学生通过从字面理解到上台拼摆小棒的探究环节, 体验三角形定义表述的严谨性.

片段一

师: (把三条线段摆在一条直线上). 咦? 这样的三条线段为什么不能组成一个三角形呢? 哪个组的同学来回答? 好, 第七组, 来.

生 1: 因为这三条线段在同一直线上.

师: 噢, 这三条线段在同一直线上, 而这三条线段……

生: 不在同一条直线上.

师: 噢, 很好, 继续, 我们接着摆, 我把它摆成不在一条直线上, 这是不是一个三角形呢?

生 1: 不是.

师: 你继续说, 为什么?

生 1: 因为它们的首尾没有顺次相连接.

师: 那你可以来摆一下吗?

(学生 1 在黑板上尝试摆三角形, 老师在旁边耐心等待, 学生 1 摆了几次都没有摆好, 最后摆了一个很接近的)

生 1: 差不多了.

Z 老师围绕三角形的概念以及定义中的关键词, 设计问题式的学案, 学生用 3 分钟时间自主学习并完成老师发下的学案. Z 老师通过课堂内容发现问题, 并在

讲解过程中帮助学生解决问题, 加深学生对三角形定义的理解, 尤其是对三角形定义中的 "首尾顺次相接" 这个关键词的理解. 教学过程中, Z 老师对于学生有充足的耐心, 愿意花大量的课堂时间来等待学生正确摆放三角形, 没有因学生一时的失误而放弃让该学生继续摆放, 这是对学生的认可与尊重.

(二) 通过合作展示, 探究三边关系

1. 合作展示, 验证猜想, 培养学生严谨性

首先, Z 老师设计的探究活动之一是: 根据三角形定义探究过程得到的猜想 "两条线段之和大于第三条线段才能组成三角形", 借助设计好的小棒和活动记录表等学具进行小组合作探究, 验证猜想, 让学生通过实物展示台进行成果汇报并归纳. 根据数学核心素养中的 "注重发展学生的创新意识", Z 老师设计活动记录表时, 在最后一行留下了空白, 充分发挥学生丰富的想象力, 调动学生的积极性.

片段二

师: 通过刚才同学们拼的过程中, 发生一些问题, 好像有些小棒怎么摆也摆不成三角形? 对吧!

(摆动三根拼不成三角形的小棒)

师: 但是啊! 这里还剩下三根, 随便摆一下, 大家看一下, 咦, 这三边, 这三条线段, 随便一摆, 摆一下就成了三角形, 这是为什么呀?

(老师摆动剩下的三根小棒)

师: 刚才有同学给了一个猜测, 是不是? 这位同学给了一个猜测, 他给了什么? 他要求什么?

(老师指着一位同学)

生: 两边之和大于第三边.

师: 如果两边之和大于第三边, 那么这三条线段就可以组成一个?

(老师板书两边之和大于第三边?)

生: 三角形.

师: 好的, 感谢你们的猜想, 我们数学有了猜想之后要干什么?

生: 要验证.

(全班同学很积极)

师：要验证, 要实践是吧, 才能得出我们的结论, 对不对? 所以, 现在下面请同学们采取小组合作的形式, 拿出你们的小棒, 开始, 完成. 好好, 小组合作.

生：轻声细语.

（学生开始讨论）

　　（老师在教室走动, 观察并指导学生的验证）

（学生讨论中, 老师和学生一起参与讨论）

师：我觉得你们拼得特别棒.

（老师去另一组看）

师：好, 1, 2, 3.

生：3, 2, 1, 1, 2, 3, 4, 5, 6, 7.

师：OK, 非常好, 下面, 我们请一个组先来展示一下, 来, 哪个组来?

（学生举手）

师：好, 第七组来, 请派两个代表来.

（学生 1 和学生 6 上台）

师：(汇报表) 给我, 好, 谁说?

生 6：我来.

师：她来摆, 你来说, 两个人配合. 你站到这来摆, 我都你拿着, 你来说, 你对着那边说, 对, 你来, 站上去讲, 站上去讲, 来, 没事, 来.

生 1：通过本次小组的实验, 就是我们得到的结果, 然后三条线段的长度分别是 6, 8, 12, 拼出来的三角形是可以的, 因为它们无论哪两条边连起来都可以大于第三条边.

（学生 6 呈现出由 6, 8, 12 组成的三角形）

生 1：4, 6, 8. 4, 6, 8 这三条边, 无论是 4+6, 或者是 6+8, 都要大于第三条边.

（学生 6 呈现出由 4, 6, 8 组成的三角形）

生 1：然后 12, 4, 6. 4+6, 4+6 要比 12 小, 所以它们无法组成一个三角形.

（学生 6 呈现出由 12, 4, 6 组成的图形）

生 1: 8, 4, 12. 8+4=12, 不能大于 12, 所以也不能组成一个三角形.

（学生 6 呈现出由 8, 4, 12 组成的图形）

生 1: 然后我们最后自己做了一个等边三角形, 它们的边分别是 12, 12+12>12.

（学生 6 摆出由 12, 12, 12 组成的图形）

师: 然后怎么样, 此处有掌声.

（大家一起鼓掌）

师: 好, 下面有没有哪组有补充的? 有不同的想法.

（学生举手）

师: 来, 来, 第五组, 来, 派两个代表来.

（学生 7, 学生 8 上台）

师: 谁说? 好, 站到那边说. 来.

生 7: 首先, 是 6, 8, 12 这个三角形, 无论是哪一条边, 就举个例子, 6+12>8, 对不对?

生: 对.

（学生 8 呈现出由 6, 8, 12 组成的三角形）

生 7: 然后还有 8+12 也大于 6, 由此就可以得出, 它们两条边之和大于第三条边. 所以它就是能组成三角形的. 然后再举一个不能组成三角形的例子, 像, 12, 4, 6, 这三个数 (就不能组成三角形).

（学生 8 呈现出由 12, 4, 6 组成的图形）

生 7: 虽然 12+6>4, 4+12 也大于 6, 但是, 还有, 还有两条边组成, 4+6 它是不大于 12 的, 所以, 如果证明我们的猜想, 就要把所有可能发生的情况全部列出来, 所以 4+6 是小于 12, 所以它是不能构成一个三角形的. 然后, 还有我们自己, 自己做的一个三角形. (学生 8 呈现出由 8, 8, 8 组成的图形) 三条边都是相等的, 都是 8, 它们两个, 它们随便两个式子加起来都大于第三条边, 然后最后得出的结论就是它们能组成三角形. 这整个实验我们可以得出一个结论就是: 任意两条边大于, 大于第三条边, 它就一定能组成三角形.

师: 有没有问题? 在我们这个组刚刚在描述的过程中大家有没有疑问? 好, 来.

生 6: 你说任意两条边大于第三条边就一定可以构成三角形, 但是 12, 4, 6 就不一样啊 12 加上 4 就大于 6, 但是 4 加 6 是小于 12, 它们无法构成三角形.

生 7: 当然我的意思有可能你理解错了. 我说任意两条边当然要考虑到所有的情况. 有特殊情况, 如果它 (10) 小于它 (12) 当然也是不能构成的. 有前提, 三条边中的任意两条边之和大于第三条边有前提.

师: 怎么样? 大家还有没有问题? 如果大家没有问题, 那我还有一个问题. 我刚刚听到你说 12, 4, 6 的时候这三条线段是不能组成三角形的是吧? 然后瞬间你就摆出了一个三角形, 这就跟你刚刚说的不一样了是吧? 所以这是一个口误, 对不对?

生 7: 口误口误.

师: 那它们有没有组成三角形?

生: 有.

师: 啊? 这三条线段有没有组成三角形? 12, 4, 6.

生: 没有.

师: 那能不能叫做三角形的三条边?

生: 不能.

师: 不能对不对? 根本就不是对不对, 这是第一个. 第二个, 刚刚这个组有一点说得非常好, 我要表扬这个组. 大家有听到吗? 这位同学说什么? 他说: 我们这个组验证所有的情况, 验证了这个猜想, 我们通过所有的可能性. 所有的可能性, 这里我要给他们点个赞. 此处有掌声.

(全班鼓掌) 老师伸手示意同学回去.

师: 还有组有不同的想法吗? 来, 12 组. 补充你们的不同想法.

这时有同学举手上来, 老师: 课堂是你们的, 来放飞你们的思维. 来, 不重复哈.

生 8: 首先, 三角形是要任意两条边要大于第三条边, 第一个 6, 8, 12, 由于 6 加 8 大于 12, 6 加 12 大于 8, 6 加 12 大于 8 所以是可以组成三角形的. 第二个, 4, 6, 8. 4 加 6 大于 8, 8 加 4 大于 6, 8 加 6 大于 4, 它也是可以构成三角形的, 构成的是锐角三角形. 12, 4, 6. 由于 4 加 6 不大于 12, 没有符合两条边大于第三条边, 所以不能构成三角形的. 8, 4, 12. 由于 8 加 4 等于 12, 它所组成的是一条直线, 所以也是不能构成三角形的. 我们小组设计了一个等腰三角形, 是 4, 4, 6.

师: 好,有没有疑问? 有就提出来. 来,回答他们的疑问.

生 7: 就是你刚刚说 4, 8, 12 如果它们要构成一个三角形,不能在同一条直线. 如果它们在同一条直线就不能组成三角形了.

生 9: 4 和 8 还有 12 的时候,我们是根据首尾顺次连接而组成的,所以它组成的过程中,必须在同一条直线上,由于 4 + 8=12.

师: 有不同的,你说你说.

生 6: 三角形它是要三条线段不在同一条直线上才能拼成三角形的,然后 4, 8, 12, 它是三条线段在同一条直线上,所以才会导致它组合成一条直线.

师: 呵呵呵 …… 有自己组里来补充或者其他组有不同的吧,帮他辨别、辩论一下. 有没有? 有吗? 哦,你继续.

生 7: 我觉得如果是 4, 8, 12 它们不在同一条直线上,它们能构成三角形,但是只是构成三角形只是用了 12 那条边上的一小部分,它并不是完整的 12 那条边,所以他如果这样摆的话,就是有一定道理,他这样摆,就是拼起来反而就也是用 12 那条边的一部分,还不如直接拼个直角,哦,不,直接拼成一个直线呢.

师: OK,哦,把掌声送给这位同学. 你们先回,感谢,不拿去,来,听好,4, 8, 12 大家一直在纠缠,这三条线段它并不是因为他们不在一条直线上,组成不了三角形,真正的原因是什么? 我们这个组其实刚才讲得很好,是因为 8+4 怎么样?

生: 等于 12.

师: 对啦! 它是因为线段的长度对不对,对了,但是同学们发现问题非常仔细,这个讲得非常好,刚才一个小细节,我们同学一直在重复,两条边大于第三条边,加两个字,两条边之和 ("之和" 学生集体附和),如果你拼成三角形,就是两条边之和,如果没有拼成三角形之前,我们应该讲两条线段之和,对不对,和第三条线段进行比较,明白了吗?

Z 老师一直相信 "多些关爱,学生会还你惊喜". 在展示时,一个脸上有着胎记、独自坐在后门角落的男孩带着点胆怯却很勇敢地走上台,该学生生活中比较自卑,数学成绩比较薄弱,但通过几次课堂发言,可以看到他越来越勇敢的表现,孩子最后那个灿烂自信的笑容也让 Z 老师印象深刻,更加坚定她的信念.

最后一组展示 "三条线段长度分别为 4,8,12 是组成直线还是线段" 的问题时,学生争论不止,当时根据课标 "学生应当有足够的时间和空间经历活动过程" 的理念,而且 Z 老师坚持课堂应"多些等待,不打断学生的思路"的原则没有马上进行纠正,而是接下来通过几何画板设计了一个验证环节纠正并解决了学生的疑问.

　　Z 老师通过展示让学生在参与观察、猜想、实践、展示等数学活动中,发展合情推理和演绎推理能力. 能使用规范的数学语言表达自己的想法,锻炼克服困难的意志,建立自信心. 通过最后一行的设计和学生的展示,发挥学生的丰富的想象力,体验解决问题方法的多样性,发展创新意识.

　　2. 设置抢答活跃思维,归纳快速判断的方法

　　Z 教师借助几何画板设计了一道抢答题,引导学生思考是否有快速判断"三条线段能否组成三角形"的方法,锻炼学生的思维能力. 得出当较小两条边之和大于第三条边时,即可构成三角形,为结论的应用提供了简单准确的判断方法.

片段三

师: 很好. 好,同学们,我们来抢答一道题,做好准备,这道题不需要举手哦,直接站起来回答. 请看题,这里,有三条线段的长度为 10 厘米,9 厘米,13 厘米,请问它们能组成三角形吗?

生: 能.

师: 哈哈,这么快,谁第一个? 你第一个是吧? 好,来,请坐 (其他站起来的同学坐下),说说看,你为什么这么快.

生 7: 能. 因为任意两条边都取……

师: 之和.

生 7: 任意两条边之和大于第三条边,取 c 和 b,然后 13 厘米加 9 厘米,最终两边之和是大于 a 的,就是 $13+9>10$,所以这个是能组成的.

师: 只要这一组就行了是吗?

生 7: 哦,不是.

师: 有几个不等式?

生 7: 有三个. 还有如果取 a 和 b 的话,取 10 和 9,它也是大于 13 厘米的,额,还有,再取 a,c, a,c 就是 10 厘米加 13 厘米也是大于 9 厘米,所以这个是能组成三角形的.

师: 那说明我们取 a,b 两条线段可以,还有吗?

生 7: 再取 a,c, $10+13>9$,所以也可以组成三角形.

师: 很好,还有不同的想法吗?

生 11: 我 (立马站起来).

师: 来, 你说你说 (激动).

生 11: 我们直接取最短的两条边加起来如果大于第三条边就是能组成三角形.

师: 更正, 应该是取较短的两条线段, 是哪两条呢?

生: (全体) 10 和 9.

师: 很好, 请坐 (展示动态几何画板). 请听第二题: 现在有长度为 6, 7, 13 的线段能构成三角形吗?

师: 你最快了, 你来说.

生 8: 因为 $6 + 7 = 13$ 所以不能.

师: (演示) 不但不能, 还怎么样? 大家看是不是形成一条与较长线段重合的线段. 非常好.

请听第三题, 以长度为 5, 3, 13 的线段能构成三角形吗?

生: 齐声不能.

师: 来, 最快的是后面那位同学, 站起来说.

生 9: 因为 $5 + 3 < 13$, 我现在知道了首先比较较短的哈哈.

师: 没问题了哈, 非常好.

在此过程中让学生思考: 是否必须判断三个不等式才能准确得出结论, 有没有更简单的判断方法呢? 很多学生就会发现: 只需判断较短两条线段的和与第三条线段长短的大小关系即可, 解决 "三条线段长度分别为 6, 7, 13 不能组成三角形, 而是组成一条线段" 的问题. 整个过程中, Z 教师始终是引导者, 学生发挥着主体作用. 最后得到正确简洁的结论, 学生体验成功的喜悦感.

(三) 通过习题探究, 再探三边关系, 体验认知规律

根据学情, Z 教师通过设计一道题探究活动, 再探三边关系之 "三角形两边之差小于第三边", 让学生体验由特殊到一般的认知规律, 进行数量比较、逻辑推理, 得出任意两边之差小于第三边.

片段四

师: 非常好, 学以致用, (将白板换一页, 白板上展示了一道题目) 我们来看看, 这里有一个三角形, 它的长度为 5 分米、4 分米、3 分米, 请你计算任意两边之差, 并与第三边比较, 填入不等号, 11 组.

生 4: $5 - 4 < 3$.

师: 噢, 小于, 很好 (将小于号写上去, 学生 4 迫不及待要说下一个), 你等一下, 噢, 你继续吧, 你说.

生 4: $5 - 3 < 4$.

师: 很好, 请坐, 下一个, 下一个, 来, 第 8 组.

生 14: $3 - 5 < 4$.

师: 很好, 请坐, 出来很快啊. 最后一个问题, 你根据这个题你得到一个什么结论啊? 你说, 你说, 你直接来了.

生 1: 任意两边之差, 任意两边之差小于第三条边可以组成一个三角形.

师: 噢, 三角形的任意两边之差小于第三边 (板书 "两边之差小于第三边", 学生跟着说). 很好, 请坐. 哦, 那也就是说, 到今天我们明白了, 三角形的三条边不仅要求两边之和大于第三边, 还得要求?

生: 两边之差小于第三边.

师: 这就是我们三角形的三边?

生: 关系.

　　Z 教师认为由于年龄、心理特点, 初二的学生思维活跃、敏捷, 应该让他们更多地参与课堂, 发表自己的想法; 但同时这个阶段的学生思路不够严谨, 缺乏全面分析问题的能力, 因此教师在教学中要做一个引导者、辅助者和问题创设者. 教师循序渐进提出问题, 学生们积极参与思考, 踊跃发表自己的观点, 补充纠正其他同学的观点. 最后通过两个问题探究得出三角形三边关系 "任意两边之和大于第三边, 任意两边之差小于第三边".

(四) 通过例题变式, 有机渗透数学思想

　　在这一过程中, 通过三角形按边分类、例题变式以及当堂检测, 有机渗透数学思想. 授人以鱼不如授人以渔. 在三角形进行按边分类的探究活动中, 通过自制教具的展示, 让学生经历 "数学思考、问题解决" 的思维过程, 培养 "几何直观与空间观念" 的核心素养, 感悟分类讨论的思想与方法.

片段五

师: 我们来看一下第三个问题, 三角形的表示及分类. 我们来看一下, 图中有几个三角形, 我们同学都写了很多个, 老师黑板上这里也有一样的. 我把这三角形按照你们的意思来分, 看好, 第一个三角形, 哎? 这个三角形你们能给它取个名字吗? 同学写了一个 "等腰三角形", 这里还一位同学写的是另外一个名字.

生: 钝角三角形.

师: 对, 我们这位同学说, 它叫 "钝角三角形", 也叫等腰三角形, 是吗?

生 3: 对的.

师: 好的, 老师问一下, 如果我把它叫做 "钝角三角形", 是按照小学的什么分类?

生 3: 角.

师: 对, 是按角分类. 如果我把它叫做 "等腰三角形", 是按什么分类呢?

生 3: 是按边分类.

师: 对, 非常好! 请坐. 按边分类我们把它叫做 "等腰三角形". 接下来, 第二个, 你能给这个三角形按边分类吗? 来, 第 11 组.

生 4: 三条边相等.

师: (指着等边三角形) 三条边相等, 这个等腰三角形有什么特点吗?

生 4: 两条边相等.

师: 哦 (放长音调)! 两条边相等. 那, 我问一句, 等边三角形会不会属于等腰三角形?

生 4: 属于.

师: 属于是吧!

生 4: 特殊的等腰三角形.

　　(声音变小)

师: 噢! 等边三角形是特殊的等腰三角形. 讲得非常好, 那老师再问一句, 等腰三角形是有两条边怎么样?

生: 相等.

师: 相等, 等边三角形是?

生: 三条边相等.

师: 对了, 我可不可以加两个字, 任意的两条边都相等, 对不对啊? 所以, 它们俩是一家人, 我们给它统一叫名字, 叫什么?

生 4: 等腰三角形.

(全班一起说, 老师板书等腰三角形)

师: 非常好, 好, 请坐. 好, 继续, 这里面还有哦! 我们接着分, 咦, 这个三角形, 三条边还有什么特点?

(老师移动黑板上的三角形)

师: 第五组.

生 5: 三条边都不相等.

师: 噢, 三条边都不相等, 很好. 给它取个名字.

生 5: 三条边都不相等的三角形.

师: 三条边都不相等的三角形, 很好, 这个?

生 5: 也是都不相等.

师: 噢, 这个?

生 5: (摇头) 都不相等.

师: 这个呢?

生 5: (摇头) 不相等.

师: 那它们四个人是不是同一家人?

生 5: (点头) 是.

师: 好, 那统一给它们取一个名字, 它叫什么, 你刚刚讲了?

(老师对着学生 5 问)

生 5: (沉默了一会儿) 不规则三角形.

师: 噢噢! 它叫不规则三角形, 好的, 说说看, 不规则之处在哪里?

生 5: 它们边都不相等.

师: 嗯, 它们的边都不相等, 对不对? 所以, 我们更具体一点, 我们把它叫做三边都不相等的三角形, 非常好, 请坐.

(老师板书三边都不相等)

Z 老师通过教具的展示, 让学生经历 "数学思考、问题解决" 的思维过程, 落实数学核心素养. 通过回顾小学所学的知识, 让学生重温三角形的有关知识, 从特殊的三角形, 如等腰三角形, 等边三角形逐步到三边都不相等的三角形, 层层递进, 学生独立思考, 对三角形进行分类, 进行 "再创造", 培养学生的发散性思维. 学生回答不够准确时, 及时补充, 鼓励学生有不同想法, 最后通过学生的讨论交流, 得出结论, 深刻感悟分类的数学思想方法.

通过例题变式第 2 小题的训练培养学生独立思考的能力, 渗透方程和分类讨论思想. 在这一教学当中, Z 老师通过让学生自己来回答, 让他们发现自己所存在的问题, 不断地进行反思和思考.

片段六

师: 对, 我们尽量避免分数, 对不对? 但你的想法非常好, 来这道题很简单, 下一个交给大家挑战, 做在白纸上, 大前提不变. (学生开始做题, 教师走下讲台观察学生, 并抽取了几位同学的解答稿纸, 向同学们手势示意做好没, 回到讲台)

师: OK, 孩子们看到这里, 老师从下面几位同学中拿了几份过来, 大家看一下. 第一个, (多媒体展示) 这个同学画了两个三角形, 我想请她自己解释下好不好? 这是哪位同学的?

学 2: (站起来)

师: 来, 说出你的想法.

学 2: 我想说第二个图是错的.

师: 哦, 第二个是错的是吧.

学 2: 纠正下.

师: 纠正一下是吧?

学 2: 嗯.

师: 好, 为什么它是错的?

学 2: 因为如果腰是 5 的话, 这 5 加 5 然后再加 8 不等于 21.

师: 哦, 那第三个应该是多少?

学 2: (停顿)

师: 多少 (笑着问)?

学 2: 21, 11 (小声).

师: 哦, 21, 11, 好, 那我把它改成这样可以吗? (多媒体展示)

学 2: 不行, 因为 5 加 5 它小于 11.

师: 哦, 所以这三条边也不能 ······ 不能组成三角形?

(学齐: 不能组成三角形)

学 2: 当时没看到.

师: 哦, 当时没看到, 很好, 那能改过来, 很不错. 这个无法构成是吧, 这个可以吗? (指着多媒体荧幕)

学齐: 可以.

师: 可以是吧?

学齐: 是.

师: 好的, 老师先表扬你, 这道题目你运用了一个什么呢? 分类讨论思想 (部分学生跟着回答分类讨论), 运用得非常好, 但是老师同时要批评你, 为什么? 数学作图要干什么? 我们能这样随手画吗?

学齐: 不能.

师: 不能, 要用什么?

学齐: 尺子.

师: 所以这个题呢?

学齐: 错了.

师: 对了, 很好, 请坐.

师: 老师在下面还看到一个同学的过程, 他没写完, 但我还是给他拿过来了. 大家一起来看下啊, 我们一起来看下这位同学的, 设底边为 x, 第二种他设腰长为 x, 孩子们, 这位同学用的是什么方法?

学齐: 解方程.

师: 方程思想是不是, 那么大家对比一下, 是我们用小学的算术方法好还是方程这种思想方法好?

学齐: 方程.

师: 解题思路是不是更清晰. 非常好, 好的. 同学们, 老师这里啊, 也有一位同学的答案 (多媒体展示), 漂亮吗?

学齐: 漂亮.

师: 告诉你们一个秘密, 这位同学就是我. (老师和同学们都笑了)

对于学生的一些小错误, 老师采取先表扬, 后评价与辨析的教学方法, 这样不仅让学生能够认识到自己的错误, 意识到数学作图是一项严谨的工作, 不能够随手一画, 而且帮助学生养成严谨、科学的学习态度.

Z 老师通过比较学生不同的解释让学生初步形成评价和反思的意识, 并渗透由特殊到一般的认知规律. 并且通过多媒体展示完整的解题思路, 让学生能够运用所学习知识分析问题与解决问题, 并能用规范的数学语言表达问题.

(五) 通过情境设计, 落实立德树人育人理念

Z 老师精心创设 "草坪被踩出一条小路" 和 "行人横穿马路酿悲剧" 两个真实生活情境, 学生从中学会了运用 "三角形的三边关系" 以及 "两点之间、直线段最短" 的性质解释这些现象. 同时, 提高学生 "文明、安全" 的意识, 落实 "立德树人" 的课程理念.

片段七

师: 现在有一个同学想从 B 到 C, 你觉得他会走哪条路线? 要沿着三角形的边走.

生 9: (马上站起来) 欲开口.

师: 你就起来了, 请讲下你的想法.

生 9: 因为 $AB + BC$ 大于 AC, 沿 AC 走比较近.

师: 说得特别好, 学以致用, 你用的是今天学习的知识, 两边之和大于第三边.

师: 还有其他理由吗?

生 9: 两点之间, 线段最短 (声音变小, 略显迟疑).

师: 很好, 大声说出来, 那在我们生活中, 老师要问一句, 你们会选择走哪条路?

生 9: B 到 A 到 C.

师: 你会走路线 2 是吧, 有什么理由吗?

生 9: 不能践踏小草.

师: 好, 其他同学说说看, 你会怎么选, 请 11 组.

生: 先走 BA 再走 AC 虽然远, 还是会舍近求远. 小草帮我们换来新鲜空气.

生 13: 小草也是生命, 如果为了我们的便捷而践踏森林是不允许的, 小草也是大自然的一员, 保护大自然是我们每个人义不容辞的责任.

生: 哇! (惊讶佩服)

师: 此处有? (全班掌声一片响起)

师: 非常好 (说这话时语气充满了赞赏), 请坐 (学生 13 在大家的掌声中坐下), 同学们 ······ (老师话没说完学生 1 举手发言)

师: 噢, 你还有说, 你说. (惊喜)

生 1: 我想到了一个两全其美的方法.

师: 嗯. (很响亮地回应)

生 1: 一是让我们走路更加的便捷, 二是能够让小草不遭受任何的威胁.

师: 嗯.

生 1: 就在边那里开条道.

师: 噢哈. (老师和班上同学都觉得有趣)

生 1: (笑着说) 就在 BC 那里开条道.

师: 噢哈 (有趣地说道), 从 B 到 C 直接开一条路是吧? 可以不? (向全班发问)

生: (齐声) 可以.

师: 可以, 但是有时候我们为了美观我们不会在上面操作对不对? (对学生 1 说) 但你想法非常有创意, 我喜欢, 好, 请坐 (学生 1 坐下), 非常好, 同学们, 你们的想法, 一句话, (老师引领全班看白板上的屏幕, 上面出现一句话 "多走几米, 离文明更近") 多走 ······ (重音地说道)

师生: (齐说) 多走几米, 离文明更近. (说完把白板换了一页)

师: 好, 请看一个视频. (给全班学生播放一个因想少走点路不走斑马线而发生事故的视频, 仅有 17 秒)

师: (全班看完视频后) 说说看, 你的感想.

生 14: 那个横跨马路的人因为了为了走更短的距离, 所以选择斜着走过去, 所以他会比较危险, 即使知道这里是比较近的, 但是也要遵守一些原则上的问题.

师: 嗯 (很肯定的语气), 讲得非常好, 请坐, 还有吗?

师: 好, 你继续.

生 9: 被车撞了的人由于他想到对面的马路, 所以他选择走比较短的那边, 由于如果他要按交通规则走的话, 他要先走到斑马线那里再穿过斑马线, 这样子就会形成一个三角形, 形成三角形之后, 他明白了两边之和大于第三边, 所以他选择较近的那条路, 可是由于他违反了交通规则, 所以他被车撞了.

师: (对着学生 9 说) 给你点个赞,(面对全班说) 他不仅讲到了这个事, 还运用了我们今天学得知识, 对不对?

生: 对.

师: 此处有? (全班齐刷刷鼓掌)

师: 还有没有同学想说的? 好, 你继续说.

生 7: 从这里可以看出, 那个横穿马路的人因为他要到对面, 他不到斑马线那边等因为他知道这样路程会更多一点, 所以他直接选择短的那一条, 但是他不遵守交通规则被车撞了, 所以我们在节约时间的同时也要遵守交通规则, 在斑马线上多等一分钟, 就会让我们离危险更远一些.

师: (向全班说) 讲得好不好?

生: 好. (随即掌声一片)

师: 嗯, 不错, 孩子们, 生命…… (重音说道)

师生: (一起说道) 只有一次.

师: 请让我们多走一步, 离……

师生: (一起说道) 安全更近.

在草坪问题上, 一位比较羞怯的同学回答出一种答案后, Z 老师大声肯定了他, 并鼓励他从多方面思考, 通过这一简单的互动, 该同学在接下来的课堂活动中自信提高了不少. Z 老师倾听多个学生的声音, 了解多个学生的想法, 并且对每种想法都给以肯定, 当一位同学提出一个新的想法——从 B 到 C 直接开一条路, Z 老师赞赏地表扬了该同学的创新思维, 发展同学们的创新思维. 在播放横穿马路酿悲剧视频后, Z 老师提倡同学们积极发表自己的想法, 让学生深深地意识到文明、安全的重要性.

Z 老师将两个与学生生活息息相关的实例和本节课的内容联系起来, 不仅让学生掌握本节课的数学本质, 更是渗透了 "文明、安全" 的情感教育, 即渗透了 "立德树人" 的课程理念.

五、教学反思

一堂课的亮点应是从学生思维的起点、兴趣的切入点开始, 让学生的数学学习过程成为教师引导下的 "再创造" 过程, 从而学会思考、学会学习. Z 老师确定了本节课的思路为: "自主学习——动手操作, 拼小棒——合作交流, 探索三角形三边的关系——分层练习, 验证运用" 这一主线组织教学的. 在整堂课中, 学生的学习兴趣被充分调动, 人人都能动手动脑, 充分进行探索.

　　本节课的设计, 始终以问题驱动引领课堂教学的主线, 围绕着问题的发现与探究展开: 是不是任意三根小棒都能围成三角形? Z 老师的本意是围绕着这一主线引发学生探究的欲望, 围绕这个问题让学生自己动手操作, 发现有的可以围成三角形, 而有的围不成. 接着让学生探究在什么情况时不能围成三角形, 为什么? 在操作时难免误差, 发现 4cm 和 8cm 的小棒合起来才能和 12cm 的小棒一样长, 所以是围不成三角形的. 有些学生表面上都是在若有所思地点头, 但我分明看到了他们困惑和不解的眼神. 那一刻, Z 老师知道活动还需加强, 所以采用了几何画板动态再次演示. 这一关键的教学环节, 通过多媒体的演示操作, 学生亲自经历了并且看到了几何画板中的动态过程, 并且还得出了判断技巧 "只需用较小的两条线段之和与第三条线段的长度比较" 就好. 从而就很好地突破了本节课知识的难点, 从而创造性地实践了几何学教学的基本原则.

　　Z 老师整堂课的教学设计与实施尝试着围绕如何落实与培养学生的 "四基——基础知识、基本技能、基本思想、基本活动经验"、"四能——发现和提出问题的能力、分析和解决问题的能力"、"三会——会用数学眼光观察世界、会用数学思维思考世界、会用数学语言表达世界" 而展开, 从而在真正意义上落实 "以学生发展为本, 立德树人, 提升素养" 这一数学课程的基本理念.

　　师生互动、生生互动, 让 Z 老师触动, 更加坚信爱的力量. 也许是缘分, 课堂上那个脸上有胎记、自卑、胆小的男孩, Z 老师课后了解到他与 Z 老师的名字只差一字, 他叫 "张振华", 数学成绩比较薄弱, 但课堂上的他越来越勇敢的表现, 最后那个灿烂自信的笑容让 Z 老师难忘感动, 并更加坚信 "立德树人" 不是一句空话.

　　作为老师, 多点关爱, 多些等待, 能让学生在课堂中收获快乐、感悟成长. 上完这堂课, Z 老师最后感慨:

作为老师, 我庆幸, 多点准备, 能让学生在课堂中释疑;

作为老师, 我惭愧, 多点努力, 能让学生在课堂中成长;

作为老师, 我感动, 多点关爱, 能让学生在课堂中快乐!

案例思考题

　　1. 简述你对 "三角形的边" 内容本质的理解, 从学科视角分析, 其核心素养有哪些?

　　2. "三角形的边" 内容在教材中是怎样编排的? 如果你来执教 "三角形的边" 的内容, 你会遵循怎样的顺序来进行设计与教学?

　　3. 阅读本案例, 你是如何看待 Z 老师在教学中所设计的问题情境?

　　4. 阅读本案例, 简述 Z 老师是如何引起学生的认知冲突?

　　5. Z 老师的 "三角形的边" 课为初中数学 "几何学" 等相关内容的教学设计

带来哪些启示? 请结合 "学生发展为本, 立德树人, 提升素养" 的新课程理念阐述你的认识.

案例使用说明

1. 适用范围

适用对象: 数学教育专业研究生或本科生, 教师教育相关专业的研究生或本科生, 以及中学数学教师的专业培训.

适用课程: 本科生《数学学科课程与教学论》、《数学课堂教学技能实训》、数学教育专业研究生《数学课程与教材研究》、《数学教学设计与实施》、《中学几何研究》等课程.

2. 教学目的

① 获得对初中数学 "几何学" 领域教学设计与实施的知识与经验, 提高教学设计能力.

② 提高对初中数学内容本质的理解与把握.

③ 理解学生是如何学习数学的, 体会如何利用学生的前概念引起认知冲突.

④ 了解问题情境在初中数学教学中的作用, 获得情境设计方面的经验与策略.

3. 要点提示

相关理论

数学教学设计、数学课程与教学论、数学学习心理、范希尔几何思维水平理论.

关键知识点

初中数学平面几何内容的本质理解、情境的创设、学生的认知冲突.

关键能力

研读教材的能力、学情分析的能力、教学设计的能力、教学实施的能力.

案例分析思路

使用本案例时, 可根据具体课程内容的需求, 结合相关的理论与方法, 建议从以下几个方面进行分析.

首先, 如何解读教学内容?——分析的着眼点放在思考如何 "理解数学" 上, 对教学内容的理解与教材的研读.

第二, 如何把握学生的学习特征?——分析的着眼点放在思考如何 "理解学生" 上, 即学情分析.

第三, 如何引导学生从教学中问题情境的设计与运用入手进行分析?——分析的着眼点放在思考如何 "理解教学" 上.

第四, 在教学中, 如何突出构成三角形的几何条件这一数学本质?——分析的着眼点放在思考如何落实 "数学思考、问题解决" 这一数学学科核心素上.

第五, 如何理解给学生充分思考的机会?——分析的着眼点放在思考如何体现 "数学教学本质上是数学思维活动的教学" 上.

最后, 案例中是如何体现几何学教学中所遵循的 "直观感知、操作确认、思辨论证、度量计算" 这一认知特征的?——分析的着眼点放在思考几何学的教学如何体现 "几何本质" 上.

4. 教学建议

时间安排: 大学标准课 4 节: 160~180 分钟. 布置和预习 (含观看教学视频)1 节, 汇报讨论 2 节, 反思总结 1 节.

环节安排: 布置预习, 对初中数学几何学的内容进行梳理 → 小组讨论进行初步的教学设计 → 小组研读案例并进行汇报 → 小组合作, 选择几何学领域中其他的内容进行教学设计 → 学生在课上进行教学实践 → 教师点评

人数要求: 40 人以下的班级教学.

教学方法: 参与式教学、小组合作等方式, 以师生的讨论为主, 讲授为辅.

工具选择: 多媒体、案例打印资料、录像机.

组织引导: 教师布置任务清晰、预习要求明确

　　　　　　提供给学生必要的参考资料

　　　　　　给予学生必要的技能训练, 便于课堂教学实践的进行

　　　　　　对学生课下的讨论予以必要的指导和建议

活动设计建议:

① 读《义务教育数学课程标准》和教材中 "三角形的边" 相关内容, 同时查阅相关的教学设计和实施的文献, 对 "三角形的边" 内容进行初步的教学设计.

② 阅读本案例, 有条件的可观看案例视频, 独立思考, 记录思考与问题.

③ 小组讨论交流, 将最终的小组问题列在记录单中. 在小组的交流与汇报中, 教师进行点评与提升.

④ 指导学生在课下对自己的设计进行完善, 教师给予必要的指导.

⑤ 在进行小组汇报交流时, 聆听小组要做好记录, 便于提问与交流.

⑥ 教师对小组的设计进行点评, 适时地提升理论, 把握教学的整体进程.

5. 推荐阅读

[1] 中华人民共和国教育部. 义务教育数学课程标准 (2011 年版)[M]. 北京: 北京师范大学出版社, 2012.

[2] 曹一鸣, 严虹. 中学数学课程标准与教材研究 [M]. 北京: 高等教育出版社, 2017.

[3] 张奠宙, 沈文选. 中学几何研究 [M]. 北京: 高等教育出版社, 2010.

[4] 苏洪雨. 国际数学课程视野下的学生几何素养研究 [M]. 长春: 东北师范大学出版社, 2015.

[5] 范良火, 黄毅英, 蔡金法, 李士锜. 华人如何教数学 [M]. 南京: 江苏教育出版社, 2017, 5: 209-236.

[6] 陈惠勇. 数学课程标准与教学实践一致性——理论研究与实践探讨 [M]. 北京: 科学出版社, 2017.